Heinz-Peter Gumm, Manfred Sommer
Informatik
De Gruyter Studium

Weitere empfehlenswerte Titel

Informatik, Band 1: Programmierung, Algorithmen und Datenstrukturen
H.P. Gumm, M. Sommer, 2016
ISBN 978-3-11-044227-4, e-ISBN 978-3-11-044226-7,
e-ISBN (EPUB) 978-3-11-044231-1

Informatik, Band 3: Formale Sprachen, Compilerbau, Berechenbarkeit und Verifikation
H.P. Gumm, M. Sommer, 2018
ISBN 978-3-11-044238-0, e-ISBN 978-3-11-044239-7,
e-ISBN (EPUB) 978-3-11-043405-7

Rechnerorganisation und Rechnerentwurf, 5. Auflage
D. Patterson, J.L. Hennessy, 2016
ISBN 978-3-11-044605-0, e-ISBN 978-3-11-044606-7,
e-ISBN (EPUB) 978-3-11-044612-8

Datenbanksysteme, 10. Auflage
A. Kemper, 2015
ISBN 978-3-11-044375-2

IT-Sicherheit, 9. Auflage
C. Eckert, 2014
ISBN 978-3-486-77848-9, e-ISBN 978-3-486-85916-4,
e-ISBN (EPUB) 978-3-11-039910-3

Heinz-Peter Gumm, Manfred Sommer

Informatik

Band 2: Rechnerarchitektur, Betriebssysteme, Rechnernetze

DE GRUYTER
OLDENBOURG

Autoren
Prof. Dr. Heinz-Peter Gumm
Philipps-Universität Marburg
Fachbereich Mathematik
und Informatik
Hans-Meerwein-Straße
35032 Marburg
gumm@mathematik.uni-marburg.de

Prof. Dr. Manfred Sommer
Elsenhöhe 4B
35037 Marburg
manfred.sommer@gmail.com

ISBN 978-3-11-044235-9
e-ISBN (PDF) 978-3-11-044236-6
e-ISBN (EPUB) 978-3-11-043442-2

Library of Congress Cataloging-in-Publication Data
A CIP catalog record for this book has been applied for at the Library of Congress.

Bibliografische Information der Deutschen Nationalbibliothek
Die Deutsche Nationalbibliothek verzeichnet diese Publikation in der Deutschen
Nationalbibliografie; detaillierte bibliografische Daten sind im Internet über
http://dnb.dnb.de abrufbar.

© 2017 Walter de Gruyter GmbH, Berlin/Boston
Druck und Bindung: CPI books GmbH, Leck
♾ Gedruckt auf säurefreiem Papier
Printed in Germany

www.degruyter.com

Rechnerarchitektur, Betriebssysteme, Rechnernetze

Inhalt

Vorwort

Dieses Buch ist der zweite Band eines dreiteiligen Buchprojekts zum Thema „Informatik", das sich zum Ziel gesetzt hat, eine allgemeine Einführung in dieses faszinierende Gebiet zu geben. Es ist gleichermaßen geeignet für Leser, die sich einen Überblick über die Informatik verschaffen wollen, wie auch für solche, die in das Thema einsteigen und mit Computern professionell arbeiten wollen. In erster Linie richtet es sich an Studenten, die Informatik im Haupt- oder Nebenfach studieren. Es eignet sich als Begleitlektüre zu den Vorlesungen des Grundstudiums und zur Einführung in weitere faszinierende Gebiete der Informatik.

Der vorliegende zweite Band ist technischen Themen gewidmet, insbesondere der Rechnerarchitektur, Betriebssystemen, Rechnernetzen und speziell dem Internet. Der geplante dritte Band wird die Theoretische Informatik und ihre Anwendungen vorstellen.

Bereits im ersten Band der Reihe haben wir die grundsätzliche Funktionsweise von Computern angerissen. Dieses Thema wird jetzt im ersten Kapitel des vorliegenden Buches wesentlich ausführlicher behandelt, sogar mit einem Simulationsprogramm zur Veranschaulichung der Arbeitsweise eines Rechners. Unser Ziel im ersten Kapitel ist es, ein grundsätzliches Verständnis für den Aufbau eines Computers zu vermitteln, angefangen bei den Transistoren, den damit realisierten logischen Schaltkreisen, den Speichergliedern bis zur CPU, dem „Herz" des Computers, und den Maschinenprogrammen, die diese Technik zum Leben erwecken.

Einen wesentlicher Anteil am ersten Kapitels haben die hochkomplexen Schaltkreise mit deren Hilfe heutige Computer aufgebaut sind. Die boolesche Algebra erlaubt es uns, zu einer beliebigen Schaltaufgabe einen entsprechenden Schaltkreis auszurechnen. Bei der technischen Realisierung der Schaltkreise ist die CMOS-Technik führend. Deren grundsätzliche Funktionsweise erläutern wir ebenfalls und beenden das erste Kapitel mit einer Vorstellung der Assemblerprogrammierung, mit der man unmittelbar die Fähigkeiten der CPU abrufen kann.

Im folgenden Kapitel werden die grundsätzlichen Aufgaben von Betriebssystemen erläutert. Diese machen zunächst aus einem „nackten" Rechner ein nicht nur von Experten nutzbares Gerät, mit dem man Dateien erzeugen, manipulieren, speichern, lesen, oder abspielen kann, je nachdem was diese enthalten. Heutige Betriebssysteme präsentieren den Rechner wie einen Schreibtisch, auf dem Aktenordner und

https://doi.org/10.1515/9783110442366-009

Dokumente liegen zusammen mit allen möglichen Werkzeugen zur Bearbeitung derselben. Konkret werden die gängigen Betriebssysteme für PCs, also UNIX/Linux und Windows vorgestellt.

Rechner sind heute fast immer mit einem Netzwerk verbunden. Das Konzept einer dezentralen Rechnerversorgung mit Servern, die die Rolle eines zentralen Datei-Verwalters übernehmen wird im dritten Kapitel behandelt. In neuerer Zeit ist zu diesen *Rechnern* noch eine Vielzahl anderer Geräte hinzugekommen, deren Leistungsfähigkeit zum Teil ein ähnliches Niveau erreicht. Die große Herausforderung ist die Vernetzung all dieser Geräte, wobei in die Netze, in Zukunft noch mehr als heute, Geräte wie Drucker, Scanner, Photo- und Videoapparate, HiFi-Anlagen, Fernseher, Heizungen, Kühlschränke, Waschmaschinen, etc. einbezogen sein werden.

Die Voraussetzung für die Vernetzung von Rechnern aller Art ist die direkte Verbindung von Rechnern untereinander. Ist dieser Schritt erst einmal geschafft, kann man viele Rechner zu einem logischen Netz zusammenfassen. Jedes Netz eröffnet vielfältige Möglichkeiten der Kommunikation zwischen den beteiligten Geräten. Ein nächster naheliegender Schritt besteht darin, verschiedene Netze untereinander zu verbinden. So entstand auch seit etwa 1970 das weltumspannende Netz von Rechnernetzen, das als *Internet* bekannt ist und dessen fantastische Möglichkeiten als universelles Informationssystem erst nach und nach entdeckt worden sind. Dieses Thema wird im vierten und letzten Kapitel dieses Buches ausführlich behandelt. Grundlage der Kommunikation im Internet sind die TCP/IP Protokolle. Auf diesen baut das World Wide Web (WWW) auf, das die Infrastruktur für das heutige Internet mit seinen vielfältigen Diensten wie z. B. EMail, ftp, Internet Telephonie, etc. bereitstellt. Die Grundlagen der Gestaltung und Programmierung von Web Dokumenten mit HTML5 und JavaScript sowie die universelle Datenaustauschsprache XML und deren Möglichkeiten sind ein wichtiger Teil dieses Kapitels, das mit einem kurzen Abriss sozialer Netzwerke endet.

Die Beispielprogramme zu diesem Buch, Errata, etc. werden wir auf der Webseite *www.informatikbuch.de* bereitstellen.

Marburg an der Lahn, im August 2017

Heinz-Peter Gumm
Manfred Sommer

Kapitel 1

Rechnerarchitektur

Computer bestehen aus ein oder mehreren Zentraleinheiten (engl. *Central Processing Units*, kurz *CPUs*), einem Arbeitsspeicher (engl. *Random Access Memory*, kurz *RAM*) und Peripheriegeräten. Alle diese Teile sind hochkomplexe Schaltkreise, die hauptsächlich aus *Transistoren* aufgebaut sind. Transistoren werden hier als elektrisch gesteuerte Ein-Aus-Schalter eingesetzt. Durch geschickte Kombination vieler solcher Schalter entstehen Schaltkreise, die jedes gewünschte Verhalten realisieren können. Die *boolesche Algebra*, die wir in der ersten Hälfte dieses Kapitels kennen lernen, erlaubt es uns, zu einer beliebigen Schaltaufgabe einen entsprechenden Schaltkreis auszurechnen. Damit ausgerüstet zeigen wir, wie die wichtigsten Bauelemente eines Rechners, nämlich ALU (engl. *Arithmetic Logic Unit*, kurz *ALU*) und Speicher, aus einfacheren Schaltkreisen aufgebaut werden können. Aus diesen konstruieren wir danach eine mikroprogrammierte CPU und vollziehen damit den Übergang von der Hard- zur Software. Wir verfolgen diesen bis zum Maschinencode und Assembler und diskutieren anschließend noch RISC (engl. *Reduced Instruction Set Computer)* als alternative CPU-Architekturen.

Dieses Kapitel erläutert also prinzipiell, wie durch geschickte Kombination von Transistoren ein komplexes Gerät wie ein PC entsteht. Wenn man wollte, könnte man Transistoren auch durch optische Schalter ersetzen und mit den gleichen Prinzipien einen optischen Computer konstruieren. Durch die schnelleren Umschaltzeiten optischer Bauteile darf man sich einen erheblichen Geschwindigkeitsgewinn erhoffen. Allerdings sind optische Schalter heute noch nicht so einfach zu realisieren wie Transistoren. Insbesondere ist eine technische Lösung für die Zusammenfassung (Integration) von Tausenden oder gar Millionen optischer Bauelemente auf einem Chip noch in weiter Ferne. Heute ist die CMOS-Technik in der Realisierung von Transistorschaltungen führend. Wir werden lernen, wie sich in dieser Technik besonders leistungsfähige Bauelemente entwerfen und realisieren lassen. Auch einige Aspekte der Herstellung elektronischer Chips wollen wir in diesem Kapitel beleuchten.

https://doi.org/10.1515/9783110442366-011

1.1 Vom Transistor zum Chip

Das für uns wichtigste elektronische Bauelement ist der so genannte *MOS-Transistor*. MOS ist die Abkürzung für den englischen Begriff *metal oxide semiconductor* (Metalloxid-Halbleiter). Es gibt verschiedene Arten von MOS-Transistoren, alle sind, wie auch in Abb. 1.1 zu sehen, aus mehreren Materialschichten aufgebaut. Ausgangspunkt ist kristallines Silizium, das durch Einbringung von Fremdatomen *dotiert* (verunreinigt) ist. Man unterscheidet zwischen *n*-dotiertem und *p*-dotiertem Silizium. Im ersten Fall entsteht durch die Fremdatome ein Elektronenüberschuss und damit freie negative Ladungsträger, im Falle von *p*-dotiertem Silizium ein Mangel an Elektronen, was man als freie positive Ladungsträger interpretieren kann.

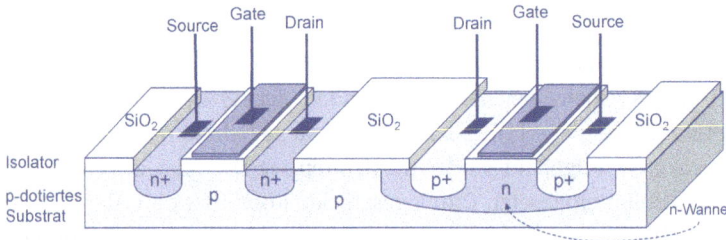

Abb. 1.1. n-MOS und p-MOS Transistor auf gemeinsamem p-Substrat

Zwischen den *p*- und *n*-dotierten Bereichen bilden sich Grenzschichten aus, in denen der Elektronenüberschuss der *n*-Schicht den Elektronenmangel der angrenzenden *p*-Schicht ausgleicht. Dadurch entsteht eine neutrale Zone, in der keine freien Ladungsträger vorhanden sind, so dass diese als Isolator wirkt. Eine zwischen den mit *Source* und *Drain* bezeichneten stark dotierten Bereichen (*n+*, bzw. *p+*) angelegte Spannung bewirkt daher keinen Stromfluss.

Hier kommt der in der obigen Figur als *Gate* bezeichnete metallische Kontakt ins Spiel, der durch einen Isolator (SiO) von der schwach *p*-dotierten Schicht (*p*) getrennt ist. Legt man eine positive Spannung zwischen Gate und Source an, so lädt sich das Gate positiv auf. Wird dabei ein gewisser Schwellwert überschritten, so wird in dem *p*-dotierten Bereich unter dem Gate ein elektrisch leitender Kanal aus negativen Ladungsträgern induziert. Eine ausreichende Spannung am Gate schaltet somit eine elektrische Verbindung zwischen Source und Drain; fällt diese Spannung unter einen Schwellwert, so wird die Verbindung wieder unterbrochen.

Wenn man in der obigen Erklärung die *n*-dotierten und *p*-dotierten Bereiche austauscht, erhält man einen *p-MOS* Transistor. Eine negative Spannung am Gate induziert im *n*-Substrat einen Kanal positiver Ladungsträger. Da sowohl *n*-MOS als auch *p*-MOS Transistoren auf dem gleichen Substrat aufgebracht werden müssen, fertigt man zunächst eine in das *p*-Substrat eingelassene *n*-Wanne, in der man dann den *p*-

MOS Transistor aufbaut. Im Schaltbild wird der *p*-MOS Transistor durch einen kleinen Kreis am Gate kenntlich gemacht.

Abb. 1.2. Schaltbilder für n-MOS und p-MOS Transistoren

Für uns ist einstweilen nur diese Schalterwirkung der Transistoren von Interesse. Dies soll auch in den symbolischen Schaltbildern zum Ausdruck kommen. Steigt die Spannung zwischen Gate und Source über einen Schwellwert, dann schaltet Source zu Drain durch. Ein Abfallen der Spannung unterbricht diese Verbindung.

1.1.1 Chips

Ein *Chip* ist ein dünnes Silizium-Scheibchen, auf das die Transistorschaltung beim Herstellungsprozess aufgebracht wird. Da auf einer daumennagelgroßen Fläche eine sehr große Anzahl von Schaltgliedern zu einem Schaltkreis zusammengefasst werden, nennt man das entstandene Bauteil auch *Integrated Circuit* (*IC*). Mit den Jahren wuchs die Anzahl der Bauelemente auf einem einzigen Chip um mehrere Größenordnungen, entsprechend wandelte sich auch der Name über *LSI (large scale IC)* zu *VLSI (very large scale IC)*. Heutige CPU-Chips enthalten einige Milliarden Transistoren auf einer Fläche von weniger als 100 mm^2. Speicherchips können aufgrund ihrer regelmäßigeren Struktur noch höher integriert werden.

Die Dicke eines Chips beträgt nur etwa 1/10 mm, die der *aktiven Schicht* ist noch erheblich geringer. In der aktiven Schicht finden sich die Transistoren, Dioden, Widerstände und die Leitungen. Der Chip ist in ein Gehäuse aus Kunststoff oder Keramik eingebettet, das erheblich größer ist als das Silizium-Scheibchen. Die Verbindungen von dem inneren Silizium-Scheibchen zu den Außenkontakten des Chip-Gehäuses werden mithilfe hauchdünner Golddrähtchen hergestellt. Klassische Chips sind in einem rechteckigen Gehäuse mit zwei Reihen seitlich angebrachter Anschlussdrähte, den *Beinchen* (engl. *pin*), untergebracht. Die Anzahl der Außenverbindungen ist bei solchen Chips auf etwa 64 beschränkt. Chips mit mehr Anschlüssen (bis zu etwa 100) setzt man oft in ein quadratisches Gehäuse mit Anschlussdrähten an allen vier Seiten. Noch mehr Außenverbindungen schafft man durch Anbringung der Beinchen unter dem Chip. Durch diese *Pin Grid Array* (PGA) genannte Technik lassen sich Chips bauen, die mehrere hundert Verbindungen aufweisen können. Diese Technik wurde weiterentwickelt; heute üblich sind *Land Grid Arrays* (LGA). Die Anschlüsse sind auf einem *Sockel* angeordnet. Dieser hat federnde Kontaktstifte, das Prozessorgehäuse nur mehr Kontaktflächen, sogenannte Lands. Der erste Intel Pentium Prozessor hatte ein

PGA mit 273 Pins, die ersten Versionen des Pentium-4 kamen auf 423 Pins. Der neueste Prozessor aus der Intel x86 Serie, der Core i7 7700K, hat ein LGA mit 1151 Pins.

Abb. 1.3. Ansicht eines LGA. Beispiel Unterseite des Intel i7 7700K

Eine Leiterplatte ist in der Regel mit Chips unterschiedlicher Bauart bestückt und enthält zusätzlich einzelne klassische Bauelemente wie Kondensatoren oder Widerstände. Die Verdrahtung erfolgt meist in mehreren, mindestens jedoch zwei Verdrahtungsebenen. Diese stehen auf der Leiterplatte zur Verfügung, sind untereinander isoliert und haben Querverbindungen zu den anderen Ebenen. Werden mehrere Leiterplatten benötigt, sind diese meist senkrecht in eine Systemplatine (engl. *motherboard*) eingesteckt, die die Verbindungen enthält. Mit Anschlussbuchsen für genormte, mehrpolige Stecker kann ein Anschluss zu Netzteilen, externen Geräten etc. erfolgen.

In heutigen Computern finden sich meist eine oder mehrere Leiterplatten mit weniger als 50 Chips. In unmittelbarer Zukunft wird man durch höhere Integration die Anzahl der Chips in einem Rechner auf weniger als zehn reduzieren und zur selben Zeit die Leistung der Geräte um mehrere Größenordnungen steigern können.

1.1.2 Chipherstellung

Für die Herstellung eines Chips wird zunächst gereinigtes Silizium (Quarzsand) auf über tausend Grad erhitzt, bis es flüssig wird. Aus dieser Schmelze werden so genannte *Einkristalle* gezogen, die bis zu $2m$ lang sein können und einen Durchmesser von etwa 20 bis 30 cm haben. Sie werden nach dem Erkalten in dünne Scheiben gesägt und poliert. Diese Scheiben sind das Ausgangsmaterial für den Herstellungsprozess, im Laufe dessen auf jeder einzelnen hunderte von Chips in einem Arbeitsgang entstehen.

Komplexe Chips erfordern mehrere hundert Herstellungsschritte. Sie können viele Millionen individueller Transistoren enthalten. Für jeden Schritt kommt, in jeweils abgewandelter Form, ein photolithographisches Grundverfahren zur Anwendung. Dabei wird jedes Mal zunächst eine Materialschicht aufgetragen und mit Photolack überzogen. Dieser wird mithilfe einer Maske, auf der die Chipstrukturen ausgespart sind, belichtet. Nach der Entwicklung werden die unbelichteten Stellen bearbeitet, das heißt entweder weggeätzt, dotiert oder mit Kontakten versehen. Dann wird der restliche Photolack entfernt.

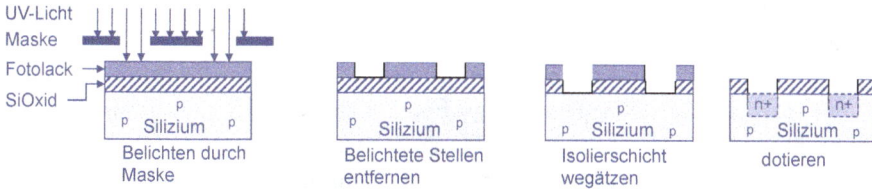

UV-Licht
Maske
Fotolack
SiOxid

| p Silizium p | p Silizium p | p Silizium p | p Silizium p |

Belichten durch
Maske

Belichtete Stellen
entfernen

Isolierschicht
wegätzen

dotieren

Abb. 1.4. Photolithographische Chipbearbeitung

Nach dem Aufbringen der Transistoren und Leiterbahnen entsteht auf den rechteckigen Siliziumscheiben, in einem durch die verwendeten Masken definierten Gebiet, ein waffelartiges Muster einzelner Chips. Daher werden die Siliziumscheiben auch *Wafer* genannt. Sie werden zersägt, in die Gehäuse eingebaut und mit den Anschlussdrähten verbunden (engl.: *bonding*). Das Gehäuse wird endgültig verschlossen – und fertig ist der Chip.

Gegenwärtig ist Silizium der Rohstoff der Wahl für die Fertigung von Chips. Es ist billig und einfacher zu bearbeiten, als der alternative Rohstoff Galliumarsenid, aus dem man Chips mit erheblich kürzeren Schaltzeiten fertigen kann, die in Supercomputern und anderen kritischen Anwendungen gelegentlich eingesetzt werden.

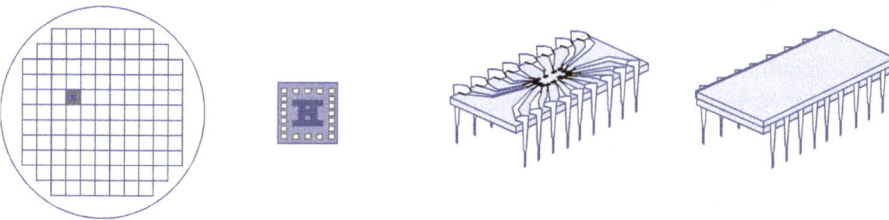

Abb. 1.5. Wafer mit Chips, ausgesägter Chip, bonding und gekapselter Chip

1.1.3 Kleinste Chip-Strukturen

Ein wesentlicher Parameter bei der Chip-Herstellung ist die Größe der kleinsten Strukturen. Dabei handelt es sich um Leitungen, den Abstand zwischen zwei Leitungen oder um die Größe von Transistorzellen. Die kleinsten erzeugbaren Strukturen lagen lange Zeit im Bereich von 100 nm bis 1μ (1μ = 1 Mikrometer = $10^{-6}m$, 1nm = 1 Nanometer = $10^{-9}m$). Zur Zeit werden Strukturen von 14 nm bis 100 nm verwendet. Ein weiteres Absenken der kleinsten Strukturen auf 10nm ist in nächster Zeit zu erwarten. Die Schwierigkeiten beim Verkleinern der Chip-Strukturen bestehen im Herstellen geeigneter Masken für die verschiedenen photolithographischen Prozesse, in der exakten Positionierung der Masken, in Belichtungsproblemen, wenn die Wellenlänge des für die Belichtung verwendeten Lichts erreicht wird, und in mikroskopischen Ungenauigkeiten beim Ätzen, Beschichten etc.

Diese Schwierigkeiten konnten bisher immer wieder bewältigt werden. Meist waren dafür jedoch langwierige Forschungs- und Entwicklungsarbeiten erforderlich, so dass die kleinsten beherrschbaren Strukturen nur relativ langsam von 2μ auf 1μ und dann schrittweise auf $14\,nm$ verkleinert werden konnten. Die Verkleinerung auf Werte in der Größenordnung von 5 bis $12\,nm$ wird weitere technische Innovationen erfordern. Als konsequente Fortsetzung der optischen Lithografie hin zu kürzeren Wellenlängen gilt z. B. die *EUV*-Lithographie (*Extreme Ultra Violet*). Dabei werden Wellenlängen im Bereich $13{,}5\,nm$ genutzt, um Strukturen zwischen $45\,nm$ und $22\,nm$ und kleiner zu erzeugen.

1.1.4 Chipfläche und Anzahl der Transistoren

Die Herstellung von Chips ist ein langwieriger und fehleranfälliger Prozess. Der Anteil von funktionsfähigen Chips betrug daher vor einigen Jahren nur etwa 5 bis 50 %, bezogen auf die Gesamtproduktion, je nach der bereits gewonnenen Produktionserfahrung mit einem bestimmten Herstellungsprozess. Mittlerweile werden die Fertigungsprozesse besser beherrscht; es wird eine funktionsfähige Ausbeute von bis zu 80 % erreicht. Die Fehlerrate bei den einzelnen Chips ist von der Fläche des produzierten Chips abhängig. Um die Produktion wirtschaftlich zu machen, versucht man, die Chipfläche auf ein vertretbares Minimum zu reduzieren. Nur wenn es nicht anders geht, erhöht man die Chipfläche, um die Anzahl der Transistoren zu erhöhen. Gegenwärtig ändert sich die effektiv ausgenutzte Chipfläche von ca. 100 bis $250\,mm^2$ nur wenig, da die Herstellungsprozesse so häufig verbessert werden, dass eine Vergrößerung der Chipfläche kaum notwendig ist.

Der Prozessor des Core i7-7700K wird seit Januar 2017 gefertigt und verfügt über ca. 2 Milliarden Transistorfunktionen auf einer Fläche von ca. $120\,mm^2$, gefertigt wird er mit einem $14nm$ Prozess. Ein Vorgängermodell, der Core i7-3820 wurde mit einem $32\,nm$ Prozess hergestellt und besitzt 1,27 Milliarden Transistorfunktionen auf einer Fläche von $294\,mm^2$. Beide Prozessoren haben jeweils vier CPU-Kerne und etwa 8 MB Cache. Das neuere Modell hat zusätzlich einen integrierten Grafikprozessor (GPU). In beiden Modellen benötigen die Prozessorkerne vermutlich jeweils etwa 50 Millionen Transistorfunktionen. Bei zukünftigen Generationen wird die Anzahl der Transistorfunktionen vermutlich weiter steigen – und für eine größere Zahl von Prozessorkernen bzw. für noch mehr Cache-Speicher genutzt werden.

1.1.5 Weitere Chip-Parameter

Je geringer die kleinsten Strukturen auf einem Chip sind, desto geringer sind die Schaltverzögerungen pro Transistor und der Energieverbrauch pro Schaltvorgang. Wenn dieser Energieverbrauch, der gegenwärtig ca. 1 pJ (Picojoule) beträgt, nicht um eine ganze Größenordnung gesenkt werden könnte, wäre eine Erhöhung der Transistorzahl gar nicht möglich – die Chips würden zu heiß werden.

Die Schaltverzögerung von modernen MOS-Transistoren beträgt weniger als 0,1 *ns* (NanoSekunden). Die Schnelligkeit einer ganzen Leiterplatte wird nicht nur durch die Geschwindigkeit der Transistoren in den Chips bestimmt, sondern auch durch die Zahl und die Länge der Verbindungen der verschiedenen Chips untereinander. Je mehr Transistoren in einem Chip untergebracht werden können, desto weniger Inter-Chip-Verbindungen sind erforderlich – um so schneller ist die Leiterplatte.

1.1.6 Speicherbausteine

Auch der Speicher eines Rechners ist aus Chips aufgebaut, den so genannten RAM-Chips. *RAM* ist die Abkürzung für den englischen Begriff *Random Access Memory* – zu deutsch: *Speicher mit wahlfreiem Zugriff.* Verwendet man die Ladung auf dem Gate eines Transistors zur Speicherung eines Bit, kommt man, zusammen mit der Adressierlogik, auf Speicherbausteine mit weniger als 1,5 Transistoren pro Bit. Allerdings verlieren diese *dynamischen* Speicherbausteine (*DRAM*) nach kurzer Zeit ihre Ladung wieder. Jedes Bit muss innerhalb einer bestimmten Zeit, die im Millisekundenbereich liegt, wieder aufgefrischt, also gelesen und neu geschrieben werden.

Eine Alternative ist die Verwendung *statischer* Speicherbausteine (*SRAM*). Diese müssen zwar nicht ständig aufgefrischt werden, benötigen aber mehrere Transistoren pro Bit. Sowohl dynamische als auch statische RAM-Chips verlieren die gespeicherte Information, wenn kein Strom vorhanden ist. Dies kann durch bestimmte, aufwändige Schaltungen oder durch Verwendung von Akku-Puffern verhindert werden. Heute werden dynamische RAM-Chips mit 1, 2, 4 und 8 GBit Speicherkapazität gefertigt – in absehbarer Zeit wird es voraussichtlich auch 16 und 32 GBit RAM-Chips geben. Die Entwicklungsgeschichte der Speicherbausteine illustriert Abbildung 1.6.

Bei Speicherbausteinen spielt der Preis eine wesentliche Rolle. Daher werden derzeit RAM-Chips mit 2, 4 und 8 GBit Speicherkapazität zu günstigen Preisen angeboten. Die Herstellung von 16 GBit Speicherbausteine ist offenbar noch zu teuer für den Massenmarkt.

Heutzutage werden Speicherbausteine vom Typ DDR-SDRAM (Double Data Rate Synchronous Dynamic Random Access Memory) verwendet. Gegenwärtig ist die vierte Generation DDR4-SDRAM aktuell, eine fünfte Generation wird sicher in absehbarer Zeit auf den Markt kommen. Leistungsfähige Chips vom Typ DDR4-2400 haben einen Speichertakt von 333 MHz, einen „effektiven" Takt von 2400 MHz und erreichen eine

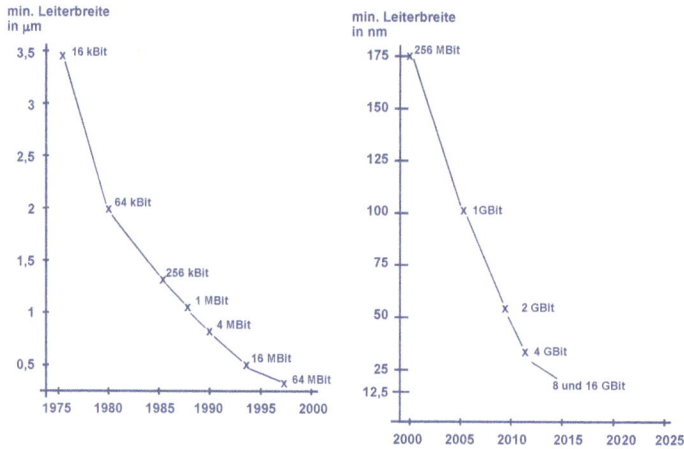

Abb. 1.6. Entwicklung von Speicherchips

Datentransferrate von 19,2 GByte/Sekunde. Noch schnellere Bausteine vom Typ DDR4-3200 werden auch zu höheren Preisen angeboten.

Speicherbausteine kauft man nicht einzeln, sondern als Speichermodule, auf denen mehrere RAM-Chips und weitere Logikbausteine untergebracht sind. Die Speichermodule vom Typ DIMM (Dual Inline Memory Module) sind zum Einbau in normale PCs gedacht, die vom Typ SO–DIMM (Small Outline–DIMM) zum Einbau in Notebookcomputer. Handelsüblich sind Module mit einer Kapazität von 4, 8 oder 16 GByte. Module mit den oben erwähnten DDR4-2400 Chips werden auch als PC4-19200 bezeichnet. Abbildung 1.7 zeigt zwei DDR4 SO-DIMM Module mit je 8 GB.

Abb. 1.7. 2 DDR4 Speichermodulemit je 8 GByte

In den letzten Jahren sind Flash-Speicher sehr populär geworden. Diese verwenden Speicherzellen, die die gespeicherte Information nicht verlieren, wenn kein Strom vorhanden ist. Sie beruhen auf dem *EEPROM* Prinzip (*Electrically Erasable Programmable Read-Only Memory*). Derartige Speicherbausteine können genauso einfach gelesen werden, wie normale Speicherzellen. Das Schreiben erfordert allerdings einen speziellen Mechanismus, das *Umprogrammieren* der Speicherzellen durch Anlegen einer relativ hohen Spannung. Das Schreiben erfolgt meist blockweise und ist sehr

viel langsamer als das Schreiben in normale Speicherzellen. Flash-Speicher benutzen Bausteine mit spezieller EEPROM Technologie und einer Blockgröße für Schreiboperationen von typischerweise 64 Bit. Preiswerte Flash-Speicher mit einer Kapazität
bis 256 GB sind für weniger als 1€/GB erhältlich. Bei größerer Kapazität ist der Preis
derzeit noch überproportional höher. Derartige Speicherbausteine werden in MP3-
Playern verwendet, in Speicherkarten für Kameras und in den beliebten USB-Sticks.
Außerdem werden Flash-Speicher in Halbleiterlaufwerken, sogenannten Solid State
Drives (SSD) verbaut, die zwar etwas teurer sind als herkömmliche Festplattenlaufwer-
ke, dafür aber wesentlich schneller. Sie sind sehr robust, erzeugen keine Geräusche
und verbrauchen nur wenig Energie. Schnelle Festplatten mit SSD-Technik werden
bereits mit Kapazitäten bis 2 TB angeboten.

Abb. 1.8. SSD Festplatte mit 1 TB

1.1.7 Logikbausteine

Speicherbausteine bestehen aus vielen gleichartigen Speicherzellen zusammen mit
einer Lese- und Schreiblogik. Entsprechende Schaltpläne können in jeder Größe relativ rasch angefertigt werden. Daher verwundert es nicht, dass mit jedem neuen Herstellungsprozess, der eine bestimmte Maximalzahl von Transistoren ermöglicht, als
erstes Speicherbausteine gebaut werden können. Anders sieht es bei den *Logikbau-
steinen* aus. Hierbei handelt es sich um Mikroprozessoren oder um sonstige Spezial-
schaltungen. Die entsprechenden Schaltpläne sind nicht so einfach herzustellen wie
die der Speicherbausteine. Sie bestehen nicht aus immer wieder kopierten Speicherzellen, sondern im Extremfall aus lauter unterschiedlichen Funktionsgruppen. Im Fall
der ersten Mikroprozessoren, die nur über wenige Tausend Transistorfunktionen ver-
fügten, konnten die entsprechenden Schaltpläne noch am Reißbrett entworfen werden. Spätere Mikroprozessoren, wie der Intel 8086 mit ca. 30 000 und der Motorola
68000 mit 68 000 Transistorfunktionen, konnten mit den damaligen Werkzeugen nur
entwickelt werden, weil Teile des Mikroprozessors wiederum als Speicher ausgelegt
waren, als sogenannter *Mikroprogrammspeicher*. Der Übergang zu höher integrierten
Schaltungen, wie z. B. der des 80286 mit 150 000 Transistoren, war nur mit computer-
unterstützten Methoden möglich. Heute stehen ausgereifte Werkzeuge zum Entwurf
hochintegrierter Logikbausteine zur Verfügung, mit denen Mikroprozessoren, wie z. B.
der Core i7 7700 Prozessor mit seinen 2 Milliarden Transistorfunktionen, entwickelt
werden können.

1.1.8 Schaltungsentwurf

Die wesentlichen Hilfsmittel für den Entwurf hochintegrierter Schaltungen sind CAD-Systeme und Simulationsprogramme. CAD steht für *Computer Aided Design* – zu deutsch etwa: *Rechnergestütztes Entwurfsverfahren*. Von Hand gezeichnete Schaltpläne für einige 100 000 Transistoren würden so groß wie Fußballfelder sein. Solche Schaltungen können daher nur noch mit elektronischen Entwurfssystemen beherrscht werden. Ähnliches gilt auch für das Testen der Schaltung. Früher wurde ein Prototyp hergestellt und dieser anschließend getestet. Die Herstellung von Chip-Prototypen ist jedoch sehr aufwändig. Es kann Monate dauern, bis ein Prototyp fertig ist, nur um dann nach Stunden wegen eines Fehlers verworfen zu werden.

Bei einem Chip mit einigen 1000 Transistoren kann die Schaltung im Elektroniklabor mithilfe von Oszillografen getestet werden. Wenn einige 100 000 oder sogar einige 100 000 000 Transistoren auf Funktionstüchtigkeit und hinsichtlich ihres Zusammenspiels getestet werden müssen, ist ein solches Verfahren nicht mehr möglich. Aus diesen Gründen verlagert man die Produktion der Prototypen von der Hardware in die Software. Statt eines physischen Probanden wird ein abstraktes Modell des zukünftigen Chips definiert und dessen Verhalten auf einem Rechner simuliert.

Dennoch verbleibt das Risiko von unentdeckten Entwurfsfehlern. Wie das Beispiel des „Pentium-FDIV-Bug" zeigt, wurde ein Fehler in dem Pentium-Prozessor weder bei den Simulationen vor Produktionsbeginn noch beim Testen der ersten Serien von Prozessoren entdeckt. Erst anderthalb Jahre nach Beginn der Serienproduktion kam dieser Fehler mehr oder weniger zufällig ans Licht.

Der Entwurf hochintegrierter Transistorschaltungen ist ein ähnlich anspruchsvolles Problem wie der Entwurf und die Programmierung eines Softwaresystems, das aus mehreren hochkomplexen Programmen besteht. Es verwundert daher nicht, dass in beiden Fällen ähnliche Techniken angewendet werden.

Der modulare Entwurf: Ein komplexes System wird in mehrere einfachere Module mit klaren Schnittstellen zerlegt. Ein hochintegrierter Chip besteht häufig aus einzelnen Modulen, die über Schaltungskanäle verdrahtet sind.

Standardschaltungen: Für bestimmte wiederkehrende Aufgaben werden immer die gleichen Schaltungen verwendet, die in *Zellbibliotheken* verwaltet werden. Diese Zellbibliotheken bestehen aus logischen Standardschaltungen und deren Implementierung, jeweils in einem bestimmten Herstellungsprozess.

Nach wie vor ist die Struktur vieler Mikroprozessoren so, dass möglichst viele Funktionen in *Mikroprogramme* verlegt werden, die wiederum in Speicherzellen abgelegt sind. So haben heutige Mikroprozessoren einen Anteil von 20 bis 50 % an Transistoren mit Speicherfunktion.

Ein alternativer Weg zur Vereinfachung von Mikroprozessoren wird von den noch zu diskutierenden *RISC-Prozessoren* eingeschlagen. Bei RISC-Prozessoren wird der Befehlssatz so weit vereinfacht, dass man mit sehr wenigen Mikroprogrammen auskommt. Durch die konsequente Verwendung von *regulären Strukturen* erreicht man eine Vereinfachung des Schaltungsentwurfs und damit eine schnellere Anwendung eines moderneren Herstellungsprozesses auch für Logikschaltungen.

1.2 Boolesche Algebra

Die Prinzipien heutiger Computer lassen sich weitgehend auf der Basis abstrakter Ein/Aus-Schalter verstehen, unabhängig davon in welcher Technologie diese realisiert werden. Das mathematische Werkzeug um aus einfachen Ein/Aus-Schaltern hochkomplexe Schaltkreise zu konstruieren liefert die *boolesche Algebra*, die wir in diesem Kapitel kennenlernen werden. Sie entstand aus den Arbeiten des Engländers *George Boole* (1815-1864), dessen eigentliches Ziel es war, die Logik formal zu begründen. Es ging darum, die Wahrheit oder Falschheit von Aussagen zweifelsfrei feststellen zu können, ähnlich wie man auch das Ergebnis einer Addition oder Multiplikation ausrechnen kann. Die Objekte, mit denen Boole operierte, waren *Wahrheitswerte* (*wahr* und *falsch*) doch kann man sie genauso gut als Bitwerte (**0** und **1**) oder Stromzustände (Strom fließt/Strom fließt nicht) interpretieren und realisieren.

1.2.1 Serien-parallele Schaltungen

Information wird in einem Rechner letztlich durch eine Folge von *Bits* realisiert. Jedes Bit kann zwei Zustände haben, die wir mit 0 und 1 bezeichnen. Technisch können diese Zustände durch Spannungen realisiert werden, z. B. 0 durch eine Spannung zwischen $0, 0$ und $0, 4$ V und 1 durch eine Spannung zwischen $2, 4$ und $5, 0$ V.

In einem einfachen Stromkreis, bestehend aus einer Batterie B, einem Schalter S und einem Lämpchen L können wir die Bitwerte 1 und 0 dadurch realisieren, dass das Lämpchen brennt oder erlischt. Das Verhalten des Kreises kann man in einer Tabelle darstellen. Wenn wir die Stellungen des Schalters, offen bzw. geschlossen, mit 0 bzw. 1 bezeichnen, erhalten wir die folgende Tabelle für den Zustand der Lampe L:

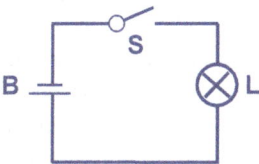

S	L
0	0
1	1

Abb. 1.9. Schaltungen

Ersetzen wir den Schalter S durch zwei Schalter, S_1 und S_2, so ergeben sich zwei Kombinationsmöglichkeiten, die *Parallelschaltung* und die *Serienschaltung*:

Die zugehörigen *Schalttabellen* beschreiben alle möglichen Stellungen von S_1 und S_2 zusammen mit dem Ergebnis, das wir in Spalte L angeben.

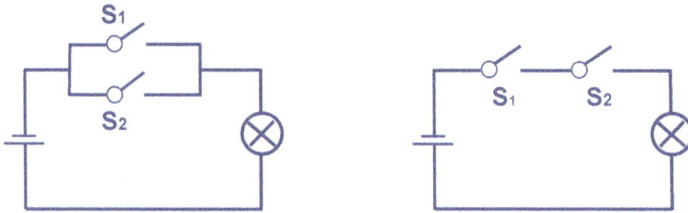

Abb. 1.10. Parallelschaltung und Serienschaltung

S_1	S_2	L
0	0	0
0	1	1
1	0	1
1	1	1

S_1	S_2	L
0	0	0
0	1	0
1	0	0
1	1	1

Abb. 1.11. Schalttabellen für Parallelschaltung und Serienschaltung

Wir ignorieren von nun an die Batterie, den Verbraucher (Lampe) und den Rückfluss des Stromes von der Lampe zur Batterie. Damit hat jeder Schalter und jede der obigen Schaltungen einen Eingang und einen Ausgang. Wir sprechen jetzt von Schaltgliedern. Ein Schaltglied S sei *geschlossen* (S = 1), wenn eine Verbindung vom Eingang zum Ausgang besteht, ansonsten *offen* (S = 0).

1.2.2 Verknüpfung von Schaltgliedern

Sind S_1 und S_2 Schaltglieder, so erhält man durch Parallelschaltung ein Schaltglied, das wir mit $S_1 + S_2$ bezeichnen und durch Serienschaltung ein Schaltglied $S_1 \cdot S_2$.

Bei der Parallelschaltung genügt es, dass einer der Schalter, S_1 *oder* S_2, geschlossen ist, damit die gesamte Schaltung Strom durchlässt, bei der Serienschaltung ist es notwendig, dass S_1 *und* S_2 geschlossen sind. Daher wird die Parallelschaltung auch als *Oder-Schaltung*, die Serienschaltung als *Und-Schaltung* bezeichnet.

„+" und „·" sind zunächst Operationen auf Schaltgliedern. Dabei interessiert uns lediglich, ob bei einer bestimmten Stellung der Bestandteile das zusammengesetzte Schaltglied geöffnet oder geschlossen ist. Mit der Abkürzung *Ein* = 1, *Aus* = 0 erhalten wir die Operationstafeln für $S_1 + S_2$ und $S_1 \cdot S_2$. Diese Tabellen kann man auch so beschreiben:

- $S_1 + S_2$ hat den Wert 1, wenn mindestens einer der Bestandteile, S_1 *oder* S_2, den Wert 1 hat.
- $S_1 \cdot S_1$ hat den Wert 1, wenn beide Bestandteile, S_1 *und* S_2, den Wert 1 haben.

+	0	1
0	0	1
1	1	1

·	0	1
0	0	0
1	0	1

Abb. 1.12. Operationstabellen für + und ·

Die Operationszeichen + und · haben hier natürlich eine andere Bedeutung als gewohnt. Insbesondere gilt $1 + 1 = 1$. Um eine Verwechslung auszuschließen, benutzt man statt + und · manchmal auch die Zeichen $\vee$ und $\wedge$ bzw. **OR** und **AND**.

Ersetzt man in den Tabellen 0 durch *false* und 1 durch *true*, so entspricht + genau der booleschen Verknüpfung | (OR) und · der Verknüpfung & (AND), die wir auf Werten vom Typ *boolean* in Programmiersprachen kennen.

1.2.3 Serien-parallele Schaltglieder

Beginnend mit einfachen Ein-Ausschaltern, die wir mit x, y, z etc. bezeichnen, können wir schrittweise durch Parallel- und Serienschaltung komplexere Schaltglieder zusammenbauen. Wenn zwei Schalter mit dem gleichen Namen vorkommen, wie die mit x bezeichneten Schalter in Abb.1.13, so stellen wir uns vor, dass diese Schalter so gekoppelt sind, dass sie immer in der gleichen Schaltposition (offen bzw. geschlossen) sind.

$$x * (y + z) \qquad\qquad x * y + x * z$$

Abb. 1.13. Zwei Schaltungen mit gleichem Verhalten

Verschieden aufgebaute Schaltungen können das gleiche Verhalten zeigen, wie dies auch der Fall der beiden Schaltungen in Abb. 1.13 zeigt: Beide Schaltungen sind jeweils genau dann geschlossen, wenn sowohl x als auch mindestens einer der Schalter y oder z geschlossen sind.

1.2.4 Terme

Die Einführung der Operationszeichen „+" für Parallelschaltung und „·" für Serienschaltung erlaubt es uns, jede Serien-Parallelschaltung textuell anzugeben. So werden die in Abb. 1.13 gezeigten Schaltungen durch die Ausdrücke $x \cdot (y + z)$ bzw. $(x \cdot y) +$
$(x \cdot z)$ beschrieben. Jeden solchen Ausdruck nennt man auch *Term*, genauer *serien-
parallel-Term*. Es ist nützlich auch noch die Terme 0 für den immer offenen Schalter
und 1 für den immer geschlossenen Schalter einzuführen. Dann kann man serien-
parallele Terme (SP-Terme) folgendermaßen induktiv definieren:
- 0 und 1 sind SP-Terme
- Jede Variable $x, y, z, \dots$ ist ein SP-Term.
- Sind t_1 und t_2 SP-Terme, so auch $(t_1 + t_2)$ und $(t_1 \cdot t_2)$.

Jeder SP-Term ist auf genau eine Weise aus seinen Bestandteilen aufgebaut. Dies werden wir später ausnutzen, um jedem Term eine Bedeutung zuzuordnen, die sich aus
den Bedeutungen der Teilterme eindeutig errechnet. Bevor wir dies in Angriff nehmen,
wollen wir aber noch Regeln formulieren, die es uns gestatten, Klammern einzuspa-
ren. Denn aufgrund unserer Definition müssten die Schaltungen aus Abb. 1.13 durch
die Terme $(x \cdot (y + z)$ bzw. $(x \cdot y) + (x \cdot z)$ beschrieben werden. Zur Klammerersparnis
vereinbaren wir:
- die äußerste Klammer darf jeweils wegfallen
- · bindet stärker als +.

Damit vereinfachen die genannten Terme zu $x \cdot (y + z)$ und $x \cdot y + x \cdot z$.

1.2.5 Schaltfunktionen und -tabellen

Jede Funktion $f : \{0, 1\}^n \to \{0, 1\}$, die jedem n-Tupel von Bits ein Ergebnisbit zuordnet, heißt *Schaltfunktion*.

Jeder Term t mit n Variablen $x_1, \dots, x_n$ definiert eine solche Schaltfunktion f_t. Um
die Funktion f_t auf einen Input, also auf ein n-Tupel von Bits, anzuwenden, müssen
wir nur die Variablen durch die entsprechenden Inputbits ersetzen und den entstandenen Ausdruck anhand der Operationstabellen ausrechnen.

Für den Term $t = x \cdot (y + z)$ haben wir beispielsweise $n = 3$, er beschreibt also
eine Schaltfunktion $f_t : \{0, 1\}^3 \to \{0, 1\}$. Um beispielsweise $f_t(1, 1, 0)$ zu berechnen,
setzen wir in t also $x = 1, y = 1, z = 0$ und vereinfachen von innen nach außen:
$f_t(1, 1, 0) = 1 \cdot (1 + 0) = 1 \cdot 1 = 1$.

Mittels einer *Schalttabelle* können wir die komplette Schaltfunktion eines Terms
übersichtlich darstellen. Die linken Spalten repräsentieren alle möglichen Kombinationen der Inputwerte. Bei n Variablen hat die Tabelle daher 2^n Zeilen. Schrittweise
fügen wir für jeden Teilterm eine Spalte hinzu. Für jeden Teilterm berechnen wir sein
Ergebnis mithilfe der Operationstabellen aus den Spalten seiner Teilterme.

x y z	y + z	x•(y+z)
0 0 0	0	0
0 0 1	1	0
0 1 0	1	0
0 1 1	1	0
1 0 0	0	0
1 0 1	1	1
1 1 0	1	1
1 1 1	1	1

Abb. 1.14. Zum Term $x \cdot (y + z)$ gehörende Schalttabelle

Für das Beispiel $t = x \cdot (y + z)$ berechnen wir zunächst aus den Spalten für y und z die Spalte für den einzigen nichttrivialen Teilterm $y + z$. Dann ermitteln wir aus den Spalten für x und für $y + z$ die Spalte für $x \cdot (y + z)$.

Verschiedene Terme können durchaus dieselbe Schaltfunktion beschreiben, wie etwa im Fall der Terme $t_1 = x \cdot (y + z)$ und $= t_2 = (x \cdot y) + (x \cdot z)$. Dies erkennt man durch Tabellierung der zugehörigen Schaltfunktionen oder durch Analyse der zugehörigen Schaltkreise.

1.2.6 Gleichungen

Eine Gleichung $t_1 = t_2$ besteht aus zwei Termen, die dieselbe Schaltfunktion beschreiben. Um nachzuweisen, dass eine Gleichung $t_1 = t_2$ gilt, kann man daher die Schaltfunktionen f_{t_1} und f_{t_2} der beiden Terme tabellieren und die Ergebnisse vergleichen. Während die Gleichung $x \cdot (y + z) = x \cdot y + x \cdot z$ noch vertraut aussieht, überrascht vielleicht die folgende Gleichung

$$x + (y \cdot z) = (x + y) \cdot (x + z).$$

Durch Tabellierung erhalten wir aber identische Ergebnisse für alle Belegungen der Variablen:

Es gibt eine recht überschaubare Menge von gültigen Gleichungen, aus denen sich alle anderen Gleichungen ableiten lassen. Eine Struktur, die diese Gleichungen erfüllt, heißt *distributiver Verband*.

1.2.7 Dualität

Es fällt auf, dass sich die Gleichungen in der linken und in der rechten Spalte entsprechen, sofern man + durch · und · durch + ersetzt. Dieses Phänomen ist unter dem Namen *Dualität* bekannt. Die Terme 0 und 1, die den immer geöffneten, bzw. den immer geschlossenen Schaltkreis bezeichnen, werden durch die folgenden Gleichungen

x y z	y * z	x+(y • z)	(x+y)	(x+z)	(x+y)•(x+z)
0 0 0	0	0	0	0	0
0 0 1	0	0	0	1	0
0 1 0	0	0	1	0	0
0 1 1	1	1	1	1	1
1 0 0	0	1	1	1	1
1 0 1	0	1	1	1	1
1 1 0	0	1	1	1	1
1 1 1	1	1	1	1	1

Abb. 1.15. Vergleich der Schaltfunktionen $x + (y \cdot z)$ und $(x + y) \cdot (x + z)$

Tab. 1.1. Gleichungen eines distributiven Verbandes

$x + x = x$	Idempotenz	$x \cdot x = x$
$x + y = y + x$	Kommutativität	$x \cdot y = y \cdot x$
$x + (y + z) = (x + y) + z$	Assoziativität	$x \cdot (y \cdot z) = (x \cdot y) \cdot z$
$x \cdot (x + y) = x$	Absorption	$x + (x \cdot y) = x$
$x \cdot (y + z) = x \cdot y + x \cdot z$	Distributivität	$x + (y \cdot z) = (x + y) \cdot (y + z)$

charakterisiert. Auch hier entsprechen sich die Gleichungen, wenn man zusätzlich noch 0 mit 1 vertauscht:

$$x + 0 = x \quad x \cdot 1 = x$$
$$x + 1 = 1 \quad x \cdot 0 = 0$$

Allgemein erhalten wir den zu einem Term t *dualen Term* t^d, wenn wir + und · sowie 0 und 1 vertauschen. Beispielsweise ist $(x + 0) \cdot y$ dual zu $(x \cdot 1) + y$. Durch zweimaliges Dualisieren erhalten wir den alten Term zurück. Wir stellen also fest, dass mit jeder Gleichung $t_1 = t_2$ auch die duale Gleichung $t_1^d = t_2^d$ gilt. Dieses *Dualitätsprinzip* setzt sich auf alle Gleichungen fort, die wir aus den Basisgleichungen in Tabelle 1.1 folgern können. Wir haben also immer $(t^d)^d = t$, und zu jeder Gleichung $t_1 = t_2$ automatisch auch die duale Gleichung $t_1^d = t_2^d$.

1.2.8 SP-Schaltungen sind monoton

Wir wissen schon, dass jeder Term eine Schaltfunktion realisiert, es gibt aber Schaltfunktionen, die mit den bisher gesehenen Verknüpfungen, + und · nicht realisierbar sind. Ein einfaches Beispiel ist eine Wechselschaltung, bei der eine Lampe durch zwei Schalter x und y unabhängig voneinander ein- oder ausgeschaltet werden soll. Legen wir uns darauf fest, ob am Anfang, wenn beide Schalter ausgeschaltet sind, die Lampe nicht brennen soll, also $f(0, 0) = 0$, oder brennen soll, also $f(0, 0) = 1$, so ergeben sich die restlichen Einträge aus der Forderung, dass bei jeder Veränderung eines der Schalter sich der Zustand der Lampe verändern muss:

x	y	Lampe
0	0	0
0	1	1
1	0	1
1	1	0

x	y	Lampe
0	0	1
0	1	0
1	0	0
1	1	1

Abb. 1.16. Mögliche Schalttabellen für Wechselschalter

Der Grund warum keine dieser Schaltfunktionen allein mit + und · realisierbar ist, liegt darin, dass sowohl + als auch · monotone Operationen in folgendem Sinne sind: Setzt man $0 \leq 1$ dann wird diese Ordnung von den Operationen + und · respektiert, das bedeutet:

$$x_1 \leq y_1 \wedge y_1 \leq y_2 \Rightarrow x_1 + x_2 \leq y_1 + y_2$$

und analog für ·. Kompositionen von monotonen Operationen sind offensichtlich monoton. Für den Wechselschalter haben wir aber entweder $f(0, 1) = 1$ und $f(1, 1) = 0$ oder $f(0, 0) = 1$ und $f(0, 1) = 0$ somit ist die gewünschte Funktion nicht monoton, kann also nicht allein aus + und · aufgebaut werden.

1.2.9 Negation

Die einfachste nicht monotone Schaltfunktion ist durch die folgende Tabelle gegeben. Wenn der Schalter x offen ist, ist das Schaltglied geschlossen – und umgekehrt. Das entsprechende Schaltglied heißt *Negation*. Als Operationszeichen benutzen wir ein Apostroph: '.

x	x'
0	1
1	0

Abb. 1.17. Schalttabelle für Negation

Ist S ein Schaltglied, so sei S' dasjenige Schaltglied, das genau dann offen ist, wenn S geschlossen ist. S' heißt die *Negation* von S. Für die zweifache Negation gilt offensichtlich: $S'' = S$. Andere Namen für die Negation sind auch: *Komplement* oder *Inverses*. Statt dem Apostroph ' verwendet man gelegentlich auch einen Überstrich, also $\bar{x}$ statt x'. In der Logik, wo man statt + und · die Operationszeichen $\vee$ und $\wedge$ verwendet, stellt man die Negation durch das vorangestellte Zeichen $\neg$ dar.

In elektrischen Schaltkreisen lässt sich die Negation durch ein *Relais* realisieren: Fließt Strom durch S, so wird durch die Magnetwirkung einer Spule der Schalter S' geöffnet. Mit Transistoren gelingt die Realisierung der Negation einfacher und natürlicher, siehe Abschnitt 5.3.

1.2.10 Boolesche Terme

Ein Schaltglied, in dem neben Serien- und Parallel-Schaltung auch noch die Negation verwendet werden darf, heißt boolesche Schaltung. Der einer booleschen Schaltung entsprechende Term heißt boolescher Term. Formal definieren wir:

1. 0 und 1 sind boolesche Terme.
2. Jede Variable ist ein boolescher Term.
3. Sind t, t_1 und t_2 boolesche Terme, so auch: $t_1 + t_2$, $t_1 \cdot t_2$ und t'.

Die Gleichheit boolescher Terme definiert man analog zu der Gleichheit von SP-Termen: Zwei Terme heißen gleich, wenn sie identische Schaltfunktionen besitzen. Als Beispiel einer booleschen Gleichung betrachten wir die *deMorgansche Regel*

$$(x + y)' = x' \cdot y'$$

und ihre Herleitung durch Vergleich der entsprechenden Spalten der Schaltfunktionen.

x	y	x+y	(x+y)'	x'	y'	x'• y'
0	0	0	1	1	1	1
0	1	1	0	1	0	0
1	0	1	0	0	1	0
1	1	1	0	0	0	0

Abb. 1.18. Ablesen der Gleichheit $(x + y)' = x' \cdot y'$ aus der Wertetabelle

Die wichtigsten Gleichungen, die das Verhalten der Negation bestimmen, sind in Tabelle 1.2 gezeigt.

Eine algebraische Struktur, in der neben den Gleichungen eines distributiven Verbandes und den Gleichungen für 0 und 1 auch noch diese Komplementgleichungen gelten, heißt *boolesche Algebra*.

Tab. 1.2. Boolesche Gleichungen

$(x + y)' = x' \cdot y'$	deMorgansche Regeln	$(x \cdot y)' = x' + y'$
$x + x' = 1$	Komplementregeln	$x \cdot x' = 0$
	$x'' = x$	

1.2.11 Dualitätsprinzip

Auch für boolesche Terme, die die Negation enthalten, gilt ein Dualitätsprinzip. Allerdings muss man beim Dualisieren die Negation ignorieren, insgesamt hat man dann:

$0^d = 1$, $1^d = 0$ und $x^d = x$, wenn x eine Variable ist,

$$(t_1 \cdot t_2)^d = t_1^d + t_2^d$$
$$(t_1 + t_2)^d = t_1^d \cdot t_2^d$$
$$(t')^d = (t^d)'.$$

Aus dieser Definition kann man durch einfache strukturelle Induktion beweisen:

Ist $t = t(x_1, ..., x_n)$ ein Term, dann erhält man den dualen Term, indem man alle Variablen komplementiert und danach auch noch das Ergebnis: $t^d = t(x_1', ..., x_n')'$.

Beispielsweise erhalten wir den zu $t = x \cdot y + x' \cdot z$ dualen Term:

$$(x \cdot y + x' \cdot z)^d = (x' \cdot y' + x'' \cdot z')'$$
$$= (x' \cdot y')' \cdot (x'' \cdot z')'$$
$$= (x'' + y'') \cdot (x''' + z'')$$
$$= (x + y) \cdot (x' + z).$$

1.2.12 Realisierung von Schaltfunktionen – DNF

In der Praxis stellt sich häufig das Problem, für eine gewünschte Schaltfunktion einen entsprechenden booleschen Term zu finden, der diese Schaltfunktion realisiert. Dazu betrachten wir zunächst spezielle boolesche Terme, so genannte Literale wie z. B. x, x', x_1, x_3' und Monome, wie z. B. $x'yz'$, $xy'z$ oder $x_1'x_2'x_3x_4$. Wir haben hier, wie auch in der Arithmetik üblich, das Multiplikationszeichen weggelassen, d. h. wir schreiben t_1t_2 für $t_1 \cdot t_2$.

Ein *Literal* ist eine Variable oder eine negierte Variable. Ein *Monom* ist ein Produkt von Literalen.

Die Schaltfunktion eines Monoms kann nur dann 1 sein, wenn jedes darin vorkommende Literal 1 ist, d. h. wenn jede vorkommende Variable mit 1 und jede vorkommende negierte Variable mit 0 belegt ist. $x'yz'$ ist also nur dann 1, falls $x = z = 0$ und $y = 1$ sind. Der boolesche Term, der aus der Summe zweier Monome besteht, hat genau dort eine 1, wo mindestens eines der Monome eine 1 hat. So hat der Term $t = x'yz' + xy'z$ eine 1 für $x = z = 0$, $y = 1$ sowie für $x = z = 1$, $y = 0$. Durch Summierung von geeigneten Monomen kann man also an beliebigen Stellen einer Schaltfunktion eine 1 realisieren.

Als Beispiel sei eine Schaltfunktion gesucht, die es gestattet, eine Lampe von drei verschiedenen Schaltern x, y und z unabhängig ein- und auszuschalten. Die gesuchte Schaltfunktion $g(x, y, z)$ ist in der linken Tabelle von Abb. 1.19 spezifiziert.

x y z	g(x,y,z)
0 0 0	0
0 0 1	1
0 1 0	1
0 1 1	0
1 0 0	1
1 0 1	0
1 1 0	0
1 1 1	1

x y z	m_1	m_2	m_3	m_4	m_1+m_2+m_3+m_4
0 0 0	0	0	0	0	0
0 0 1	1	0	0	0	1
0 1 0	0	1	0	0	1
0 1 1	0	0	0	0	0
1 0 0	0	0	1	0	1
1 0 1	0	0	0	0	0
1 1 0	0	0	0	0	0
1 1 1	0	0	0	1	1

Abb. 1.19. Schaltfunktion – Spezifikation und Realisierung als Summe von Monomen

Diese Schaltfunktion liefert an vier Stellen den Wert 1, sie lässt sich also als Summe von vier Monomen m_1, m_2, m_3, m_4 schreiben. Die benötigten Monome sind:

$$m_1 = x'y'z,$$
$$m_2 = x'yz',$$
$$m_3 = xy'z' \text{ und}$$
$$m_4 = xyz.$$

Der gesuchte boolesche Term ist daher:

$$g(x, y, z) = m_1 + m_2 + m_3 + m_4 = x'y'z + x'yz' + xy'z' + xyz.$$

Der so gebildete Term hat eine spezielle Form, die man auch als disjunktive Normalform (DNF) bezeichnet. Darunter versteht man eine Summe von Monomen, wobei verlangt ist, dass jede Variable in jedem Monom (entweder direkt oder negiert) vorkommt. Zu jeder Schaltfunktion gibt es dann genau eine disjunktive Normalform und diese lässt sich auf die oben beschriebene Weise gewinnen.

Das Verfahren ist offensichtlich für jede Schaltfunktion durchführbar, so dass gilt: *Jede Schaltfunktion lässt sich durch einen booleschen Term in DNF realisieren.*

1.2.13 Konjunktive Normalform – KNF

Die vorgestellte Methode liefert für jede Schaltfunktion einen booleschen Term, welcher um so komplizierter ist, je mehr 1-en die Schaltfunktion hat. Das Dualitätsprinzip deutet eine zweite Vorgehensweise an, die immer dann sinnvoll ist, wenn die Schaltfunktion mehr Einsen als Nullen hat.

Wir definieren eine Elementarsumme als Summe von Literalen. Die Schaltfunktion einer Elementarsumme ergibt genau für einen Input eine 0, sonst immer 1. Sind e_1 und e_2 Elementarsummen, so hat das Produkt $e_1 e_2$ genau dort eine 0, wo e_1 oder e_2 eine 0 haben. Jede Schaltfunktion kann man als Produkt von Elementarsummen schreiben.

Beispiel: Gegeben sei die Schaltfunktion $h(x, y, z)$, durch die Werte in der vierten Spalte der linken Tabelle von Abb. 1.20.

x y z	h(x,y,z)
0 0 0	0
0 0 1	1
0 1 0	1
0 1 1	0
1 0 0	1
1 0 1	0
1 1 0	1
1 1 1	1

x y z	e_1	e_2	e_3	$e_1 \cdot e_2 \cdot e_3$
0 0 0	0	1	1	0
0 0 1	1	1	1	1
0 1 0	1	1	1	1
0 1 1	1	0	1	0
1 0 0	1	1	1	1
1 0 1	1	1	0	0
1 1 0	1	1	1	1
1 1 1	1	1	1	1

Abb. 1.20. Schaltfunktion und Darstellung als konjunktive Normalform

Die drei Nullwerte geben Anlass für drei Elementarsummen $e_1 = x + y + z$, $e_2 = x + y' + z'$ und $e_3 = x' + y + z'$. Ihr Produkt ergibt den gesuchten booleschen Term:

$$
\begin{aligned}
h(x, y, z) &= e_1 e_2 e_3 \\
&= (x + y + z)(x + y' + z')(x' + y + z').
\end{aligned}
$$

Den so gewonnenen Term nennen wir auch konjunktive Normalform (KNF).

1.2.14 Algebraische Umwandlung in DNF oder KNF

Die Gesetze der booleschen Algebra erlauben auch eine direkte Umwandlung eines beliebigen Terms in seine disjunktive bzw. konjunktive Normalform. Dies geschieht in drei Schritten, die wir am Beispielterm $t = (x \cdot y)'(y \cdot z')' + (y' + (z + x))'$ nachvollziehen wollen:

–   mit deMorgan'schen Regeln Komplement nach innen bringen:

$$
\begin{aligned}
t &= (x \cdot y)' \cdot (y \cdot z')' + (y' + (z + x))' \\
&= (x' + y') \cdot (y' + z'') + y'' \cdot (z + x)' \\
&= (x' + y') \cdot (y' + z'') + y'' \cdot z' \cdot x'
\end{aligned}
$$

– doppelte Negationen entfernen und ausdistribuieren

$$
\begin{aligned}
&= (x' + y') \cdot (y' + z) + y \cdot z' \cdot x' \\
&= (x' + y') \cdot (y' + z) + y \cdot z' \cdot x' \\
&= x' \cdot y' + x' \cdot z + y' \cdot y' + y' \cdot z + y \cdot z' \cdot x' \\
&= x'y' + x'z + y'y' + y'z + yz'x'
\end{aligned}
$$

– zusammenfassen, umordnen und verschmelzen (Absorption)

$$
\begin{aligned}
&= x'y' + x'z + y' + y'z + x'yz' \\
&= x'y' + x'z + y' + x'yz' \\
&= x'z + y' + x'yz'
\end{aligned}
$$

Jetzt hat man den Term als Summe von Monomen (bzw. als Produkt von Elementarsummen) dargestellt. Meist lässt man diese Form schon als DNF (KNF) gelten. Genau genommen müsste man aber noch jedes Monom (jede Elementarsumme) durch die Verwendung der Gleichungen $a = a \cdot 1 = a \cdot (b + b') = a \cdot b + a \cdot b'$ bzw. $a = (a+b) \cdot (a+b')$ aufblähen, so dass es alle Variablen enthält. Im Beispiel:

$$
\begin{aligned}
t &= x'z + y' + x'yz' \\
&= x'yz + x'y'z + y' + x'yz' \\
&= x'yz + x'y'z + xy' + x'y' + x'yz' \\
&= x'yz + x'y'z + xy'z + xy'z' + x'y'z + x'y'z' + x'yz' \\
&= x'yz + x'y'z + xy'z + xy'z' + x'y'z' + x'yz'.
\end{aligned}
$$

Da wir für die Implementierung meist aber einen möglichst einfachen Term anstreben, werden wir auf diesen letzten Schritt in der Regel verzichten.

1.2.15 Aussagenlogik

George Boole hatte die Absicht, die *Gesetze des Denkens* zu formalisieren. Er ging dazu von *Elementaraussagen* aus, von denen er lediglich verlangte, dass sie entweder wahr (T = *true*) oder falsch (F = *false*) sind. Beispiele solcher Elementaraussagen sind z. B.

- „*2 + 2 = 5*"
- „*Microsoft ist eine Biersorte.*"
- „*Blei ist schwerer als Wasser.*"
- „*Jede ungerade Zahl größer als 3 ist Summe zweier Primzahlen.*".

Durch Verknüpfung mit den logischen Operationen $\wedge$ (und), $\vee$ (oder), $\neg$ (nicht) erhält man neue, zusammengesetzte *Aussagen*. Formal:
- *Jede Elementaraussage ist eine Aussage.*
- *Sind A, A_1 und A_2 Aussagen, so auch $A_1 \vee A_2$, $A_1 \wedge A_2$ und $\neg A$.*

Der *Wahrheitswert* einer zusammengesetzten Aussage berechnet sich aus den Wahrheitswerten der Teilaussagen anhand der *Wahrheitstabellen*. Die Wahrheitstabellen für $\vee$, $\wedge$ und $\neg$ ergeben sich aus den entsprechenden Tabellen für $+$, $\cdot$ und $'$, indem man überall 0 durch F und 1 durch T ersetzt:

$\vee$	F	T
F	F	T
T	T	T

$\wedge$	F	T
F	F	F
T	F	T

$\neg$	
F	T
T	F

Abb. 1.21. Verknüpfungstafeln der logischen Operatoren *Oder*, *Und*, *Nicht*.

Für die Äquivalenz von Aussagen gelten genau die Gleichungen der booleschen Algebra. Man muss lediglich $+$, $\cdot$, $'$, 0, 1 durch $\vee$, $\wedge$, $\neg$, F, T ersetzen. Beispielsweise hat man:

$A \vee (A \wedge B) = A$, d. h. eine Aussage der Form $A \vee (A \wedge B)$ ist genau dann wahr, wenn A wahr ist. Zusätzliche logische Verknüpfungen kann man als Kombination aus den vorhandenen definieren, zum Beispiel „$A \Rightarrow B$" durch „$\neg A \vee B$".

1.2.16 Mengenalgebra

Ausgehend von einer festen Grundmenge M betrachten wir, $\mathbb{P}(M)$ die Menge aller Teilmengen von M. Auf $\mathbb{P}(M)$ untersuchen wir die Operationen $\cup$, $\cap$, $^-$ (Vereinigung, Schnitt und Komplement). Hier gelten wieder die Gleichungen der booleschen Algebra, wenn man $+$, $\cdot$, $'$, 0, 1 durch $\cup$, $\cap$, $^-$, $\emptyset$ und M ersetzt. Beispielsweise gilt für beliebige Mengen U und V die deMorgansche Regel $\overline{U \cap V} = \overline{U} \cup \overline{V}$.

1.3 Digitale Logik

In der *digitalen Logik* geht es darum, Schaltfunktionen technisch zu realisieren. In der Anfangszeit der Informatik wurden dazu in der Tat serien-parallele Schaltkreise zusammen mit Relais eingesetzt, mit welchen man die Negation realisieren konnte. Später benutzte man Vakuumröhren, danach Transistoren als Elementarschalter. In der Optoelektronik gibt es auch optische Schalter die entsprechend kombiniert werden. In allen Fällen ist es notwendig, zunächst gewisse elementare Schaltglieder in der gewählten Technik zu realisieren. Mit diesen elementaren Bausteinen als Ausgangsbasis können wir den Aufbau eines Rechners unabhängig von der angewendeten Technik komplett verstehen.

Die gegenwärtig dominierende Technik ist die CMOS-Technik und wir werden auf die Besonderheiten dieser Technik eingehen und auf einige Kunstgriffe, die uns diese Technik zur besonders effizienten Lösung von Problemen anbietet.

1.3.1 Logikgatter

Schaltfunktionen stellt man gerne graphisch als „schwarzen Kasten" (*black box*) dar, in den man vorne (oder oben) die Eingaben füttert, und bei dem hinten (oder unten) das Ergebnis herauskommt. Diese Darstellung hat den Vorteil, dass man die Komposition $f(g_1, ..., g_n)$ von Schaltfunktionen f, und $g_1, ..., g_n$ besonders anschaulich darstellen kann, denn dabei werden einfach die Ausgänge der $g_1,...,g_n$ in die Eingänge von f geführt. Die folgende Zeichnung stellt dies für den Fall $f = $ OR sowie $g_1 = x' \cdot y$ und $g_2 = x \cdot y'$ dar.

Die Funktionen AND und OR haben jeweils zwei Argumente. Ihre Box-Darstellung hat also jeweils links zwei Eingänge und rechts einen Ausgang. Die Funktion NOT hat nur einen Eingang und einen Ausgang. Der Ausgang des ersten NOT und der Eingang y führen zum Eingang des ersten AND, die Ausgänge der AND-Boxen werden zu den Eingängen des OR.

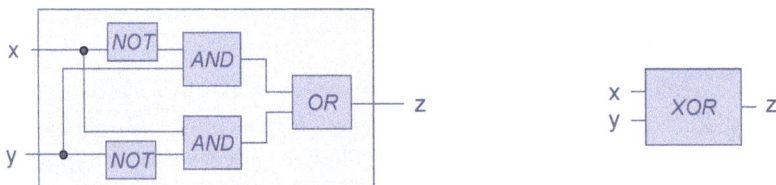

Abb. 1.22. Komposition von Funktionen und resultierende Funktion

Insgesamt wird daraus eine Funktion mit zwei Eingängen, x und y, und einem Ausgang. Dieser Funktion kann man jetzt einen Namen geben, z. B. XOR, und sie als

Funktionsbox mit Eingängen x und y und Ausgang z darstellen. Sie stellt offenbar die Funktion $f(x, y) = x' \cdot y + x \cdot y'$ dar. Diese bezeichnet man auch mit $\oplus$, also $x \oplus y = x' \cdot y + x \cdot y'$.

Man beachte, dass sich die Eingänge x und auch y aufspalten: x führt sowohl in den Eingang des obersten NOT als auch direkt in den Eingang des unteren AND. Die Aufspaltungsstelle ist mit einem Punkt (der manchen Praktiker an eine Lötstelle erinnern wird), markiert. Im Gegensatz dazu kreuzen sich die Eingangslinien von x und y zu den AND-Gliedern, ohne sich zu berühren. Solche Überkreuzungen sind beim Zeichnen auf zweidimensionalem Papier unvermeidlich. Dass sie sich nicht berühren sollen wird an der fehlenden „Lötstelle" deutlich.

Eingänge dürfen sich aufspalten; im Gegensatz dazu dürfen sich Ausgänge nicht gegenseitig berühren. Dies ist in gewissen Techniken zwar möglich, man spricht dann von einem „*wired OR*", aber in den meisten Techniken, so auch in der CMOS-Technik führt eine Berührung von Ausgangsleitungen zu einem Kurzschluss. Dieser ist in der Regel dadurch zu vermeiden, dass die Ausgangsleitungen durch ein OR zusammengeführt werden, wie auch in unserem Beispiel.

Da wir wissen, dass sich jede Schaltfunktion aus den Operationen AND ($\cdot$) OR (+) und NOT ($'$) aufbauen lässt, reichen diese als Basisschaltglieder eigentlich aus. Es gibt eine offizielle Norm der IEC (*International Electric Commission*), in der die offizielle Aufschrift und Form der sogenannten Logikgatter definiert ist. Diese ist in der folgenden Figur zu sehen.

Abb. 1.23. Offizielle Gatterdarstellung der IEC

Der Kreis am Ausgang mancher der Schaltglieder soll bedeuten, dass das Ergebnis negiert wird – aus dem AND wird durch Negierung eine NAND. Ein allein stehendes Negationsglied zeichnet man als Identitätsfunktion (1) gefolgt von einem Negationskreis. Die Aufschrift ≥ 1 auf dem OR-Glied soll andeuten, dass das Ergebnis der Funktion 1 ist, wenn mindestens ein Eingang 1 ist. Analog ist die Aufschrift auf dem XOR-Glied zu verstehen.

Diese normierte Darstellung der IEC sollte die früher gebräuchliche Kennzeichnung der Gattersymbole anhand ihrer Form ablösen. Sie konnte sich aber nicht durchsetzen, was 1991 auch die IEC eingestehen musste. Vor allem in der englischsprachigen Literatur dominiert daher weiter die Unterscheidung der Gattersymbole durch ihre Form, wie sie in der folgenden Abbildung 1.24 zu sehen sind, und wie wir sie auch im Folgenden vorrangig verwenden wollen.

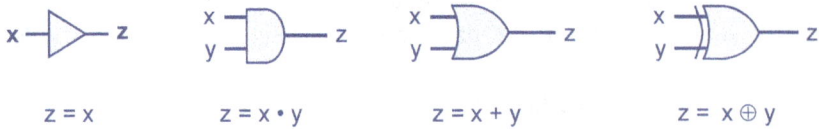

$$z = x \qquad\qquad z = x \cdot y \qquad\qquad z = x + y \qquad\qquad z = x \oplus y$$

Abb. 1.24. Gattersymbole

Die einfachste Schaltung gibt den Input unverändert an den Output weiter. Sie wird als *Puffer* (engl. *buffer*) bezeichnet. Auf der logischen Ebene scheint dieses Gatter nutzlos zu sein, in der Praxis stellt es ein Verstärkerglied dar, das dafür sorgt, dass ein analoger Spannungswert in dem zugehörigen Bereich für logisch 0 bzw. logisch 1 gehalten wird. AND bzw. OR Gatter stellen boolesche Konjunktion · bzw Disjunktion + dar. Das XOR-Gatter entspricht dem *exklusiven oder und kann als* $z = x' \cdot y + x \cdot y'$ *definiert werden*. Da es der bitweisen Addition ohne Übertrag entspricht, schreibt man häufig auch $z = \oplus y$ und spendiert dieser Operation eine eigene Gatterdarstellung.

Das Symbol für das NOT-Glied setzt sich aus dem Puffer-Symbol und einem kleinen Kreis zusammen. Dieser Kreis taucht auch in anderen Schaltgliedern auf und deutet an, dass das Signal entlang der bezeichneten Leitung invertiert wird. Der Kreis macht aus dem AND ein NAND und aus dem OR ein NOR. Übrigens werden wir sehen, dass in der CMOS-Technik die negierten Varianten grundlegender sind, als die unnegierten. Gelegentlich findet man die elementaren Gattersymbole für OR und AND auch mit mehr als zwei Inputs, oder mit einer oder mehreren negierten Eingangsleitungen wie in dem folgenden Bild gezeigt.

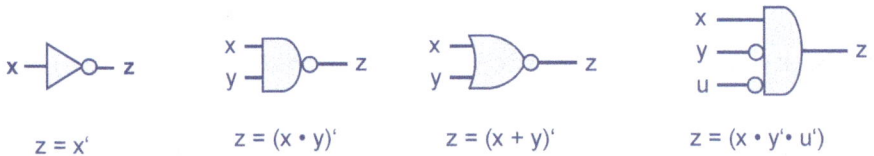

$$z = x' \qquad\qquad z = (x \cdot y)' \qquad\qquad z = (x + y)' \qquad\qquad z = (x \cdot y' \cdot u')$$

Abb. 1.25. Gattersymbole mit Negation

Es ist leicht einzusehen, dass nicht alle Gatter unbedingt notwendig sind. Man könnte theoretisch sogar allein mit dem NAND-Gatter auskommen. Das Komplement kann man als $x' = x$ NAND x gewinnen, dann die Konjunktion durch $x \cdot y = (x$ NAND $y)'$ und die Disjunktion durch $x + y = (x'$ NAND $y')$.

1.3.2 Entwurf und Vereinfachung boolescher Schaltungen

Jede boolesche Funktion f lässt sich durch einen Schaltkreis realisieren. Aus der Schalttabelle für f lesen wir die Monome ab, die den Wert 1 zur gesuchten booleschen Funktion beitragen. Jedes dieser Monome wird durch ein entsprechendes AND-Gatter realisiert und diese werden zum Schluss in einem OR-Gatter summiert. Wir demonstrieren dies an einem kleinen Beispiel und verwenden ab sofort auch die Gatterdarstellung boolescher Funktionen.

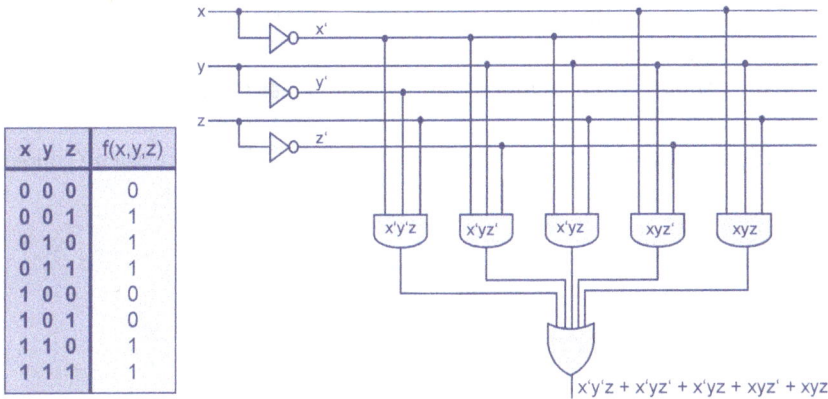

x y z	f(x,y,z)
0 0 0	0
0 0 1	1
0 1 0	1
0 1 1	1
1 0 0	0
1 0 1	0
1 1 0	1
1 1 1	1

Abb. 1.26. Realisierung einer booleschen Funktion

Die Darstellung der Funktion

$$f(x, y, z) = x'y'z + x'yz' + x'yz + xyz' + xyz$$

aus Abb. 1.26 kann noch vereinfacht werden, womit wir evtl. Schaltglieder einsparen können. Die Summe des ersten und dritten Monoms vereinfacht zu $x'z(y' + y) = x'z$. Analog vereinfacht die Summe des zweiten und vierten Monoms zu $x'yz' + xyz' = yz'$. Insgesamt erhalten wir also $f(x, y, z) = x'z + yz' + xyz$. Damit haben wir bereits zwei AND-Gatter eingespart und eine weitere Vereinfachung scheint zunächst nicht mehr möglich.

Die möglichen Vereinfachungsschritte kann man auch schon in der ursprünglichen Schalttabelle erkennen. Es gilt $f(0, 0, 1) = f(0, 1, 1) = 1$ was besagt, dass $f(0, y, 1) = 1$ ist, unabhängig vom Wert von y. In der DNF-Darstellung von erhalten wir also den Summanden $x'z$. Analog gilt $f(0, 1, 0) = f(1, 1, 0) = 1$ was das vereinfachte Monom yz' in der DNF von f ergibt. Zusammen mit dem Monom xyz, welches für den Funktionswert verantwortlich ist, erhalten wir also die obige vereinfachte Darstellung $f(x, y, z) = x'z + yz' + xyz$.

1.3.3 KV-Diagramme

Offenbar lohnt es sich, Zeilen in der Schalttabelle zu suchen, in denen der Funktionswert 1 ist, und deren (x, y, z)-Werte sich nur in einer Komponente unterscheiden, wie etwa $(0, 0, 1)$ und $(0, 1, 1)$ bzw. $(0, 1, 0)$ und $(1, 1, 0)$. Dies wird erheblich durch eine Darstellung der Schaltfunktion in einem sogenannten *Karnaugh-Veitch-Diagramm* (kurz: KV-Diagramm) vereinfacht. Jeder Kombination von Eingabewerten entspricht ein Kästchen in einer Tabelle, in dem der zugehörige Funktionswert eingetragen wird. Die Kästchen sind so angeordnet, dass Eingabekombinationen, die sich nur an einer Position unterscheiden, nebeneinanderliegen. Für den Fall einer dreistelligen Funktion ergibt sich eine 2×4-Tabelle, deren Zeilen den Werten von x entsprechen und deren Spalten den Kombinationen von y und z. Dabei sind die Spaltenbezeichnungen so angeordnet, dass sich zwei benachbarte immer in genau einer Position unterscheiden. Eine solche Anordnung nennt man auch *Gray-Code*. Eigentlich müsste die letzte Spalte zur ersten Spalte benachbart sein, so dass man sich die Tabelle auf einen Zylinder aufgewickelt vorstellen sollte.

Abb. 1.27. KV-Diagramme für eine dreistellige boolesche Funktion

In einem KV-Diagramm suchen wir nun nach Rechtecken mit Seitenlängen 1, 2 oder 4, die gänzlich mit 1-en gefüllt sind. Solche Rechtecke entsprechen gerade den Monomen in denen einige Variablen nicht vorkommen. Beispielsweise entsprechen dem 1×2-Rechteck und dem 2×1-Rechteck der linken Figur gerade die Monome $x'z$ und yz'. Zusammen mit dem trivialen 1×1-Rechteck für xyz überdecken diese genau alle 1-en der Operationstabelle, so dass sich für die Schaltfunktion die Darstellung ergibt:

$$f(x, y, z) = x'z + yz' + xyz.$$

In der rechten Figur erkennen wir, dass wir die 1-en der Tabelle auch mit zwei Rechtecken hätten abdecken können, nämlich dem 2×2-Rechteck welches dem Monom y entspricht und dem 1×2-Rechteck für das Monom $x'z$. Dass diese Rechtecke sich überlappen, ist unerheblich. Auf diese Weise erreichen wir eine noch einfachere Darstellung der Funktion f als $f(x, y, z) = x'z+y$. Gegenüber der in Abb. 1.26 gezeigten Implementierung erzielen wir also eine erhebliche Ersparnis an logischen Gattern.

Die Vereinfachung boolescher Funktionen mit Hilfe von KV-Diagrammen funktioniert auch noch für Funktionen mit vier Variablen, z. B. x, y, z, u. Dabei trägt man auf einer Achse alle vier Kombinationen von x und y auf und auf der anderen alle Kombinationen von z und u. Für die Reihenfolge der Kombinationen verwendet man wieder den bekannten Gray-Code, so dass nebeneinanderliegende Kästchen sich in genau einer Position unterscheiden. Umgekehrt liegen die Kästchen für Variablenkombinationen die sich in genau einer Position unterscheiden nicht notwendig nebeneinander. Dazu müsste man in Gedanken die obere Kästchenreihe an die untere ankleben und die rechte Spalte an die linke Spalte. In der Figur wären dann insbesondere alle vier Eckfelder benachbart.

Im rechten Diagramm von Abb. 1.28 zeigen die Balken bei den Variablennamen die Zeilen bzw. Spalten an, in denen die betreffende Variable unnegiert erscheint. So steht z. B. das Feld mit Inhalt 1 in dem zentralen Quadrat für das Monom $xy'uz'$. Das über den Rand reichende „Quadrat" in der zweiten und dritten Zeile und der ersten und vierten Spalte hat die Koordinaten xu'. Die Überdeckung durch Rechtecke, die in der rechten Figur gezeigt ist liefert, von links nach rechts übersetzt, die Darstellung der booleschen Funktion $f(x, y, z, u) = xu' + x'z'u + xy'uz' + x'z + zu'$.

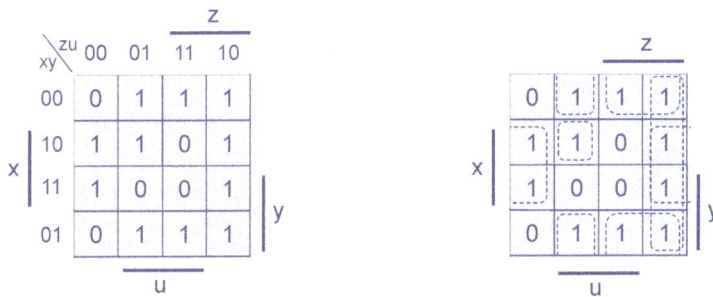

Abb. 1.28. Karnaugh-Veitch-Diagramme für eine vierstellige boolesche Funktion

Für Funktionen mit mehr als 4 Variablen lässt sich die Vereinfachung von booleschen Funktionen durch Überdeckung der 1-gefüllten Positionen der Operationstabelle mit Rechtecken nicht mehr anschaulich durch KV-Diagramme darstellen. Die Methode an sich funktioniert aber weiterhin. Den maximalen 1-gefüllten Rechtecken entsprechen die sogenannten *Primimplikanten*. Ein *Primimplikant* ist ein Monom mit möglichst wenigen Literalen, für das die Funktion f den Wert 1 hat. Im obigen Beispiel ist z. B. $x'z'u$ ein Primimplikant: Wo das Monom $x'z'u$ den Wert 1 hat, gilt auch $f(x, y, z, u) = 1$, also $x'z'u \Rightarrow f(x, y, z, u)$ (d. h. $x'z'u$ ist ein *Implikant*) und kein echter Teil des Monoms ist noch ein Implikant.

Den Primimplikanten entsprechen gerade die maximalen 1-gefüllten Rechtecke der KV-Diagramme. Die Suche nach optimalen Implementierungen von booleschen Funktionen wird also zu einer Suche nach einer überdeckenden Menge von Primimplikanten. Obwohl dieses Problem NP-vollständig ist (siehe Band 3), gibt es ein gut brauchbares Verfahren von W. Quine und E. McCluskey, für das wir auf die weiterführende Literatur verweisen.

1.3.4 Spezielle Schaltglieder

Eine wichtige zusammengesetzte Schaltung ist der *Multiplexer*, auch MUX-*Glied* genannt. Wenn $c = 1$ ist, dann ist $z = x$, ansonsten ist $z = y$. Diese Schaltung implementiert ein *if-then-else*, denn $z =$ *if c then x else y*. Ein Multiplexer ist häufiger Bestandteil
in digitalen Schaltungen. Man stellt derartige Bausteine oft nur als Blockschaltbild
dar:

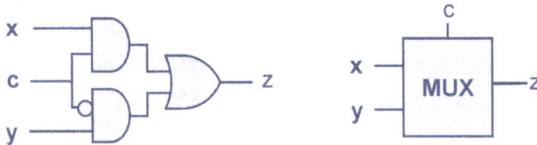

Abb. 1.29. Multiplexer: Schaltung und Schaltsymbol

Multiplexer sind *universelle Schaltglieder*, wie man aus den folgenden Tatsachen
erkennt. Zunächst versteht man unter einem 2^n-Kanal Multiplexer einen solchen, der
je nach Kombination seiner n Kontrolleingänge einen der 2^n Dateneingänge durch-
schaltet. Man kann beliebige Multiplexer aus einfachen MUX-Gliedern zusammenbau-
en, wie Abb. 1.30 für den Fall $n = 2$ zeigt. Repräsentieren die Eingänge $c_1 c_0$ eine Binärzahl $k < 4$, also $k = (c_1 c_0)_2$, so wird der k-te Eingang, x_k, nach z durchgeleitet.

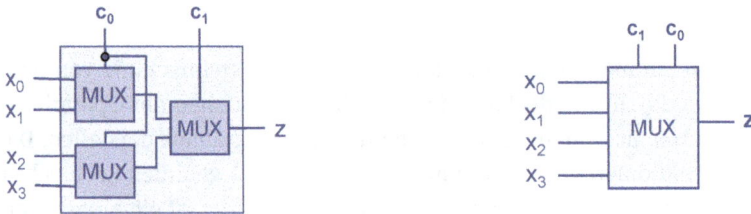

Abb. 1.30. Vierkanal-Multiplexer

Jede Schaltfunktion $f : \{0, 1\}^n \rightarrow \{0, 1\}$ lässt sich auch unmittelbar mit einem
2^n-Kanal Multiplexer realisieren: Sei $0 \le k < 2^n$ eine Zahl mit der Binärdarstellung
$k = (c_{n-1}, \dots, c_0)_2$. Man verbindet den Eingang x_k mit 1, falls $f(c_{n-1}, \dots, c_0) = 1$ ge-
wünscht ist, und sonst mit 0. Legt man nun $c_{n-1}, \dots, c_0$ an den Kontrolleingängen an,
so berechnet die Schaltung den Wert $z = f(c_{n-1}, \dots, c_0)$. MUX ist also ein universelles
Schaltelement.

x	y	z
0	0	0
0	1	1
1	0	1
1	1	0

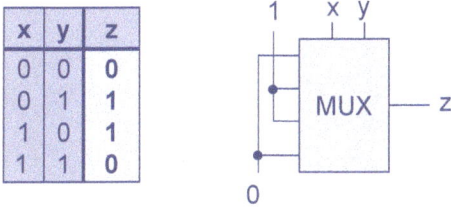

Abb. 1.31. MUX als universelles Schaltelement

1.3.5 Gatter mit mehreren Ausgängen

Gatter mit mehreren Ausgängen realisieren Funktionen $f : \{0,1\}^m \to \{0,1\}^n$. Ein entsprechendes Schaltglied hat also m Eingänge und n Ausgänge. Jedes solche Schaltglied kann aus n Schaltgliedern mit je m Eingängen und einem Ausgang aufgebaut werden. Mathematisch stellen wir f als Tupel von n Schaltfunktionen dar: $f = (f_1, \ldots, f_n)$.Technisch kann man jede Komponente getrennt aufbauen und die Eingänge zusammenfassen. In Einzelfällen lassen sich einige Schaltglieder auch gemeinsam nutzen.

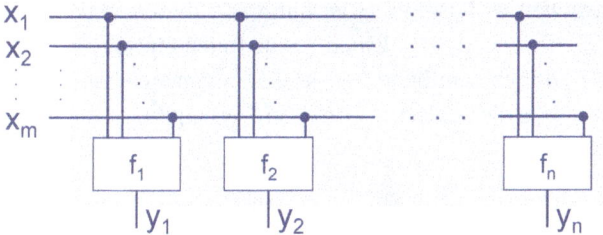

Abb. 1.32. Zusammensetzung eines Schaltgliedes aus Schaltfunktionen

1.3.6 Codierer und Decodierer

Eng verwandt mit dem Multiplexer, und ähnlich nützlich sind die Schaltungen eines Codierers und eines Decodierers. Ein *Decodierer* hat n Eingänge und 2^n viele Ausgänge. Die Folge von 0-en und 1-en am Eingang wird als Binärzahl k interpretiert, dann wird die k-te Ausgangsleitung auf 1 gesetzt, alle anderen auf 0.

Decodierer werden beispielsweise eingesetzt, um aus einer Menge von 2^n vielen Speicherzellen eine bestimmte zu adressieren. Am Eingang wird die binäre Adresse der gewünschten Speicherzelle angelegt. Nur die Ausgangsleitung, die zu der entsprechenden Zelle führt, wird dadurch aktiviert, alle andere bleiben 0.

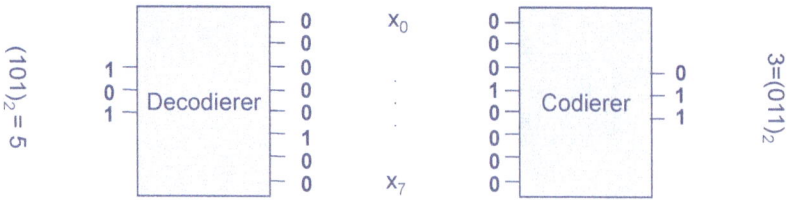

Abb. 1.33. 3-8-Decodierer und 8-3-Codierer

Die Funktionsweise eines *Codierers* ist genau umgekehrt. Er besitzt 2^n viele Eingänge und n Ausgänge. Wenn am k-ten Eingang der Wert 1 liegt und an allen anderen Eingängen der Wert 0, dann wird die Zahl k an den Ausgängen $z_0, \dots, z_{n-1}$ binär dargestellt. Für alle anderen Eingabewerte ist das Ergebnis unspezifiziert. Dies gibt dem Implementierer die Freiheit, zu bestimmen, was mit denjenigen Inputs geschehen soll, bei denen mehrere 1-en auftauchen. So gibt es zum Beispiel einen *Prioritäts-Codierer*, der immer die Nummer der ersten Leitung codiert, die das Signal 1 trägt. Eine andere Strategie ist, die Werte so zu wählen, dass man mit möglichst wenigen Schaltelementen auskommt.

Wir illustrieren dies am Beispiel des 4-2-Codierers. Stellen wir sein KV-Diagramm auf, so kann man an allen bis auf 4 Positionen einen beliebigen Wert wählen. Das KV-Diagramm für die niedrigstwertige Position z_0 ist dann wie in dem linken KV-Diagramm dargestellt: $f(0, \dots, 0, x_k, 0, \dots, 0) = k \bmod 2$. Alle freien Einträge können beliebig gewählt werden. Wir können sämtliche 1-en in einem gemeinsamen 2×2-Quadrat unterbringen, so dass sich die boolesche Funktion $x_0' x_2'$ ergibt.

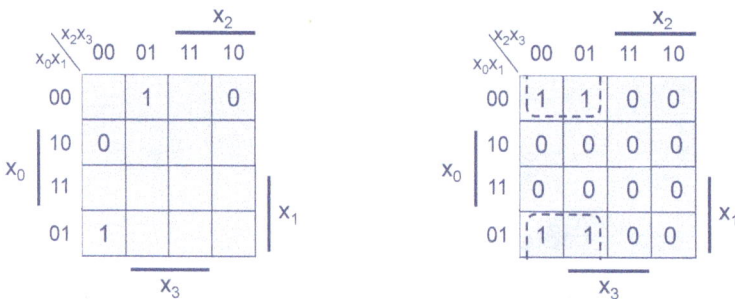

Abb. 1.34. 4-2-Codierer

1.3.7 Addierer

Als weiteres Beispiel einer Schaltung mit mehreren Ausgängen betrachten wir den *Halbaddierer*, eine Schaltung, die zwei Binärziffern x und y addiert. An den Eingängen x und y liegen die zu addierenden Binärziffern, am Ausgang s entsteht das Summenbit und am Ausgang c der Übertrag (engl. *carry*). Aufbau, Tabelle, Schaltzeichen und definierende Gleichungen zeigt Abb. 1.35.

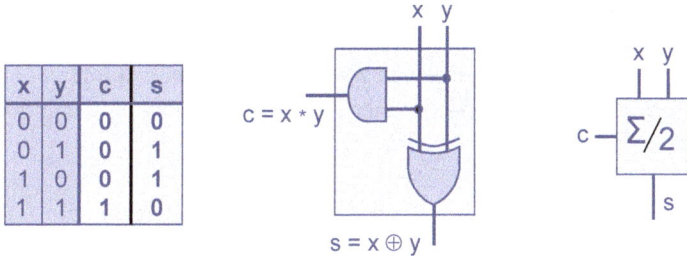

x	y	c	s
0	0	0	0
0	1	0	1
1	0	0	1
1	1	1	0

$$c = x * y$$
$$s = x \oplus y$$

Abb. 1.35. Halbaddierer: Schaltfunktion, Implementierung und Blocksymbol

Ein *Volladdierer* soll ebenfalls zwei Binärziffern x und y addieren können. Er muss aber ggf. noch einen von einer niedrigeren Zifferposition kommenden Übertrag ci (*carry-in*) berücksichtigen. Das Ergebnis ist die (letzte) Ziffer der Summe sowie ein Übertrag co (*carry-out*). Er lässt sich aus zwei Halbaddierern und einem OR-Glied aufbauen:

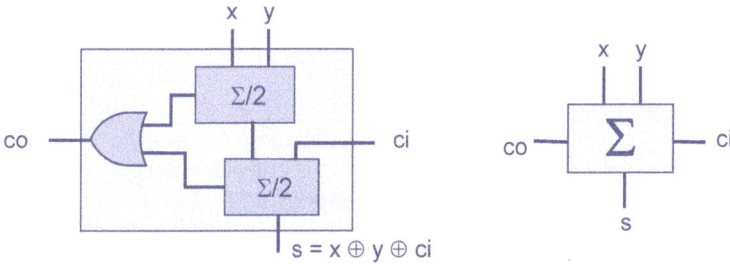

$$s = x \oplus y \oplus ci$$

Abb. 1.36. Volladdierer: Schaltplan und Schaltzeichen

Mit einer Kaskade von n Volladdierern und einem Halbaddierer kann man ein Addierwerk zusammensetzen, um zwei $(n + 1)$-stellige Binärzahlen $x_n, ..., x_0$ und $y_n, ..., y_0$ zu addieren. Jeder Ein-Bit-Addierer ist für eine Zifferposition verantwortlich. Der co-Ausgang jedes Addierers wird mit dem ci-Eingang des nächsten verbunden. Der co-Ausgang der höchsten Bit-Stelle stellt das *carry flag* C dar.

Die gleiche Schaltung funktioniert auch für Zweierkomplementzahlen. Hierbei wird die höchste Bitstelle als Vorzeichenbit interpretiert. Eine Bereichsüberschreitung ist daran erkennbar, dass die co-Ausgänge der höchsten und der zweithöchsten Bitstelle verschieden sind. Wenn wir diese mit $\oplus$ verknüpfen erhalten wir folglich das *Overflow Bit* O.

Für die Subtraktion machen wir uns zunutze, dass Zweierkomplementzahlen X und Y subtrahiert werden, indem man zu X das Zweierkomplement von Y addiert und zum Schluss eine 1 addiert. Wir erreichen dies, indem wir jedem Y-Eingang ein mit dem Signal *Neg* verbundenes XOR-Gatter vorschalten. Falls $Neg = 0$, hat dies wegen $Y = 0 \oplus Y$ keinen Einfluss, falls $Neg=1$, wird wegen $Y = 1 \oplus Y$ das bitweise Komplement von Y zu X addiert. Schließlich wird eine 1 addiert, weil der *Neg*-Eingang auch als Carry des niedrigsten Addierers eingespeist wird.

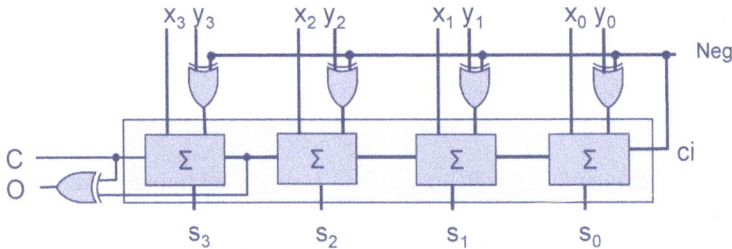

Abb. 1.37. Kaskade von 4 Addierern zur Addition und Subtraktion

Der Carry-Ausgang des höchstwertigen (linken) Addierers C ergibt den Übertrag und ein XOR der beiden höchstwertigen Carry-Ausgänge das Overflow Bit O.

1.3.8 Logik-Gitter

Umfangreiche Schaltkreise werden nicht individuell aus einzelnen Schaltelementen zusammengesetzt. Man verwendet Standardmodule, die auf einfache Weise angepasst werden können, um die jeweils gewünschte Schaltung zu realisieren. Ein *Logik-Gitter* (engl. *logic array*) ist ein zweidimensionales Leitungsgitter, dessen Kreuzungspunkte jeweils von einem Gitterbaustein gebildet werden. Man kommt mit 4 verschiedenen Gitterbausteinen aus, einem *Identer*, einem *Multiplizierer*, einem *Negat-Multiplizierer* und einem *Addierer*. Dies sind jeweils einfache Bausteine mit zwei Eingängen und zwei Ausgängen. In seiner Position im Gitter erhält ein solcher Baustein einen Input x von seinem linken Nachbarn und einen zweiten Input y von seinem oberen Nachbarn. Die Ausgänge r und u führen entsprechend zu dem rechten bzw. unteren Nachbarn.

Multiplizierer und Negat-Multiplizierer leiten den Input, den sie von links erhalten, unverändert nach rechts weiter. Nach unten jedoch geben sie den verknüpften Wert $x \cdot y$ bzw. $x' \cdot y$ aus. Der Addierer reicht den von oben erhaltenen Wert nach unten durch, während er nach rechts die Summe seiner Eingabewerte ausgibt. Der Identer leitet sowohl horizontal als auch vertikal seinen Input unverändert weiter.

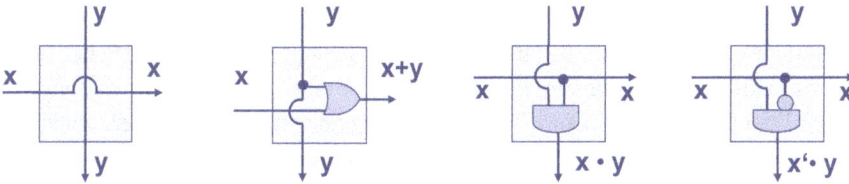

Abb. 1.38. Identer, Addierer, Multiplizierer und Negat-Multiplizierer

In einem Gitter, das an den Kreuzungspunkten nur drei dieser Bausteine, nämlich Identer, Multiplizierer oder Negat-Multiplizierer hat, legen wir an den oberen Spalteneingängen jeweils eine 1 an und an den linken Zeileneingängen die Werte $x_1, x_2, ..., x_n$. An den unteren Ausgängen der Spalten entsteht dann jeweils ein Monom. Eine Variable x_i kommt im Monom der k-ten Spalte genau dann komplementiert vor, wenn am Kreuzungspunkt der i-ten Zeile mit der k-ten Spalte ein Negat-Multiplizierer sitzt, unkomplementiert, wenn es sich um einen Multiplizierer handelt.

Ein Identer bewirkt, dass die entsprechende Variable im Monom nicht erscheint. Dies geht aus dem oberen Teil von Abb. 1.39 hervor. Diesen Teil nennt man auch die UND-Ebene.

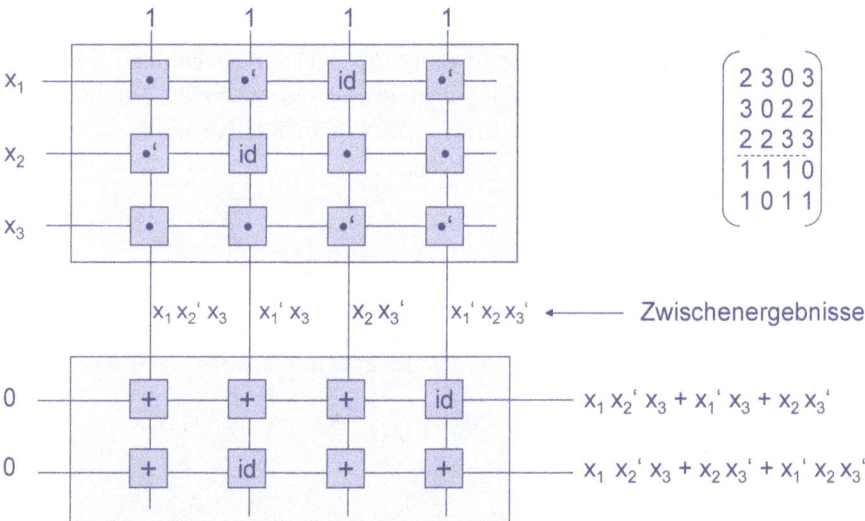

Abb. 1.39. Ein Logik-Gitter für zwei Schaltfunktionen und die zugehörige Matrix

Im unteren Teil des Gitters, der so genannten ODER-Ebene, werden die ankommenden Monome addiert und der Wert nach rechts ausgegeben. Jede Zeile dieses Teiles enthält nur Identer oder Addierer und summiert auf diese Weise nur die benötigten Monome. Da man jede gewünschte Schaltfunktion durch Summe von Monomen darstellen kann, bieten Logik-Gitter ein einfaches Schema, um beliebige Schaltfunktionen zu realisieren. Allgemeiner hat man nicht nur eine, sondern mehrere Zeilen in der ODER-Ebene, so dass man gleichzeitig mehrere boolesche Terme realisieren kann.

In der obigen Figur sind die Bauteile Identer, Addierer, Multiplizierer und Negat-Multiplizierer mit den Symbolen id, +, · und ' bezeichnet – üblicherweise nummeriert man die Bauteile in dieser Reihenfolge einfach von 0 bis 3 durch. Dann kann ein Logik-Gitter einfach durch eine $(n + m) \times k$–Matrix spezifiziert werden, wobei n die Anzahl der Variablen bestimmt, m die Anzahl der verschiedenen booleschen Terme und k die Anzahl der benötigten Monome. In den ersten n Zeilen der Matrix kommen nur die Werte 0, 2, 3 vor, in den letzten m Zeilen nur 0 oder 1. Das vorige Beispiel wird also durch die dargestellte $(3 + 2) \times 4$ -Matrix beschrieben.

1.3.9 Programmierbare Gitterbausteine

Zu einem universellen Werkzeug wird ein Logik-Gitter erst, wenn wir die Gitterbausteine nicht fest an den Kreuzungspunkten des Gitters platzieren, sondern stattdessen einen programmierbaren Gitterbaustein verwenden, der sich, abhängig von einem externen Input, wie ein beliebiger Gitterbaustein verhalten kann. Für die Spezifikation, um welchen der 4 Gitterbausteine es sich handeln soll, benötigt man 2 zusätzliche Bit ($b_1 b_0$), so dass der universelle Gitterbaustein vier Eingänge (b_1, b_0, x, y) und zwei Ausgänge (r, u) besitzt. Über die Eingänge (b_1, b_0) kann er verändert (programmiert) werden, was den Namen *PLA* (*programmable logic array*) erklärt. Für die Schaltfunktion dieses universellen Gitterbausteins liest man unmittelbar aus der Tabelle ab: $r = x + b_1' b_0 y$, sowie $u = b_1' y + b_1 b_0' x y + b_1 b_0 x' y$.

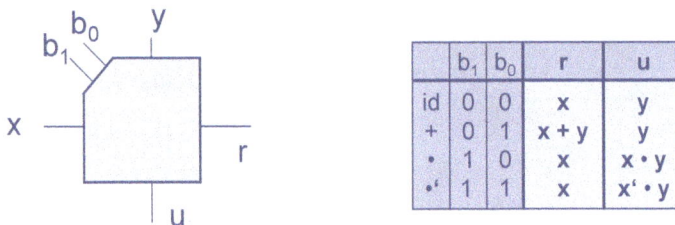

	b_1	b_0	r	u
id	0	0	x	y
+	0	1	x + y	y
·	1	0	x	x · y
·'	1	1	x	x' · y

Abb. 1.40. Programmierbarer Gitterbaustein

1.4 CMOS Schaltungen und VLSI Design

Die Boolesche Algebra beginnt mit Elementarschaltern und konstruiert daraus durch Negation, Serien- und Parallelschaltung beliebige Schaltkreise. Als Elementarschalter werden in der Praxis *Transistoren* eingesetzt. Ein Transistor hat einen Eingang (*Source*), einen Ausgang (*Drain*) und einen Steuerungseingang (*Gate*). Legt man eine Spannung zwischen Source und Drain, so fließt nur dann Strom, falls auch eine Steuerspannung am Gate anliegt.

Wir beschränken uns hier auf die modernere und stromsparende CMOS-Technik (*complementary metal oxide semiconductor*), bei der sowohl p-MOS als auch n-MOS Feldeffekttransistoren (MOSFET) in zueinander komplementären Schaltkreisen eingesetzt werden. CMOS-Schaltungen verbrauchen im Gegensatz zu den älteren Schaltungen mit Bipolartransistoren nur wenig Strom was auch einen geringeren Aufwand zur Kühlung der Chips bedingt.

Die Schaltung wird mit einer positiven Versorgungsspannung V_{CC} (*voltage of the common collector*) betrieben, für die man z. B. 2,9V (oder 5V) wählen kann. Die logischen Werte 0 und 1 entsprechen dann idealerweise den Spannungspegeln $0\ V$ und $2,9\ V$. In der Praxis kann man aber den Bereich $0 - 0,5 V$ als logisch „0" und $2,4 - 2,9 V$ als logisch „1" interpretieren.

logisch „0"   illegaler Bereich   logisch „1"

0   0,5   2,4   2,9 Volt

Abb. 1.41. Analoge und logische Werte

Wir hatten p-MOSFETs und n-MOSFETs als ideale Schalter eingeführt. In der Praxis unterscheiden sich ihre Schaltcharakteristiken je nachdem ob sie an V_{CC} = 1 oder an Gnd = 0 (*ground=Erde*) angeschlossen sind: p-MOS-Transistoren lassen das Signal 1 fast ungedämpft durch, während das 0-Signal gedämpft wird, bei n-MOS-Transistoren ist es genau umgekehrt. Daher bestehen CMOS-Schaltungen immer aus zwei Teilschaltungen – einer sogenannten *pull-up* Schaltung, die für das Ausgangssignal 1 zuständig ist und nur aus p-MOS Transistoren besteht sowie einer *pull-down* Schaltung aus n-MOS-Transistoren, die das Ausgangssignal 0 produziert.

Selbstverständlich muss dafür gesorgt werden, dass der Ausgang nie gleichzeitig mit 1 (V_{CC}) und mit 0 (Gnd) verbunden sein kann. Dies hätte einen Kurzschluss zur Folge! Aus diesem Grund sind pull-up und pull-down Schaltung immer komplementär zueinander aufgebaut: Einer Parallelschaltung im pull-up Teil entspricht eine Serienschaltung im pull-down Kreis. Dies erklärt auch den Namen CMOS (complementary MOS).

1.4.1 Logikgatter in CMOS-Technik

Die einfachste CMOS-Schaltung ist der in der folgenden Figur gezeigte *CMOS-Inverter* der nur aus einem n-MOS und einem p-MOS besteht. Ist der Eingang x = 1, so

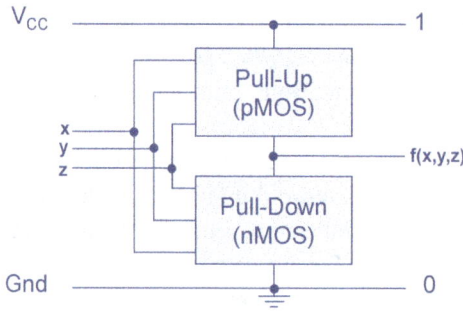

Abb. 1.42. Aufbau einer CMOS-Schaltung zur Realisierung einer booleschen Funktion $f(x, y, z)$.

sperrt der p-MOS Transistor, denn dessen Source und Gate liegen auf dem gleichen Spannungsniveau. Gleichzeitig ist am n-MOS-Transistor die Spannung zwischen Gate und Source maximal, so dass dieser öffnet und am Ausgang z das Spannungspegel $Gnd = 0$ liegt.

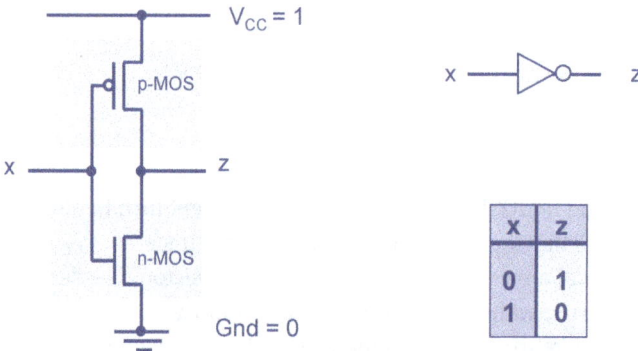

Abb. 1.43. CMOS-Inverter, Gattersymbol und Schalttabelle

Genau umgekehrt sind die Verhältnisse im Fall $x = 0$. Jetzt liegen Gate und Source des n-MOS auf gleichem Niveau, so dass dieser sperrt. Dagegen ist die Spannung zwischen Gate und Source des p-MOS maximal, so dass dieser öffnet und dem Ausgang z das gleiche Spannungsniveau beschert wie dem Source des p-MOS, also logisch 1. Insgesamt hat somit z immer den entgegengesetzten logischen Wert von x, weshalb die gezeigte Schaltung eine Negation realisiert.

Da im Allgemeinen p-MOS Transistoren nur im pull-up Teil verwendet werden und n-MOS nur im pull-down Teil, ist in diesen Fällen eine Spannung zwischen Gate und Source eines p-MOS gleichbedeutend mit dem Signal 0 am Gatter. Das heißt, dass in einer CMOS-Schaltung ein p-MOS Transistor leitend ist, wenn logisch 0 am Gatter liegt und analog ein n-MOS Transistor, wenn logisch 1 am Gatter liegt. Dies erklärt den Kreis im Schaltbild des p-MOS Transistors.

Vor diesem Hintergrund sind die folgenden Schaltungen auch leichter zu verstehen. Abbildung 1.44 zeigt die CMOS-Schaltung für NOR, das Gattersymbol und die Wertetabelle. Man sieht wie die Serienschaltung im pull-up Teil einer Parallelschaltung im pull-down-Kreis entspricht. Nur wenn $x = 0$ und $y = 0$ sind, ist der Ausgang z mit 1 (V_{CC}) verbunden. Gleichzeitig sind beide n-MOS Transistoren gesperrt. Falls $x = 1$ oder $y = 1$ ist die Verbindung von z zu 0 (Gnd) hergestellt.

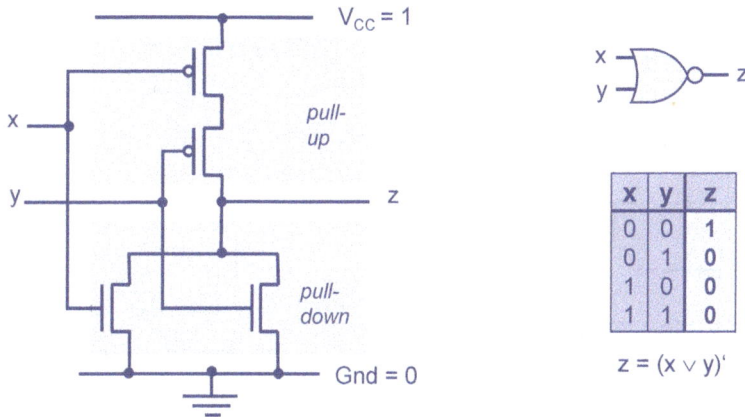

x	y	z
0	0	1
0	1	0
1	0	0
1	1	0

$z = (x \vee y)'$

Abb. 1.44. CMOS Schaltung für NOR, Gattersymbol und Schalttabelle

Die CMOS-Schaltung für NAND ist dual zur Schaltung für NOR. Die Dualität drückt sich darin aus, dass das pull-up Netz der einen dem pull-down Netz der anderen Schaltung entspricht, wobei selbstverständlich im pull-up Teil stets nur p-MOS und im pull-down Teil nur n-MOS Transistoren verwendet werden.

Die Schaltglieder für AND und OR, werden durch nachgelagerte Inverter realisiert, wie in der folgenden Figur am Beispiel von AND gezeigt wird.

1.4.2 CMOS-Entwurf

Es ist nun einfach festzustellen, wie eine beliebige Schaltung in CMOS entworfen werden kann. Sei $f(x_1, ..., x_n)$ der Boolesche Term. Da die pull-down Schaltung genau dann das Ergebnis mit Gnd verbinden soll, wenn $f(x_1, ..., x_n) = 0$ ist, negieren wir den Ausgangsterm zu $f(x_1, ..., x_n)'$, vereinfachen diesen, und interpretieren dann jedes Literal als n-MOS Transistor, jedes + als Parallelschaltung, jedes · als Serienschaltung.

Im pull-up Teil leitet ein p-MOS-Transistor genau dann, wenn sein Gate 0 ist. Daher negieren wir alle Literale von $f(x_1, ..., x_n)$ und bauen die Schaltung, die

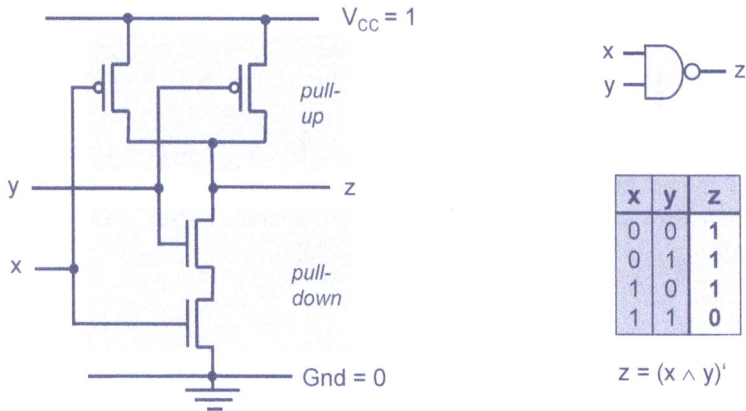

Abb. 1.45. CMOS Schaltung für NAND, Gattersymbol und Schalttabelle

x	y	z
0	0	1
0	1	1
1	0	1
1	1	0

$$z = (x \wedge y)'$$

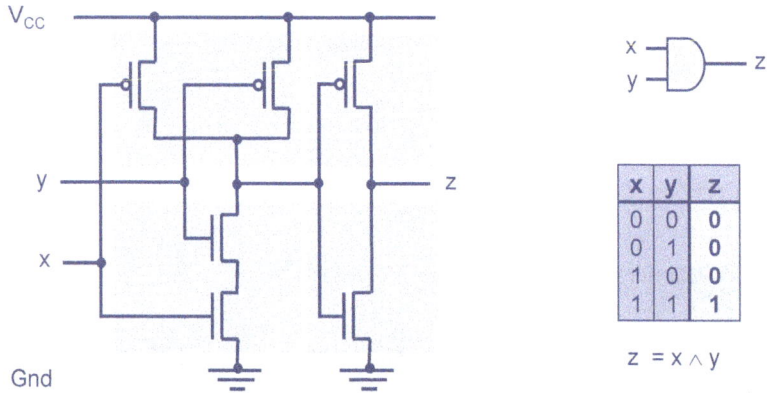

Abb. 1.46. CMOS-Implementierung von AND

x	y	z
0	0	0
0	1	0
1	0	0
1	1	1

$$z = x \wedge y$$

$f(x_1', \ldots, x_n')$ entspricht. Es folgt, dass die pull-up Schaltung und die pull-down Schaltung zueinander dual sind.

Zur Illustration betrachten wir den Term $f(x, y, z) = (x' \cdot y) + z'$. Für die pull-up-Schaltung invertieren wir die Literale und erhalten $f(x', y', z') = (x \cdot y') + z$, was einer Parallelschaltung von z mit der Serienschaltung von x und y' entspricht. Für die pull-down-Schaltung vereinfachen wir $f(x, y, z)' = ((x' \cdot y) + z')'$ zu $(x + y') \cdot z$, erhalten also eine Reihenschaltung von z mit der Parallelschaltung von x und y'. Eigentlich muss man jetzt noch die Negation y' von y bereitstellen. In der Praxis hat man zu jeder Eingangsvariablen oft schon an anderer Stelle auch deren Negation „vorrätig", so dass man diese einfach abgreifen kann.

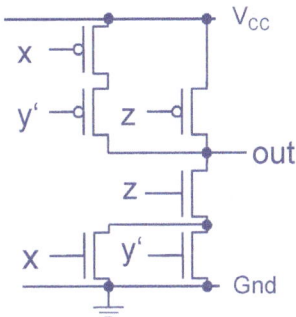

Abb. 1.47. CMOS-Entwurf – Beispiel

1.4.3 Entwurf von CMOS Chips

Die gezeigten CMOS Schaltungen erwecken den Eindruck, als müsse man alle Logikgatter bzw. sogar die Transistoren einzeln bauen und diese dann entsprechend verbinden. In Wirklichkeit werden ganze Schaltungen nach dem logischen und dem CMOS-Entwurf anhand von sogenannten Zellbibliotheken entworfen. Es beginnt mit dem Entwurf der Schaltung in einer modularen Hardwarebeschreibungssprache, z. B. *VHDL* oder *Verilog* oder *SystemC*. In solchen Sprachen kann man, aufgrund ihrer Modularität, beliebig komplexe Schaltungen spezifizieren, simulieren und testen, bevor man die teure und aufwendige Herstellung des Chips in Angriff nimmt. Eine vollständige Verilog-Implementierung einer CPU ist in dem Buch von K. Stroetmann: *Computerarchitektur* (s. Literaturverzeichnis) angegeben und genau erklärt.

Ein Volladierers könnte in Verilog folgendermaßen beschrieben werden:

```
module fulladder(input a,b,c, output s, cout);
  sum s1(a,b,c,s);
  carry c1(a,b,c,cout);
endmodule
```

Listing 1.1. Full Adder in Verilog

Das Modul *fulladder* bezieht sich auf zwei Untermodule, *sum* und *carry*, von denen wir das letztere schon direkt boolesch beschreiben können.

```
module carry(input a,b,c, output cout)
    assign cout = (a&b) | (a&c) |(b&c);
endmodule
```

Listing 1.2. Carry-Berechnung in Verilog

Die *carry*-Schaltung berechnet also einfach den logischen Ausdruck $a \cdot b + a \cdot c + b \cdot c$, der zu $a \cdot b + c \cdot (a + b)$ vereinfacht werden kann. Die Summe wird analog als $a \oplus$

$b \oplus c$ spezifiziert. Aus der Verilog-Beschreibung kann automatisch die *Netzliste*, d. h. die Teileliste mit ihren Verbindungen, somit auch der Schaltplan der CMOS-Schaltung gewonnen werden.

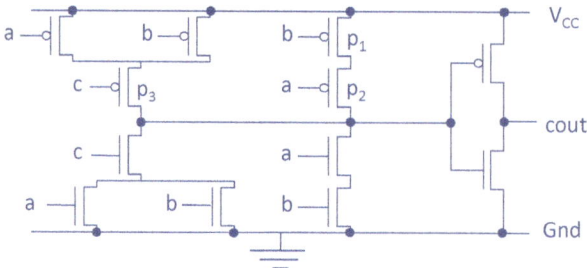

Abb. 1.48. CMOS-Schaltung zur Carry-Berechnung

Rechts in Abb. 1.48 erkennt man die typische Inverter-Schaltung. Links daneben wird zunächst das Komplement von $a \cdot b + c \cdot (a+b)$ berechnet, das dann im Inverter wieder invertiert wird.

Diese Schaltung sieht auf den ersten Blick außergewöhnlich aus, da die Komplementarität von pull-up und pull-down Teil nicht unmittelbar ersichtlich ist. Eigentlich müssten im pull-up Teil die in Serie geschalteten p-MOS Transistoren p_1 und p_2 mit p_3 parallel geschaltet sein. Dies kann man aber offensichtlich zu der gezeigten Schaltung vereinfachen, die den Vorteil hat, dass nirgends mehr als 2 Transistoren in Reihe geschaltet sind.

Wir wollen $a \cdot b + c \cdot (a + b)$ implementieren. Weil wir uns die Invertierung jedes der Eingangssignale sparen wollen, entschließen wir uns, das Komplement $f(a, b, c) = [a \cdot b + c \cdot (a + b)]'$ zu implementieren und dieses anschließend zu invertieren.

Für die Pull-up Schaltung erhalten wir:

$$
\begin{aligned}
f(a', b', c') &= [a' \cdot b' + c' \cdot (a' + b')]' \\
&= (a + b) \cdot (c + a \cdot b) \\
&= (a + b) \cdot c + (a + b) \cdot (a \cdot b) \\
&= (a + b) \cdot c + (a \cdot b) \\
&= (a \cdot b) + c \cdot (a + b).
\end{aligned}
$$

Für die Pull-down Schaltung erhalten wir: $f(a, b, c)' = [a \cdot b + c \cdot (a + b)]'' = a \cdot b + c \cdot (a + b)$ also die identische Schaltung. Damit haben wir gezeigt, dass der Ausgangsterm *selbstdual*, also identisch zu seinem dualen ist:

$$
f(x_1, \ldots, x_n)'' = f(x_1', \ldots, x_n')).
$$

Nach der Erstellung der *Netzliste*, d. h. der Liste aller Schaltglieder mit ihren Verbindungen, werden die Bestandteile der Schaltung in Zellbibliotheken gesucht, die das layout der $p-$ und $n-$dotierten Bereiche, Gates, Isolierung Kontakte etc. bestimmen, aus denen dann die Masken für das Belichten, Ätzen und dotieren bestimmt werden.

1.4.4 VLSI-Werkzeuge

Die Konstruktion komplexer CMOS-Chips kann heute nur mit umfangreicher Werkzeugunterstützung gelingen. Der gezeigte Bildschirmabzug zeigt das freie VLSI-Entwurfswerkzeug *Electric* von *Static Free Software*. Mit diesem System haben wir eine CMOS-Schaltung, $y = (a \cdot b + c)'$, graphisch entworfen und im linken Bild das zugehörige Chip-Layout zusammengestellt. Rechts sieht man die CMOS-Schaltung und darunter die genannte Netzliste.

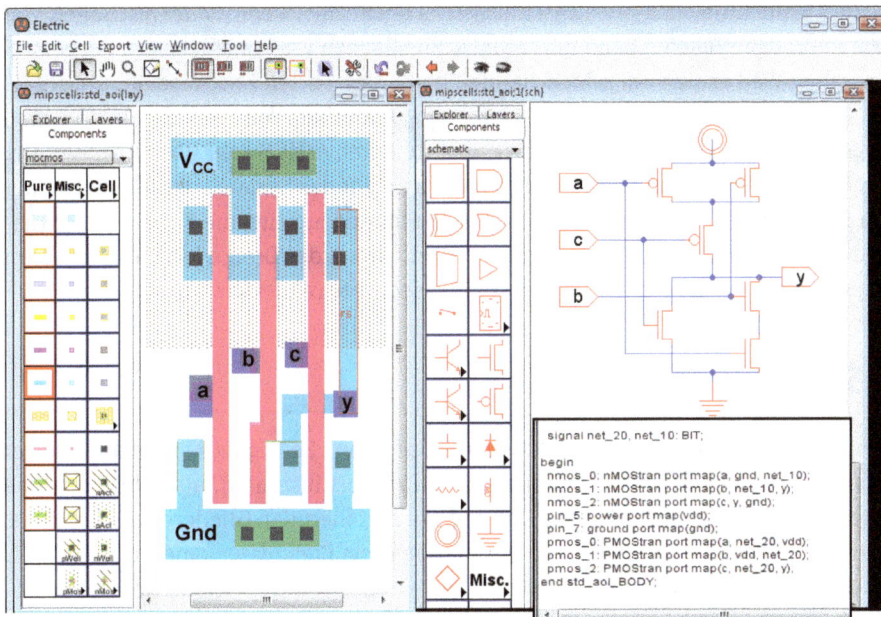

Abb. 1.49. Electric – ein VLSI-Design-Tool

Die aufgeführten Bauteile *nmos_0, nmos_1* und *nmos_2* bzw. *pmos_0, pmos_1* und *pmos_2* sind die n-MOS- bzw. p-MOS-Transistoren; *pin_5* und *pin_7* sind die Anschlüsse für *vdd* (= V_{CC}) und *Gnd*. Zusätzlich benötigt man noch zwei Verbindungen, die weder an *a, b, c, y, gnd* oder *vdd* angeschlossen sind. Es handelt sich um die Verbindung (*net_20*) der duch *a* und *b* angesteuerten n-MOS und die Verbindung (*net_10*) vom Source des von c angesteuerten p-MOS zu den Drains der beiden anderen p-MOS.

Diese Netzliste ist eine eindeutige textuelle Charakterisierung der gezeigten CMOS-Schaltung. Um sie in Silikon zu realisieren, müssen wir das physikalische Layout der Transistoren, der *p*- und *n*-dotierten Bereiche, der Gates und der elektrischen Verbindungen bestimmen. Ein Vorschlag dafür ist in dem linken Fenster dargestellt.

Man erkennt oben und unten zwei große Blöcke, die metallische Bereiche darstellen, an denen die Versorgungsspannung – oben V_{CC} und unten Gnd – angeschlossen werden. Die drei vertikal verlaufenden, mit *a*, *b* und *c* kontaktierten Balken stellen die Gates der 6 Transistoren dar – der 3 *p*-MOS Transistoren im oberen (pull-up) Bereich und der 3 n-MOS Transistoren im unteren (pull-down) Bereich. Der *u*-förmige Balken sowie der einem Fragezeichen ähnelnde Balken am rechten Rand mit dem Kontakt für *y* sind metallische Verbindungen. Die leichte Schattierung der oberen Hälfte des Layouts zeigt die schwach *n*-dotierte Wanne an, in die der *p*-MOS-Teil eingebaut wird.

Für einen Strom von V_{CC} zu *y* gibt es nur den Weg über den *u*-förmigen Bereich. Dieser stellt damit den Drain für die beiden linken *p*-MOS dar. Ihre gemeinsame Source ist die Ausbuchtung des V_{CC}-Anschlusses. Es reicht also, wenn *a* oder *b* schaltet. Von dem *u*-förmigen Bereich kann der Strom schließlich zu *y* gelangen, sofern der *p*-MOS *c* schaltet. Weil es sich um *p*-MOS handelt heißt dies: $(a' + b') \cdot c'$, also $(a \cdot b + c)'$.

Das Layout des pull-down Teils ist analog erklärbar. Von Gnd zu *y* gibt es zwei Wege – entweder direkt über den mit *c* angesteuerten *n*-MOS oder über *a* und *b* zu *y*.

Bei jeder Manipulation dieses Layouts überprüft das System stets alle notwendigen Entwurfsrestriktionen – den Abstand der leitenden Teile, die Kapazität der (unbeabsichtigt) entstehenden Kondensatoren, etc. Wenn das Design fertig ist kann es in einer Zellbibliothek gespeichert und später wiederverwendet werden.

1.5 Sequentielle Logik

Boolesche Schaltkreise ohne Rückkopplung und ohne Zeitsignal kann man in erster Näherung so behandeln, als würden sie ihr Ergebnis instantan, also ohne zeitliche Verzögerung produzieren. Mit der Uhr und mit speichernden Gliedern wie Flip-Flops spielt der Aspekt der zeitlichen Aufeinanderfolge von Ereignissen eine wichtige Rolle. Insbesondere können Flip-Flop-Schaltungen einen Zustand speichern und das Ergebnis einer Schaltung kann ein zustandsabhängiger Wert sein, verbunden mit einer Änderung des Zustandes. Solche zustandsabhängigen Systeme sind die Regel in einem realen Chip, sei es ein Speicherchip, eine Digitaluhr oder die CPU eines Rechners.

1.5.1 Gatterlaufzeiten

In der Praxis schaltet ein Gatter nicht augenblicklich, sondern es benötigt eine gewisse Zeit. Dies ist der Tatsache geschuldet ist, dass bei einem MOS-Transistor das

Gate und das gegenüberliegende Substrat wie zwei Platten eines Kondensators, mit der Isolationsschicht als Dielektrikum wirken. Jeder Schaltvorgang bringt Elektronen auf das Gate, bzw. leitet sie vom Gate weg. Nur dadurch kommt ein Stromfluss zustande, was auch die geringe Leistungsaufnahme von MOS-Schaltungen begründet. Das Laden und Entladen eines Kondensators benötigt nur wenig Zeit, so dass die Gatterlaufzeiten bei CMOS-Schaltungen weniger als 1 *nsec* betragen.

Vor diesem Hintergrund hat die Tatsache, dass sich jede boolesche Funktion f in disjunktiver Normalform, also als Summe von Monomen, darstellen lässt, die praktische Konsequenz, dass die Berechnung von f in drei Stufen vor sich gehen kann: Zunächst werden die Negationen der Eingabevariablen berechnet, danach die relevanten Monome und im dritten Schritt deren Summe. Gehen wir vereinfachend davon aus, dass in der Praxis jedes Logikgatter eine Schaltzeit δ benötigt, so ist die Berechnung einer in Normalform dargestellten booleschen Funktion nach der Zeit 3δ beendet und zwar unabhängig von der Anzahl der Variablen oder der Komplexität der Funktion.

Im Falle der Additionsschaltung in Abb. 1.37, die nicht in Normalform vorliegt, ist die Laufzeit abhängig von der Anzahl der Summationsglieder, weil in jeder Ziffernposition die Addition erst korrekt durchgeführt werden kann, wenn aus der jeweils niedrigeren Bitposition das Carry-Bit durchgereicht wurde. Weil sich die Übertragbits von rechts nach links wie eine sich kräuselnde Welle ausbreiten, nennt man den gezeigten Addierer auch *„ripple-carry adder"*.

Theoretisch könnte man eine Additionsschaltung für zwei n-Bit Zahlen auch auf Basis einer entsprechend großen Schalttabelle als Boolesche Schaltung mit $2n + 1$ Eingängen und $n + 1$ Ausgängen entwerfen. Dann käme man wieder auf die oben diskutierte Schaltzeit 3δ. Jede der Schalttabellen für die $n + 1$ Summenbits hätte dann aber 2^{2n+1} Zeilen und in dieser Größenordnung läge auch die Anzahl der benötigten Schaltglieder, so dass dieses Verfahren in der Praxis für $n = 16$ oder $n = 32$ nicht möglich ist. Ein Kompromiss besteht darin, 4-Bit-Addierer als boolesche Funktionen in Normalform zu realisieren und dann diese 4-Bit-Addierer zu einem entsprechend größeren Addierer zusammenzusetzen.

Ein *carry-lookahead Addierer* berechnet für alle Bitpositionen i gleichzeitig das Carry c_i mit Hilfe einer booleschen Funktion $c_i(x_{i-1}, ..., x_0, y_{i-1}, ..., y_0, cin)$, so dass alle Summationen ebenfalls gleichzeitig stattfinden können.

Einen $2n$-Bit Addierer kann man auch aus drei n-Bit Addierern aufbauen. Der erste berechnet die Summe der niederwertigen Bits, jeder der beiden anderen berechnet die Summe der höherwertigen Bits – einer unter der Annahme, dass aus den niederwertigen Bits ein Carry propagiert werden wird, der andere unter der Annahme, dass kein Carry kommen wird. Das Carry Bit des ersten Addierers kontrolliert über zwei MUX-Glieder, wessen Ergebnis schließlich verwendet wird. Das Ergebnis des anderen, Summe und Carry, wird verworfen. Dies ist die Struktur eines *Carry-Select-Addierers*, der für den Fall $n = 1$ in der folgenden Figur gezeigt ist. Unabhängig von n kann man so die Addition von $2n$-Bit-Zahlen mit 50 % zusätzlichem Materialaufwand fast um den Faktor 2 beschleunigen.

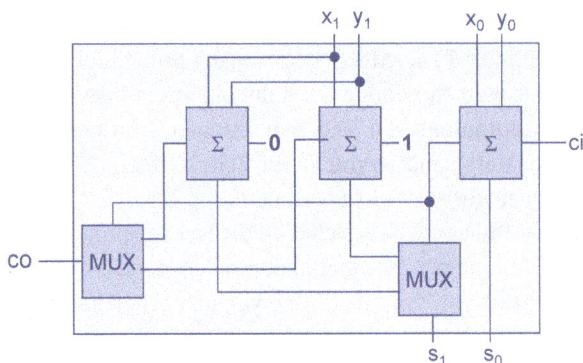

Abb. 1.50. Carry-Select Addierer

1.5.2 Rückgekoppelte Schaltungen

Ein Schaltkreis heißt *rückgekoppelt*, wenn der Ausgang eines Schaltgliedes wieder in dessen Eingang geleitet wird. Dies kann direkt oder auf dem Umweg über andere Zwischenglieder geschehen. Schaltkreise, die wir aus booleschen Termen gewinnen, sind nie rückgekoppelt. Folglich können wir einen rückgekoppelten Schaltkreis nicht unmittelbar durch einen booleschen Term beschreiben. Wozu brauchen wir aber rückgekoppelte Schaltkreise, wenn wir doch jede Schaltfunktion durch einen booleschen Term und damit durch eine nicht-rückgekoppelte Schaltung realisieren können?

Die Antwort ist, dass rückgekoppelte Schaltungen ein *Gedächtnis* haben können. Mit unseren bisherigen Methoden könnten wir zwar Schaltkreise bauen, die elementare Operationen, wie Addition oder Multiplikation, realisieren, wir können aber noch keine *Speicherzelle* konstruieren. Um diese Phänomene zu studieren, analysieren wir ein OR-Gatter, mit Eingängen x und y, dessen Ausgang z mit dem Eingang y verbunden wurde.

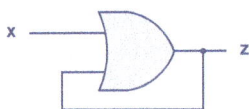

Abb. 1.51. Rückgekoppeltes OR-Gatter

Für $x = 1$ gilt offensichtlich $z = 1$, doch für $x = 0$ ist sowohl $z = 1$ als auch $z = 0$ möglich. War aus irgendeinem Grund einmal $z = y = 0$, so bleibt dieser Zustand erhalten, solange wir x auf 0 halten. Wird x einmal auf 1 gesetzt, so wird $z = 1$ und dieser Zustand bleibt hinfort erhalten, auch wenn x wieder 0 wird. Der Schaltkreis hat sich also „gemerkt", dass x früher einmal 1 war.

Von einer Speicherzelle werden wir aber eine bessere Merkfähigkeit erwarten, denn sie muss sich zwei mögliche Werte merken können. Eine solche Speicherzelle können wir bereits mit 2 NOR-Gattern herstellen. Die Schaltung trägt den scherzhaften Namen *Flip-Flop*, benannt nach den beiden Zuständen, in denen sie sich befinden kann. Im deutschen Sprachgebrauch findet man auch die Bezeichnung *bistabile Kippschaltung*. Wir betrachten zunächst den *set-reset-Flip-Flop*, der auch als *RS-Flip-Flop* bezeichnet wird. Er besteht aus zwei NOR-Gliedern, deren Ausgänge mit je einem Eingang des jeweils anderen NOR-Gliedes verbunden sind. Die beiden freien Eingänge heißen s und r, die Ausgänge q und $\bar{q}$.

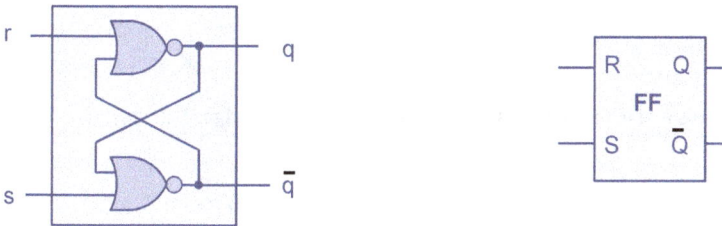

Abb. 1.52. Flip-Flop: Gatterdarstellung und Ersatzschaltbild

Das Verhalten des Kreises kann man durch zwei gekoppelte Gleichungen beschreiben:

$q = (r + \bar{q})'$ und $\bar{q} = (s + q)'$.

Für $r = 0$ folgt aus der ersten Gleichung $q = (0 + \bar{q})' = \bar{q}'$, also $q' = \bar{q}$. Für $s = 0$ folgt aus der zweiten Gleichung $\bar{q} = (0 + q)' = q'$, also ebenfalls $q' = \bar{q}$. Ist also $r = 0$ oder $s = 0$, so liegt an $\bar{q}$ immer das Komplement von q. Im praktischen Einsatz wird der RS-Flip-Flop nie in dem Zustand $r = s = 1$ betrieben, so dass man, unter dieser Voraussetzung, immer davon ausgehen kann, dass $q' = \bar{q}$ ist.

Außer für $r = s = 0$ hat das obige Gleichungssystem immer genau eine Lösung für q und $\bar{q}$: Für $s = 1$ folgt $\bar{q} = 0$, also $q = 1$ und für $r = 1$ folgt $q = 0$. Für $r = s = 0$ dagegen ist das Gleichungssystem unterbestimmt: Sowohl $q = 0$ als auch $q = 1$ sind mögliche Lösungen. Beide sind *stabil*, das heißt, dass die Schaltung nicht zwischen den beiden Lösungen *schwanken* kann: Ist z. B. $\bar{q} = 1$, so liegt dieser Wert am Eingang des zweiten NOR-Gliedes und bewirkt, dass $q = 0$ ist. $q = 0$ liegt zusammen mit $s = 0$ am ersten NOR-Glied und bestätigt $\bar{q} = 1$. Ebenso würde auch $\bar{q} = 0$ sich selbst stabilisieren.

Demzufolge wird der RS-NOR-Flip-Flop folgendermaßen betrieben: Der Ruhezustand ist $r = s = 0$. Ein Impuls 1 auf s (*set*) setzt q auf 1. Ein Impuls 1 auf r (*reset*) setzt q auf 0. Fällt der Impuls (auf r oder s) wieder auf 0 ab, so bleibt der vorige Wert von q erhalten. Damit *merkt* sich die Schaltung also, ob die letzte Aktion ein *set* oder ein *reset* war.

In der folgenden Figur wurde durch Vorschalten zweier AND-Gatter und einer Negation dafür gesorgt, dass die Eingänge des inneren Flip-Flops nie gleichzeitig auf 1 liegen können. Einen solchen Baustein nennt man *D-Flip-Flop*. Falls *Enable* gesetzt ist, wird der Wert von D beim nächsten CLK-Signal im Flip-Flop gespeichert. Wir haben ein rudimentäres 1-Bit Register vorliegen.

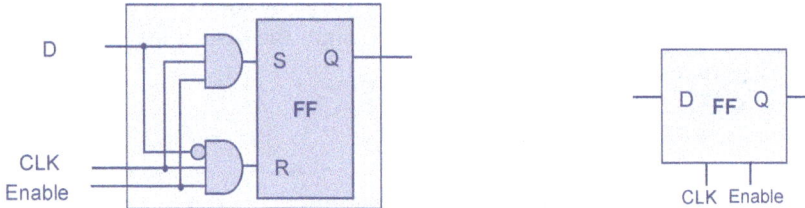

Abb. 1.53. D-Flip-Flop als einfaches pegelgesteuerter Register und zugehöriges Schaltsymbol

Ersetzt man die NOR-Glieder eines RS-NOR-Flip-Flops durch NAND-Glieder, so entsteht ein RS-NAND-Flip-Flop, dessen Verhalten dual zu dem des RS-NOR-Flip-Flop ist.

1.5.3 Einfache Anwendungen von Flip-Flops

Flip-Flops finden vielfältige Verwendung, nicht nur als Speicherbausteine. Ein kleines Beispiel soll hier stellvertretend erwähnt werden. Wir stellen uns einen mechanischen Schalter vor, der geöffnet oder geschlossen wird. Jede Taste der Computertastatur ist ein solcher Schalter. Man erwartet, dass bei Betätigung des Schalters eine elektrische Größe (Strom oder Spannung) von einem alten Wert zu einem neuen Wert springt, zum Beispiel von 0 V auf 5 V, und auf dem neuen Wert verharrt, bis die Schalterstellung wieder verändert wird. In Wirklichkeit beobachtet man, dass der Schalter *prellt*, das heißt, dass die Spannung für eine kurze Weile zwischen dem alten und dem neuen Wert hin- und herspringt, bis sie nach einer Weile auf dem endgültigen Wert verharrt. Bei einer Computertastatur kann dies dazu führen, dass das einmalige Drücken einer Taste den entsprechenden Buchstaben mehrfach auf den Bildschirm bringt.

Abb. 1.54. Prellender und idealer Schalter

Um einen solchen Schalter zu *entprellen*, bedient man sich eines Flip-Flops. Am Eingang des Wechselschalters liegt der boolesche Wert 1, der Schalter leitet diesen

alternativ zum Set- oder Reset-Eingang eines RS-Flip-Flops. Wird der Schalter eingeschaltet, so gelangt der Wert 1 an den Set-Eingang. Auch wenn dieser zwischenzeitlich
auf 0 fällt, bleibt nach dem ersten 1-Puls auf Set der Wert 1 am Q-Ausgang so lange
erhalten, bis der Wechselschalter umgelegt wird und den logischen Wert 1 auf den
Reset-Eingang legt.

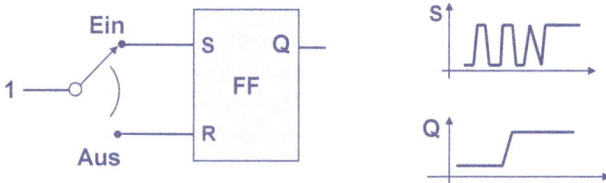

Abb. 1.55. Entprellung mit Flip-Flop

Die wichtigste Verwendung finden Flip-Flops allerdings beim Aufbau von Speicherzellen. Durch einen 1-Puls auf den Set- bzw. den Reset-Eingang speichert man eine
1 bzw. eine 0. Der gespeicherte Wert liegt am Ausgang Q und bleibt so lange erhalten,
bis er durch einen erneuten Puls auf Set oder auf Reset überschrieben wird.

1.5.4 Technische Schwierigkeiten

Dass beim Umlegen eines mechanischen Schalters eine Spannung nicht augenblicklich von einem alten zu einem neuen Wert umspringt, haben wir bereits erwähnt. Auch
wenn wir Transistoren bzw. AND-Glieder als Schalter einsetzen, dauert es immer eine
kurze Zeit, bis sich der neue Schaltzustand eingestellt hat. Deshalb können wir auch
die Taktrate eines Prozessors nicht beliebig erhöhen. Weil aber Schaltglieder eine gewisse Zeit brauchen, um den neuen Zustand einzunehmen, und verschiedene Glieder
je nach Komplexität verschiedene Zeiten, können in der Zwischenzeit kurzfristig un-
beabsichtigte Schaltzustände auftreten, die unangenehme Effekte hervorbringen können.

Als Beispiel (siehe Abb. 1.56) betrachten wir die boolesche Schaltung, die dem
Term $(A + 0) \cdot (A \cdot 1)'$ entspricht. Der Term vereinfacht zu $A \cdot A = 0$. Unabhängig von
dem Input-Wert bei A sollte der Ausgang, der in der Figur mit Z bezeichnet ist, den
Wert 0 behalten.

Wir betrachten nun einen Zeitpunkt t_0, zu dem A von 0 auf 1 umschaltet. Dabei
wechselt der Ausgang des OR-Gliedes G_1 von 0 auf 1 und der Ausgang des NAND-
Gliedes G_2 von 1 auf 0. Wir erhalten wieder 1 und 0 am Eingang des letzten AND-
Gatters, also $z = 0$.

Nun nehmen wir aber an, dass Gatter G_1 zum Zeitpunkt t_1 den neuen Schaltzustand bereits eingenommen hat, Gatter G_2 aber erst etwas später, zur Zeit t_2. In der

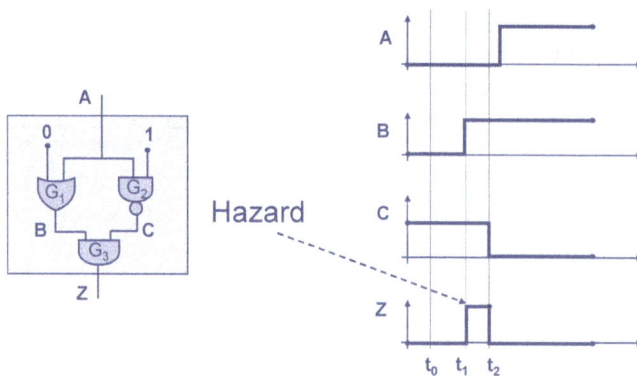

Abb. 1.56. Spannungsverläufe an verschiedenen Punkten in einer Schaltung mit Hazard

Zwischenzeit, von t_1 bis t_2, liegen beide Eingänge von G_3 auf 1, und im Ausgang, der nach der Theorie konstant 0 sein sollte, ist für eine Zeitdauer $t_2 - t_1$ ein 1-Puls entstanden.

Diesen Puls, der nur kurzzeitig während eines Schaltvorganges auftritt, nennt man auch einen *Hazard*. Ein Hazard kann in einer Schaltung mit speichernden Gliedern viel Unheil anrichten. Er könnte zum Beispiel ausreichen, um einen Flip-Flop versehentlich zu schalten. Um Hazards auszuschließen, muss man boolesche Schaltungen ggf. mit zusätzlichen Schaltgliedern ausstatten. Zu einem booleschen Term gilt es dann also, einen äquivalenten hazard-freien booleschen Term zu finden. Auf dieses Problem wollen wir hier aber nicht weiter eingehen.

1.5.5 Synchrone und asynchrone Schaltungen

Bis nach einem Input ein stabiler Schaltzustand eingetreten ist muss man, wie wir bereits anhand der Additionsschaltung diskutiert haben, eine bestimmte Zeitdauer warten. Diese hängt von der Komplexität der Schaltung, insbesondere ihrer Schachtelungstiefe ab. Durch die vielen Schaltkreise, die in einem konkreten Rechner ineinandergreifen ist eine zeitliche Koordination ohne einen vorgegebenen Zeittakt unmöglich. Insbesondere, wenn ein System eine sehr komplexe Schaltung beinhaltet, muss man nicht mit allen Aktionen warten, bis der langsamste Kreis garantiert geschaltet hat, sondern man kann einem langsamen Bauteil mehrere Takte Zeit geben während dessen andere Teile schon wieder nützliche Arbeit erledigen.

Eine Schaltung, bei der gewisse Aktionen nur zu vorgegebenen Taktzeiten stattfinden, heißt synchrone Schaltung, im Gegensatz zu den vorher diskutierten asynchronen Schaltungen. Wir werden uns im Folgenden mit solchen synchronen Schaltungen beschäftigen.

Zunächst gehen wir davon aus, dass wir einen Taktgeber, etwa durch einen Schwingquarz realisiert haben, der periodisch zwischen dem Signal 1 und dem Signal 0 schwankt. Idealerweise beschreibt der Signalverlauf des als CLK (für *clock*) bezeichneten Signals eine ideale Rechteckkurve. In der Praxis dauert es immer eine (wenn auch extrem kurze) Zeit, während der das CLK-Signal von 0 auf 1 steigt bzw. von 1 nach 0 fällt. Man nennt diese Teile des Signalverlaufes steigende bzw. fallende *Flanke*.

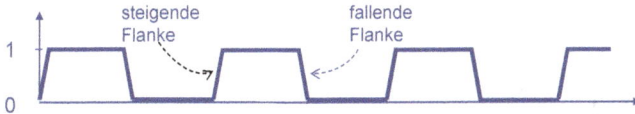

Abb. 1.57. Clock-Signal

1.5.6 Getaktete Flip-Flops

Getaktete Flip-Flops können ihren Zustand nur zu bestimmten Zeitpunkten ändern, wenn z. B. ein Uhrimpuls vorliegt. Einen solchen getakteten Flip-Flop haben wir bereits in Abb. 1.53 gesehen. Das von einem Taktgeber erzeugte Signal öffnet und schließt die als Schalter den R- und S-Eingängen vorgelagerten AND-Glieder. Nur solange der Taktgeber eine 1 produziert, kann ein Signal an S oder an R den Speicherzustand beeinflussen. Allerdings erfordert das korrekte Funktionieren des in Abb. 1.53 gezeigten einfachen Registers ein gutes Timing. Das Signal an D muss gehalten werden, solange das Clk-Signal 1 ist. Verändert das D-Signal vorher seinen Wert, so wird dieser veränderte Wert gespeichert.

Daher zieht man es vor, *flankengesteuerte* Flip-Flops zu benutzen. Nur in der kurzen Zeitspanne einer aufsteigenden (oder absteigenden) Flanke des *CLK*-Signals muss das Inputsignal vorliegen. Dieses kann dann im Flip-Flop gespeichert werden. Einen Flip-Flop mit einem solchen Verhalten kann man sich aus zwei einfachen Flip-Flops konstruieren. Die Schaltung nennt man auch *Master-Slave* Schaltung, weil der Master seinen Wert an den Slave während des Flankenwechsels weitergibt und anschließend die Schotten dicht macht: Ist das *CLK*-Signal 1, so wird durch S bzw. R das Q des ersten Flip-Flops gesetzt bzw. zurückgesetzt. Fällt das Clocksignal, so schließt der Master während gleichzeitig der Slave öffnet und den gespeicherten Wert übernimmt.

Der gezeigte Flip-Flop wird also von der fallenden *CLK*-Flanke gesteuert, was in dem Ersatzschaltbild durch dem Kreis vor dem *CLK*-Eingang angedeutet wird. Durch ein zusätzliches Negationsglied erreicht man eine Ansteuerung durch die steigende Flanke.

Schaltet man dem R-Eingang noch ein Negationsglied vor und fasst dann S und R' zu einem Eingang zusammen, so erhält man einen *flankengesteuerten D-Flip-Flop*, analog zu Abb. 1.53. Diese finden auch Verwendung als Verzögerungsglieder (*delay*). Ein am Eingang anliegender Wert liegt einen Takt später am Ausgang an. Wir werden

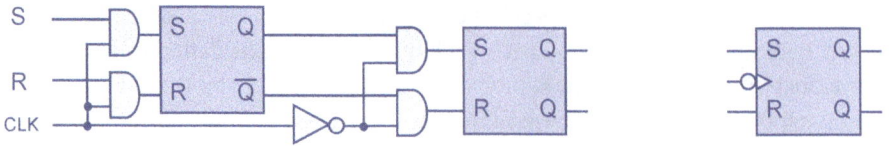

Abb. 1.58. Flankengesteuerter R-S-Flip-Flop, als Master-Slave Schaltung und zugehöriges Schaltsymbol

sehen, dass wir jede sequentielle Schaltung mit Hilfe von booleschen Schaltgliedern und solchen als delay dienenden D-FlipFlops konstruieren können.

1.5.7 Zustandsautomaten

Während eine boolesche Funktion f eine Eingabe $x = (x_1, ..., x_n)$ direkt in eine Ausgabe $z = f(x_1, ..., x_n)$ verwandelt, berücksichtigt eine sequentielle Schaltung auch noch einen Zustand q der zum Beispiel durch die Inhalte einer Reihe von Registern gegeben sein kann: $q = (q_1, ..., q_r)$.

Damit ist die Ausgabe z nicht nur von der externen Eingabe $x = (x_1, ..., x_n)$, sondern auch von dem Inhalt der Register $q = (q_1, ..., q_r)$ abhängig, also $z = y(x, q) = y(x_1, ..., x_n, q_1, ..., q_r)$.

Außerdem kann sich bei jedem Uhrtakt der Zustand verändern, so dass man den neuen Zustand $q^+ = (q_1^+, ..., q_r^+)$ mittels einer weiteren booleschen Funktion δ aus den Inputs $x = (x_1, ..., x_n)$ und dem alten Zustand $q = (q_1, ..., q_r)$ berechnen kann als $q^+ = \delta(x, q) = \delta(x_1, ..., x_n, q_1, ..., q_r)$.

Den Schaltkreis, der y implementiert, nennt man die *Output Logik* und den Schaltkreis der den neuen Zustand berechnet nennt man die *next-state Logik*.

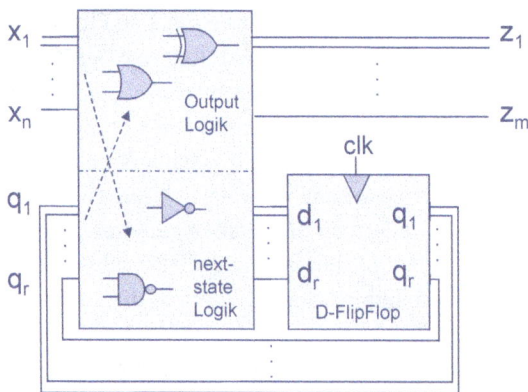

Abb. 1.59. Mealy-Automat

Insgesamt nennt man einen solchen Schaltkreis auch *Mealy-Automat*. Abstrakt definiert man einen *Mealy-Automaten* $A = (E, Q, A, \delta, y)$ durch eine endliche Menge Q von Zuständen, eine Menge E möglicher Eingaben und eine Menge A möglicher Ausgaben und zwei Funktionen:

$$\delta : E \times Q \to Q, \quad \text{die } \textit{Zustandsübergangsfunktion, und}$$
$$y : E \times Q \to A, \quad \text{die } \textit{Ausgabefunktion.}$$

In der Digitallogik werden die Mengen E, Q und A durch Kombinationen von Bits dargestellt, also z. B. $E = \{0, 1\}^n$, $Q = \{0, 1\}^r$ und $A = \{0, 1\}^m$, so dass $\delta : \{0, 1\}^n \times \{0, 1\}^n \to \{0, 1\}^m$ als Kombination von m vielen $(n + r)$–stelligen booleschen Funktionen implementiert werden muss. Analoges gilt auch für y. Für die Repräsentation nicht benötigte Bitvektoren stören nicht. In den Schalttabellen kann man ihnen einen beliebigen Wert zuordnen.

Der jeweils aktuelle Zustand $q = (q_1, ..., q_r)$ wird durch eine Gruppe von D-FlipFlops realisiert. Der Übergang von Zustand q in den Nachfolgezustand q^+ geschieht bei der Flanke des Taktsignals, wenn die an den D-Flipflops anliegenden Eingabewerte $(d_1, ..., d_r)$ in die Ausgänge $(q_1, ..., q_r)$ übernommen werden.

Moore-Automaten unterscheiden sich von Mealy-Automaten nur dadurch, dass die Ausgabefunktion nicht von E, sondern nur von Q abhängt: $y : Q \to A$. Ansonsten sind beide Automatentypen gleichwertig und gleich nützlich.

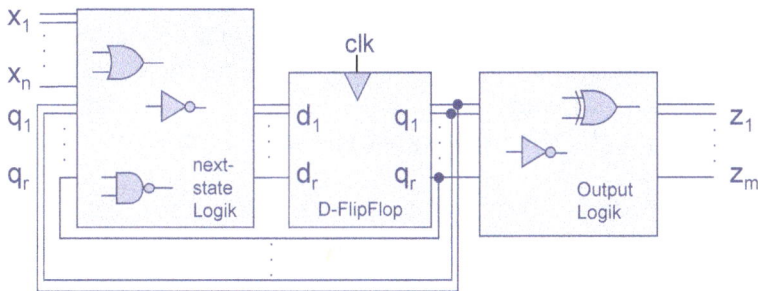

Abb. 1.60. Moore-Automat

1.5.8 Entwurf sequentieller Schaltungen

Automaten geraten sehr übersichtlich, wenn man sie graphisch darstellt. Für jeden Zustand q zeichnet man einen kleinen Kreis, den man mit q beschriftet. Falls $\delta(e, q) = q'$ zeichnet man einen Pfeil von q nach q', den man mit e beschriftet. Im Falle eines Moore-Automaten ist die Ausgabe nur vom Zustand abhängig, daher kann man direkt an jeden Zustand q den Ausgabewert $y(q)$ anheften. Die Information $\delta(e, q) = q'$ und $y(q) = a$ wird also dargestellt durch Abbildung 1.60.

Im Falle des Mealy-Automaten ist die Ausgabe auch vom Input abhängig. In diesem Falle beschriftet man den von q startenden Pfeil mit Beschriftung e zusätzlich mit der Ausgabe $y(e, q)$. Die Information $\delta(e, q) = q'$ und $y(e, q) = a$ wird in Abb.1.60 dargestellt

Auf den graphischen Entwurf des Automaten folgt seine Repräsentation durch Schaltfunktionen und schließlich deren Realisierung durch logische Gatter. Die Schaltfunktion für die Ausgabefunktion y lesen wir von dem Automatendiagramm ab. Im Falle des Moore-Automaten hat die Schalttabelle für die *Output-Logik* die Eingabespalten $(q_1, \ldots, q_r)$ und die Ausgabespalten $(z_1, \ldots, z_m)$, wobei jeder Ausgabewert durch einen Bitvektor $z = (z_1, \ldots, z_m)$ repräsentiert sein soll. Im Falle eines Mealy-Automaten haben wir zusätzliche Eingabespalten $(x_1, \ldots, x_n)$.

Die *next-state* Logik, die die Funktion δ implementiert, wird in beiden Fällen durch eine Schalttabelle dargestellt, die in Eingabespalten $(x_1, \ldots, x_n, q_1, \ldots, q_r)$ den aktuellen Input und den aktuellen Zustand aufnimmt, und in den Ergebnisspalten $(q_1^+, \ldots, q_r^+)$ den neuen Zustand repräsentiert. Weil wir für die praktische Zustandsdarstellung D-Flipflops wählen, in deren D-Eingang der neue Zustand eingespeist wird, bezeichnen wir die Spalten für den Nachfolgezustand auch mit $(d_1, \ldots, d_r)$.

1.5.9 Eine Fußgängerampel

Wir wollen Entwurf und Realisierung einer sequentiellen Schaltung an einem kleinen Beispiel illustrieren. Angenommen, wir sollen einen Fußgängerweg einrichten. Dazu stellen wir eine Ampel auf, die den Autoverkehr regelt. Durch Betätigen eines Sensors kann die anfangs grüne Autofahrerampel dazu veranlasst werden, über gelb auf rot zu springen. Sie bleibt auf rot, solange ein Fußgänger den Sensor betätigt. Ansonsten wechselt die Ampel über gelb-rot wieder auf grün, um den Autoverkehr durchzulassen.

Wir haben also ein System mit 4 Zuständen, die den möglichen Schaltsituationen der Ampel entsprechen und die wir mit Binärzahlen codieren: 00 = *grün*, 01 = *gelb*, 10 = *gelb – rot*, und 11 = *rot*. Als Eingabe dient nur der Sensor s, der entweder gedrückt ist (1) oder nicht gedrückt ist (0). Abbildung 1.61 skizziert den Automaten mit seinen Zustandsübergängen. Mehrere Pfeile mit gemeinsamen Start- und Endknoten fasst man zu einem Pfeil zusammen, dem man die Liste der einzelnen Marken anheftet.

Als Ausgabe erhalten wir ein Tripel (R, Y, G) das die Schaltsituation der drei Lampen der Ampel, R (rot), Y (yellow=gelb) und G (grün) darstellt. Beispielsweise erzeugt der Zustand *00=grün* die Ausgabe $(0, 0, 1)$ und der Zustand 10 = *gelb – rot* die Ausgabe $(1, 1, 0)$. Somit ist die Ausgabe nicht von dem Sensor abhängig, so dass wir die Situation mit einem Moore-Automaten beschreiben können. Dass jeder Zustand eine andere Ausgabe erzeugt und damit durch seine Ausgabe charakterisiert wird, ist ein Zufall unseres Beispiels.

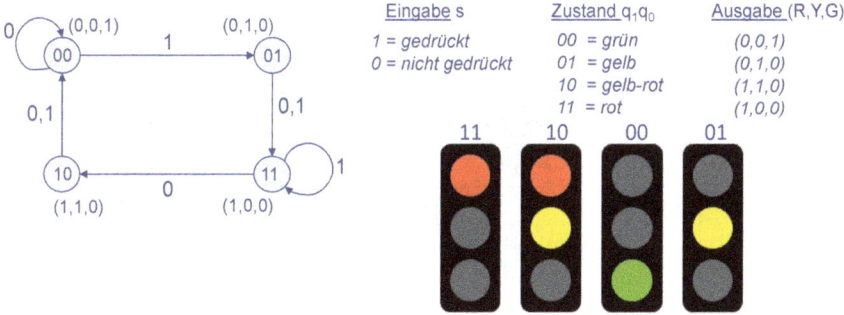

Abb. 1.61. Automat für die Fußgängerampel

Für die Speicherung der Zustandsbits q_1, q_0 benötigen wir zwei binäre D-Flip-Flops, die durch entsprechende Eingänge d_1, d_0 angesteuert werden. Als erstes konstruieren wir die Ausgabeschaltung. Sie ergibt sich sofort aus der Schalttabelle, welche die einzelnen Lampen der Ampel in den verschiedenen Zuständen beschreibt. In unserem Fall sehen wir sofort: $R = q_1$, $Y = q_1 \oplus q_0$ und $G = (q_1 + q_0)'$. Das Ergebnis zeigt die folgende Figur:

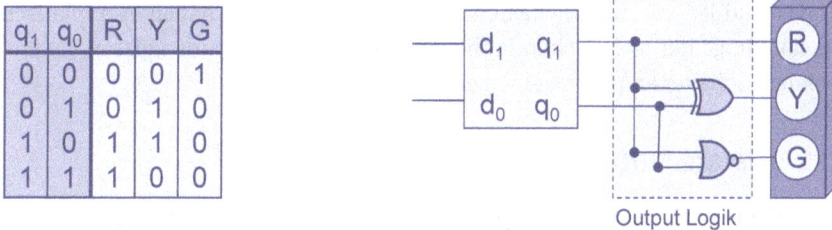

Abb. 1.62. Ausgabeschaltung für die Fußgängerampel

Jetzt fehlt nur noch die Schaltung für die Zustandsübergänge. Hier ist der jeweils nächste Zustand sowohl von dem aktuellen Zustand als auch von dem Input abhängig. Der neue Zustand wird jeweils an den D-Eingängen des D-Flip-Flops gespeichert. Die Schalttabelle können wir aus dem Automatendiagramm in Abb. 1.61 ablesen. Beispielsweise entspricht der Pfeil mit Beschriftung 1 von Zustand 00 zu Zustand 01 der Tabellenzeile 1 0 0 0 1.

Offensichtlich gilt also $d_1 = q_0$ und mittels eines Karnaugh-Diagramms oder durch Ablesen aus der Tabelle und Vereinfachen erhalten wir $d_0 = sq_0 + q_0 q_1' + sq_1'$, was die Schaltung in der Abbildung liefert.

s	q_1	q_0	d_1	d_0
0	0	0	0	0
0	0	1	1	1
0	1	0	0	0
0	1	1	1	0
1	0	0	0	1
1	0	1	1	1
1	1	0	0	0
1	1	1	1	1

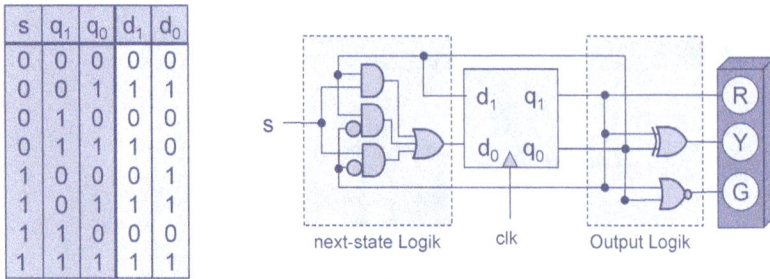

Abb. 1.63. Die fertige Fußgängerampel

1.5.10 Die Konstruktion der Hardwarekomponenten

Aus den einfachen booleschen Schaltgliedern AND, OR, NAND, NOR, NOT und rückge-koppelten Gliedern wie dem Flip-Flop werden wir beispielhaft alle wesentlichen Komponenten eines Rechners entwickeln. Dabei wird deutlich werden, dass das Rechenwerk selber, die Arithmetisch-Logische Einheit (engl. *Arithmetical Logical Unit*), kurz *ALU*, als rein boolesche Schaltung realisiert ist, wohingegen für die Speicherbauteile rückgekoppelte Schaltungen in Form von Flip-Flops benötigt werden. Theoretisch werden wir eine komplette Bauanleitung für einen Universalrechner beschreiben. In der Praxis sind jedoch zusätzliche Schaltungen vonnöten. Wir haben exemplarisch bereits auf einige der technischen Probleme hingewiesen: Hazards müssen vermieden werden, Schalter entprellt werden etc.

1.5.11 Tristate Puffer

Puffer sind Bauelemente, die ein Signal verstärken bzw. wiederherstellen sollen. Logisch realisieren sie die Identitätsfunktion, sie sind von daher überflüssige Gatter. In der Praxis benötigt man *Puffer*, wenn ein Signal an viele Abnehmer gleichzeitig fließt. In Abb. 1.26 fließt zum Beispiel das Signal des y-Eingangs an vier verschiedene Logik-Gatter. Man spricht von einem *fan-out* von 4. In solchen Fällen muss das Signal durch einen Puffer verstärkt werden. In CMOS-Technik kann man einen solchen Puffer beispielsweise durch zwei hintereinandergeschaltete Inverter realisieren.

Ein zweites nicht-logisches Schaltglied ist ein sogenannter *tristate Puffer*. Er dient dazu, eine elektrische Verbindung herzustellen oder zu unterbrechen. Ist *Control* = 1, so wird der Eingang zum Ausgang durchgeschaltet, ist er 0, so wird der Ausgang vom Eingang getrennt. Der Ausgang hat also weder den logischen Wert 0, noch den logischen Wert 1. In einer CMOS-Schaltung heißt das, dass der Ausgang weder mit V_{CC} noch mit *Gnd* verbunden ist. Man sagt, das der Ausgang *hochohmig* ist und gibt seinen Wert mit Z an. Von diesem dritten Zustand (neben 0 und 1) rührt auch der Name *tristate buffer* (Puffer mit drei Zuständen).

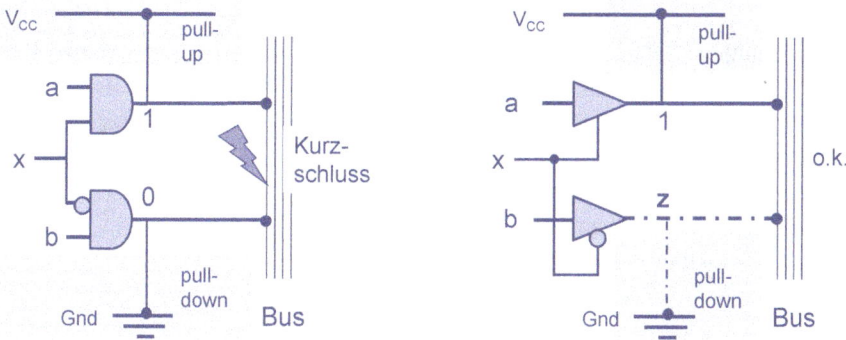

Abb. 1.64. Verbindung der Ausgänge führt zum Kurzschluss; Lösung mit tristate Puffern

Tristate Puffer werden u. a. benötigt, wenn mehrere Schaltglieder auf einen Bus schreiben sollen, aber immer nur eines Zugang haben soll. In diesem Falle trennt man die Glieder durch je einen tristate Puffer von dem Bus und sorgt dafür, dass von den Kontrolleingängen immer höchstens einer den Wert 1 hat. Es erhebt sich die Frage, warum man in diesem Fall die tristate Puffer nicht einfach durch AND-Glieder ersetzen könnte. Die Antwort ist einfach, wenn man sich die CMOS-Realisierung der Schaltlogik vor Augen hält: logisch 0 ist gleichbedeutend mit einer Verbindung zu *Gnd* und logisch 1 mit einer Verbindung zu V_{CC}. Verbindet man also einen Ausgang, der logisch 0 liefert mit einem Ausgang, der logisch 1 liefert, so erzeugt man einen Kurzschluss!

In MOS-Technik lässt sich ein tristate Puffer durch einen Inverter und eine Parallelschaltung eines n-MOS mit einem p-MOS realisieren. Das Kontrollsignal geht an das Gatter des n-MOS und gleichzeitig invertiert an das Gatter des p-MOS. Da ersterer logisch 0 unverfälscht weitergibt und letzterer logisch 1, gibt die Parallelschaltung beide Pegel unverfälscht durch, sofern das Kontrollsignal 1 ist und sperrt, wenn dieses 0 ist. Meist hat man das invertierte Signal zu dem Steuersignal ohnehin vorliegen, so dass man einen gesonderten Inverter einsparen kann.

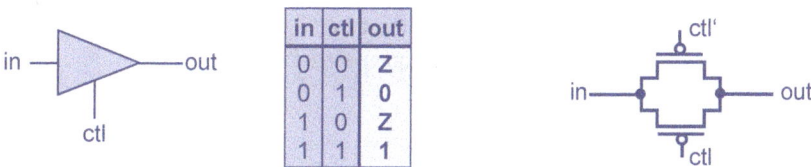

in	ctl	out
0	0	Z
0	1	0
1	0	Z
1	1	1

Abb. 1.65. Tristate Puffer: Schaltzeichen, Schalttabelle und MOS-Implementierung

1.5.12 Speicherzellen

Den prinzipiellen Aufbau einer *Speicherzelle* mithilfe eines flankengesteuerten Flip-Flops kennen wir schon. Mit einer 1 am *S*-Eingang setzen wir *Q* auf 1, mit einer 1 am *R*-Eingang setzen wir *Q* auf 0. Wir fügen jetzt noch einige wenige Schaltglieder hinzu, die dazu dienen, bestimmte Speicherzellen in einem aus vielen Zellen bestehenden Speicher zum Lesen oder zum Schreiben auszuwählen. Zunächst setzen wir AND-Glieder als Schalter vor die Eingänge *R* und *S* und hinter den *Q*-Ausgang eines Flip-Flops. Ein Eingang dieser Schalter ist jeweils mit der Leitung SELECT verbunden.

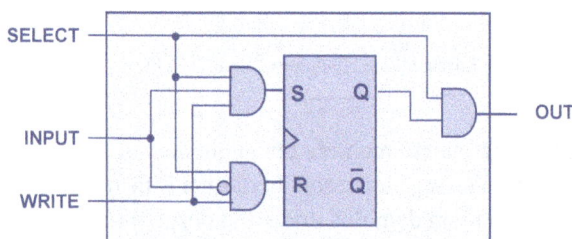

Abb. 1.66. Speicherzelle

Nur wenn SELECT = 1 ist, steht der Wert von *Q*, also der gespeicherte Wert der Speicherzelle, an der nach außen geführten Leitung OUT zur Verfügung. Die Schalter an den Eingängen erfordern zusätzlich noch, dass der Speicher zum Schreiben bereit ist. Dies wird durch die Leitung WRITE erreicht. Nur für WRITE = 1 und SELECT = 1 sind die Schalter vor den Eingängen des Flip-Flops offen. Das zu schreibende Bit liegt als 0- oder als 1-Signal an der Leitung INPUT an. Eine 1 muss den Set-Eingang aktivieren, eine 0 den RESET-Eingang. Daher wird der INPUT-Eingang sowohl an den SET- als auch über ein Negationsglied zum RESET-Eingang geführt. (Genau genommen handelt es sich um einen trivialen Decodierer.)

In einem Blockschaltbild einer Speicherzelle stellen wir nur die nach außen geführten Leitungen, SELECT, INPUT und WRITE sowie OUT dar. Wir merken uns: Nur bei SELECT = 1 steht der gespeicherte Wert bei OUT zur Verfügung, und nur bei SELECT = WRITE = 1 kann der Wert an der INPUT-Leitung gespeichert werden.

Abb. 1.67. Vereinfachtes Schaltbild einer Speicherzelle

1.5.13 MOS-Implementierung von Speicherzellen

Die gezeigten Gatterimplementierungen von MUX, Flip-Flops, Speicherzellen etc. funktioniert mit jeder Technologie, in der man die Gatterbausteine *and*, *or*, *not* bereitstellen kann, also in MOS-Technik, TTL-Technik, bei optischen Computern, etc. Im Falle der heute vorherrschenden CMOS-Technik gibt es vereinfachte Schaltungen, die mit deutlich weniger Transistoren auskommen, als bei einem Aufbau durch Logik-Gatter notwendig wären.

D-RAM Speicher

Am einfachsten ist die Implementierung einer DRAM-Speicherzelle. DRAM steht für *dynamic random access memory*. Sie besteht aus einem Transistor und einem Kondensator. Das Gate wird durch die Adressleitung der Zelle angesteuert und über die Datenleitung wird der Kondensator positiv oder negativ geladen.

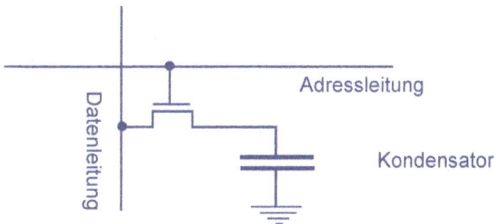

Abb. 1.68. D-RAM Speicherzelle

Nachdem die Ansteuerung der Zelle wegfällt, schließt der Transistor, so dass die elektrische Verbindung einer Platte des Kondensators unterbrochen ist und dieser seine Ladung erhält. Zum Lesen wird das Gate wieder angesteuert und es wird über die Datenleitung der Ladezustand des Kondensators abgegriffen (und verstärkt). Da die Kondensatoren ihre Ladung mit der Zeit jedoch verlieren, müssen alle Speicherzellen regelmäßig, z. B. alle 50 mSec wieder aufgefrischt werden. Durch ihren einfachen Aufbau kann eine hohe Speicherdichte auf kleiner Chipfläche erzielt werden. Die Zugriffszeit, um einen Wert zu speichern, hängt von der Kapazität des Kondensators ab, denn dieser muss bei jedem Schreibvorgang geladen bzw. entladen werden.

S-RAM

Eine S-RAM Speicherzelle besteht aus 6 Transistoren, von denen 4 einen Flip-Flop bilden. Dieser Flip-Flop seinerseits ist aus zwei Invertern aufgebaut, deren Ausgänge jeweils das Gate des Gegners steuern.

Offensichtlich gibt es für diese Schaltung genau zwei stabile Zustände, wobei die Logikwerte bei Q und $\bar{Q}$ komplementär sind. Falls die Zelle nicht über die Adresslei-

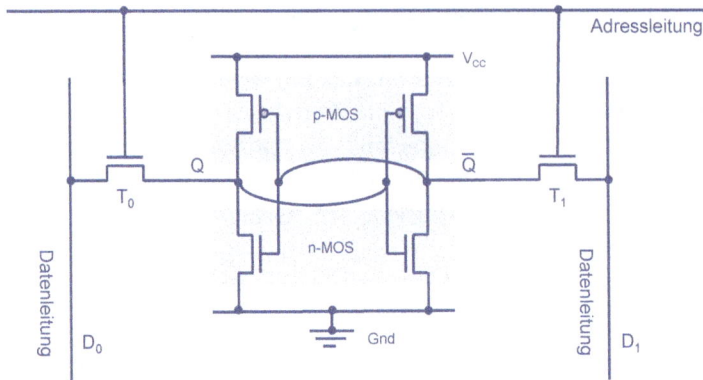

Abb. 1.69. S-RAM Speicherzelle

tung selektiert ist, ist der innere FlipFlop in einem der beiden stabilen Zustände. Wird die Zelle über die Adressleitung selektiert, so kann man den aktuellen Speicherzustand über die Spannung zwischen den Datenleitungen D_0 und D_1 abrufen. Zum Speichern eines Wertes legt man eine Spannung zwischen D_0 und D_1 an, um den FlipFlop in den gewünschten Zustand kippen zu lassen.

S-RAMs sind im Vergleich zu D-RAMs aufwendiger, dafür aber schneller. Aus diesem Grunde werden sie z. B. für schnellen Cache-Speicher verwendet. Sowohl S-RAM als auch D-RAM verlieren mit Abschalten des Stromes sehr schnell ihre Information.

FLASH-Speicher

Flash-Speicherzellen haben die angenehme Eigenschaft, ihre Informationen auch ohne Stromversorgung beizubehalten. Sie sind daher die Grundlagen für viele neue Anwendungen – von den Speicherkarten in Digitalkameras und den beliebten USB-Stiften bis zu den SSD-Festplatten (Solid-State-Disk bzw. Solid-State-Drive). Die Speicherzellen für Flash-Speicher sind abgewandelte MOS-Transistoren. Dabei liegt zwischen dem Gate und dem Substrat ein weiteres, durch eine Oxid-Schicht komplett isoliertes „floating gate". Über eine hohe Spannung am Steuer-Gate bringt man Elektronen auf das floating gate. Dieses steuert dann, je nach Polarität, die Source-Drain Strecke des Transistors.

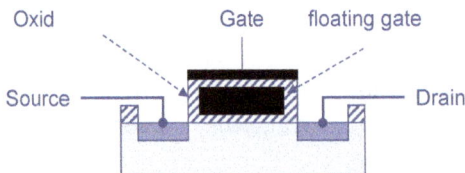

Abb. 1.70. Flash-Speicher

1.5.14 Register und adressierbarer Speicher

Eine Gruppe von Speicherzellen nennen wir ein *Register*. Die Anzahl der Speicherzellen in einem Register ist meist gleich der Wortgröße, also 8 Bit, 16 Bit, 32 Bit. oder 64 Bit. Da man nie einzelne Zellen eines Registers anspricht, kann man die SELECT-Eingänge wie auch die WRITE-Eingänge der einzelnen Zellen verbinden. Diese Leitungen werden dann gemeinsam nach außen geführt, was in dem folgenden Blockschaltbild für ein 4-Bit-Register angedeutet wird.

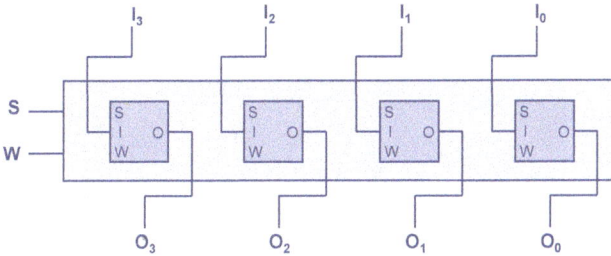

Abb. 1.71. Register

Eine Schaltung, die es gestattet, den Inhalt eines Registers X in ein anderes, Y zu kopieren, ist jetzt konzeptionell einfach zu entwickeln: Wir verbinden die Ausgänge von X mit den entsprechenden Eingängen von Y. Dazwischen setzen wir jeweils einen Schalter. Alle diese Schalter, die jeweils durch ein AND-Glied oder einen tristate Puffer realisiert sind, werden durch ein gemeinsames 1-Signal geöffnet, so dass die Information vom X-Register zum Y-Register fließen kann. Gleichzeitig müssen natürlich die SELECT-Eingänge beider Register sowie der WRITE-Eingang des Y-Registers *aktiviert*, also auf 1 gesetzt sein.

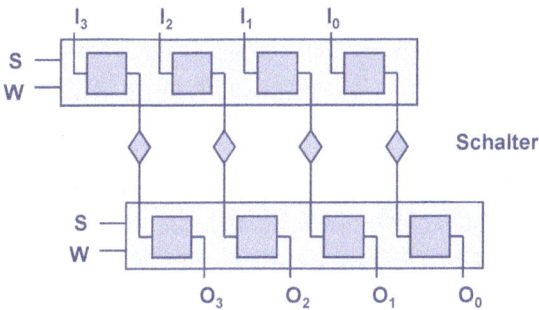

Abb. 1.72. Register-Transfer

Zu guter Letzt wollen wir die Speicherzellen zu einem adressierbaren Hauptspeicher organisieren. Der Übersichtlichkeit halber gehen wir in der Zeichnung von einer Wortlänge von 3 Bit aus und realisieren einen Speicher für 4 Worte. Jeweils 3 Zellen sind zu einem Register zusammengeschaltet. Die INPUT-Eingänge wie auch die OUT-Ausgänge der entsprechenden Bit-Zellen aller Register sind untereinander verbunden.

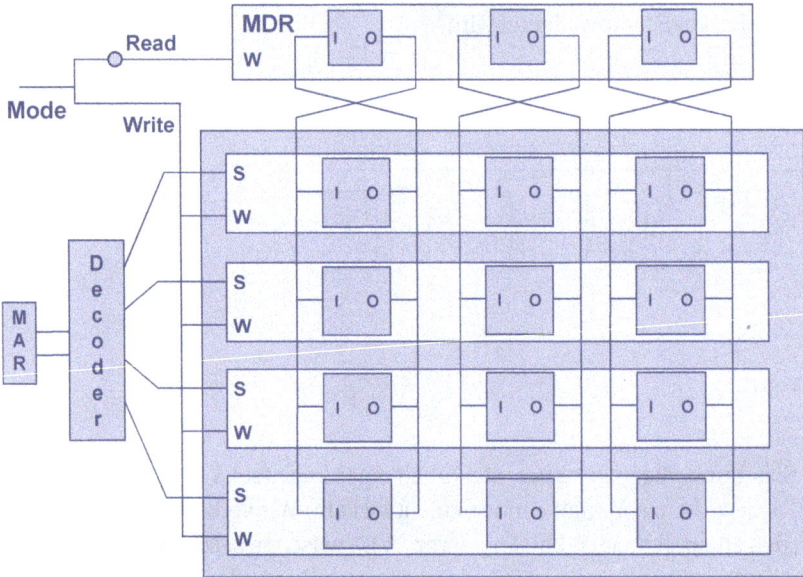

Abb. 1.73. Speicher

Dies ist möglich, da die SELECT-Ausgänge der jeweiligen Register einzeln nach außen geführt sind und nur solche Register geschrieben oder gelesen werden können, deren SELECT-Leitung gerade aktiviert ist. Dass tatsächlich immer genau ein Register selektiert ist, dafür sorgt ein *Decodierer*, siehe S. 33. Dieser setzt eine binär dargestellte Speicheradresse im Speicher-Adressregister (engl. *Memory Address Register*, kurz *MAR*) in ein 1-Signal auf der SELECT-Leitung des gewählten Speicherregisters um. Aufgrund der Funktionsweise eines Decodierers ist immer genau ein Register selektiert. Die WRITE-Eingänge sämtlicher Register sind untereinander verbunden, doch da immer nur ein Register selektiert ist, kann nur dieses verändert werden.

Die zu schreibenden Daten liegen dabei im Daten-Register, (engl. *Memory Data Register*, *MDR*), dessen Ausgänge mit den entsprechenden Eingängen sämtlicher Speicherregister verbunden sind. Um ein Wort zu speichern, bringt man dieses zunächst in das Datenregister MDR. Im Speicher-Adressregister wird die binär dargestellte Speicheradresse hinterlegt. Der Decodierer wählt das entsprechende Speicherregister aus, und wenn anschließend der WRITE-Eingang des Speichers auf 1 gesetzt wird, wird das Datum aus dem MDR in das richtige Speicherregister geschrieben.

Die Ausgänge sämtlicher Speicherregister sind über Schalter mit den entsprechenden Eingängen des Datenregisters MDR verbunden. Die Schalter werden durch ein Signal am READ-Eingang des Speichers geöffnet. Wiederum ist nur ein Speicherregister selektiert, so dass nur dessen Daten abgerufen werden. Da READ bzw. WRITE nur alternativ selektiert werden sollen, fasst man sie zu einem MODE-Input zusammen. MODE = 1 entspricht einem WRITE, MODE = 0 einem READ.

Als Schnittstelle nach außen bietet ein Speicher das Adressregister MAR, das Datenregister MDR sowie eine MODE-Leitung, über die man die Funktionen WRITE bzw. READ auswählen kann.

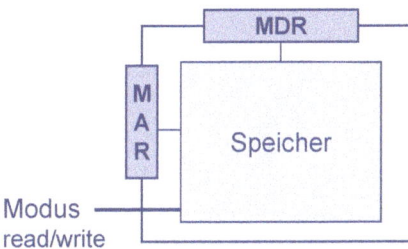

Abb. 1.74. Blockschaltbild für den Speicher

1.5.15 Die Arithmetisch-Logische Einheit

Die *Arithmetisch-Logische Einheit* (kurz *ALU*) dient zur Realisierung der Elementaroperationen eines Rechners. Dazu gehören, wie der Name schon andeutet, sowohl arithmetische Operationen wie Addition und Subtraktion als auch logische Operationen wie AND, OR oder Prüfung auf Gleichheit. Im Allgemeinen werden zwei Eingabewerte X und Y zu einem Ergebniswert Z verknüpft. Diese Werte stehen in Registern gleichen Namens zur Verfügung. Die Registerbreite kann 8, 16, 32 oder 64 Bit betragen. Man spricht dann von einem 8-, 16-, 32- oder 64-Bit-Rechner. Bei der Ausführung einer Operation kann es zu verschiedenen Ausnahmefällen kommen. Beispiele für solche Ausnahmefälle sind:

- *Overflow*: Bei der Addition passt das Ergebnis nicht in das Z-Register;
- *Sign*: Das Ergebnis einer Operation war negativ;
- *Zero*: Das Ergebnis einer Operation war 0.

Um solche Ausnahmefälle anzuzeigen, besitzt die ALU ein weiteres Ausgaberegister, das *Flag-Register*. Jedes Bit des Flag-Registers steht dabei für eine solche Ausnahme. Ist das Bit gesetzt, so ist die Ausnahme eingetreten, ansonsten nicht.

Da schließlich die ALU in der Lage sein soll, verschiedene Funktionen auszuführen, muss noch ein Mode-Eingang bereitgestellt werden, über den die auszuführende Operation ausgewählt wird. Schematisch stellt man eine ALU dann auf folgende Weise dar:

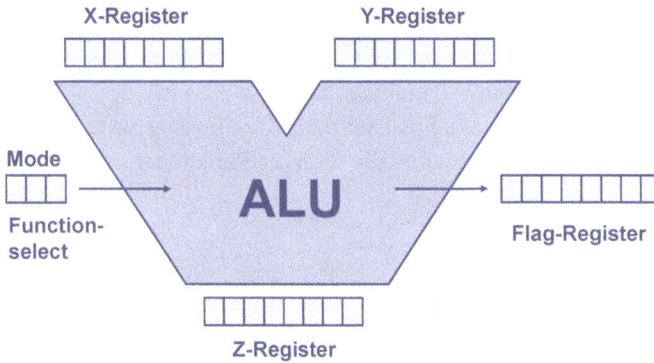

Abb. 1.75. Arithmetisch-Logische Einheit

Wir wollen nun eine geeignete ALU konstruieren. Die logischen Operationen auf Bit-Vektoren sind komponentenweise erklärt, so dass es genügt, mehrere 1-Bit-ALUs nebeneinander zu schalten. Für arithmetische Operationen ist auch ein Übertrag von einer zur nächsten Bitposition zu berücksichtigen, so dass jede 1-Bit-ALU einen zusätzlichen Eingang Carry-In und einen zusätzlichen Ausgang Carry-Out erhalten sollte.

Angenommen, wir wollen 8 verschiedene Operationen implementieren, so wird eine 1-Bit-ALU als boolesche Schaltung mit 6 Eingängen realisiert werden müssen: 3 Eingänge N, S_0 und S_1, um eine der 2^3 Operationen einzustellen, ein Carry-Eingang C_i sowie die Eingänge für die Eingabewerte X_i und Y_i. Wir benötigen dagegen nur 2 Ausgänge: Z_i für das Ergebnis der Operation und C_{i+1} für den neuen Übertrag. Als logisches Schaltbild erhalten wir:

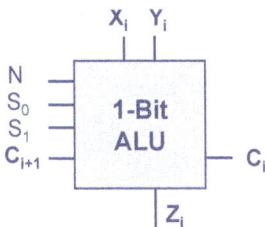

Abb. 1.76. 1-Bit-ALU

Die Funktionsweise der 1-Bit-ALU könnten wir nach Belieben durch eine Werte-tabelle spezifizieren und danach die boolesche Schaltung entwickeln. Arithmetische Operationen sind dadurch gekennzeichnet, dass sie C_i berücksichtigen und C_{i+1} ver-ändern, während logische Operationen das Carry ignorieren.

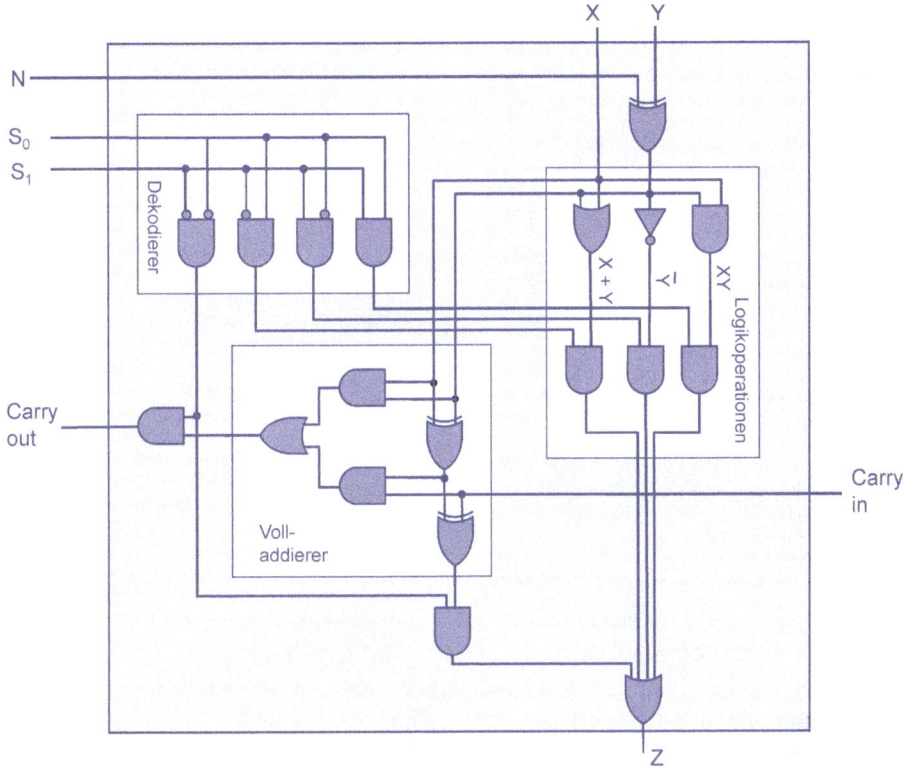

Abb. 1.77. Ein-Bit-ALU

Beispielhaft zeigen wir eine 1-Bit-ALU, die addieren und subtrahieren kann und gleichzeitig die grundlegenden logischen Operationen beherrscht. Sie besteht aus drei Baugruppen, die wir schon kennen: einem Addierer, einer Gruppe von Logikoperatio-nen und einem 2-4-Decodierer, der je nach Wert des Wortes $S_1 S_0$ bestimmte AND-Gatter ansteuert, die den Wert einer bestimmten Operation dem Ausgang zuleiten. Die Aus-gänge der Operationen werden durch ein OR-Gatter zusammengeführt.

Die Werte 00, 01, 10, 11 von $S_1 S_0$ entsprechen der Reihe nach der Addition $X + Y$, und den logischen Operationen $X \vee Y$, $\bar{Y}$, $X \wedge Y$. Wird der Negationseingang N gesetzt, so wird Y komplementiert ($1 \oplus Y = \bar{Y}$). Dann wird aus der Addition die Subtrakti-on, sofern noch das Carry-In Bit der ersten 1-Bit-Alu gesetzt wird. Aus den logischen

Operationen werden durch Setzen des Neg-Eingangs die Operationen: $X \vee \bar{Y}$, $\bar{Y}$ und $X \wedge \bar{Y}$.

Genauso wie wir eine Kaskade von 1-Bit-Addierern zu einem Addierer von Wortbreite zusammengefügt haben (siehe Abb. 1.37), schalten wir jetzt auch mehrere 1-Bit-ALUs zu einer ALU von Wortbreite zusammen: die Eingänge N, S_0 und S_1 der einzelnen ALUs werden untereinander verbunden, so dass in jeder Komponente die gleiche Funktion berechnet wird. Der Carry-Ausgang der i-ten ALU wird mit dem Carry-Eingang der $(i + 1)$-ten ALU verbunden. Der Carry-Eingang der 0-ten ALU, welche auf dem niedrigstwertigen Bit operiert, wird mit dem Neg-Eingang verbunden. Der Carry-Ausgang der ALU für das höchstwertige Bit wird als C-Bit nach außen geführt und ein XOR der beiden höchstwertigen Carry-Ausgänge als Overflow Bit O.

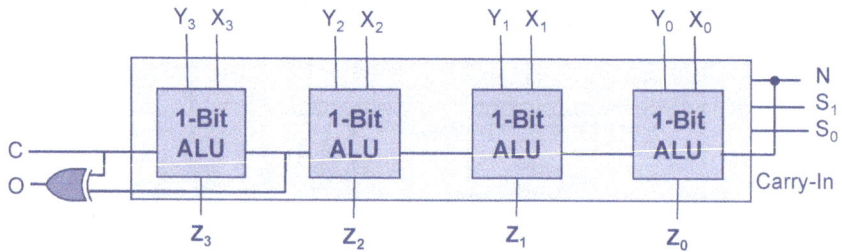

Abb. 1.78. 4-Bit-ALU

Als wichtige arithmetische Operation fehlt bisher noch die Multiplikation. Unsere ALU-Architektur ist für diese Operation noch nicht geeignet. Jede 1-Bit-ALU verknüpft nur X_i mit Y_i, d. h. die i-te Stelle von X mit der i-ten Stelle von Y. Bei der Multiplikation muss aber jede Stelle von X mit jeder Stelle von Y verknüpft werden. Im Prinzip können wir die Multiplikation zweier Binärzahlen auf Additionen und Verschiebeoperationen zurückführen. Dies wird deutlich, wenn wir zwei Binärzahlen schriftlich multiplizieren.

```
0 0 1 0 1 * 0 1 0 1 1
          0 0 1 0 1
        0 0 1 0 1
    0 0 1 0 1
  0 0 1 1 0 1 1 1
```

$$5 * 11 = 55$$

Abb. 1.79. Schriftliche Multiplikation im Binärsystem

Die Binärdarstellung von X wird jeweils um eine Stelle nach links geschoben. Falls die entsprechende Stelle von Y gerade 0 war, wird sie annulliert, ansonsten addiert. Da die Addition und die Linksverschiebung üblicherweise in der ALU vorhanden sind, kann die Multiplikation durch eine Folge von ALU-Operationen implementiert werden. Als Alternative bietet sich an, eine gesonderte Multiplikationsschaltung zur ALU beizufügen.

Das *Barrel-Shifter-Multiplikationswerk* orientiert sich an der gerade besprochenen schriftlichen Multiplikation. Es besteht im Wesentlichen aus AND-Gliedern und 1-Bit-Volladdierern. Zunächst stellen wir fest, dass die bitweise Multiplikation gerade der logischen AND-Operation entspricht. Sind X und Y die Input-Register mit den Bit-Stellen $X_{n-1}, ..., X_0$ bzw. $Y_{n-1}, ..., Y_0$ stellen wir ein Gitter her, in dem jede Überkreuzungsstelle X_i mit Y_i durch ein AND-Glied verbunden wird. Mit Volladdierern summieren wir die Spalten auf. Dabei wird das Carry-Bit zeilenweise nach links durchgegeben. Ein Überlauf in einer Zeile wird zur nächsten Spalte addiert. Selbstverständlich muss man für das Ergebnis einer Multiplikation ein Register vorsehen, das doppelt so breit ist wie die Input-Register. Meist benutzt man zur Darstellung des Ergebnisses zwei reguläre Register, eines für die niederwertigen und eines für die höherwertigen Stellen.

Die folgende Zeichnung zeigt schematisch ein Barrel-Shifter-Multiplikationswerk für 4-stellige Binärzahlen. Die AND-Glieder an den Überkreuzungspunkten des Gitters sind durch kleine Karos dargestellt.

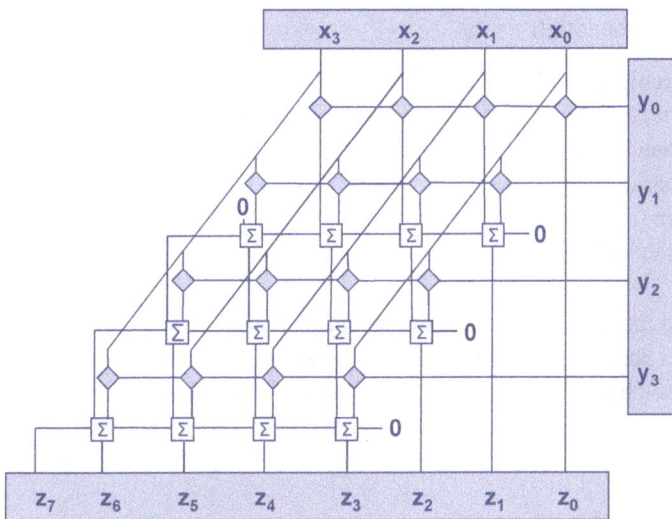

Abb. 1.80. Barrel-Shifter-Multiplikationswerk

Es ist ersichtlich, dass mit dieser Schaltung ein hohes Maß an Parallelität erreicht wird. Sämtliche Bitmultiplikationen können parallel ausgeführt werden, da alle Eingänge der AND-Karos direkt von den Inputregistern kommen. Ein Engpass ist die Addition, da das Carry-Bit von einer zur nächsten Stelle übertragen werden muss, bevor die folgende Addition stattfindet. Bei optimaler Ausnutzung der möglichen Parallelität wird die Multiplikation zweier n-Bit-Zahlen demnach die $(2n\text{-}1)$-fache Zeitdauer einer 1-Bit-Volladdition benötigen. Berücksichtigt man allerdings, dass auch für die Addition zweier n-Bit-Zahlen das Carry-Bit von Stelle zu Stelle übertragen werden muss, so findet man, dass schon die Addition so viel Zeit benötigt wie n 1-Bit-Additionen. Letztendlich dauert also die Multiplikation nur doppelt so lange wie die Addition. Allerdings gibt es Möglichkeiten, die Addition zu beschleunigen, wie wir in Abschnitt 5.5.1 gesehen haben.

1.6 Von den Schaltgliedern zur CPU

Die wichtigsten Einzelteile, aus denen eine CPU (*Central Processing Unit*) aufgebaut ist, haben wir bereits besprochen: ALU, Register und Speicher. Diese Komponenten sind durch Leitungen verbunden, welche durch Schalter geöffnet oder geschlossen werden können. Das Öffnen und Schließen dieser Schalter muss in einer zeitlichen Abfolge koordiniert werden. Daher besitzt eine CPU zunächst einen *Taktgeber*, der die Zeit in einzelne Takte zerhackt. Diese Takte sind sehr kurz, bei einem 1-GHz-Prozessor dauert ein Takt $10^{-9}sec$, also eine Nanosekunde. Jede Operation der CPU benötigt einen Takt. Für eine einfache Operation, wie etwa die Addition zweier Registerinhalte, werden dazu drei *Phasen* benötigt:

Phase 1: Hol-Phase (engl.: *fetch*)
    Hole die Argumente aus den Registern und stelle sie der ALU bereit.
Phase 2: Rechenphase (engl.: *execute*)
    Führe die ALU-Operation aus.
Phase 3: Bring-Phase (engl.: *store*)
    Speichere das Ergebnis in einem (oder mehreren) Register.

Für jede dieser Phasen müssen gewisse Schalter geöffnet, andere wieder geschlossen werden. Entsprechend können auch CPU-Operationen, die Datenaustausch zwischen Registern und dem Speicher betreffen, in drei Phasen zerlegt werden. Diesen Phasen entsprechen Leitungen p_1, p_2 und p_3, die abwechselnd auf 1, dann wieder auf 0 gesetzt werden. In Phase i ist $p_i = 1$, alle anderen $p_i = 0$.

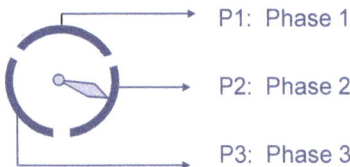

Abb. 1.81. Taktgeber – schematisch und Signalverlauf

Damit die Datenleitungen zur richtigen Zeit offen bzw. geschlossen sind, werden sie durch Schalter gesichert, die nur für eine bestimmte Phase geöffnet werden können. Schalter werden je nach Erfordernis entweder durch AND-Glieder oder durch tri-state Puffer realisiert. Durch einen zusätzlichen, mit p_i verbundenen Eingang kann der Schalter nur in Phase i eingeschaltet werden, so dass nur in Phase i und bei Steuersignal $s = 1$ Eingang d_{in} mit Ausgang d_{out} verbunden ist. Das Steuersignal s bleibt stets einen kompletten Takt lang erhalten.

Abb. 1.82. Schalter mit Phaseneingang

1.6.1 Register und Busse

Register enthalten Datenworte, d. h. aus mehreren Bits bestehende Daten. Wir wollen in unserer Diskussion von einer 16-Bit-Architektur ausgehen, so dass alle Register 16 Bit breit sind. In einem Registertransfer sollen die entsprechenden Bits vom Quell- zu einem Zielregister kopiert werden. Für die gleichzeitige Übertragung aller Bits benötigt man ein Bündel paralleler Datenleitungen – genannt *Bus*. In unserem CPU-Modell wollen wir von drei Bussen ausgehen, dem X-Bus und dem Y-Bus, die dazu dienen, Daten von den Registern zur ALU fließen zu lassen, sowie dem Z-Bus, der Daten von der ALU, typischerweise das Resultat einer Berechnung, in ein geeignetes Register transportiert. Schalter zwischen den Registern und den Bussen regeln den Zugang. Diese Schalter sind für spätere Zwecke durchnummeriert. Die horizontalen Pfeile zwischen Register und Bussen stehen also für eine Reihe paralleler Leitungen (eine pro Bitstelle) und die Nummer für einen Schalter in jeder dieser Leitungen, die alle an derselben Phase und demselben Steuersignal hängen. Die Pfeilspitze deutet die Richtung an, in die die Datenübertragung bei geöffnetem Schalter stattfindet.

Aus der Sicht eines Registers handelt es sich um schreibenden Zugang zu den X- und Y-Bussen und um einen lesenden Zugang zum Z-Bus. Es muss dafür gesorgt werden, dass auf jeden der Busse immer höchstens eines der Register schreibenden Zugang hat. Demgegenüber können mehrere Register gleichzeitig von dem Z-Bus lesen.

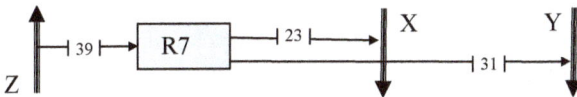

Abb. 1.83. Register mit Bussen

In Abbildung 1.83 sind bereits bestimmte Nummern für die Schalter angegeben. Diese Nummern beziehen sich auf ein vereinfachtes CPU-Modell, das wir im folgenden diskutieren werden. Das verwendete Modell und der zugehörige Simulator dienen dazu, die Funktion einer CPU zu verstehen – sie beziehen sich auf keine reale CPU. Diese sind wesentlich komplexer.

1.6.2 Ausführung von Operationen

Wir haben bereits alle Ingredienzen, um einen Taschenrechner mit einigen Speicherzellen (Registern) zu bauen, kennen gelernt. Wir benötigen dazu zunächst eine ALU, eine Reihe von Registern (hier R_0, ..., R_7), Busse und Schalter.

Die ALU versehen wir mit zwei Operandenregistern, X und Y, sowie einem Ergebnisregister Z. Dann verbinden wir jedes Mehrzweckregister R_0, ..., R_7 über zwei Busse, den X-Bus und den Y-Bus, mit den entsprechenden Operandenregistern der ALU. Das Ergebnisregister Z der ALU verbinden wir über den Z-Bus mit den Mehrzweckregistern.

Zwischen den Registern und den Bussen sitzen Schalter, die nur in bestimmten Phasen geöffnet werden können. Entsprechend der Bedeutung der drei Phasen, Hol-Phase, Rechen-Phase und Bring-Phase, sind die Schalter zwischen den Registern und dem X- und Y-Bus nur in der ersten Phase, der Hol-Phase, aktivierbar. Nur dann können die Daten über den X- und Y-Bus von den Registern zu den Operandenregistern X und Y der ALU fließen. In der zweiten Phase rechnet die ALU, und in der dritten Phase steht das Ergebnis im Z-Register zur Verfügung. Nur in dieser Bring-Phase sind die Schalter zwischen Z-Bus und den Mehrzweckregistern aktivierbar, damit das Ergebnis in einem (oder mehreren) der Register abgelegt werden kann. Wegen der Phasenabhängigkeit sind die Zugänge zum X- und Y-Bus ohnehin in Phase 2 und 3 und der Zugang vom Z-Bus zu den Registern in Phase 1 und 2 geschlossen.

Der komplette Aufbau ist in Abbildung 1.84 dargestellt. Die Nummern und die Stellungen der Schalter werden später noch relevant werden.

Die Steuersignale (bzw. Stellungen der Schalter zwischen den 8 Registern und Bussen) können wir durch eine Gruppe von 3 Bytes darstellen, jedes Byte ist für einen Bus-Zugang verantwortlich, die Bitstellen entsprechen den einzelnen Registern. Bei der gewählten Nummerierung kontrollieren die Schalter 16 – 23 bzw. 24 – 31 die Zugänge der Register R_0 – R_7 zum X-Bus bzw. Y-Bus und 32 – 39 den Zugang vom Z-Bus zu den gleichen Registern. Zur Illustration betrachten wir das Steuersignal aus Abb. 1.85, bei dem die Schalter 17, 26, 33 und 39 geöffnet sind.

Wenn in einem Takt dieses Steuersignal vorliegt, wird in der ersten Phase der Inhalt von R_1 zum X-Register und der Inhalt von R_2 zum Y-Register fließen. In der Phase 2 werden alle Schalter geschlossen sein, die ALU wird aus den Operanden mit Hilfe der in ALU-FC eigestellten Operation *op* einen Ergebniswert berechnen, und dieser wird in Phase 3 gleichzeitig in die Register R_1 und R_7 geschrieben. Bei der in Abb. 1.84 gezeigten und in Abb. 1.85 codierten Schalterstellung wird also eine Operation

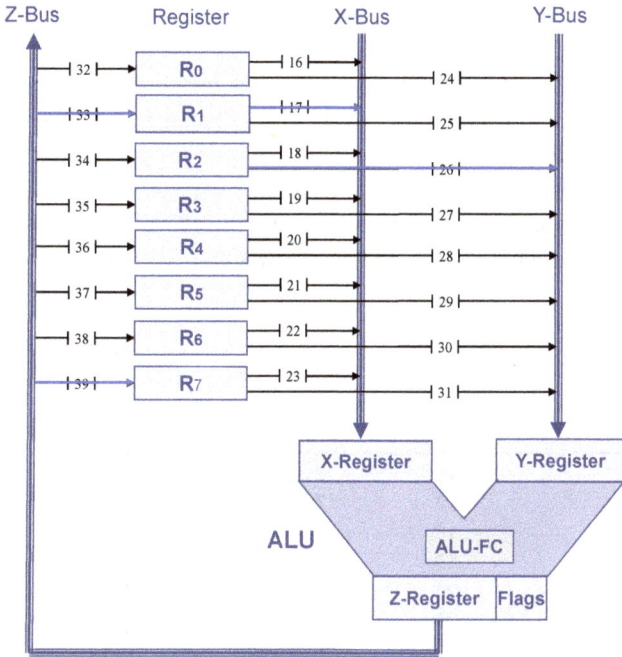

Abb. 1.84. CPU-Simulator

$$R_1, R_7 := R_1 \text{ op } R_2$$

ausgeführt, wobei die durch Komma getrennten Ziele auf der linken Seite gleichzeitig das Ergebnis der Operation empfangen.

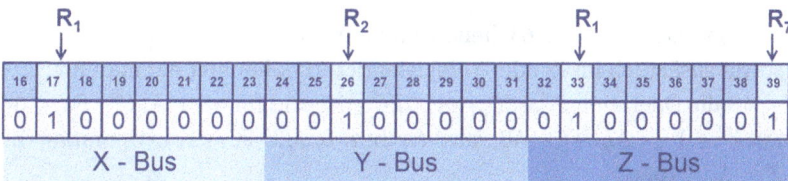

Abb. 1.85. Steuersignale für Busse

1.6.3 ALU-Operationen

Welche Operation *op* konkret ausgeführt wird, können wir an der ALU einstellen. Wir nehmen an, dass unsere ALU ein Repertoire von 64 Operationen umfasst, so dass wir die ausgewählte Operation mit 6 Bit beschreiben können. Neben den grundlegenden arithmetischen, logischen und vergleichenden Operationen sind auch konstante Operationen nicht vergessen worden. Diese dienen lediglich dazu, eine feste Konstante im Z-Register bereitzustellen. Die ALU-Funktionscodes (ALU-FC) sind in der folgenden Tabelle dargestellt. Die Zuordnung der Codes zu den Operationen ist willkürlich. In der Operations-Spalte wird angegeben, wie sich der Wert im Z-Register aus den Werten in den X- und Y-Registern ergibt. Ggf. werden noch die Inhalte von X- und Y-Register gegenseitig ersetzt oder vertauscht, was durch $Y \rightarrow X$ bzw. durch $X \leftrightarrow Y$ angedeutet wird.

Tab. 1.3. Arithmetische ALU-Operationen

ALU-FC	Operation	ALU-FC	Operation
0	$Z := Z$ (no Op)	16	$Z := X$ sal Y
1	$Z := -Z$	17	$Z := X$ sar Y
2	$Z := X$	18	$Z := X$ cpa Y
3	$Z := -X$	19	$Z := X$ and Y
4	$Z := Y$	20	$Z := X$ nand Y
5	$Z := -Y$	21	$Z := X$ or Y
6	$Z := Y, X \leftrightarrow Y$	22	$Z := X$ nor Y
7	$Z := X, X \leftrightarrow Y$	23	$Z := X$ xor Y
8	$Z := X, Y \rightarrow X$	24	$Z := X$ nor Y
9	$Z := X + 1$	25	$Z := X$ sll Y
10	$Z := X - 1$	26	$Z := X$ slr Y
11	$Z := X + Y$	27	$Z := X$ cmpl Y
12	$Z := X - Y$	28	$Z := X$ nand Y
13	$Z := X * Y$	29	$Z := X$ or Y
14	$Z := X$ div Y	30	$Z := X$ nor Y
15	$Z := X$ mod Y	31	$Z := X$ xor Y

Die ALU-FCs zwischen 32 und 63 dienen zur Bereitstellung kleiner Konstanten im Z-Register sowie zusätzlich im X- oder Y-Register der ALU. Konkret hat man für $32 \leq ALU - FC < 48$ die Operation $Z := X := ALUFC - 32$ und für $48 \leq ALU - FC < 64$ die Operation $Z := Y := ALUFC - 48$, also ergibt z. B. ALU-FC=42 die Operation die Operation $Z := X := 10$.

Auf Basis der hier vorgestellten Architektur hat Martin Perner seinen mehrfach preisgekrönten CPU-Simulator *MikroSim* entwickelt. Mit diesem Windows-Programm lässt sich die Funktionsweise der in diesem Abschnitt beschriebenen CPU in allen Details und auf verschiedenen Abstraktionsstufen experimentell und visuell nachvollziehen (*http://mikrocodesimulator.de/*). Eine neuere Implementierung, die ohne Installation direkt in jedem Browser ausgeführt werden kann, wurde von unserem Kollegen Thorsten Thormählen erstellt:

(*www.mathematik.uni-marburg.de/~thormae/lectures/ti1/code/cpusim/*).
Die folgenden Ausführungen sind voll kompatibel mit diesem System und verwenden
auch weitestgehend die gleichen Bezeichnungen.

Um eine komplette CPU-Operation auszuführen, wie z. B. die Addition zweier Register und die Speicherung des Ergebnisses

$$R_1 := R_1 + R_2$$

muss demzufolge der ALU-Code Nr. 11 = $(001011)_2$ eingestellt sein, die Schaltersignale für die X-Schalter sind 01000000, für die Y-Schalter 00100000 und für die
Z-Schalter 01000000. Man kann folglich den ALU-Code mit den Schaltersignalen zusammenfassen und dies als *Mikrocode* für die CPU-Operation $R_1 := R_1 + R_2$ darstellen.
Damit ist ein Mikrocode Befehl jetzt 6 + 8 + 8 + 8 = 30 Bit breit.

Im Mikrocode Simulator können wir entweder die Schalter 17, 26 und 33 durch
Anklicken mit der Maus einstellen und in dem ALU-Register *ALU-FC* den ALU-Funkkann
in dem unten dargestellten Befehlswort die Bits 10-39 mit der folgenden Bitfolge belegen:

001011 01000000 00100000 01000000.

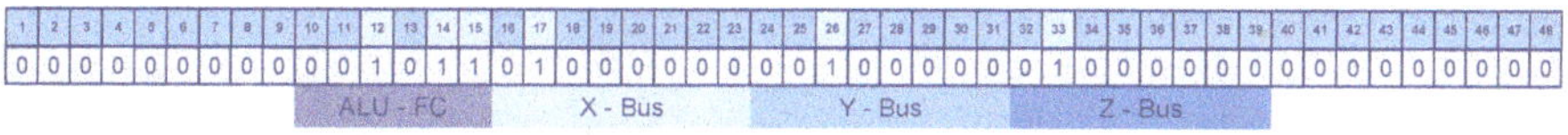

Abb. 1.86. Mikrocode

Initialisiert man nun noch die Register R_1 und R_2 mit beliebigen (hexadezimalen) Anfangswerten, so kann man durch wiederholtes Drücken „*Next*"-Buttons die
drei Phasen (Fetch - Execute - Store) nacheinander ausführen und dabei beobachten,
wie Register und ALU sich verändern. In der ersten Phase wandern die Werte aus den
Registern über den X-Bus und den Y-Bus in die gleichnamigen Register der ALU. In
der zweiten Phase entsteht der Wert der Verknüpfung im Z-Register der ALU und in
der dritten Phase wird der Wert des Z-Registers über den Z-Bus in die gewünschten
Register geschrieben. Figur 1.86 zeigt den Mikrocode (die Schalterstellung) des Simulators bei der Operation $R_1 := R_1 + R_2$.

1.6.4 Flag-Register

Zu erwähnen bleibt auf der ALU noch das *Flag-Register*, das nach jeder Operation gesetzt wird. Der Simulator kommt mit 4 Bit, repräsentiert als einstellige Hex-Zahl aus.
Dabei signalisieren die einzelnen Bits folgende Ereignisse:

Bit 0: Overflow einer arithmetischen Operation (overflow flag)
Bit 1: Ergebnis war negativ (sign neg flag)
Bit 2: Ergebnis war positiv (sign pos flag)
Bit 3: Ergebnis war null (zero flag).

Beispielsweise bedeutet Flag = $(5)_{16}$ = $(0101)_2$, dass das Ergebnis positiv war und ein Overflow aufgetreten ist. Für die Abfrage, ob ein bestimmtes Ereignis aufgetreten ist, bereitet man eine Hex-Zahl als „Maske" vor, die man gedanklich über den Wert des Flag-Registers legt und mit diesem über ein logisches AND verknüpft. Ob z. B. das Ergebnis positiv oder 0 war kann man mit der Maske $(0011)_2$ = 3 testen. Genau dann, wenn Flag AND $(0011)_2 \neq 0$ ist, war Bit 2 oder Bit 3 gesetzt.

1.6.5 Der Zugang zum Hauptspeicher

Der *Hauptspeicher* (engl. *Random Access Memory* kurz *RAM*) hat als Interface zwei Register und einen einstellbaren Modus. Bei den Registern handelt es sich um das *Adressregister* (*MAR = Memory Address Register*) und das *Datenregister* (*MDR = Memory Data Register*). Wie bereits bei der Behandlung des linearen Speichers besprochen, steht im *Adressregister* eine Speicheradresse und im *Datenregister* ein Wert, der an der angegebenen Adresse geschrieben werden soll oder von der angegebenen Adresse gelesen wurde.

Der Zugang zum Adressregister geschieht über den Z-Bus. Im Allgemeinen wurde vorher von der ALU ein Wert berechnet, der dann im Z-Register vorliegt. Über den Z-Bus gelangt er zum MAR.

Das Datenregister MDR wird im Unterschied zum MAR sowohl geschrieben als auch gelesen. Daher gibt es einerseits eine Verbindung vom Z-Bus zum MDR, andererseits auch eine Verbindung vom MDR zum Y-Bus. Soll ein Datenwert in den Speicher geschrieben werden, so ist er i.A. gerade berechnet worden und liegt nach der Rechenphase im Z-Register vor. In der 3. Phase kann er über den Z-Bus zum MDR gelangen. Entsprechend geschieht der Zugang vom MDR zum Y-Bus in der 1. Phase.

Es bleibt noch die Breite der Register MAR und MDR zu diskutieren. Die Größe von MAR bestimmt den ansprechbaren Adressraum. Im Simulator ist MAR 10 Bit breit, so dass wir die 2^{10} = 1024 Adressen von $(000)_{16}$ bis $(3FF)_{16}$ darstellen können. Von den über den 16 Bit breiten Z-Bus in das Adressregister gelangenden Daten werden die höherwertigen 6 Bits abgeschnitten.

An jeder Adresse kann man 1 Byte speichern.

Das Datenregister MDR ist ebenso groß wie die Mehrzweckregister $R_0, ..., R_7$, also 16 Bit. Wird ein 16 Bit großes Wort in den Speicher geschrieben, so verteilt es sich auf die 2 Bytes an den Speicheradressen [MAR], [MAR+1]. Entsprechend wird beim Lesen der Inhalt des MDR aus diesen 2 Bytes zusammengefügt. Unser Speicher sieht aber ebenfalls die Möglichkeit vor, 8-Bit-Größen zu lesen und zu schreiben. Beim Schreiben einer 8-Bit-Größe wird nur das niederwertige Byte aus dem MDR an die Speicherstelle [MAR] geschrieben. Beim Lesen werden die vorderen 8 Stellen des MDR durch Nullen aufgefüllt.

Um eine komplette Speicheroperation beschreiben zu können, benötigt man sowohl einen Modus (engl.: *Mode*) – lesend, schreibend oder wartend – als auch ein Datenformat (8 Bit oder 16 Bit). Mit je zwei Ziffern lässt sich der Modus beschreiben

Modus: 00: wartend, 01: lesend, 10: schreibend, mit einem weiteren Bit das
Datenformat: 0: 1 Byte, 1: 2 Byte.

Wollen wir Speicheroperationen beschreiben, benötigen wir also drei weitere Bits, um
eine ALU-Operation zu spezifizieren.

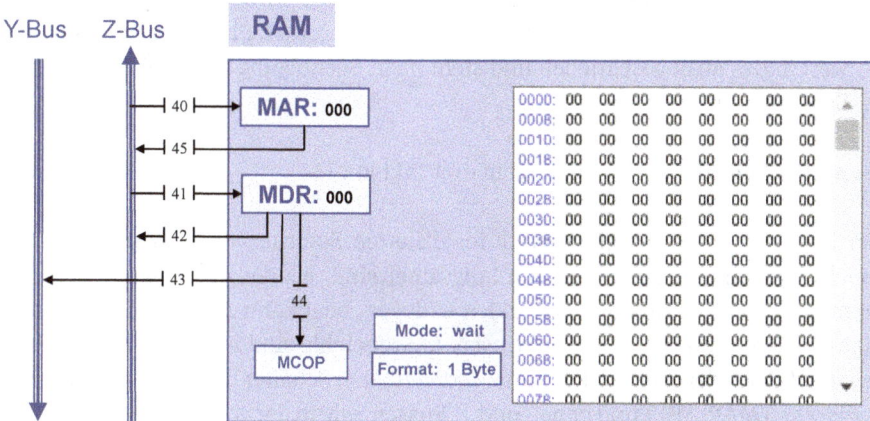

Abb. 1.87. Hauptspeicherzugang

Zusätzlich benötigen wir einige Bits, um weitere Schalter zu beschreiben, die die
Datenwege zwischen MAR bzw. MDR und den Bussen steuern. Im erwähnten CPU-
Simulator stehen sechs Speicher-Zugänge zur Verfügung.

40: $Z \rightarrow MAR$
41: $Z \rightarrow MDR$
42: $MDR \rightarrow Z$
43: $MDR \rightarrow Y$
44: $MDR \rightarrow MCOP$
45: $MAR \rightarrow Z$

Die entsprechenden Zahlen bezeichnen die Schalter für die Datenwege. Schalter
44 und der zugehörige Datenweg wird erst weiter unten im Zusammenhang mit Sprüngen, deren Ziel aus dem Speicher entnommen wird, relevant und ebendort besprochen.

Abbildung 1.87 zeigt das RAM mit den besprochenen Datenwegen, (ohne den vorletzten) so wie es in dem CPU-Simulator dargestellt wird, wenn wir als Komplexitätsstufe „Register+ALU+RAM" selektieren. Für Lese- und Schreiboperationen werden in
der Regel zwei Takte benötigt:

Lesen: Im ersten Takt, Phase 3, wird die Speicheradresse über den Z-Bus in das MAR geschrieben. Im zweiten Takt, Phase 1 steht der gewünschte Inhalt im MDR zur Verfügung und kann wahlweise in das Y- oder das Z- Register übertragen werden. In Takt 2, Phase 2 kann er schon mit dem Wert im X-Register verknüpft, oder in Phase 3 in ein Zielregister geschrieben werden.

Schreiben: Nach der Berechnung der Adresse mit Hilfe ALU wird diese im ersten Takt, Phase 3, in das MAR geschrieben. Im zweiten Takt, Phase 3, wird der Datenwert in das MDR geschrieben und steht nach Beendigung des zweiten Taktes im Speicher.

Lesen und Schreiben: Dies gelingt in drei Takten

Hier handelt es sich um einen stark idealisierten Speicher, da in Wirklichkeit die Speicheroperationen meist deutlich langsamer sind, als die ALU-Operationen. Daher muss die ALU entweder Wartezyklen einlegen, oder kann zwischendurch andere unabhängige Aufgaben erledigen. Unsere Mikrobefehle sind nun bereits 39 Bit lang geworden. Fünf der sechs mit I/O RAM bezeichneten Schalter bedienen die Datenwege zwischen MAR, MDR und den Z- und Y-Bussen, wie in der vorhergehenden Tabelle aufgelistet. Die Rolle von Bit 44 wird in der nächsten Komplexitätsstufe ersichtlich.

1	2	3	4	5	6	7	8	9	10	11	12	13	14	15	16	17	18	19	20	21	22	23	24	25	26	27	28	29	30	31	32	33	34	35	36	37	38	39	40	41	42	43	44	45	46	47	48
0	0	0	0	0	0	0	0	0	0	0	0	0	0	0	0	0	0	0	0	0	0	0	0	0	0	0	0	0	0	0	0	0	0	0	0	0	0	0	0	0	0	0	0	0	0	0	0
									ALU - FC						X - Bus								Y - Bus								Z - Bus								I/O-RAM						Mode		

Abb. 1.88. Aktuelles Mikrobefehlswort

Zur Illustration zeigen wir, wie in drei Takten der Inhalt von R_1 zu dem 16-Bit-Wort an Speicherstelle 5 addiert werden kann ([5] := R_1 + [5]). Da ein Maschinenwort immer einen kompletten Takt gütig ist, benötigt man mindesten zwei verschiedene Takte zum Lesen und zum Schreiben. Da im ersten Takt zunächst die berechnete Speicheradresse [5] ins MAR muss, kann das Lesen erst im zweiten Takt stattfinden und das Schreiben somit im dritten, weil nicht vorgesehen ist, in einem Takt sowohl zu lesen als auch zu schreiben. Wir entwickeln zunächst schrittweise die drei Mikrobefehle in ihren einzelnen Phasen:

1	2	3	4	5	6	7	8	9	10	11	12	13	14	15	16	17	18	19	20	21	22	23	24	25	26	27	28	29	30	31	32	33	34	35	36	37	38	39	40	41	42	43	44	45	46	47	48
0	0	0	0	0	0	0	0	0	1	0	0	1	0	1	0	0	0	0	0	0	0	0	0	0	0	0	0	0	0	0	0	0	0	0	0	0	0	0	1	0	0	0	0	0	0	0	0
0	0	0	0	0	0	0	0	0	0	0	1	0	1	1	0	1	0	0	0	0	0	0	0	0	0	0	0	0	0	0	0	0	0	0	0	0	0	0	0	0	0	1	0	0	0	1	1
0	0	0	0	0	0	0	0	0	0	0	0	0	0	0	0	0	0	0	0	0	0	0	0	0	0	0	0	0	0	0	0	0	0	0	0	0	0	0	0	0	0	0	0	0	1	0	1
									ALU - FC						X - Bus								Y - Bus								Z - Bus								I/O-RAM						Mode		

Abb. 1.89. Mikrobefehle für [5] := R_1 + [5]

Tab. 1.4. Register - Speicher-Addition in drei Takten

Takt 1	Phase 1 : keine Operation	
	Phase 2: $Z := 5$	ALU-FC: 100101
	Phase 3: $Z \rightarrow MAR$	
Takt 2	Phase 1: Lesen und $MDR \rightarrow Y$	Mode 01, Format: 1
	Phase 2: $Z := X + Y$ (ALU-FC 001011)	
	Phase 3: $Z \rightarrow MDR$	
Takt 3	Phase 1:	Modus 10, Format: 1
	Mode = Schreiben, Format = 2 Byte	
	Phase 2: NoOp	
	Phase 3: NoOp	

1.6.6 Von Neumann Architektur

Unser Rechnermodell hat bisher nur die Funktionalität eines Taschenrechners mit
Speicher. Wir können die arithmetischen und logischen Operationen ausführen, die
die ALU zur Verfügung stellt, können Ergebnisse im Speicher ablegen oder aus dem
Speicher lesen. Ein richtiger Computer soll auf Basis dieser elementaren Befehle aber
auch beliebige Algorithmen ausführen können. Insbesondere soll er eine vorgegebe-
ne Befehlsfolge durchführen können, wobei die Auswahl des jeweils nächsten Befehls
vom Ergebnis früherer Berechnungen oder vom Inhalt einiger Speicherzellen abhängig sein darf. Auf diese Weise können Berechnungen nicht nur linear erfolgen, es kann
zu Sprüngen kommen, mit denen wiederum Schleifen realisiert werden können.

Der grundsätzliche Aufbau eines solchen Rechners wird dem österreichisch-
ungarischen Mathematiker John von Neumann zugeschrieben. Die wichtigsten Komponenten dieser Architektur sind in der folgenden Abbildung 1.90 schematisch dargestellt:
- das Rechenwerk (ALU mit Registern),
- der Speicher,
- das Steuerwerk,
- die I/O-Einheit.

Rechenwerk und Speicher haben wir bereits besprochen und die I/O-Einheit ist nicht
weiter spezifiziert. An dieser Stelle interessiert uns vordringlich das Steuerwerk, das
für folgende Schritte verantwortlich ist:
- den nächsten Befehl aus dem Speicher lesen und den Programmzähler erhöhen
- den Befehl zu dekodieren und ggf. seine Argumente aus dem Speicher lesen
- den Befehl auszuführen.

Die Abbildung zeigt zusätzlich die wichtigsten Register, die Busse und die direkten Da-
tenpfade, so wie sie in dem Mikrocodesimulator und in der folgenden Diskussion der
Steuereinheit verwendet werden. Die zentralen Bestandteile des Steuerwerks sind ein

ROM in dem ein festes Mikroprogramm, der Maschinencodeinterpretierer, gespeichert ist, sowie ein Adressrechner, der aus dem OpCode des aktuellen Maschinenbefehls (MCOP), der Adresse des aktuellen Mikrocodewortes (MCAR), Sprungbits (MC) und Flagbits der ALU die Adresse des nächsten Mikrocodewortes berechnet. Wir werden sehen, dass das Steuerwerk ansonsten weitgehend durch ein festes Mikroprogramm im ROM realisiert wird.

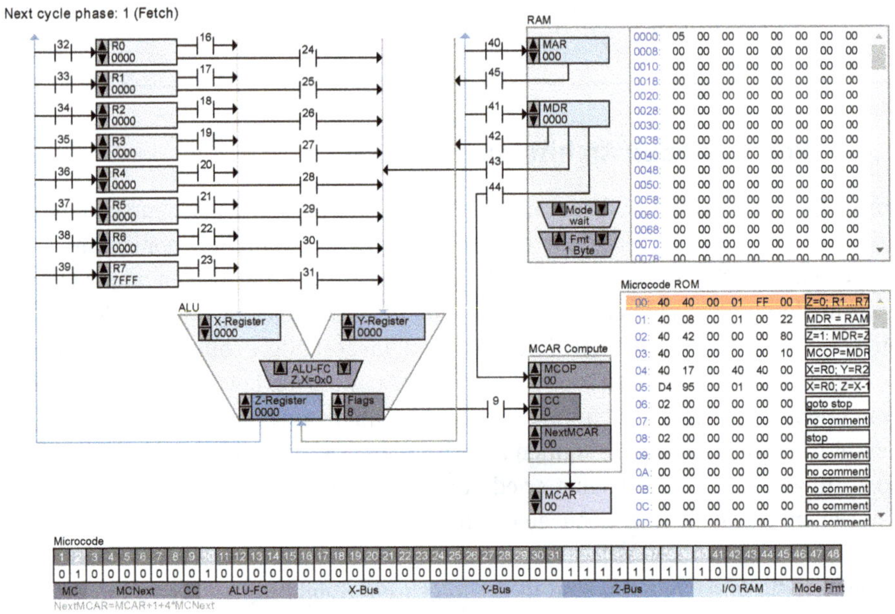

Abb. 1.90. von Neumann-Architektur

1.6.7 Der Mikrobefehlsspeicher – das ROM

Mikrobefehle sind Bitfolgen, die wie andere Daten auch in einem Speicher abgelegt werden können. Ein solcher *Mikrobefehlsspeicher* ist Teil der CPU. Er ist als *ROM* (*Read-Only-Memory*) ausgeführt, d. h. er kann nur gelesen, nicht aber verändert werden. Ansonsten ist das ROM wie jeder andere Speicher aufgebaut, insbesondere besitzt es ein Adressregister, in dem die Adresse eines Speicherwertes abgelegt wird, und ein Datenregister, in dem der dort befindliche Datenwert zurückgegeben wird. Weil die im ROM gespeicherten Daten als Mikrocode interpretiert werden, bezeichnen wir das Adressregister mit MCAR (*Micro Code Address Register*). Das zugehörige Datenregister enthält immer den aktuellen Mikrocode, der von der CPU gerade abgearbeitet wird. Im Simulator wird dieser stets unten als Mikrocodewort dargestellt.

In unserem CPU-Modell beabsichtigen wir, bis zu 256 Mikrobefehle im ROM speichern zu können, daher benötigen wir ein 8 Bit breites MCAR. Mikrobefehle sind bis jetzt 39 Bit lang. Wir diesen aber noch 9 weitere Bits voranstellen, um Sprünge realisieren zu können. Daher wird im Endeffekt jeder Mikrobefehl 48 Bit=6 Byte lang sein. Damit wird das auf der CPU befindliche ROM eine Größe von 256 × 48 Bit = 1536 Bytes besitzen. Wir können aber nicht jedes Byte adressieren wie im RAM, sondern nur jeden Mikrobefehl, d. h. jeweils Worte mit 48 Bit.

1.6.8 Sprünge

Die im ROM befindlichen Befehle könnte man der Reihe nach abarbeiten. Das wäre aber sehr eintönig und sinnlos, denn dann würde immer dasselbe Programm ablaufen, da der Inhalt des ROM ja unveränderbar ist. Indem beliebige Adressen in das MCAR geschrieben werden können, sind wir in der Lage, beliebige Sprünge zu realisieren. Daher ist die Modell-CPU so konstruiert, dass wir jeweils beliebige Mikrocode-Adressen in das MCAR schreiben können, um somit beliebige Sprünge im Mikrocode zu realisieren Während die CPU den gegenwärtigen Mikrobefehl noch bearbeitet, berechnet die Adressberechnungseinheit daraus die Adresse des nächsten Mikrobefehls im ROM und speichert das Ergebnis im NextMCAR Register Der Wert von NextMCAR wird dann kurz vor Beginn des nächsten Taktes in das MCAR Register übertragen Der nächste auszuführende Mikrobefehl wird dann aus dem ROM gelesen, liegt zu Beginn des nächsten Taktes vor und steuert die CPU.

Jedem Mikrobefehl werden jetzt noch 9 weitere Bits, bestehend aus einem *Sprungbyte* und einem *CC* genannten Bit, vorangestellt. Diese zusammen bestimmen, welcher Befehl als Nächster auszuführen ist, bzw. wie dieser ermittelt werden soll. Es sind zwei Fälle zu unterscheiden: Entweder steht das Sprungziel von vornherein fest, oder es ergibt sich als Wert einer Berechnung der ALU, aus dem Inhalt des RAMs oder aufgrund einer Bedingung, die aus dem Flag-Register der ALU ablesbar ist. Die erste Art von Sprüngen bezeichnen wir als einen *festen Sprung*, die letzteren Arten heißen *berechnete Sprünge*.

Die ersten beiden Bits des Sprungbytes legen den Sprungmodus *MC* fest, d. h. um welche Art von Sprung es sich handeln soll. Wir reservieren die Kombination 11 für berechnete und bedingte Sprünge und die Kombinationen 00, 01 und 10 für feste Sprünge. Da letztere am einfachsten zu erklären sind, behandeln wir sie zuerst.

1.6.9 Feste Sprünge

Zur Beschreibung fester Sprünge bleiben uns nach Abzug der beiden Bits für den Sprungmodus *MC* vom Sprungbyte noch 6 Bit übrig, um das Sprungziel festzulegen. Diese 6-Bit-Binärzahl heißt *MCNext*. Wir müssen uns also mit 2^6 = 64 möglichen Sprungzielen begnügen. Um diese besser über den Speicher zu verteilen, multiplizieren wir *MCNext* noch mit 4, indem wir zwei Nullen anhängen. Daher bietet sich eine logische Gruppierung von je 4 aufeinanderfolgenden Mikrocodeadressen zu einem *Segment* an. Das *k*-te Segment besteht aus den Adressen $4k$, $4k+1$, $4k+2$, *und* $4k+3$. Somit sind die 256 möglichen Mikrocodeadressen in 64 Segmente gruppiert.

MC=00 Die tatsächliche Sprungadresse (also der Inhalt des *NextMCAR*) ist $4 \times$ *MCNext*. Ein solcher Sprung heißt auch *absoluter Sprung*. Ein absoluter Sprung landet offensichtlich immer am Anfang eines Segments.

MC=01 Es wird ein Vorwärtssprung *relativ zum gegenwärtigen MCAR* ausgeführt. Die Adresse des neuen Befehls ergibt sich als $NextMCAR = MCAR + 1 + 4 \times MCNext$.

MC=10 Entsprechend ein Rückwärtssprung *relativ zum gegenwärtigen MCAR*. Die Adresse des neuen Befehls berechnet sich zu $NextMCAR = MCAR + 1 - 4 \times MCNext$.

Insbesondere führen relative Sprünge ($MC = 01$ oder 10) mit $MCNext = 0$ stets zum jeweils nächsten Mikrobefehl im ROM.

Würde in den letzten beiden Fällen die +1 fehlen, so könnte man immer nur die Befehle am Anfang eines Segmentes erreichen. Außerdem führt ein relativer Sprung, gestartet vom letzten Befehl eines Segmentes, immer wieder auf den Anfang eines anderen Segmentes. Das wird besonders nützlich, wenn wir später *Maschinenbefehle* codieren, die typischerweise je ein Segment in Anspruch nehmen werden. Die Nummer des Maschinenbefehls, sein sogenannter *OpCode*, ist dann identisch mit der Nummer des Segments, in der der Maschinenbefehl als Folge von MikroCodes implementiert ist.

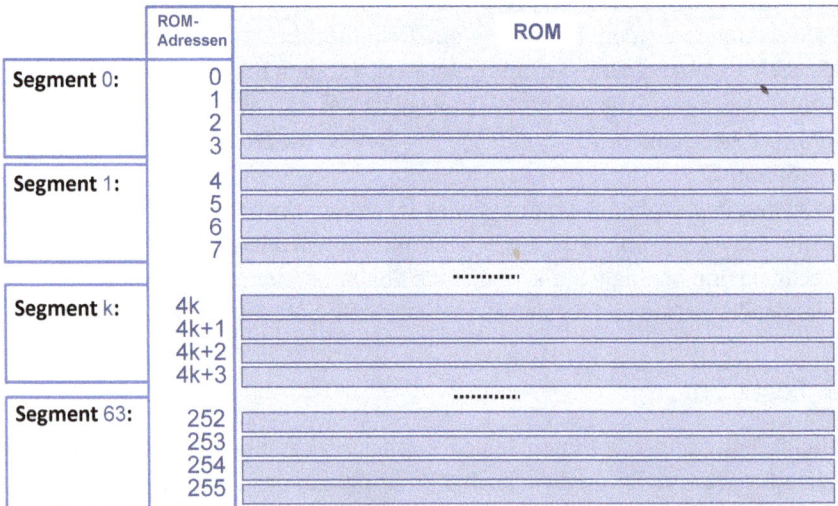

Abb. 1.91. Aufteilung des ROM in 64 Segmente

1.6.10 Berechnete Sprünge

Auch mit den soweit behandelten Möglichkeiten, Sprünge zu programmieren, ist das Mikroprogramm noch nicht von außen beeinflussbar. Diese Möglichkeit wird dadurch geschaffen, dass sich Sprünge im Mikrobefehlsspeicher von dem Inhalt des RAM Speichers oder von Ergebnissen von Operationen beeinflussen lassen. Beides ist im Sprungmodus $MC = 11$ möglich.

Die Programmierung von Computern durch Mikrobefehle ist lediglich den CPU-Konstrukteuren möglich, zumal die Mikrobefehle im ROM liegen, dessen Inhalt, einmal geschrieben, nicht mehr verändert werden kann. Computer werden daher durch Programme gesteuert, die aus Befehlen in Maschinensprache bestehen Diese Maschinenbefehle befinden sich gemeinsam mit Daten im RAM. Jeder einzelne Maschinenbefehl besteht aus einem OpCode und ggf. weiteren Parametern. Ein Maschinenbefehl wird bei der Modell-CPU durch ein Mikroprogramm implementiert, das einige Mikrocodewörter umfassen kann und sich im Mikrobefehlsspeicher befindet. Der OpCode gibt an, wo sich dieser Befehl im Mikrobefehlsspeicher befindet. Daher werden OpCode-gesteuerte Sprünge im Mikrobefehlsspeicher benötigt.

Diese Möglichkeit schaffen wir uns jetzt dadurch, dass wir Sprünge von dem Inhalt des RAM oder von Ergebnissen von ALU-Operationen beeinflussen lassen. Beides ist im Sprungmodus 11 möglich. Zunächst sei $MCOP$ ein Register, in das die ROM-Adresse des berechneten Sprungs von außen hineingeschrieben werden soll. Für diesen Zweck gibt es einen von Bit 44 im Mikrobefehlswort kontrollierten Datenpfad $MDR \rightarrow MCOP$, wir haben ihn vorher bereits ohne Erklärung erwähnt. Auf diese Weise können im RAM abgelegte Sprungadressen aus dem Speicher in MCOP übernommen werden.

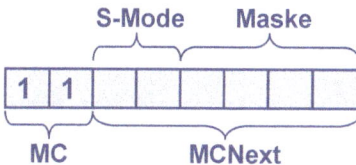

Abb. 1.92. Sprungbyte (Mikrocodebits 1-8)

MC=11 In diesem Falle soll die Adresse des Sprunges nicht mehr in $MCNext$ stehen, sondern ggf. aus $MCOP$ entnommen werden – genauer geht der Sprung an die Adresse MCOP*4. Die 6 Bits von $MCNext$ können daher anders genutzt werden: die ersten beiden Bits legen den Sprungmodus $S-Mode$ fest, die letzten 4 dienen als $Maske$, um das Flag-Register der ALU abzufragen.

S-Mode = 00 ein Sprung an die Adresse $MCOP * 4$ durchgeführt:
$NextMCAR = 4 * MCOP$. Bei

S-Mode $\neq$ **00** werden die Flags der ALU in Betracht gezogen. Ein Sprung an Adresse $MCOP * 4$, also $NextMCAR = 4 * MCOP$ wie vorhin, wird nur dann durchgeführt, falls $Maske\ AND\ Flag \neq 0000$ ist, ansonsten geht es mit dem folgenden Befehl weiter: $NextMCAR = MCAR + 1$.

Wollen wir beispielsweise einen Sprung nur ausführen, falls das Ergebnis einer Berechnung 0 oder Overflow war, so wählen wir die Maske 1001. Nur falls im Flag-Register das erste oder das letzte Bit gesetzt war, ergibt ein AND mit dieser Maske ein Ergebnis $\neq$ 0000. Manchmal möchte man den Inhalt des Flag-Registers aufbewahren, damit es noch im nächsten Takt ausgewertet werden kann. Daher kann es über den Datenweg 44 in das CC-Register des Adressrechners kopiert werden, damit es nicht bei der nächsten ALU-Operation verlorengeht. In Wirklichkeit (im CPU-Simulator) wird also nicht $Maske\ AND\ Flag$, sondern $Maske\ AND\ CC$ berechnet.

Tab. 1.5. Interpretation des Sprungbytes

MC	Sprungziel
00	$NextCAR := 4 \times MCNext$
01	$NextCAR := MCAR + 1 + 4 \times MCNext$
10	$NextCAR := MCAR + 1 - 4 \times MCNext$
11	Zerlege CN in $S - Mode$ (2 Bit) und $Maske$ (4 Bit)

Für Sprungmode = 11 gilt folgende Tabelle:

Tab. 1.6. Sprungzielberechnung

S-Mode	Sprungziel
= 00	$NextCAR = 4 \times MCOP$
$\neq$ 00	$NextCAR = 4 \times MCOP, falls (Maske\ AND\ Flags) \neq 0000$
	$NextCAR = MCAR + 1,\ falls\ (Maske\ AND\ Flags) = 0000$

1.6.11 Der Adressrechner

Zur Adressberechnung des nächsten Mikrocodebefehls, wie oben dargestellt, wird eine Adressberechnungseinheit benötigt, die ein einfaches Repertoire an Operationen (AND, $\times 4$, $+1$) besitzen muss. Zweck der Einheit ist, in $MCAR$ die Adresse des nächs-

ten Mikrobefehls bereitzustellen. Bei der Berechnung von $MCAR$ werden berücksichtigt:
- der gegenwärtige Inhalt von $MCAR$,
- das Sprungbyte des gegenwärtigen Mikrobefehls,
- das von außen zugängliche Operationsregister $MCOP$,
- das Flag-Register der ALU.

Nun ist die CPU, bestehend aus Registern $R_0, \ldots, R_7$, den X, Y, Z- Bussen, ALU, RAM, ROM und Adressberechnungseinheit, komplett. Die nächste Aufgabe wird sein, ein geeignetes Programm für das ROM zu überlegen, so dass die CPU extern (über das RAM) programmierbar wird.

1.6.12 Ein Mikroprogramm

Zum Abschluss präsentieren wir ein Mikroprogramm, das die Summe aller Zahlen von 1 bis N berechnet, wobei N eine Zahl ist, die im RAM an der Stelle 00h gespeichert ist. Wir erstellen das Programm mit dem bereits erwähnten CPU-Simulator. Nachdem wir mit Datei/Neu eine neue ROM-Datei Gauss.rom eröffnet haben, drücken wir zunächst den *Reset-Button* des Simulators, um anschließend mit dem *ROM-Button* den *ROM-Editor* aufzurufen. Dort können wir durch anklicken die einzelnen Teile der Mikrobefehle zusammensetzen, sie mit Kommentaren versehen und nach dem Beenden und Speichern das Programm austesten. Vorher schreiben wir mit dem *RAM-Editor* noch Testdaten in das RAM.

Wir verwenden in unserer Programmbeschreibung die ROM-Adresse des Mikrobefehls als Befehlsnummer. Nach einer allgemeinen Befehlsbeschreibung erklären wir die Aktionen in den einzelnen Phasen und stellen zum Schluss den fertigen Befehl dar. Dabei ist das erste Byte das Sprungbyte, es folgen der ALU-Funktionscode (6 Bit), die Zugänge zu den Bussen (3 Byte), die Datenwege zum Speicher (6 Bit), Speichermodus (2 Bit) und Speicherformat (2 Bit).

00:	Initialisiere $R_0, \ldots, R_7$ und MAR mit 0
	Phase1: keine Aktion
	Phase 2: $Z = 0$
	Phase 3: $Z \rightarrow R_0, \ldots, R_7, Z \rightarrow MAR$
	01 00 0000 0 100000 00000000 00000000 11111111 100000 00 0
01:	Lies N aus [00h] und speichere N in R_0
	Phase 1: Speicher liest, $MDR \rightarrow Y$
	Phase 2: $Z = Y$
	Phase 3: $Z \rightarrow R_0$
	01 00 0000 0 000100 00000000 00000000 10000000 000100 01 0
02:	1 -> MDR (Sprungvorbereitung)
	Phase 2: keine Operation

Phase 2: $Z = 1$

Phase 3: $Z \rightarrow MDR$

01 00 0000 0 100001 00000000 00000000 00000000 010000 00 0

03:	$MDR \rightarrow MCOP$ (noch Sprungvorbereitung)

Phase 1: $MDR \rightarrow MCOP$

01 00 0000 0 000000 00000000 00000000 00000000 000010 00 0

04:	Addiere R_0 zu R_2

Phase 1: $R_0 \rightarrow X$, $R_2 \rightarrow Y$

Phase 2: $Z = X + Y$

Phase 3: $Z \rightarrow R_2$

01 00 0000 0 001011 10000000 00100000 00100000 000000 00 0

05:	Dekrementiere R_0 und springe an $4 \times MCOP$, falls Ergebnis > 0

(Mode = 11, S – Mode = 01, $Maske$ = 0100, CC = 1)

Phase 1: $R_0 \rightarrow X$

Phase 2: $Z = X - 1$

Phase 3: $Z \rightarrow R_0$

11 01 0100 1 001010 10000000 00000000 10000000 000000 00 0

1.6.13 Maschinenbefehle

Die Vorstellung, größere Programme in Mikrocode programmieren zu müssen, ist abschreckend. Als Programmierer sollte man sich nicht damit plagen müssen, Schalter in Datenwegen zu betätigen, Daten mühsam via Adress- und Datenregister aus dem Speicher zu lesen, Code-Adressen in Code-Adress-Register zu schreiben oder ähnliche lästige Dinge festzulegen. Die Details der Benutzung der Busse und der zeitlichen Abfolge der Teilschritte in den einzelnen Phasen sollen dem Programmierer ebenfalls verborgen bleiben.

Eine abstraktere Sicht der CPU ist notwendig. Diese zeigt immer noch Speicherzellen und Register, versteckt sind aber Busse, ALU, Adressrechner, Phasen und Schalter. Stattdessen gibt es Befehle, um Operationen direkt auf Registerinhalten durchzuführen und Daten zwischen Registern und Speicher zu verschieben. Außerdem gibt es Befehle, die direkt Sprünge zu besonders gekennzeichneten Code-Stellen bewirken, anstatt dass mühsam aus Sprungmode und Masken Programmverzweigungen hergestellt werden müssen.

Unser abstraktes Bild der CPU zeigt jetzt nicht mehr acht identische Register $R_0, ..., R_7$, sondern eine Sammlung von Registern, von denen jedes seine spezielle Aufgabe hat und daher auch nur bestimmte Operationen ausführen kann. In unserem Modell wählen wir wieder acht Register (es hätten auch mehr oder weniger sein können), die wir mit $PC, A, B, I, Aux, IO, DP, SP$ bezeichnen. Die Register A und B nennen wir auch Akkumulatoren. Mit ihnen können arithmetische und Verschiebe-Operationen durchgeführt werden, z. B.:

ADD A, B

wobei der Inhalt von B zu dem Inhalt von A addiert wird, oder

MOV A, [61h]

wobei der Inhalt von Speicherzelle 61h in Register *A* kopiert wird.

Aux dient als Hilfsregister, um Werte kurzfristig zwischenzuspeichern, *I* als Index für Schleifen. *DP*, *SP* und *PC* stehen für *Data Pointer*, *Stack Pointer* und *Program Counter*. Sie können nicht in arithmetischen Operationen oder in Datenverschiebeoperationen verwendet werden, sondern nur durch spezialisierte Befehle. *PUSH* und *POP* z. B. verändern *SP*, Sprungbefehle verändern *PC*, doch kann man *PC* nicht mit einem Datenverschiebebefehl (à la MOV IP , [61h]) verändern. I/O Werte werden aus dem *IO* Register in einen Port geschrieben.

Die Operanden von Maschinenbefehlen sind Register oder RAM Speicherplätze Es dürfen aber nie beide Operanden RAM Speicherplätze sein Die Register werden für bestimmte Zwecke reserviert, etwa als Programmzähler, als Zeiger auf den Stack oder den Datenbereich Einige Register behält man als Rechenregister. Diese werden häufig Allzweckregister oder Akkumulatoren genannt. Viele Befehle der Maschinensprache sind nur mit Allzweckregistern durchführbar.

Für unsere Modell-CPU könnten wir folgende Registerkonvention vereinbaren:

Tab. 1.8. Registerkonvention

Befehlsregister	Register	Vereinbarter Zweck
PC	R_0	Program Counter
A	R_1	Akkumulator A
B	R_2	Akkumulator B
I	R_3	Loop Index I
Aux	R_4	Hilfsregister
IO	R_5	I/O Port
DP	R_6	Data Pointer
SP	R_7	Stack Pointer

Sprungbefehle bewirken eine Verzweigung zu einer gewünschten Stelle des Programms. Diese Stelle kann durch eine Zeilennummer oder eine Maske gekennzeichnet sein. Statt mühsam eine Maske zu erstellen, tragen die Befehle verständliche Namen wie JMP (kurz für *Jump* = Springe) oder JNZ (*Jump if Not Zero* = springe, falls das letzte arithmetische Ergebnis ungleich 0).

Statt an dieser Stelle in Details von Maschinensprache einzudringen, verweisen wir auf 91 ff, wo Maschinensprache und Assembler von PCs ausführlich behandelt werden. Ein kleines Programm in Maschinensprache zur Addition der Zahlen 1, ..., *N*, wobei *N* der anfängliche Inhalt von Speicherzelle 1 ist, mag einen ersten Eindruck vermitteln. Rechts neben jedem Befehl steht als Kommentar, beginnend jeweils mit einem „;" eine kurze Erklärung.

```
    MOV A,[0h]  ; Inhalt von [0h] nach Register A
    MOV B, 0    ; Initialisiere B mit 0
nochmal:
    ADD B, A    ; Addiere A zu B
    DEC A       ; Erniedrige A
    JNZ nochmal ; Falls letzte Operation ≠ 0,gehe zu nochmal
```

Zunächst wird hier der Inhalt von Speicheradresse 0 in Register A geladen und B initialisiert. Ab dem mit der Marke *nochmal* gekennzeichneten Befehl wird A zu B addiert und A erniedrigt. War das Ergebnis ≠ 0, so wird mit dem Sprungbefehl JNZ (jump if not zero) erneut zur Marke *nochmal* gesprungen.

Genau genommen handelt es sich bei dem obigen Programm um eine lesbare Form der Maschinensprache, die auch *Assemblersprache* genannt wird. In reiner Maschinensprache hat jeder Befehl eine Nummer, *OpCode* genannt. Die Abkürzungen ADD, MOV, JNZ etc. sind aber leichter zu merken als entsprechende Befehlsnummern.

1.6.14 Implementierung der Maschinenbefehle im Mikrocode

Einige Maschinenbefehle lassen sich durch einen einzigen Mikrobefehl implementieren, für andere benötigt man zwei oder mehrere. Beispielhaft zeigen wir die Implementierung einiger solcher Befehle:

Add A, B: übersetzt in die Addition von Register R_2 zu Register R_1, also
Phase1: $R_1 \rightarrow X, R_2 \rightarrow Y$, Phase2: $Z = X + Y$, Phase3: $Z \rightarrow R_1$, also
01 000000 0 001011 01000000 00100000 01000000 000000 00 0

Add A, [B]: Im B-Register befindet sich die Speicheradresse, deren Inhalt zum A-Register addiert werden soll. Dieser Befehl benötigt zwei Takte:
Takt 1: Phase1: $R_2 \rightarrow X$, Phase2: $Z = X$, Phase 3: $Z \rightarrow MAR$
01 000000 0 000010 00100000 00000000 00000000 100000 00 0
Takt 2: Phase1: $R_1 \rightarrow X$, $MDR \rightarrow Y$, Phase2: $Z = X + Y, Z \rightarrow R_1$, IO-Mode = Lesen, Format: 2 Byte
01 000000 0 001011 01000000 00000000 01000000 000100 01 1

JNZ 7 Jump if not Zero (Falls Ergebnis der letzten Operation = 0, führe den nächsten Befehl aus, dessen Nummer sich schon in MCOP befindet. Ansonsten setze den Programmzähler auf 7 (Sprung).
Takt 1: Phase1: Übertrage das Flag Register in das CC.-Register des Adressrechners
01 000000 1 000000 00000000 00000000 00000000 000010 00 0
Takt2: Bedingter Sprung mit Maske 1000

11 10 1000 0 000000 00000000 00000000 000010 00 0

Takt 3: Phase2: $Z = 7$, Phase3: $Z \rightarrow R_0 (= PC)$

11 000000 0 110111 00000000 00000000 10000000 000000 00

1.6.15 Platzierung im ROM

Alle Befehle der Maschinensprache werden analog wie oben durch wenige Mikrocodes implementiert und stets beginnend an einem Segmentanfang im ROM abgelegt. Die Nummer des Segments wird damit identisch mit dem OpCode des Befehls. In Ausnahmefällen könnte ein Maschinenbefehl sich auch über zwei Segmente erschrecken. Das kommt nur selten vor, stellt aber kein Problem dar. Segment 0 und Segment 1 werden wir anders verwenden, so dass wir im ROM unseres Simulators ca. 60 Maschinenbefehle implementieren können. Entscheidend für das folgende ist, dass jeder Maschinenbefehl mit einem Mikrobefehl endet, der einen Sprung an Segment 1 bewirkt.

Segment 0 wird eine Initialisierungsroutine enthalten, dessen Aufgabe es ist, alle Register PC, A, B, I, Aux, IO, DP, mithin $R_0, \ldots, R_6$ mit 0 zu initialisieren und SP ($=R_7$) mit $7FFh$, der maximalen Stackgröße.

Segment 1 beinhaltet ein Kontrollprogramm, den sogenannten *Load-Increment-Execute-Zyklus*. Dessen Aufgabe ist, ein Maschinenprogramm, das als Serie von OpCodes, ggf. mit Argumenten, im RAM liegt, auszuführen. Dazu muss es
1. den nächsten OpCode aus dem Speicher holen,
2. den Programmzähler erhöhen,
3. zur Mikroroutine verzweigen, die den OpCode implementiert, verzweigen.

Dieses Kontrollprogramm, auch *Maschinensprache-Interpreter* genannt, bringt also ein im RAM abgelegtes Maschinenprogramm zum Laufen. Es ist erstaunlich dass sich ein so wichtiges Programm in gerade einmal 4 Mikrobefehlen implementieren lässt.

Segment n (für $2 \leq n < 64$) beinhaltet den Mikrocode für den Maschinenbefehl mit OpCode n. Er endet jeweils mit einem Sprung an Segment 1, das Kontrollprogramm. Falls der Befehl Argumente benötigt, muss er diese selber aus dem Speicher holen.

1.6.16 Der Maschinenspracheinterpretierer

Der Maschinenspracheinterpretierer, auch *Load-Increment-Execute-Zyklus*, ist erstaunlicherweise mit nur zwei Mikroinstruktionen implementierbar! Er kann in einer Art Pseudocode folgendermaßen beschrieben werden:

–   Lies den OpCode, auf den der Programmzeiger ($PC = R_0$) zeigt, aus dem RAM ins MDR
–   Befördere MDR in MCOP des Adressrechners, erhöhe PC und springe nach 4 × $MCOP$, d. h. führe den Befehl, dessen OpCode in MCOP steht, aus.

Der Load-Increment-Execute-Zyklus, also Segment 1, besteht aus nur zwei Befehlen:

Befehl 1:	Lade PC in MAR	
	Phase 1:	$R_0 \to X$
	Phase 2:	$Z = X$
	Phase 3:	$Z \to MAR$
Befehl 2:	Lies OpCode, erhöhe PC und verzweige nach 4 × $OpCode$	
	Phase 1:	MDR→ MCOP
	Phase 2:	$Z = X + 1, MCAR = 4 \times MCOP$
	Phase 3:	$Z \to R_0$, $Z \to$ MAR

Jede Routine des Mikroprogramms muss die folgende Invariante der *while*-Schleife respektieren:

Invariante: IP zeigt stets auf den als Nächstes auszuführenden OpCode.

1.6.17 Argumente

Maschinenbefehle können ein oder mehrere Argumente beinhalten. Sie sind selber dafür verantwortlich, ihre Argumente zu laden. Der Befehl MOV [adresse], A besitzt ein Argument, nämlich die zwei Byte umfassende Adresse des Hauptspeichers (*main memory*), an der der Inhalt von A gespeichert werden soll. Nehmen wir an, der entsprechende MOV-Befehl habe OpCode 2C, so würde der komplette Befehl MOV [3FCh], A aus den 3 aufeinanderfolgenden Bytes

2C, 03, FC

bestehen. Anschließend folgt der OpCode für den nächsten Befehl. Der Load-Increment-Execute-Zyklus hat dafür gesorgt, dass *IP* um 1 erhöht wurde, bevor zur Adresse 4 x 02C gesprungen wurde. *IP* zeigt jetzt auf das Argument des Befehls. In der Implementierung von OpCode 2C kann man daher ausnutzen, dass der Programmzähler *IP* bereits auf das erste Byte des Argumentes zeigt, und man muss dafür sorgen, dass am Ende *IP* um 2 erhöht wird, damit die oben erwähnte Invariante nicht verletzt wird.

Register sind nie Argumente, sie sind Teil des Befehls. So sind beispielsweise *Add A, B* und *Add B, A* verschiedene Befehle mit verschiedenen OpCodes.

1.6.18 Entwicklung eines Maschinenprogramms

Wir wollen nun demonstrieren, wie man ein kleines Programm in Maschinensprache entwickeln kann. Hier werden wir wieder die Summe der Zahlen von 1 bis N berechnen. Wir beginnen mit einem Java-Programm, wie z. B.

```
static int gauss(int n) {
  int sum = 0;
  while (n > 0) {
    sum += n;
    n--;
  }  return sum;
}
```

Listing 1.3. Ausgangsprogramm in Java

Zunächst müssen wir Kontrollstrukturen durch Sprünge ersetzen. Auch Blockschachtelung gibt es nicht. Daher besteht der erste Schritt aus einer Linearisierung.

```
gauss:
        int sum = 0;
loop:   if (n==0) goto end;
        sum = sum + n;
        n = n-1;
        goto loop
end:
```

Listing 1.4. Linearisiertes Programm mit Marken und Sprüngen

Im letzten Schritt wählen wir Register oder Speicherplätze für die Variablen und ersetzen Zuweisungen, Tests und Sprünge durch entsprechende Maschinenbefehle.

```
// Registerbelegung: sum --> A, n --> B
gauss:
        MOV A, 0
loop:   CMP B, 0
        JE end
        ADD A, B
        DEC B
        JMP loop
end:
```

Listing 1.5. Fertiges Maschinenprogramm

1.7 Assemblerprogrammierung

Maschinensprache ist eine Sammlung von Befehlen, die dem Programmierer zum direkten Zugriff auf die CPU zur Verfügung steht. Im Grunde ist es unangemessen, diese Befehlssammlung als *Sprache* zu bezeichnen, fehlen doch die grundlegenden Strukturierungsmittel höherer Programmiersprachen. Dafür gestattet Maschinensprache den unmittelbaren Zugang zur gesamten Hardware: der CPU, dem Speicher, Bildschirm, Tastatur, seriellen und parallelen Eingängen, Laufwerken, Maus etc.. Ein zweiter Grund, Maschinensprache statt einer höheren Programmiersprache zu benutzen, ist, dass man nur in Maschinensprache eine genaue Kontrolle über die Ausführungszeiten der Befehle hat. Man kann zeitkritische Programmteile sehr effizient in Aktionen der CPU umsetzen. Allerdings gehört viel Übung dazu, Konstrukte höherer Programmiersprachen besser in Maschinensprache zu übersetzen, als dies ein guter optimierender Compiler kann. Bei einem RISC Prozessor mit mehreren Pipelines kann unter Umständen ein Befehl, der mehr Takte benötigt, günstiger sein, als ein Befehl mit weniger Takten, der sich aber schlechter mit anderen Befehlen in der Pipeline verträgt. Eine empfehlenswerte Vorgehensweise ist in jedem Fall, zunächst ein Programm in einer Hochsprache zu entwickeln, anschließend die zeitkritischen Stellen oder die Stellen, die spezielle Hardwarezugriffe erfordern, zu identifizieren und sie gezielt in Maschinensprache umzuschreiben, etwa so wie wir es zum Abschluss des vorigen Kapitels exerziert haben.

Der Nachteil von Programmen in Maschinensprache ist, dass sie nur auf dem Prozessortyp lauffähig sind, für den sie geschrieben wurden. Immerhin bemühen sich die Hardwarehersteller, neue Prozessorgenerationen abwärts kompatibel zu halten, so das auch alte Programme auf der neuen Hardware laufen.

Früher wurden viele zeitkritische Programme in Maschinensprache erstellt. Heute ist mit der schnelleren Hardware die Bedeutung von Maschinensprache zurückgedrängt worden. Maschinensprache wird vor allem als Bindeglied zwischen Hardware und Betriebssystem oder als Zielsprache für einen Compiler verwendet. Für einen neuen Chip werden zunächst ein Betriebssystemkern und ein C-Compiler, also ein Übersetzer, in Maschinensprache geschrieben. Mit einem Cross-Compiler wird dann ein vorhandenes Betriebssystem auf die neue Architektur portiert. C besitzt Anweisungen, die sehr maschinennah sind, dennoch ist C als Hochsprache auf allen gängigen CPUs verfügbar. Daher kann man in C implementierte Betriebssysteme leicht auf andere Architekturen *portieren*. Auch andere Hochsprachen haben Schnittstellen zur Maschinensprache – etwa in Form von *Inline Assembler*, das sind Programmteile, die in Assembler geschrieben sind.

1.7.1 Maschinensprache und Assembler

Jeder Maschinenbefehl besteht zunächst aus einer Bitfolge. Davon identifizieren einige Bits den Typ des Befehls, andere sind Teile von Operanden. Die Bedeutung der einzelnen Bits müsste man im Grunde immer in einer Tabelle nachschlagen. Es gibt daher lesbare Darstellungen von Maschinensprachbefehlen, so genannte *Mnemonics*. So verwendet man z. B. für den Sprungbefehl, der nur ausgeführt wird, wenn das Zero-Flag gesetzt ist, das Mnemonic *JZ* (für *jump on zero*). Programme, die mit solchen lesbaren Abkürzungen, formuliert sind, nennt man Assemblerprogramme. Als *Assemblierer* oder *Assembler* bezeichnet man ein Programmsystem, das Assemblerprogramme in Maschinenprogramme umwandelt (engl.: *to assemble = zusammenstellen*).

Ein *Disassembler* (oder *Disassemblierer*) leistet in eingeschränktem Maße die umgekehrte Übersetzung. Aus einem Maschinenspracheprogramm versucht er das ursprüngliche Assemblerprogramm zu rekonstruieren.

Glücklicherweise besitzt ein Assembler noch mehr Fähigkeiten als zu einem Assemblerbefehl den zugehörigen Maschinenbefehl aus einer Tabelle herauszusuchen. Der Assembler erlaubt auch, symbolische Namen für Speicherplätze (Variablen), symbolische Sprungadressen (*Labels*) und Daten (Konstanten) zu verwenden. Außerdem steht ein einfaches Prozedurkonzept zur Verfügung. *Makros* dienen dazu, den Code lesbarer und übersichtlicher zu gestalten, und natürlich sind auch Kommentare erlaubt.

Kommerziell verfügbare Assembler für die x86 Prozessorfamilie waren zum Beispiel *MASM* (Macro Assembler) der Firma Microsoft sowie *TASM* (Turbo Assembler) von Borland. Derzeit verfügbar sind freie Weiterentwicklungen wie z. B. *masm32*, *goASM* und *fasm*. Letztere können ausführbare Dateien sowohl für Linux als auch für Windows erzeugen und zwar sowohl für den 32-Bit als auch für den 64-Bit Modus. Die Maschinenbefehle und deren Schreibweise in Assemblersprache werden zunächst vom Hersteller der CPU definiert, so dass sich verschiedene Assembler nur in Komfort und Sprachzusätzen unterscheiden. Im Falle der Intel Prozessoren hat sich neben der dominierenden Intel Syntax auch eine AT&T Syntax etabliert, in der, neben anderen Unterschieden, die Assemblerbefehle die generelle Struktur

op quelle, ziel

haben, wie z. B. in

```
movl $100, %ebx.
```

1.7.2 x86-Architektur

Die ersten Prozessoren des IBM-PC, der 8088, 8086 und der 80286, waren 16-Bit Prozessoren. Aus dieser Zeit habenauch die heutigen Nachfolger noch die bekannten 16-Bit-Register geerbt. Es handelt sich um die *Allzweck-Register AX, BX, CX, DX, SI, DI, BP* und *SP*, die *Segmentregister CS, DS, SS* und *ES*, den *Befehlszähler IP* sowie das *Flag-Register*. Die niederwertigen Byte (low byte) bzw. die höherwertigen Byte (high byte) der Register AX, BX, CX und DX sind als 8-Bit-Register AL, BL, CL, DL bzw. AH, BH, CH, DH gesondert ansprechbar. Die Registernamen stehen für folgende Abkürzungen: AX=*Accumulator*, BX=*Base*, CX=*Counter*, DX=*Destination*, SI=*Source Index*, DI=*Destination Index*, BP=*Base Pointer*, SP=*Stack Pointer*, IP=*Instruction Pointer*, CS=*Code Segment*, DS=*Data Segment*, SS=*Stack Segment* und ES=*Extra Segment*.

Seit dem 80386 verarbeitet der Intel-Prozessor 32-Bit-Daten, braucht also auch 32-Bit breite Register. Darum hat man einfach die bestehenden Register auf 32 Bit breite Register *EAX, EBX, ECX, EDX, ESI, EDI, EBP, ESP* und *EIP* erweitert. Der Präfix „*E*" steht für „*extended*". Die alten Register sind immer noch adressierbar, physikalisch stellen sie die niederwertigen zwei Byte der neuen 32-Bit Register dar. Die Segmentregister *CS, DS, SS* und *ES* behielten ihre Größe von 16 Bit, wurden aber um zwei neue Register, *FS* und *GS* ergänzt. So blieben die Prozessoren ab 80386 abwärts kompatibel zu den früheren x86 Prozessoren. Für die Speicherverwaltung, bei der die Segmentregister eine besondere Rolle spielen, gilt dies aber nur, wenn der Prozessor im so genannten *real mode* betrieben wird. Moderne Betriebssysteme betreiben den Prozessor aber fast durchweg im so genannten *protected mode*.

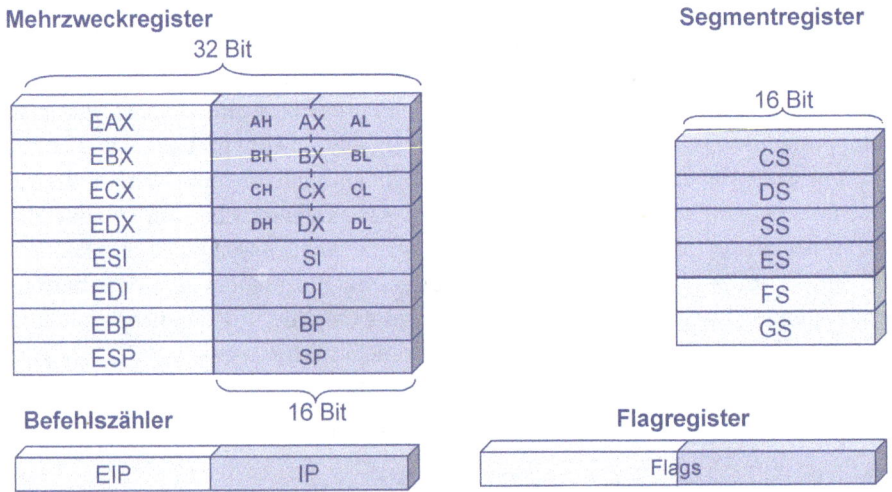

Abb. 1.93. Register von PC-Prozessoren im 32-Bit Betrieb

Abbildung 1.93 zeigt die wichtigsten Register für die Ganzzahlarithmetik, die Speicheradressierung und die Programmlogik. In diesem Bild nicht gezeigt sind die 80-Bit breiten Spezialregister zur Verarbeitung von Gleitkommazahlen, die 64-Bit breiten MMX-Register für schnelle graphische Operationen und die 128-Bit breiten so SIMD Register XMM0-XMM15.

Beim Übergang auf die 64-Bit Architektur, zunächst durch AMD und später auch durch Intel wurden die Mehrzweckregister, das Flag Register und das Befehlszählerregister erneut erweitert und durch das Buchstabenpräfix „R" gekennzeichnet. Im 64-Bit Modus stehen dem Programmierer die Register RAX, RBX, ... RSP zur Verfügung. Die niederwertigen Teile davon können mit den älteren Bezeichnungen EAX, AX, AH, AL, etc. angesprochen werden. Zusätzlich wurden acht neue 64-Bit Mehrzweckregister mit den Bezeichnungen R8, .. , R15 eingeführt.

Alle neueren Intel und AMD Prozessoren können wahlweise als 64-Bit Rechner oder im älteren 32-Bit Modus betrieben werden. Im 64-Bit Modus werden ältere 32-Bit Programme in einem Kompatibilitätsmodus ausgeführt.

1.7.3 Assemblerbefehle

In Intel Syntax haben die meisten Assemblerbefehle, die Operationen beschreiben, die Form

Op Ziel, Quelle

Ziel und *Quelle* werden mit der Operation *Op* verknüpft und das Ergebnis in *Ziel* gespeichert. In Java-Notation entspräche dies einer Zuweisung: *Ziel = Ziel Op Quelle*. Je nach Befehl können Ziel und Quelle Register oder Speicherplätze sein. Als Quelle kommen auch konstante Werte in Frage. Beispiele solcher Befehle sind add RAX,R12, add EAX,EBX oder sub AX,5.

Daten liegen entweder als Konstanten oder als Inhalte von Registern und Speicherzellen vor. Die Interpretation der dort gespeicherten Bitfolgen bleibt dem Programmierer überlassen, es gibt keine Typüberprüfung. Der Assemblierer kann lediglich feststellen, ob die Breiten der verknüpften Register zueinander passen. Die meisten Operationen sind mit 64, 32-, 16- oder 8-Bit-Registern durchführbar, doch muss die Datenbreite von Quelle und Ziel stets übereinstimmen.

In Assembler schreibt man stets einen Befehl pro Zeile. Zwischen Groß- bzw. Kleinschreibung wird nicht unterschieden. Ein Semikolon beginnt einen Kommentar, der sich bis zum Zeilenende erstreckt. Das folgende Assemblerfragment benutzt die arithmetischen Operationen *ADD*, *SUB*, *INC*, *DEC* und *NEG* auf den Mehrzweckregistern EAX bis EDX sowie deren 16-Bit und 8-Bit-Teilregistern AX bis DX, AH bis DH und AL bis DL. Der Befehl *MOV* transportiert einen Wert von Quelle nach Ziel. Die Wirkung jedes Befehls wird in Java-ähnlicher Notation in einem Kommentar erklärt.

```
add AH, AL        ; AH = AL;
mov AL, CL        ; AL = CL;
dec CL            ; CL = CL-1;
add EAX, 3E8h     ; EAX = EAX+1000;
inc ECX           ; ECX = ECX+1;
neg ECX           ; ECX = -ECX;
```

Während das Ziel einer arithmetischen Operation immer ein Speicherplatz oder ein Register sein muss, bezeichnet die Quelle immer einen Wert: den Inhalt eines Registers oder Speicherplatzes oder auch eine Konstante. Diese kann dezimal oder in hexadezimaler Notation (kurz Hex) angegeben sein. Hex-Notation erreicht man durch ein nachgestelltes *h* oder eine vorangestellte *0*.

1.7.4 Mehrzweckregister und Spezialregister

Alle Mehrzweckregister können als Ziel von arithmetischen Operationen (dazu gehört auch der *mov*-Befehl) dienen. Dennoch erfüllen ESI, EDI, EBP, ESP noch besondere Aufgaben, so dass es sinnvoll und üblich ist, sich für arithmetische Berechnungen auf EAX – EDX zu beschränken. Die Spezialregister, dazu gehören die *Segmentregister SS*, *DS*, *CS*, *ES*, *FS* und *GS* sowie der *Instruction Pointer EIP* und das *Flag-Register*, können nicht oder nur eingeschränkt Ziel arithmetischer Operationen sein. In ein Segmentregister kann man nicht unmittelbar konstante Werte übertragen. Um etwa 100h nach *DS* zu bringen, muss man den Umweg über ein Mehrzweckregister in Kauf nehmen:

```
mov AX, 100h
mov DS, AX
```

Das Register *EIP* enthält stets die Adresse des nächsten Befehls. Es ist demnach nicht möglich, dort Daten zu speichern. *EIP* wird entweder automatisch erhöht, oder durch Sprungbefehle, dazu gehören auch Funktionsaufrufe und -rücksprünge, verändert.

1.7.5 Flag-Register

Das *Flag Register* ändert sich nach arithmetischen Operationen. Es dient dazu, spezielle Situationen, die bei der Durchführung einer ALU-Operation aufgetreten sind, anzuzeigen. Es ist eigentlich ein Ausgaberegister, dennoch kann es auf dem Umweg über den später zu besprechenden Stack gezielt verändert werden.

Im Flag-Register hat jedes einzelne Bit seine eigene Bedeutung. Von den 32 Bits des Flag-Registers werden nur 14 verwendet, uns interessieren hier nur 9 davon. Deren Namen sind in der folgenden Tabelle mit einem Kurzkommentar aufgelistet. Die Flags *C*, *A*, *O*, *S*, *Z*, *P* beziehen sich immer auf das Ergebnis einer gerade durchgeführten Operation.

Die Flags *D*, *I* und *T* dienen als Schalter. Sie bleiben unverändert, bis man sie durch Spezialbefehle verändert. Die so genannte *direction flag*, *D*, beeinflusst die Wirkungsweise von String-Befehlen. Ist *D* gesetzt, so werden Strings von links nach rechts, andernfalls von rechts nach links abgearbeitet. Die Befehle STD (set direction) und Assembler Befehl: CLD (clear direction) setzen die *D*-Flag auf 1 bzw. auf 0. Entsprechend bestimmt die *interrupt-enable flag*, *I*, ob der Prozessor auf gewisse Unterbrechungen (z. B. auf die Tastatureingabe) reagieren soll oder nicht.

Schließlich wird die *trap flag* von Programmen wie einem *Debugger* verwendet. Ein Debugger erlaubt die schrittweise Ausführung eines Maschinenprogramms zu Testzwecken. Damit ergibt sich eine Zweiteilung der Flags in solche, die eigentlich als

Schalter dienen, und solche, die Ergebnisse von Operationen erläutern

C *Carry* – Bereichsüberschreitung für vorzeichenlose Zahlen,
A *Aux. Carry* – Bereichsüberschreitung für vorzeichenlose Nibbles,
O *Overflow* – Bereichsüberschreitung bei arithmetischer Operation auf Zahlen mit Vorzeichen,
S *Sign* – Ergebnis negativ,
Z *Zero* – Ergebnis 0,
P *Parity* – Ergebnis hat eine gerade Anzahl von Einsen,
D *Direction* – bestimmt Richtung von String Befehlen,
I *Interrupt* – bestimmt, ob Interrupts zugelassen werden,
T *Trap* – erlaubt single step modus. Vom Debugger verwendet.

Von den Ergebnisflags sind sowohl Z als auch P offensichtlich zu interpretieren. $Z = 1$ bedeutet, dass das Ergebnis der letzten arithmetischen Operation 0 war, und $P = 1$ bedeutet, dass das Ergebnis der letzten Operation eine gerade Anzahl von Einsen hatte. Diese Information ist für die Datenübertragung manchmal nützlich, wenn zu übertragende Daten mit einem zusätzlichen *Prüfbit* so aufgefüllt werden, dass das zu übertragende Datum eine gerade Anzahl von Einsen hat. Wird ein Wort mit einer ungeraden Anzahl von Einsen empfangen, so erkennt man, dass ein Fehler eingetreten ist.

Nicht alle Operationen beeinflussen alle Flags, so dass evtl. auch später noch durch eine frühere Operation erzeugte Spezialbedingungen aus dem Flag-Register ablesbar sind. In diesem Zusammenhang muss man aber wissen, ob die seither durchgeführten anderen Operationen die fraglichen Flags nicht beeinflusst haben. Eine fundierte Kenntnis von Maschinensprache beinhaltet daher auch das Wissen, welche Operation welche Flag beeinflusst.

1.7.6 Arithmetische Flags

Die Flags, C, A, O, und S beziehen sich auf die Interpretation der beteiligten Daten als ganze Zahlen. Der Prozessor *weiß* nicht, ob die Inhalte von Registern als natürliche Zahl (*unsigned number*) oder als ganze Zahl in Zweierkomplement-Darstellung (*signed number*) gemeint sind (siehe dazu das Kapitel über Zahlendarstellungen, in Bd. 1). Für die einfachen arithmetischen Operationen ist diese Information auch nicht notwendig, da das Ergebnis in beiden Fällen durch die gleiche Bitfolge dargestellt wird. Allerdings kann in der einen Interpretation das Resultat ungültig sein und in der anderen Interpretation nicht. Für beide Fälle werden vorsorglich die richtigen Flags gesetzt. Für die Deutung als vorzeichenlose Zahl zeigt das *Carry-Bit*, ob ein Übertrag aus der höchsten Bitposition entstanden ist bzw. ob das Ergebnis negativ und daher als vorzeichenlose Zahl ungültig ist. Für die Interpretation als vorzeichenbehaftete Zweierkomplementzahl zeigt das *overflow flag* eine Bereichsüberschreitung oder -unterschreitung an.

Zero flag und *sign flag* zeigen, ob das Ergebnis der letzten Operation 0 oder negativ war.

Wir demonstrieren beide Sichtweisen an einigen konkreten Beispielen. Im ersten Fall werden die Register AL und BL mit den Bytes 0FD und 0FF gefüllt und addiert. Als Ergebnis entsteht im Register AL das Byte 0FC. Als Zweierkomplementzahlen interpretiert, haben wir -1 zu -3 in Register AL addiert. Das Ergebnis -4 ist korrekt, da wir den Bereich -128 ... + 127 der 8-Bit-Zweierkomplementzahlen nicht verlassen haben. Konsequenterweise ist das O-Flag nicht gesetzt.

Interpretieren wir dieselben Daten als vorzeichenlose natürliche Zahlen, so wird zu 253 in *AL* die Zahl 255 aus BL addiert. Von dem Ergebnis, 253 + 255 = 508, passen nur die niedrigsten 8 Bit in das Zielregister AL, also 508 mod 256 = 252. Das Carry-Bit zeigt an, dass ein Übertrag aus der höchsten Bitposition entstanden ist. Als Addition von natürlichen Zahlen ist das Ergebnis also ungültig.

Aus den drei Befehlsgruppen im folgenden Bild erzeugt der Assemblierer in der Tat jeweils identische Maschinenbefehle. Die richtige Interpretation muss der Programmierer liefern und dafür die entsprechenden Flags beachten.

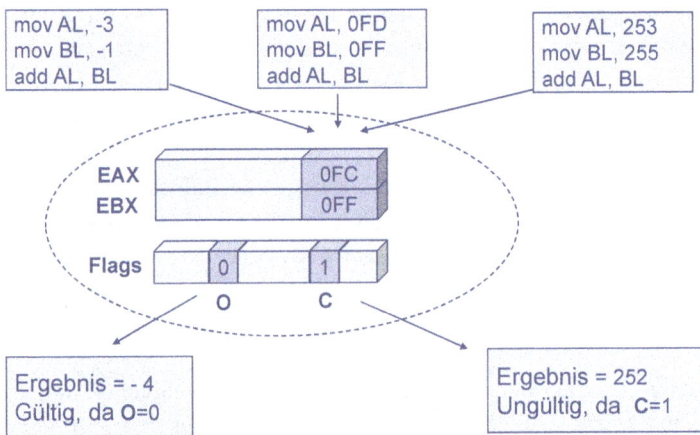

Abb. 1.94. Maschinenbefehle und ihre Wirkung auf das Flag-Register (1)

Als zweites Beispiel betrachten wir die Befehle:

```
mov AL, 100
add AL, AL
```

Diese Befehlsfolge ist identisch mit:

```
mov AL, 064
add AL, AL
```

In jedem Fall befindet sich am Ende 0C8 im Register AL. Interpretiert man die Berechnung als vorzeichenbehaftete 8-Bit-Addition, so findet man das Ergebnis –56 in AL und das Overflow-Bit gesetzt. Es hat eine Bereichsüberschreitung stattgefunden. Als natürliche Zahl betrachtet stellt 0C8h gerade 200 dar. Es hat während der Addition keine Bereichsüberschreitung stattgefunden, weswegen das C-Bit nicht gesetzt wurde. Dieselben Überlegungen gelten auch für die Subtraktion. Beispielsweise ist

```
mov AH, 02
mov BH, 0FF
sub AH, BB
```

sowohl als vorzeichenbehaftete Subtraktion 2 – (– 1) = 3 als auch als Subtraktion von ganzen Zahlen 2 – 255 interpretierbar. In jedem Falle enthält AH den Wert 3, das Carry-Bit zeigt aber an, dass die Operation für vorzeichenlose Zahlen ungültig war.

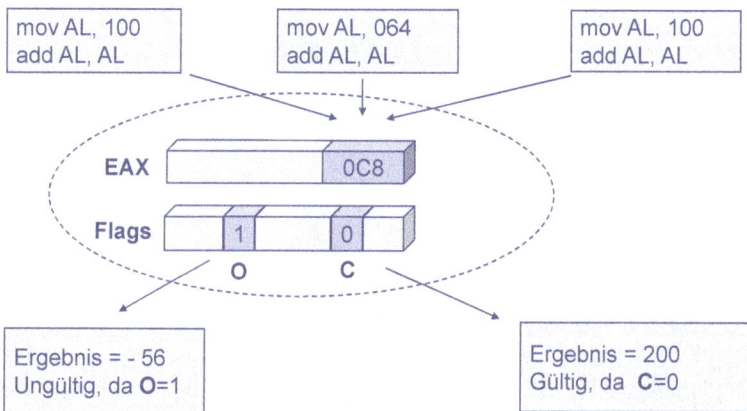

Abb. 1.95. Maschinenbefehle und ihre Wirkung auf das Flag-Register (2)

1.7.7 Vergleiche

Die Subtraktion mit anschließender Flag-Prüfung kann man verwenden, um Registerwerte der Größe nach zu vergleichen. Es stellt sich aber ein kleines Problem: Ist der Hex-Wert 02 kleiner oder größer als 0FF? Als vorzeichenlose Zahl gilt 02 = 2 und 0FF = 255, also 02 < 0FF. Als Zweierkomplementzahl gilt 02 = 2 und 0FF= –1, also 02 > 0FF.

Die Frage, ob für zwei Registerinhalte X und Y die Relation X < Y gilt, hängt also davon ab, wie wir X und Y interpretieren. Demgemäß unterscheidet man auf Hex-Zahlen zwei Ordnungen: *below* und *less*. Für beliebige Registerinhalte X und Y sagt man

$$X \text{ below } Y \iff X < Y \text{ als vorzeichenlose natürliche Zahl}$$
$$X \text{ less } Y \iff X < Y \text{ als Zweierkomplementzahl.}$$

Die entsprechenden inversen Relationen heißen *above* bzw. *greater*. Vorzeichenlose Zahlen muss man also mit *above/below* und vorzeichenbehaftete Zahlen mit *greater/less* vergleichen. Die Ordnungen stimmen überein, wenn man kleine positive Zahlen vergleicht, also 8-Bit Zahlen kleiner als 128, 16-Bit Zahlen kleiner als 32768 oder 32-Bit-Zahlen kleiner als 2^{31}. Ob eine der Ordnungsrelationen zutrifft, erkennt man direkt nach einer Subtraktion X − Y an den Flags:

$$X \text{ below } Y \iff C = 1 \text{ bei der Subtraktion ist ein Übertrag aufgetreten,}$$
$$X = Y \iff Z = 1 \text{ Z-Flag gesetzt,}$$
$$X \text{ above } Y \iff C = Z = 0 \text{ sonst.}$$

Für die Interpretation als vorzeichenbehaftete Zahlen gilt entsprechend:

$$X \text{ less } Y \iff X - Y \text{ falls } S \neq O, \text{ d.h. } S = 1 \text{ und } O = 0 \text{ oder } S = 0 \text{ und } O = 1,$$
$$X = Y \iff Z = 1, \text{ also Z-Flag gesetzt,}$$
$$X \text{ greater } Y \iff \text{sonst, also } Z = 0 \text{ und } S = 0.$$

Bei einer Subtraktion von $X = 0FFh$ und $Y = 06h$ in einem 8-Bit-Register werden die folgenden Flags setzt: $C = 0$, $Z = 0$, $O = 0$, $S = 1$. Damit gilt: X *above* Y und gleichzeitig X *less* Y. In der Tat gilt vorzeichenlos: $X = 255$, $Y = 6$ und somit $X > Y$. Als 8-Bit-Zweierkomplementzahlen gilt dagegen: $X = -1$, $Y = +6$ und $X < Y$. Findet die gleiche Subtraktion in einem 16-Bit-Register statt, so gilt X *above* Y und X *greater* Y, da X als 16-Bit-Zweierkomplementzahl +255 darstellt.

Da für einen Vergleich nur die Flags nach der Subtraktion eine Rolle spielen, nicht aber das Ergebnis, gibt es eine Operation CMP, die genau das Nötige leistet:

CMP *Ziel, Quelle*

setzt die Flags wie die entsprechende *SUB*-Operation ohne den Inhalt von *Ziel* zu verändern. Je nach Ausgang einer Vergleichsoperation kann z. B. verzweigt werden.

Die arithmetischen Operationen, *INC* und *DEC* dienen zum Inkrementieren bzw. Dekrementieren eines Speicher- oder Registerinhaltes um 1. Die *INC*- und *DEC*-Versionen sind schneller und lesbarer als die entsprechenden *ADD*- und *SUB*-Befehle und werden oft in Schleifen benötigt. *INC* und *DEC* verändern jedoch nicht das Carry-Flag. Das ist insbesondere deswegen nicht von Nachteil, weil man die Bedingung auch anders testen kann: *ADD Ziel, 1* setzt genau dann das Carry-Flag, wenn das Ergebnis 0 ist, d. h. wenn auch das Z-Flag gesetzt wird. *SUB Ziel, 1* setzt genau dann das Carry-Flag, wenn vorher Ziel = 0 war. Auch dies ist leicht feststellbar. Somit verzichten INC und DEC auf das Setzen des Carry-Flags, was für die Programmierung von Schleifen oft von Vorteil ist.

1.7.8 Logische Operationen

Die logischen Operationen *AND, OR, XOR, NOT* funktionieren prinzipiell wie die arithmetischen und auch mit denselben Registern. Die meisten logischen Operationen setzen das Carry-Flag auf 0. Die Flags *S, Z* und *P* werden je nach Ergebniswert gesetzt.

Die Bedeutung dieser Operationen bedarf kaum einer Erläuterung. Sie werden bitweise ausgeführt. Beispielsweise ist

```
AND 7 13 = AND 00000111b 00001101b = 0101b = 5.
```

Häufig werden logische Operationen für Zwecke benutzt, die nicht unmittelbar klar sind:

```
; Setze Register AX auf 0
    xor AX, AX
; Vertausche den Inhalt der Register AX und BX
    xor AX, BX
    xor BX, AX
    xor AX, BX
```

Mit *AND* und *OR* kann man einzelne Bits in einem Wort löschen oder setzen. Dazu benutzt man als zweiten Operanden eine *Maske*. Das ist eine konstante Bitfolge, die an den aus- oder einzublendenden Bits eine 1 besitzt. Die Maske wird gern als Binärzahl, erkenntlich an dem nachgestellten *b*, geschrieben.

```
; Setze Bit 2 und Bit 7 von AL auf 1
    or AL, 0100 0010b
```

```
; Setze alle Bits außer Bit 2 und Bit 7 von BL auf 0
    and BL, 0100 0010b
```

Die Operation *TEST* setzt alle Flags wie der entsprechende AND-Befehl, lässt aber die Operanden intakt. Somit verhält sich *TEST* zu *AND* wie *CMP* zu *SUB*.

```
; Prüfe, ob Bit 2 oder Bit 7 in AH gesetzt sind
   test AH, 0100 0010b
; jetzt sollte man die Z-Flag überprüfen
```

Zum Verständnis von Assemblerbefehlen gehört also nicht nur das Wissen um das Ergebnis einer ausgeführten Operation, sondern auch um deren Einfluss auf die Flags. Die folgende Tabelle fasst dies noch einmal zusammen. Auf die Operationen `mul` und `div` werden wir später noch eingehen.

`add, sub, neg`	beeinflussen O, S, Z, C, P, A,
`inc, dec`	beeinflussen O, S, Z, P, A,
`mul, div`	beeinflussen O, C,
`and, or, xor`	beeinflussen S, Z, P und setzen $C=0$,
`cmp`	setzt die Flags wie `sub`
`test`	setzt die Flags wie `and`.

1.7.9 Sprünge

Assemblerbefehle werden in der Reihenfolge ausgeführt, in der sie im Text erscheinen, es sei denn, es handelt sich um einen *Sprungbefehl*. Ein solcher bewirkt die Fortsetzung des Programms an einer beliebigen, durch einen Namen markierten Stelle. Die Sprungmarke (engl. *label*) ist das Argument des Sprungbefehls.

Es gibt *unbedingte Sprünge*, bei denen der Sprung auf jeden Fall stattfindet, und *bedingte Sprünge*, bei denen er nur erfolgt, falls eine bestimmte Bedingung erfüllt ist. Die Bedingung wird immer anhand des Flag-Registers überprüft.

JMP ist der unbedingte Sprungbefehl (Jump). *JZ* steht für *Jump on zero*, der nur ausgeführt wird, falls das Zero-Flag gesetzt ist. *JNZ* (Jump if not zero) wird ausgeführt, falls das Zero-Flag nicht gesetzt ist. Meist folgt ein solcher Sprungbefehl auf einen Vergleich oder auf eine arithmetische oder logische Operation. Die Befehle JE (jump on equal) und JNE (jump on not equal) sind identisch zu JZ und JNZ. Der Assembler erzeugt jeweils identischen Maschinencode.

```
start:    ; berechne den ggt von anf1 und anf2

      mov  eax, 504      ; Anfangswerte
      mov  ebx, 210      ; Anfangswerte

schleife:
      cmp  eax,ebx       ; Vergleich
      jz   ausgabe       ; Bedingter Sprung
      jb   EAX_below_EBX ; bedingter Sprung
      sub  eax,ebx       ; EAX = EAX - EBX
```

```
    jmp   schleife          ; unbedingter Sprung

EAX_below_EBX:
    sub   ebx,eax           ; EBX = EBX - EAX
    jmp   schleife          ; unbedingter Sprung
ausgabe:
```

Listing 1.6. Schleife mit bedingtem Sprung

Wichtig sind die auf einem Größenvergleich basierenden Sprünge. Auch sie erfolgen üblicherweise im Anschluss an einen CMP-Befehl. Je nachdem, ob Registerinhalte als vorzeichenlose oder vorzeichenbehaftete Zahlen aufgefasst werden sollen, muss eine der Ordnungen *above/below* oder *greater/less* geprüft werden. Die mnemonischen Formen JA (jump above), JB (jump below), JG (jump greater), JL (jump less) entledigen den Programmierer der Mühe, sich genau zu überlegen, welche Flags zu überprüfen sind.

Tab. 1.10. Sprünge, basierend auf dem Vergleich vorzeichenloser Zahlen

Sprungbefehl	Bedeutung	Flag-Bedingung
JA	Jump Above	C = 0 and Z = 0
JAE	Jump Above or Equal	C = 0
JB	Jump Below	C = 1
JBE	Jump Below or Equal	C = 1 or Z = 1

Tab. 1.11. Sprünge, basierend auf dem Vergleich vorzeichenbehafteter Zahlen (O ist Overflow-Flag)

Sprungbefehl	Bedeutung	Flag-Bedingung
JG	Jump Greater	S = O and Z = 0
JGE	Jump Greater or Equal	S = O
JL	Jump Less	S $\neq$ O
JLE	Jump Less or Equal	S $\neq$ O or Z=1

1.7.10 Struktur eines vollständigen Assemblerprogramms

Mit den elementaren arithmetischen Operationen und Sprüngen können wir erste Assemblerprogramme schreiben. Ein lauffähiges Assemblerprogramm benötigt noch zusätzliche Hinweise (Direktiven), deren genaue Syntax von dem gewählten Assemblierer abhängen. Im Falle des Freeware-Systems *masm32* sind dies u. a.:

```
.386
.model flat, stdcall
option casemap :none
```

Es soll hier Code für einen 386-Prozessor (oder später) erzeugt werden. Man geht von einem linearen (flachen) Speichermodell aus, wobei Code und Daten in dem gleichen Speichersegment liegen. Funktionsaufrufe erwarten ihre Parameter in umgekehrter Reihenfolge auf dem Stack (*stdcall*) und Sprungmarken sowie Funktionsnamen sind case-sensitiv. Soll das Programm unter Windows lauffähig sein und Windows Ressourcen anfordern, so müssen die benötigten Datentypen und Prozeduren des Betriebssystems dem Assembler bekannt gemacht werden. Dies geschieht durch *include*-Direktiven

```
include \masm32\include\windows.inc
include \masm32\include\kernel32.inc
includelib \masm32\lib\kernel32.lib
```

Oft werden noch weitere nützliche Bibliotheksprogramme auf diese Weise geladen, denn auch Assemblerprogrammierer wollen das Rad nicht neu erfinden.

Das Programm selber besteht aus *Segmenten*, also Abschnitten, in denen Speicherplatz für Daten reserviert und strukturiert wird und aus Segmenten, die den Code enthalten. Die entsprechenden Teile werden jeweils durch die Schlüsselworte `.data` bzw. `.code` eingeleitet. Nicht jedes Programm benötigt ein Datensegment. Das Codesegment muss mindestens eine Marke besitzen, bei der die Programmausführung beginnen soll. Diese wird dadurch gekennzeichnet, dass sie nach dem Schlüsselwort `end` wiederholt wird.

Nach seiner Beendigung soll das Program die Kontrolle wieder an das Betriebssystem zurückgeben. Zu diesem Zweck ruft es die Bibliotheksfunktion `ExitProcess` auf, deren Parameter 0 vorher mit `push 0` auf dem Stack abgelegt wurde.

Das Codesegment eines mit *masm32* erstellten und unter Windows lauffähigen Assemblerprogramms sieht dann folgendermaßen aus:

```
.code
   main:
   ; ... hier kommt der Programmcode hin ...
   push 0 ; Argument 0
   call ExitProcess ; Funktionsaufruf - zurück zu Windows
end main
```

Nachdem das Programm mit einem Editor erstellt und in einer Datei *ggT.asm* abgespeichert wurde, kann es assembliert werden. Es entsteht zunächst eine Objekt-Datei, unter Windows mit der Endung `.obj`. Diese muss noch durch einen so genannten *lin-*

ker mit den nötigen Bibliotheksfunktionen zu einer ausführbaren exe-Datei verbunden werden.

1.7.11 Ein Beispielprogramm

Im *Datensegment* des folgenden Beispielprogramms, das mit dem Schlüsselwort .data beginnt, werden die Variablen Rahmentxt und Fenstertxt als Bytefolgen erklärt und mit Anfangswerten vorbelegt:

```
.data
    Rahmentxt db "Gruss von Windows",0
    Fenstertxt db "Das Ergebnis ist : "
    ergebnis db 5 DUP (0)
```

Für ergebnis werden 5 Byte mit Inhalt 0 reserviert, db steht hierbei für *define byte*. Analog gibt es dw, dd,dq für *word*, *double word* und *quad word*. Eine Direktive n DUP(x) veranlasst den Assembler, *n* viele Speicherplätze zu reservieren und mit dem Wert *x* vorzubelegen. Der Speicherplatz wird hintereinander im Speicher angelegt. Die eingeführten Namen sind genau genommen als Marken im Datensegment zu verstehen, d. h. als Adressen relativ zum Anfang des Datensegments. Im obigen Fall haben wir also die relativen Adressen

```
Rahmentxt: 0, Fenstertxt: 18=12h, ergebnis: 37=25h.
```

Die Angabe, ob es sich um Byte, Word, DoubleWord oder QuadWord Formate handelt, dient nur zur Vermeidung logischer Fehler. So wird sich der Assembler weigern, ein mov Rahmentxt,ax oder ein mov Rahmentxt,eax zu assemblieren, weil (E)AX eine 16(32)-Bit Größe enthält, nicht ein Byte. Sollte der Programmierer aber darauf bestehen, muss er es mit der Direktive *Word Ptr* bzw. *DWord Ptr* klarstellen, also etwa

```
mov DWORD PTR Rahmentxt,eax
```

Im *Code-Segment*, das mit dem Schlüsselwort .code beginnt, wird zuerst in Register EAX der ggT von 504 und 210 berechnet und dann das Ergebnis, das bei Beendigung der Schleife in EAX als Hex-Wert (2Ah) vorliegt, mit Hilfe der Funktion dwtoa (double word to ascii) aus der *masm32*-Bibliothek in eine Dezimalzahl (42) umgerechnet und als Folge von ASCII-Zeichen „4", „2" in ergebnis abgelegt. Dann rufen wir die Systemfunktion MessageBox auf, die die Startadressen zweier Strings verlangt.

```
invoke dwtoa, eax, addr ergebnis
invoke MessageBox,0,addr Fenstertxt, addr Rahmentxt,MB_OK
```

Strings enden automatisch mit dem ersten NULL-Byte (00h), weshalb der erste String explizit mit 0 beendet wurde. `Fenstertxt` wurde nicht mit 0 abgeschlossen, daher endet der dort beginnende String mit der ersten 0, die in den 5 Bytes von `ergebnis` gefunden wird, was in der MessageBox die Ausgabe *„Das Ergebnis ist : 42"* bewirkt.

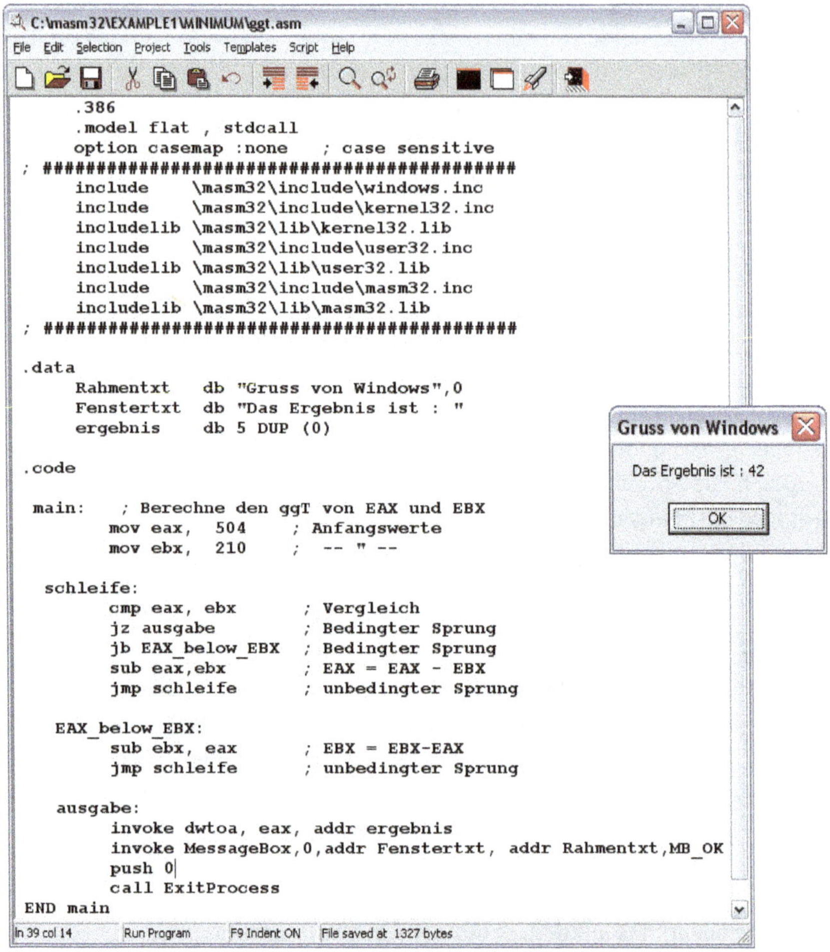

Abb. 1.96. Komplettes Assemblerprogramm und Ergebnis des Aufrufs

Zur Ausführung von `ggT.exe` wird die Datei vom Betriebssystem in den Speicher geladen. Die physikalische Adresse der genannten Variablen ergibt sich dann durch Addition mit der Adresse, an der der Anfang des Datensegments im Speicher zu liegen kommt.

Heutige Benutzeroberflächen, so auch der zu *masm32* gehörende *Quick Editor*, verbinden das Assemblieren und Linken zu einem einzigen Menübefehl. Abbildung 1.96

zeigt ein komplettes Programm, das den *ggT* zweier Zahlen berechnet und das Ergebnis in einer Windows *MessageBox* ausgibt. Der Menüpunkt *Project>Build All* assembliert und verlinkt das Programm zu einer ausführbaren *exe*-Datei, die mit *Projekt>Run* sofort gestartet werden kann.

1.7.12 Testen von Assemblerprogrammen

Auch sorgfältig programmierte Assemblerprogramme funktionieren selten auf Anhieb. Syntaxfehler werden bereits vom Assembler erkannt. Logische Fehler, dazu gehören auch Endlosschleifen, stellen sich erst zur Laufzeit heraus. Oft hilft es, gewisse Programmteile schrittweise durchzugehen und dabei die Wirkung der einzelnen Instruktionen auf die Register und auf den Speicher zu verfolgen. Diese Aufgabe erledigen *Debugger*. Kommerzielle Debugger, wie z. B. *SoftIce* sind nicht ganz billig, frei erhältliche Debugger wie *x32dbg* oder *x64dbg* (für 64 Bit Programme) leisten hervorragende Dienste.

Abbildung 1.97 zeigt *x32dbg* bei der Inspektion von `ggT.exe`. Nachdem das Programm in den Debugger geladen wurde, kann es mit der Taste *F8* schrittweise ausgeführt werden. In der Mitte erkennt man die Darstellung des Programmcodes, im rechten Fenster die Register mit ihren Inhalten und unten die wichtigsten Flags. Der Programmzähler steht gerade bei jb, der fünften Instruktion. Die Register EAX und EBX enthalten die Werte 54h bzw. D2h, weswegen der Vergleich `cmp eax,ebx` soeben das Vorzeichen-Flag SF (sign) und das Übertrag-Flag CF (carry) gesetzt hat. Als Nächstes steht der Sprung jb an, der aufgrund der gesetzten CF-Flag auch ausgeführt werden wird.

Der Maschinencode für den Sprung besteht aus den beiden Bytes 72h und 04h. Davon ist 72h der eigentliche Sprungbefehl und 04 die Sprungweite. Es wird also um 4 Byte nach vorne gesprungen werden, gezählt vom Beginn der folgenden Instruktion. Analog wurde der unbedingte Sprung `jmp schleife` des ursprünglichen Assemblerprogramms übersetzt in EB F2. Hier steht EBh für den unbedingten Sprung und F2h für -14, also einen Sprung um 14 Byte zurück. In der vordersten Spalte des linken Fensters erkennt man auch die Speicheradressen, an denen die einzelnen Maschinencodes gespeichert sind.

Mit einem Debugger kann man jedes ausführbare Programm schrittweise mitverfolgen, gegebenenfalls auch verändern und zurückschreiben. Letzteren Prozess nennt man auch *disassemblieren*. Einfachere Programme für die Erkundung und Veränderung fremder Programme heißen auch *Disassembler*. Da beim Assemblieren die Marken und die Namen der aufgerufenen Routinen verlorengehen, ersetzt der Debugger diese durch automatisch generierte Namen. Man kann das Quellprogramm durch geeignete Parameter auch so übersetzen, dass die vom Programmierer definierten Namen und Marken in einer *Symboltabelle* aufbewahrt werden und vom Debugger verwendet werden können, was eine Fehlersuche im Debugger deutlich erleichtert.

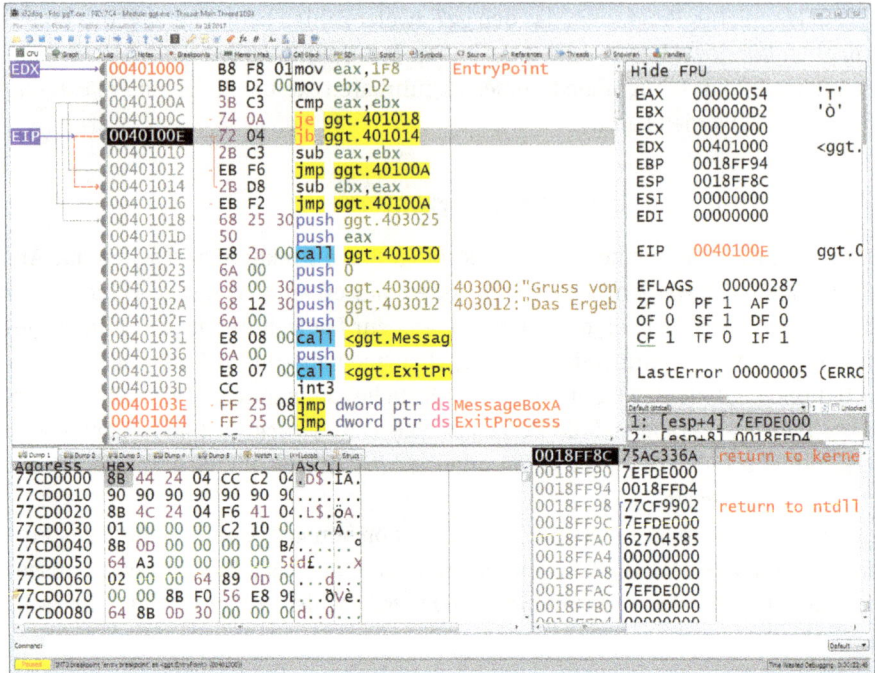

Abb. 1.97. Das ggT-Programm im Debugger

1.7.13 Inline Assembler

Nur selten werden heute noch komplette Programme in Assembler geschrieben. In der Regel verwendet man höhere Programmiersprachen und schreibt vielleicht nur kurze besonders zeitkritische Teile in Assembler. Zu diesem Zweck bieten höhere Sprachen einfache Schnittstellen, so zum Beispiel die Sprache C/C++. Im Falle von Microsofts Visual C++ kann man entweder einzelne Assembleranweisungen in C-Funktionen einfügen, wenn man jede Assemblerzeile mit dem Präfix „__asm" einleitet. Für längere Passagen fügt man den Assemblercode einfach in einen durch „__asm{ .... }" gekennzeichneten Block in die C-Funktion ein.

Die Variablen der umfassenden Umgebung können direkt adressiert und z. B. in Register übertragen werden und die Funktionswertübergabe aus dem Assemblerteil in die C-Funktion kann über das EAX-Register erfolgen. Wir illustrieren dies anhand der bereits bekannten ggT-Berechnung. Die Parameter *varA* und *varB* der umgebenden C-Funktion werden zunächst in die Register eax und ebx übernommen. Da die umgebende Funktion mit dem Assemblerblock endet, wird als Funktionswert, der Inhalt des Registers eax angenommen. Alternativ hätte man den Wert auch aus dem Register in eine lokale Variable der C-Funktion speichern können, die diese dann mittels `return` zurückgibt:

```
int temp;
__asm mov temp , eax
return temp
```

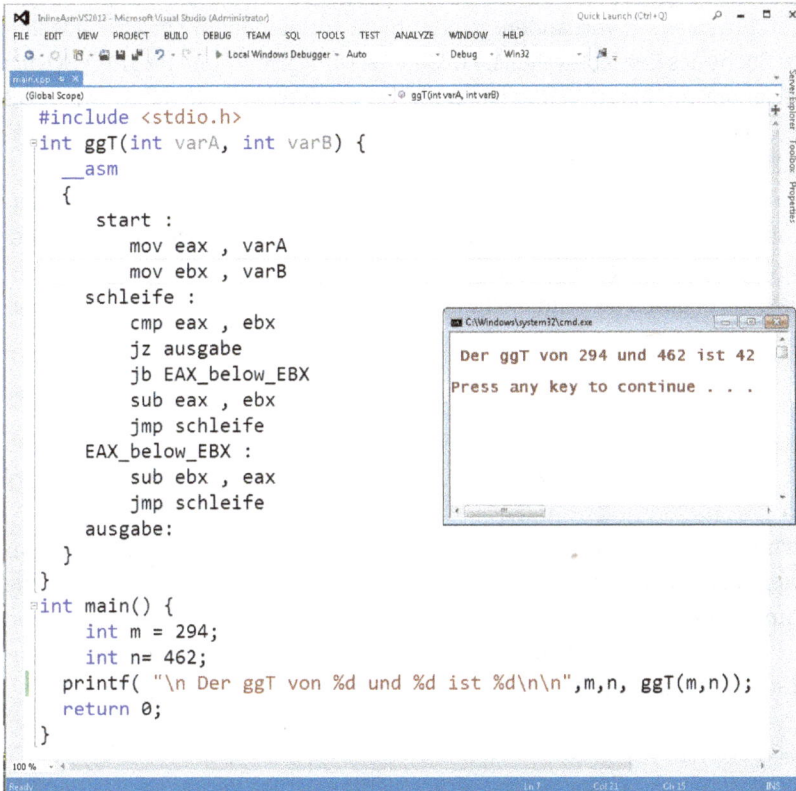

Abb. 1.98. C-Funktion mit Inline Assembler in Microsoft Visual Studio

Als Entwicklungsumgebung verwenden wir diesmal *Visual Studio*, das für private Zwecke kostenfrei benutzt werden kann. Da Visual Studio einen integrierten Debugger mitbringt, eignet es sich gut als Plattform für die Entwicklung von Assemblerprogrammen.

Eine neue und schlankere Alternative zu Visual Studio ist *Visual Studio Code*, eine quelloffene Neuentwicklung, die außer dem Namen und dem *look and feel* technisch nicht viel mit Visual Studio zu tun hat. Visual Studio Code ist für alle gängigen Plattformen (Windows, Linux, Apple) verfügbar und mit zahlreichen Plugins erweiterbar und präsentiert sich damit als Alternative zu *eclipse* oder *netbeans*.

1.7.14 Speicheradressierung

Unter frühen PC-Betriebssystemen war es kein Problem, direkt auf eine bestimmte Zelle im Hauptspeicher lesend oder schreibend zuzugreifen. Unter Windows oder Linux sind solche direkten Speicherplatzzugriffe nicht erlaubt, da sie andere Programme oder das Betriebssystem stören könnten. Jedes Benutzerprogramm erhält einen eigenen Adressraum, in dem es Daten schreiben und lesen kann. Wie dieser Adressraum aber auf den physikalisch vorhandenen (oder nicht vorhandenen) Speicher abgebildet wird, ist Sache des Betriebssystems. Ein Benutzerprogramm kann im 32-Bit Betrieb einen Adressraum von bis zu 4 GB erhalten, im 64-Bit Betrieb je nach CPU Typ 32 GB oder mehr. Um physikalische Geräte oder Ports anzusteuern, muss man sich der Funktionen des Betriebssystems bedienen. Das ist ohnehin der bequemere Weg.

Natürlich muss man auch unter Windows den Hauptspeicher verwenden, allerdings bestimmt das Betriebssystem, in welchen physikalischen Speicherzellen die Benutzerdaten abgelegt werden. Der Benutzer verwaltet einen virtuellen Hauptspeicherbereich, welchen er durch die Datendefinitionen *db, dw, dd, dq* strukturiert. Angenommen, eine Bank definiert Daten für Konten und Transaktionsnummern (TAN)

```
.data
    KontoNr dd 123987
    TAN dw 6734, 1067, 2945, 1981, 5511
```

durch welche KontoNr als 32-Bit Wert mit Inhalt 123987 und TAN als Liste von fünf 16-Bit Werten definiert werden. In dem Datensegment bezeichnet dann KontoNr die Adresse 0 und TAN die Adresse 4. Die folgenden Daten der TAN-Liste beginnen an den Adressen 6, 8, 10 und 12. Obwohl KontoNr und TAN Adressen sind, dürfen wir mit ihnen fast so umgehen wie mit Variablen in höheren Programmiersprachen:

```
mov eax, KontoNr
```

lädt die KontoNr in Register EAX, wobei der Assemblierer überprüft, dass die Variablengröße *double* mit der Länge des EAX-Registers (32 Bit) übereinstimmt.

```
mov TAN, ax
```

ersetzt die erste TAN durch den Inhalt von Register AX. Die folgenden TAN können wir durch ihre Speicheradressen TAN+2, TAN+4, ... ,TAN+8 ansprechen. Alternativ ist auch die Notation TAN[2],TAN[4], ... ,TAN[8] zugelassen. Um beispielsweise die dritte und die fünfte TAN zu vertauschen, könnte man schreiben:

```
mov ax, TAN[4]
mov bx, TAN[8]
```

```
mov TAN+8, ax
mov TAN+4, bx
```

Bei dem MOV-Befehl dürfen nicht sowohl Quelle als auch Ziel Speicheradressen sein: mov TAN[4],TAN[8] wäre also nicht erlaubt. Allerdings würde eine vermutlich fehlerhafte Anweisung wie mov TAN[5],ax vom Assembler akzeptiert, was den dritten und den vierten TAN-Wert der Liste verändern würde. Selbst mov KontoNr[4],eax würde klaglos akzeptiert, obwohl durch den Befehl ein Teil der TAN-Liste überschrieben würde.

In dem gerade betrachteten Fall waren die korrekten relativen Speicheradressen bereits zur Assemblierzeit bekannt. Meist werden die Adressen aber erst zur Laufzeit berechnet, so beispielsweise, wenn wir alle Werte der TAN-Liste um eins erhöhen. Wir können das durch eine kleine Schleife erledigen. Dazu benötigen wir allerdings die so genannte *indirekte Adressierung*, wobei der Index der TAN-Liste in dem Register EBX (mnemonisch für *base index*) berechnet wird. Das Register EBX spielt hierbei eine Sonderrolle. Neben einfachen Indexangaben wie TAN[bx] oder alternativ [TAN+bx] sind auch einfache konstante Ausdrücke wie z. B. [TAN+2*ebx-2] zugelassen. Zur Illustration folgt ein kurzes Programm, das jede unserer TAN-Nummern um eins erhöht:

```
mov ebx,5
naechste:
  mov ax, TAN[2*ebx-2]
  inc ax
  mov TAN[2*ebx-2],ax
  dec ebx
  jne naechste
```

1.7.15 Operationen auf Speicherblöcken

Die x86-Prozessoren besitzen spezielle Operationen und Schleifenmechanismen, um ganze Datenblöcke im Speicher zu verschieben oder zu vergleichen. Die Register *ESI* (extended Source Index) und *EDI* (extended Destination Index) müssen zur Adressierung von Quelle und Ziel der Datenbewegung verwendet werden. Die Befehle zur Stringverschiebung (*MOVSx*) und zum Stringvergleich (*CMPSx*) dienen zur direkten Bewegung bzw. zum Vergleich von Daten ohne Umweg über ein Register. x steht hier für die Datengröße, muss also durch B, W, D oder Q ersetzt werden. So kopiert beispielsweise der Befehl *MOVSB* ein Byte von der Adresse in ESI zur Adresse in EDI. Je nachdem, ob das *direction flag* D gesetzt ist oder nicht, werden automatisch ESI und EDI erniedrigt oder erhöht, so dass ein erneuter Befehl *MOVSB* das nächste Byte kopiert.

Die String-Befehle erlauben zusätzlich noch *Wiederholungspräfixe*. *REP* wiederholt den folgenden Befehl, bis das ECX Register 0 ist und dekrementiert jedesmal

ECX. Auf diese Weise kann man sehr effizient Datenblöcke verschieben. Im folgen-
den Beispiel wird ein Block von 6 Byte, der an Adresse MyOS beginnt, an Adresse
Rahmentxt+10 verschoben. *Offset* ist eine Assembler-Direktive, die die Adresse einer
Marke im Datensegment berechnet.

```
.data
    Rahmentxt db "Gruss von Windows",0
    MyOS db "Linux",0
.code
    beispiel:
      mov esi, offset MyOS         ; Quelladresse setzen
      mov edi, offset Rahmentxt+10 ; Zieladresse setzen
      cld                          ; Richtung: aufsteigend
      mov ecx, 6                   ; Anz. d. Wiederholungen
      rep movsb                    ; While cx>0 MOVSB
    end beispiel
```

Für die Vergleichsoperationen CMPSx sind die Wiederholungspräfixe REPZ bzw.
REPNZ nützlich, die den Vergleich solange ausführen, wie CX nicht 0 ist und das Zero-
Flag gesetzt bzw. nicht gesetzt ist. Die Richtung von Datenbewegungen oder Verglei-
chen lässt sich mit CLD (clear direction flag) und STD (set direction flag) festlegen.

1.7.16 Multiplikation und Division

Wir kehren nun zur Besprechung der beiden noch fehlenden arithmetischen Grun-
doperationen zurück, der Multiplikation und der Division. Von dem Format *Op Ziel,
Quelle* muss man hier abweichen, da das Ergebnis im Allgemeinen nicht in das Zielregister passen würde. Daher dienen, je nach Größe der Faktoren, spezielle Register zur
Aufnahme des Produktes. Für die Multiplikation von 8-Bit-Zahlen wird ein Operand
im Register AL erwartet, der andere Operand in einem 8-Bit-Mehrzweckregister oder
Speicher. Das Ergebnis von „MUL *Operand*" steht dann als 16-Bit-Größe in AX.

```
mov al, 17
mov dl, 30
mul dl    ; ax := al * dl
```

Umgekehrt kann man eine 16-Bit-Zahl in AX durch einen 8-Bit-Operanden dividieren: „DIV *Operand*". Der Quotient liegt danach in AL, der Rest in AH.

```
mov ax, 37
mov bl, 3
```

```
div bl      ; al := ax div bl und ah := ax mod bl
```

Für die Multiplikation von 16(32)-Bit-Zahlen wird ein Operand in (E)AX erwartet, der andere 16(32)-Bit-Operand in einem Mehrzweckregister oder dem Speicher. Das Ergebnis von MUL *Operand* steht dann als 32(64)-Bit-Größe in (E)DX:(E)AX, d. h. die höherwertigen Bits in (E)DX, die niederwertigen in (E)AX.

```
mov ax, 1001
mov cx, 30
mul cx          ; dx:ax = 30030
```

Umgekehrt kann man eine solche 32-Bit-Zahl in (E)DX:(E)AX durch einen 16(32)-Bit Operanden dividieren. Der Quotient liegt danach in (E)AX, der Rest in (E)DX.

```
mov ax, 1001
mov dx, 0
mov cx, 15
div cx          ; ax = 66 und dx = 11
```

Im Gegensatz zu Addition und Subtraktion funktionieren Multiplikation und Division bei vorzeichenlosen Zahlen anders als bei vorzeichenbehafteten Zahlen. MUL und DIV arbeiten auf vorzeichenlosen, d. h. natürlichen Zahlen. Für vorzeichenbehaftete oder ganze Zahlen muss man die entsprechenden Befehle IMUL (integer multiply) bzw. IDIV (integer divide) verwenden.

1.7.17 Shift-Operationen

Multiplikation und Division sind relativ aufwändige Operationen. Für spezielle Fälle, etwa Multiplikation mit einer Zweierpotenz, kann man auch die Shift- bzw. Rotate-Operationen benutzen. Diese Operationen verschieben den Inhalt eines Registers um eine oder mehrere Bitposition nach links oder nach rechts. Dabei fällt rechts bzw. links ein Bit aus dem Register, an dem anderen Ende entsteht eine Lücke, die mit irgendeinem Bit aufgefüllt werden muss.

In der Art, wie diese herausfallenden bzw. zu füllenden Bitpositionen zu behandeln sind, unterscheiden sich die verschiedenen Shift- bzw. Rotate-Versionen. Bei den Shift-Operationen gelangt ein herausfallendes Bit in das Carry-Flag. Die Shift-Instruktionen sind:

```
SHR      ; Shift unsigned right,
SHL      ; Shift unsigned left,
SAR      ; Shift arithmetic right,
```

```
SAL        ; Shift arithmetic left.
```

Bei den ersten beiden Operationen, SHR und SHL, wird die jeweils entstehende Lücke mit einer 0 gefüllt. Diese Operationen führen also eine Halbierung bzw. Verdopplung ihres Argumentes durch. Sei beispielsweise in AL die Zahl $183 = (10110111)_2$ gespeichert.

```
SHR AL, 1
```

ändert den Inhalt von AL zu 01011011b, was als vorzeichenlose Zahl $(01011011)_2 = 91$ darstellt. Am Inhalt des Carry-Flag, $C = 1$, erkennt man, dass ein Rest bei der Division durch 2 entstanden ist. Ein

```
SHL AL, 1
```

hätte AL zu 01101110 gesetzt. Die am weitesten links stehende 1 wäre in die Carry-Flag gewandert, welche so angezeigt hätte, dass die Multiplikation mit 2 den zulässigen Bereich überschritten hat.

Teilt man eine negative ganze Zahl durch 2, so ist zu berücksichtigen, dass die am weitesten links stehende Bitposition als Vorzeichen dient. Bei einem Rechts-Shift sollte sie nicht einfach durch 0 aufgefüllt werden, sondern ihren alten Wert behalten. Daher gibt es die Variante für vorzeichenbehaftete Zahlen, SAR, shift arithmetic right.

```
SAR AX, 1
```

teilt eine ganze Zahl in AX durch 2. Die Operation SAL ist identisch mit SHL.

Der zweite Operand einer Shift-Operation gibt die Anzahl der auszuführenden Shifts an. Er muss entweder eine konstante Zahl oder das Register CL sein. Entsprechendes gilt für die *Rotate*-Operationen. Bei diesen wird das herausgeschobene Bit benutzt, um die am anderen Ende entstandene Lücke zu füllen. Die *Rotate*-Operationen:

```
ROR        ; rotate right,
ROL        ; rotate left,
RCR        ; rotate through carry right,
RCL        ; rotate through carry left.
```

In den letzten beiden Versionen, RCL und RCR, wird das Carry-Bit in die Rotation einbezogen. Das Carry-Bit füllt die Lücke, und das herausfallende Bit wandert in das Carry.

Der folgende Code multipliziert eine positive 32-Bit-Zahl in DX : AX mit 2:

```
SHL AX, 1
```

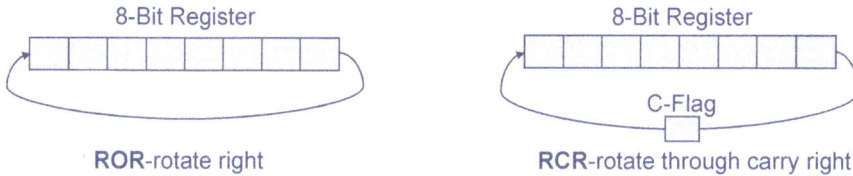

Abb. 1.99. Rotate-Befehl und Carry-Flag

```
RCL DX, 1
```

Die Shift- und Rotate-Operationen sind um ein Vielfaches schneller als die entsprechenden Multiplikationen oder Divisionen.

1.7.18 LOOP-Befehle

Mit den Sprungbefehlen kann man beliebige *while-*, *repeat-* und *for-* Schleifen nachbilden. Die x86-Prozessorfamilie besitzt aber zusätzliche Operationen, um dies effizienter und lesbarer zu gestalten. In allen diesen Befehlen wird das CX Register als Schleifenzähler benutzt. Es enthält die Anzahl der verbleibenden Iterationen.

Man kann sich C als Abkürzung für *counter* einprägen. Der Befehl LOOP dekrementiert CX und springt an den Anfang der Schleife, falls CX $\neq$ 0 ist. Es wird keine Flag verändert, insbesondere auch nicht das Z-Flag gesetzt. Um im Falle, dass vor Beginn der Schleife schon CX = 0 ist, gleich an deren Ende zu springen, gibt es den Sprungbefehl JCXZ (jump if CX is zero). Abgesehen von den Flags ist folgende *for-*Schleife

```
    MOV CX, k
    JCXZ Fertig
Schleife:
    Befehl1
    ...
    Befehln
    LOOP Schleife
Fertig: ...
```

äquivalent zu dem etwas umständlicheren Code:

```
    MOV CX, k
    CMP CX, 0
    JZ Fertig
Schleife:
    Befehl1
```

```
   ...
  Befehln
  DEC CX
  JNZ Schleife
Fertig:
```

Es gibt weitere LOOP-Befehle, die wir hier nicht weiter besprechen wollen. LOOPZ und LOOPNZ terminieren, wenn entweder CX = 0 oder das Zero-Flag 1 bzw. 0 ist.

1.7.19 Der Stack

Der Stack ist hauptsächlich für die Ausführung von Unterprogrammen erforderlich. Bei jedem Aufruf wächst der Stack, bei jedem Rücksprung schrumpft er wieder. Im Allgemeinen muss der Benutzer den Stack nicht explizit manipulieren.

Dennoch gibt es Situationen, in denen die Stack-Operationen PUSH und POP auch dem Programmierer nützlich sind. Eine typische Situation tritt auf, wenn Register für eine Zwischenrechnung gebraucht werden, ihre alten Inhalte aber aufbewahrt werden müssen. Es ist z. B. eine Konvention der Win32-API-Programmierung, dass die Register EAX, ECX und EDX in den Bibliotheksfunktionen verändert werden können, während EBX, ESI und EDI erhalten werden sollen. Wird also eine solche API-Funktion aufgerufen und soll aber der gegenwärtige Inhalt von EAX und ECX gerettet werden, so empfiehlt es sich, den Inhalt dieser Register auf dem Stack zu retten:

```
push eax
push edx
invoke ... beliebige Funktion mit Parametern ...
pop edx
pop eax
```

Ganz analog wird der Programmierer einer Bibliotheksfunktion vorgehen. Falls er etwa das Register EBX oder BX benötigt, wird er den alten Wert mit push ebx speichern und ihn vor Ende der Funktion wieder mit pop ebx restaurieren. push und pop kann man wie ein Paar bestehend aus einer öffnenden und einer schließenden Klammer betrachten – die innerste geöffnete Klammer push edx muss zuerst geschlossen werden: pop edx.

1.7.20 Einfache Unterprogramme

Auch in Assembler kann man strukturiert programmieren. Ein wesentliches Hilfsmittel dazu bietet der Prozedur-Mechanismus. In der einfachsten Ausprägung besteht dieser aus zwei Assembler-Instruktionen: CALL und RET. Ein Unterprogramm ist dann

Assembler-Code, der mit einer Sprungmarke `marke:` beginnt und der Anweisung `RET` endet. Der Aufruf des Unterprogramms geschieht mit dem Befehl `CALL marke`.

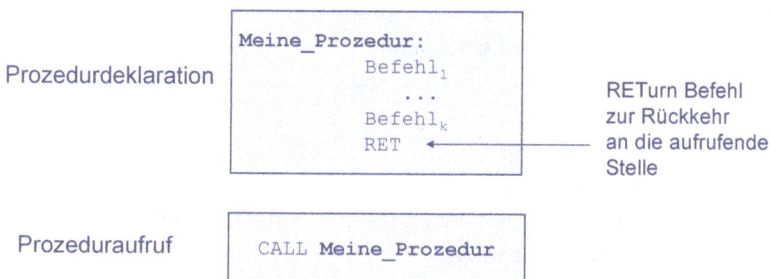

Abb. 1.100. Prozedurdeklaration und -aufruf

In unserem vorigen ggT-Beispiel hatten wir eine mysteriöse Funktion `dwtoa` aufgerufen, die den Wert des EAX-Registers als ASCII-String in der Variablen `ergebnis` ablegte. Wir wollen ein ähnliches Unterprogramm `toAscii` selber programmieren. Wir benötigen ein weiteres Unterprogramm `letzteZiffer`, um die letzte Dezimalziffer von EAX zu berechnen und als ASCII-Zeichen in DL zu speichern. Der Quotient EAX/10 liegt danach wieder in EAX.

```
letzteZiffer:               ; erwartet Zahl in eax und liefert
                            ; ASCII der letzten Dezimalziffer in dl
                            ; Quotient in eax
    xor   edx, edx          ; 32-Bit Division vorbereiten
    mov   ecx, 10           ; Quotient
    div   ecx              ; eax = edx:eax / ecx
    add   dl, '0'          ; '0' = 48
    ret
toAscii:                    ; schreibt Dezimalwert von eax als
                            ; ASCII-String der Länge 5 in "ergebnis"
    mov ebx, 5             ; String mit 0 terminieren
    mov ergebnis[ebx], 0   ;
    dec ebx               ;
vorigeZiffer:              ;
    call letzteZiffer      ; letzte Ziffer berechnen
    mov  ergebnis[ebx], dl ; schreiben
    dec  ebx               ; zurück
    jge  vorigeZiffer      ; nochmal
    ret
```

Abb. 1.101. Assemblerprogramm mit Prozeduren

Der Unterprogramm-Mechanismus ist technisch erstaunlich einfach zu realisieren. Der Aufruf des Unterprogramms

```
call letzteZiffer
```

führt zu zwei Aktionen: zunächst wird der Programmzeiger IP auf den Stack gelegt und anschließend mit einem unbedingten Sprung jmp letzteZiffer verzweigt. Das Unterprogramm selbst endet mit dem Befehl:

```
ret
```

Dieser bewirkt ein POP des obersten Stackwertes in den Programmzähler IP. Dies hat zur Folge, dass die Berechnung mit der Instruktion fortgesetzt wird, die auf das zuletzt ausgeführte CALL-Kommando folgt.

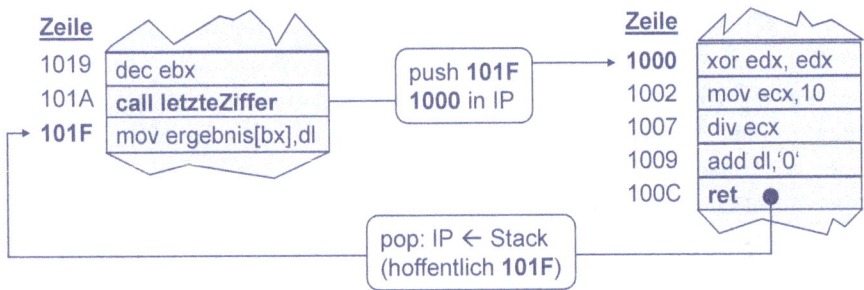

Abb. 1.102. Der CALL-RET-Mechanismus

Der Mechanismus funktioniert auch bei verschachtelten Prozeduraufrufen dank des last-in-first-out Mechanismus des Stacks: der zuletzt abgelegte Wert wird als erster wieder entfernt.

1.7.21 Parameterübergabe und Stack

Bisher haben wir nur parameterlose Unterprogramme gezeigt. Benötigt ein solches aber Parameter, so gibt es mehrere Möglichkeiten, diese zu übergeben. Am einfachsten ist es, sie in bestimmte Register zu schreiben und dann das Unterprogramm aufzurufen. Dieses kann die Argumente dann den entsprechenden Registern entnehmen. Analoges gilt für Rückgabewerte. So hatten wir es bei der Funktion toAscii praktiziert, die ihr Argument in EAX erwartet und das Ergebnis in DL ablieferte.

Für längere Parameterlisten oder für Array-Parameter wäre dies zu unübersichtlich oder gar unmöglich. Statt dessen bietet es sich an, den Stack zu nutzen. Vor dem Aufruf des Unterprogramms werden die Argumente auf den Stack gelegt. Danach kommt der Aufruf. So kommt die Rücksprungadresse über den Argumenten zuoberst auf dem Stack zu liegen. Um an die Parameter heranzukommen, muss das Unterprogramm daher in den Stack hineinschauen können, ohne diesen mit POP zu verändern.

Genau für diese Zwecke gibt es das EBP-Register. Es dient zum indizierten Zugriff auf Daten im Stacksegment, ähnlich wie EBX einen indizierten Zugriff im Datensegment ermöglicht. Da das Register ESP (extended stack pointer) stets auf den aktuellen top des Stacks zeigt, kann man EBP folgendermaßen initialisieren:

```
mov EBP, ESP
```

Sodann findet man bei [EBP] die Rücksprungadresse, bei [EBP + 2] das zuletzt abgelegte Argument, bei [EBP + 4] das vorletzte etc., wenn wir der Einfachheit halber 16 Bit große Parameter annehmen.

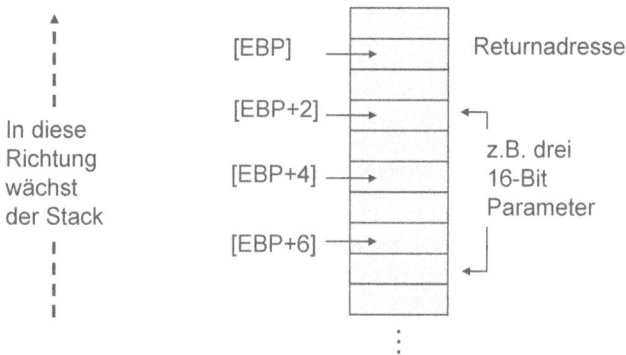

Abb. 1.103. Parameterübergabe mittels Stack

Nach Beendigung des Aufrufs müssen alle Argumente wieder von dem Stack entfernt werden. Dies erreicht man am bequemsten mit dem Befehl RET k, wobei k die Anzahl der Bytes angibt, die zusätzlich zur Rücksprungadresse vom Stack entfernt werden müssen. *Entfernen vom Stack* bedeutet lediglich, SP neu zu berechnen.

```
; Prozedurdeklaration für komplexe Addition
; Parameter XReal, XComp, YReal, YComp auf Stack übergeben
; Resultat in AX, BX : Summe = AX + i*BX

complexAdd:
    Mov BP, SP
    Mov AX, [BP+8]
    Add AX, [BP+4]
    Mov BX, [BP+6]
    Add BX, [BP+2]
    RET 8
```

Bei jedem Aufruf der Prozedur müssen die Parameter zunächst umständlich auf den Stack gelegt werden:

```
; Aufruf mit Parametern Xr, Xc, Yr, Yc
  Mov AX, Xr
  Push AX
  Mov AX, Xc
  Push AX
  Mov AX, Yr
  Push AX
  Mov AX, Yc
  Push AX
  CALL complexAdd
```

1.7.22 Prozeduren und Funktionen

Es ist klar, dass derartige Zugriffe auf die Parameter knifflig und fehlerträchtig sind. Daher haben alle Assembler einen *Prozedurmechanismus*, der die Sache erleichtert. Die Parameter bekommen einen Namen, über den sie im Programm referenziert werden können, und eine Länge. Beim Assemblieren werden die Namen durch entsprechende Stackadressen ersetzt. Das vorige Beispiel wird so deutlich übersichtlicher:

```
complexAdd PROC XReal:WORD,XComp:WORD,YReal:WORD,YComp:WORD

  MOV AX, XReal
  ADD AX, YReal
  MOV BX, XComp
  ADD BX, YComp
  RET

complexAdd ENDP
```

PROC und *ENDP* sind so genannte *Pseudooperationen*. Man kann sich vorstellen, dass PROC <Argumente> zunächst in elementaren Assemblercode expandiert und dieser danach in Maschinensprache übersetzt wird. Zusätzlich zu den Parametern kann man mit der Direktive *LOCAL* auch noch lokale Variablen deklarieren. Zur Ausführungszeit der Prozedur befinden diese sich dann ebenfalls auf dem Stack.

Prozeduren dürfen selber den Stack benutzen, sie müssen ihn aber am Ende so verlassen, wie sie ihn aufgefunden hatten. Der PROC-Mechanismus sorgt dafür, dass alle Argumente wieder vom Stack verschwinden, wenn der Benutzer die Funktion mit einem einfachen RET beendet.

1.7.23 Makros

Die einfachste Form eines *Makros* (engl.: *macro*) ist eine Abkürzung eines Textteiles
durch ein Schlüsselwort. Jedes spätere Erscheinen des Schlüsselwortes wird von dem
Assembler vor der Übersetzung automatisch *expandiert*, d. h. durch den ungekürzten
Text ersetzt. Im Allgemeinen lassen Makros auch Parameter zu. Sie haben dann große
Ähnlichkeit mit Prozeduren. Allerdings existiert der Code für eine Prozedur nur einmal
in dem Programm. Bei jedem Aufruf wird an die Stelle, an der sich der Code befindet,
verzweigt. Bei Makros wird dagegen jeder Aufruf durch eine Kopie des Makro-Textes
ersetzt. Die Expansion von Makros kann ein mehrstufiger Prozess sein, weil Makro-
Aufrufe auch geschachtelt sein können.

Ein Beispiel eines in Masm32 schon vordefinierten Makros ist *invoke*, der es erlaubt, Funktionen mit Parametern fast wie in Hochsprachen aufzurufen. Angenommen, wir hätten unsere Funktion `toAscii` als Prozedur mit folgenden Parametern
deklariert:

```
toAscii PROC Wert:DWORD, laenge:BYTE
```

Vor einem Aufruf müssen zuerst die Parameter auf den Stack gebracht werden:

```
push 5
push eax
call toAscii
```

Der folgende Makro hilft uns, Funktionen mit zwei Argumenten bequemer aufzurufen:

```
rufe2 MACRO Funktion, Arg1, Arg2
push Arg2 push Arg1
call Funktion
ENDM
```

Ohne über den Stack nachzudenken, können wir nun Funktionen mit zwei Parametern in einer Zeile folgendermaßen aufrufen:

```
rufe2 toAscii, eax, 5
```

Der Aufruf bewirkt, dass vor dem Assemblieren der Makro `rufe2` expandiert wird,
wobei `Funktion`, `Arg1` und `Arg2` durch `toAscii`, `eax` und 5 ersetzt werden.

Die Möglichkeiten von *Masm32*, Makros zu erstellen, sind vielfältig, man kann
sogar von einer Makro-Sprache reden, deren Darstellung unseren Rahmen sprengen
würde. Nicht umsonst steht *masm* für „Macro Assembler". Eine Reihe von Makros,
wie z. B. `.if` - `.elseif` - `.else` oder `.while` - `.endw` sind bereits vordefiniert,

so dass sich auch Assemblerprogramme sehr übersichtlich gestalten lassen. Makros können lokale Variablen und lokale Daten- und Codesegmente haben. Auch *invoke* ist ein solcher vordefinierter Makro, der, anders als unser bescheidener `rufe2`, beliebig viele Parameter zulässt.

1.8 RISC-Architekturen

Der Begriff *RISC* wurde 1980 von David A. Patterson und Carlo H. Séquin geprägt. Die Abkürzung steht für ein CPU-Konzept mit einem *reduzierten* Befehlssatz (*Reduced Instruction Set Computer*). Mit dieser Begriffsbildung wurden gleichzeitig die bis dahin verwendeten Konzepte für die Konstruktion von CPUs mit dem gegenteiligen Begriff *CISC* (*Complex Instruction Set Computers*) belegt.

1.8.1 CISC

Ermöglicht werden komplexe Maschinenbefehle durch die im vorletzten Abschnitt erläuterte *Mikroprogrammtechnik*. Nur durch die Einführung dieser zusätzlichen Abstraktionsschicht hat man die Chance, eine große Zahl komplexer Befehle fehlerfrei in einer CPU zu realisieren. Die Maschinenbefehle werden als Einsprungpunkte in ein Mikroprogramm aufgefasst und von diesem gesteuert, durch eine relativ einfache CPU-Logik ausgeführt. Das Mikroprogramm kann vor der Konstruktion der CPU entworfen und mithilfe von Simulationsprogrammen ausgetestet werden. Eine andere Motivation für die Verwendung von Mikroprogrammen war der Absicht entsprungen, mit unterschiedlichen Mikroprogrammen für verschiedene, mehr oder weniger aufwändige CPU-Konstruktionen dieselbe Hard- bzw. Software-Schnittstelle in Form einer definierten Maschinenarchitektur anzubieten.

Besonders markante Vertreter von Computerfamilien, die auf CISC-CPUs aufbauen, sind: /360, /370, ES9000 von IBM und VAX von der Firma DEC. Auch die Mikroprozessoren der x86-Serie von Intel und der 680x0-Serie von Motorola müssen diesem CPU-Konzept zugeordnet werden, auch wenn die Hersteller Wert darauf legen, bei neueren Modellen weitgehend RISC-Konzepte zu berücksichtigen. Dies trifft z. B. auf die im nächsten Abschnitt diskutierten Prozessoren von Intel und AMD zu. Die den CISC-Prozessoren zugrunde liegenden Ideen charakterisieren die Situation Anfang der 60er Jahre und gehen davon aus, dass eine relativ schnelle CPU, mit einem vergleichsweise langsamen und dazu kleinen (weil teuren) Arbeitsspeicher auskommen muss.

Obwohl sich diese Situation bis heute nicht wesentlich verändert hat, kann dennoch der Geschwindigkeitsunterschied zwischen CPU und Arbeitsspeicher durch Cache-Speicher weitgehend kompensiert werden. Aus damaliger Sicht war es jedoch erstrebenswert, möglichst wenige, dafür komplexe Maschinenbefehle zu verwenden, mit dem Ziel, Programme zu verkürzen und die Zahl der Speicherzugriffe zum Laden von Instruktionen zu minimieren.

Ein Charakteristikum von CPUs in CISC-Architektur ist meist die Verwendung von relativ wenigen Registern (typisches Beispiel ist die x86-Familie von Intel), dafür aber die Möglichkeit zu direkter Speicheradressierung in praktisch allen Befehlen. Operanden können entweder aus einem Register oder direkt aus dem Speicher stammen. Diese Speicheradressierung und die große Menge komplexer Instruktionen werden häufig damit begründet, dass auf Basis eines solchen Designs die Generierung von Maschinencode durch einen Compiler einfacher wird..

1.8.2 RISC

Das Ziel der RISC-Philosophie war es, die CPU-Architektur an neuere Entwicklungen der zugrunde liegenden Hardware-Technik anzupassen. Die Grundidee war, einen Maschinenbefehl nicht durch ein Mikroprogramm zu implementieren, sondern ihn direkt durch Logikbausteine ausführen zu lassen.

Anfang der 80er Jahre entstanden Prototypen zur RISC-Technologie (Stanford MIPS, Berkeley RISC und IBM 801). Die ersten darauf aufbauenden kommerziellen Produkte waren nicht besonders erfolgreich (Beispiel: IBM R/6000 Serie). Ende der 80er Jahre begann dann die Blütezeit der RISC-Technologie. In den darauf folgenden Jahren gab es mehrere kommerziell und technisch erfolgreiche Produktreihen, die auf RISC-Prozessoren aufbauen:

IBM RS/6000,
PowerPC, DEC α,
SUN Sparc, Ultra Sparc,
SGI Iris Indigo, Crimson, Indy 2, O2, Challenger, Origin,
HP PA.

Die Blütezeit dieser Prozessoren war sehr kurz. Keiner der genannten Chips wird heute noch verkauft. Überaus erfolgreich sind jedoch Prozessoren auf Basis der ARM Architektur von der britischen Firma *Acorn*. Der Name *ARM* stand anfangs für *Acorn Risc Machines* – später für *Advanced Risc Machines*. Die Firma *Acorn* stellt selber keine Mikroprozessoren her, vielmehr verkauft ihr Ableger *ARM Limited* Lizenzen zur Herstellung von Prozessorchips an andere Firmen. Das ursprünglich 1983 entwickelte Design wurde bis heute in 8 Versionen weiterentwickelt. Die aktuelle Version ARMv8 gibt es seit 2011. Die ARM-Prozessoren zeichnen sich durch eine starke Rechenleistung bei geringer Energieaufnahme aus – ein wichtiges Argument für den Einsatz in mobilen Geräten. Praktisch alle Smartphones, Tabletcomputer, Kameras und sonstige Geräte mit eingebetteten Computerfunktionen verwenden heute ARM-basierte Mikroprozessoren. Zusammen kommt man vermutlich auf mehr als 10 Milliarden Geräte weltweit.

1.8.3 Von CISC zu RISC

Einer der Ausgangspunkte beim Übergang zu RISC-Architekturen war die Untersuchung gängiger Compiler. Es wurden Statistiken bekannt, denen zufolge diese einen großen Teil der komplexen Instruktionen des Chips überhaupt nicht verwendeten. Und auch dort, wo sie verwendet wurden, trugen die komplexen Instruktionen nur ca. 20 % zur Laufzeit des generierten Codes bei. Die übrigen Instruktionen sind dagegen so einfach, dass sie auch zur RISC-Philosophie passen. Hinzu kam die Beobachtung, dass immer mehr Speicher innerhalb der CPU und im Arbeitsspeicher zur Verfügung stehen, so dass keine Notwendigkeit besteht, Instruktionen zusammenzustauchen. Cache-Speicher verringern den zusätzlichen Zeitaufwand zum Laden von *mehreren* Instruktionen.

Eine Maßnahme zur Reduzierung des Platzbedarfs von CISC-Instruktionen war die Definition zahlloser Befehlsformate: So kann die Befehlslänge bei der x86-Familie von 1 bis 32 Byte variieren, wobei fast jeder Zwischenschritt möglich ist. Bei dem weitgehend unbekannten Prozessor iAPX 432 aus dem Jahr 1982 variierten Befehlsanfang und Befehlslänge nicht nur auf Byte-, sondern sogar auf Bitebene.

1.8.4 RISC-Prozessoren

RISC-Prozessoren sind gekennzeichnet durch:
- wenige einfache Befehle, möglichst in einem Maschinentakt ausgeführt,
- wenige Befehlsformate, möglichst mit nur einer festen Befehlslänge,
- viele Mehrzweckregister, Speicherzugriff nur über *Load*- bzw. *Store*-Befehle.

Letzteres bedeutet, dass Quelle und Ziel von Operationen nur Register, nie Hauptspeicher sein können. Werden Operanden aus dem Speicher benötigt, so müssen sie vorher durch einen gesonderten Load-Befehl in einem Register bereitgestellt werden. Der MIPS-Prozessor R3000, als typisches Beispiel, hat 64 Maschinenbefehle. Der Operationscode wird mit 6 Bit codiert, es gibt drei Befehlsformate, eine Befehlslänge und 32 Mehrzweckregister.

Die Anzahl der Register war bei den ersten RISC-Prototypen sehr verschieden. Der Stanford MIPS (Vorläufer der MIPS R Serien) hatte nur 16 Register, der IBM 801 (Vorläufer der IBM-POWER-Prozessoren) hatte schon 32 Register, während der Berkeley RISC (Vorläufer der SPARC-Prozessoren) es auf 138 Register brachte. Heute gilt die Zahl von 32 Registern als guter Kompromiss. Die Effekte, die man mit einer größeren Anzahl von Registern erzielen wollte, insbesondere die Verringerung von Speicherzugriffen, erreicht man heute besser mit einem On-Chip-Cache.

Strittig ist die Frage, wie viele Befehle ein RISC-Prozessor haben soll. Die oben genannte Zahl von 64 Befehlen erscheint aus heutiger Sicht sehr einengend. Möglicherweise ist eine Codierung des Operationscodes durch 8 Bits sinnvoller. Diese würde bis zu 256 Befehle zulassen und damit eigentlich der ursprünglichen RISC-Philosophie

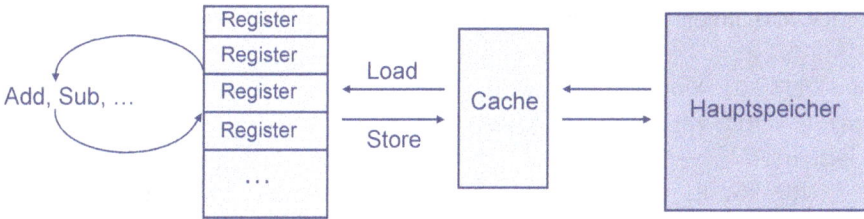

Abb. 1.104. Speicherhierarchien bei RISC-Prozessoren

widersprechen. Andererseits gingen ursprüngliche RISC-Entwürfe von einer Aufteilung der Funktionen auf mehrere Chips bzw. Prozessoren und Coprozessoren aus. Mit der heutigen Integrationsdichte erscheint diese Vorgehensweise nicht mehr zeitgemäß. Es ist daher sinnvoller, Gleitpunktoperationen durch eigene Maschinenbefehle anzusprechen und nicht über eine Coprozessor-Schnittstelle abzuwickeln.

Nach wie vor unumstritten ist die Reduktion des Speicherzugriffs auf Load- bzw. Store-Befehle. Daten können nur manipuliert werden, wenn sie sich in Registern befinden:

Häufig vorkommende Befehle wie *Load*, *Store*, *Add*, *Sub* etc. werden möglichst schnell ausgeführt, d. h. in einem Maschinentakt und ohne Hilfe eines Mikroprogramms. Einer besonderen Optimierung bedarf es auch bei Sprungbefehlen, da diese sehr häufig vorkommen und wegen eines eventuell notwendigen Speicherzugriffs zum Laden der Zieladresse nicht in einem Takt erledigt werden können. Häufig findet man daher das Konzept des *verzögerten Sprungs*. Ein Sprungbefehl wird in einem Takt *abgearbeitet*, *springt* aber erst einen Takt später. Der Programmierer/Compiler hat Gelegenheit dies zu nutzen, indem er die Befehle so umsortiert, dass unmittelbar nach dem Sprungbefehl noch ein Befehl abgearbeitet wird, der logisch gesehen vor dem Sprung hätte ausgeführt werden sollen und der die Sprungbedingung nicht beeinflusst. Falls ein solcher Befehl nicht gefunden werden kann, muss ein Noop-Befehl eingefügt werden, der nichts tut (*Noop* = No Operation). Dieses Konzept der verzögerten Wirkung kann auch auf Load- und Store-Befehle angewendet werden, falls sich die Taktzeit auf diese Weise weiter reduzieren lässt.

Die bereits genannte ARM-Architektur hat einige Besonderheiten:

– Es gibt ein ein einheitliches 32-Bit Befehlsformat.
– Die arithmetisch-logischen Befehle können drei Register adressieren, so das Befehle des Typs *R1 = R2 op R3* möglich sind. Besonders Compilerbauer schätzen diesen sogenannten *three-address-code*.
– Praktisch alle Befehle können bedingt ausgeführt werden. Dies spart bei *if-then-else* Anweisungen oft einen Sprung.

Am Beispiel unseres ggT-Programms wollen wir diesen Vorteil veranschaulichen. Das Programm aus Abbildung 1.96, das den *ggT* von *x* und *y* berechnete, würde man in der ARM-Maschinensprache so schreiben:

```
    MOV R0, #504      ; R0 enthält x
    MOV R1, #210      ; R1 enthält y
schleife
    CMP R0, R1        ; Vergleiche Registerinhalte, setze Flags
    SUBGT R0, R0, R1  ; if größer R0 = R0 - R1
    SUBLT R1, R1, R0  ; if kleiner R1 = R1 - R0
    BNE schleife
    HALT
```

Der Befehl SUBGT A, B, C berechnet die Zuweisung A=B-C, aber nur, falls die letzte compare-Operation (CMP) ein positives Ergebnis (GT=*greater than*) signalisiert hatte. Analog funktioniert SUBLT. Somit ist das resultierende Programm in ARM-Maschinensprache nicht nur kürzer – der Hauptvorteil ist, dass es weniger bedingte Sprünge aufweist, als das äquivalente Programm aus Abb. 1.96. Mithin ist das *prefetch*, also die Vorhersage und Vorbereitung der nächstfolgenden Befehle fast immer erfolgreich – ein entscheidender Schritt bei einer Pipelining Architektur, wie wir im nächsten Abschnitt sehen werden.

Die ursprüngliche RISC-Philosophie hatte den gänzlichen Verzicht auf Mikroprogramme gefordert. Solange nur ganz wenige Befehle mehrere Takte benötigen (z. B. die Multiplikation und vor allem die Division), ließ sich das auch durchhalten. Heute werden wegen der hohen Integrationsdichte wieder zunehmend komplexere Befehle in der CPU ausgeführt, z. B. Gleitpunktbefehle, Bitblockbefehle, Multimediabefehle, so dass man von dem ursprünglichen Konzept wieder Abstand nimmt und lediglich fordert, dass nur *wenige* Befehle mithilfe von Mikroprogrammen abgewickelt werden. Der zusätzlichen Leistungssteigerung dienen heute zwei weitere Konzepte:
- die Fließbandtechnik (Pipelining),
- die Parallelisierung (Superskalar-Technik).

Diese Techniken steigern die Leistung der Prozessoren und nutzen die ungeheure Zahl von Transistorfunktionen, die in einem heutigen Chip potenziell zur Verfügung stehen. Im Jahr 2017 haben die höchstintegrierten Chips vermutlich mehr als 10 Milliarden Transistorfunktionen. Der bereits erwähnte Prozessor des Core i7 7700K wird seit Januar 2017 gefertigt und verfügt über mehrere Milliarden Transistorfunktionen.

1.8.5 Pipelining

Eine *Pipeline* ist eine Warteschlange, in der sich die als Nächstes abzuarbeitenden Befehle befinden. Jeder Befehl besteht aus einer Reihe von Phasen. Während noch die letzten Phasen der vorderen Befehle in der Pipeline abgearbeitet werden, kann bereits mit den ersten Phasen der nächsten Befehle begonnen werden.

Mithilfe der Pipeline-Technik lassen sich die Taktzeiten einer CPU weiter reduzieren, wobei angestrebt wird, dass die durchschnittliche Ausführungszeit eines Befehls nahe bei einem Takt liegt. Der Befehl wird in mehrere Phasen aufgeteilt, die nacheinander, aber gleichzeitig mit anderen Phasen anderer Befehle, in einer Pipeline ausgeführt werden. Während eine Phase eines Befehls bearbeitet wird, erledigt die Pipeline schon andere Phasen weiterer Befehle. Heute sind 5- bis 35-stufige Pipelines üblich. Bei einer 5-stufigen Pipeline könnte die Phasen-Aufteilung für einen Register/Register-Befehl etwa folgendermaßen aussehen:

S1:	Befehlsbereitstellung
S2:	Dekodieren des Befehls
S3:	Lesen der beteiligten Register
S4:	ALU-Operation
S5:	Schreiben in das Ziel-Register

Dabei werden bis zu fünf Befehle gleichzeitig überlappend bearbeitet. Während die Ergebnisse des 1. Befehls noch in ein Register übertragen werden, wird bereits der 5. Befehl bereitgestellt, der 4. Befehl dekodiert usw.

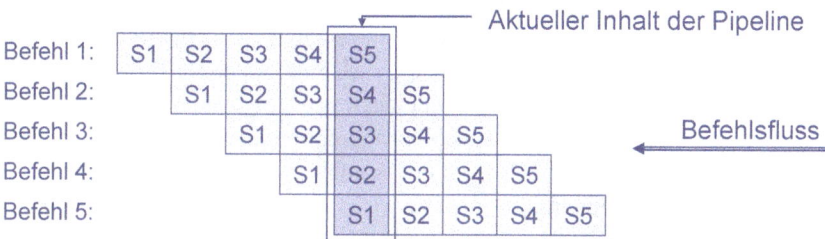

Abb. 1.105. Befehlsfluss in einer Pipeline

Die Verwendung einer Pipeline setzt voraus, dass zwischen den 5 beteiligten Befehlen keine störenden Zwischenbeziehungen (*hazards*) existieren. Wenn beispielsweise der 2. Befehl seine Register bereits gelesen hat, darf keines davon mit dem Register übereinstimmen, in das der 1. Befehl noch schreiben will. Es gibt Techniken, solche Zwischenbeziehungen auf Hardwareebene zu entdecken. In einem solchen Fall muss die Pipeline zwischen den beteiligten Befehlen so lange verzögert (engl.: *stalled*) werden bis Konsistenz vorliegt.

1.8.6 Superskalare Architekturen

Bei einer *superskalaren Architektur* kommen mehrere Pipelines parallel zum Einsatz. Bei heutigen CPUs sind dies 2 bis 10 – in Zukunft könnten es noch mehr werden. Oft wird jeweils eine Pipeline für Integer-Operationen und eine für Gleitpunktoperationen implementiert. Der Befehlsfluss wird zerlegt und, soweit das ohne Störung der Konsistenz der Daten möglich ist, auf die Pipelines verteilt.

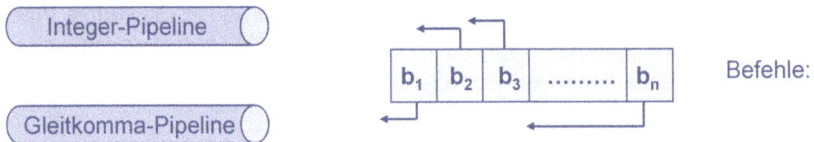

Abb. 1.106. Verteilung des Befehlsflusses auf mehrere Pipelines

1.8.7 Cache-Speicher

Ob CISC oder RISC, alle Rechnerarchitekturen sind heute mit aufwändigen Zwischenspeichern (Caches) ausgestattet. Der Grund dafür sind die immer höheren Prozessortaktraten bei wenig verbesserten Hauptspeicherzugriffszeiten. Typisch waren, bis vor wenigen Jahren, Zugriffszeiten von 50 bis 60 ns.

Ein Cache ist ein schneller, damit teurer und kleiner Speicherbereich, der auf der Prozessorplatine integriert ist. Die Idee ist, dass der Cache als Puffer Teile des Hauptspeicherinhaltes spiegelt, so dass vergleichsweise langsame Hauptspeicherzugriffe durch Zugriffe auf den Cache ersetzt werden können. Allerdings muss durch einen aufwändigen Algorithmus sichergestellt werden, dass die im Cache befindlichen Speicherbereiche noch aktuell sind, also nicht von anderen Prozessen gelesen oder verändert werden. Gegebenenfalls muss der Cache in den physikalischen Hauptspeicher zurückgeschrieben oder neu gelesen werden.

Erst der Einsatz von SD-RAM-Bausteinen hat die Zugriffszeiten in neueren Rechnern auf ca. 1 ns reduziert. Diesem Speichertyp stehen jetzt aber wiederum schnellere Prozessoren gegenüber. Daher ist es üblich geworden, eine Hierarchie von schnelleren Cache-Speichern zwischen den Prozessor und den Hauptspeicher zu schalten. Man spricht von einem *L1-Cache* (*Level 1 Cache*), wenn dieser in das Prozessordesign voll integriert ist. Viele Prozessoren haben heute 4 CPU-Kerne mit je einem $L1$-Cache von 64 kByte, diese wiederum verwenden einen *L2-Cache* von z. B. 2 MB und jener einen $L3$-Cache mit z. B. 8 MByte. Alle diese Caches sind auf dem Prozessorchip untergebracht und laufen im vollen Prozessortakt.

1.8.8 Leistungsvergleiche

Alle Hersteller behaupten, die jeweils schnellsten Prozessoren anzubieten. Objektive Leistungsvergleiche sind nur schwer möglich, weil die Charakteristika der Rechner zu unterschiedlich sind. Früher wurde die Leistung von Prozessoren häufig in der fragwürdigen Einheit *MIPS* (*million instructions per second*) angegeben. Diese Zahl kann aber, gerade bei Verwendung von Cache-Speichern, sehr unterschiedlich ausfallen, je nachdem ob man Befehle zählt, die aus dem L1-, L2- oder L3-Cache oder aus dem Hauptspeicher geladen werden können bzw. müssen.

Wichtig ist auch, dass Leistungsvergleiche (engl.: *benchmark*) von Gremien durchgeführt werden, die unabhängig von den Herstellern sind. Im Folgenden beziehen wir uns auf die Benchmarksuite einer solchen Organisation namens *SPEC* (*System Performance Evaluation Cooperative*), die 1988 von einer kleinen Gruppe von Workstation-Herstellern gegründet wurde. Es wurden Testprogramme entwickelt und in verschiedenen Varianten zur Verfügung gestellt (*www.specbench.org*). Die aktuelle Version heißt *SPEC CPU2017* und ist unterteilt in verschiedene Teilbereiche z.B. für Ganzzahlarithmetik und Gleitpunktoperationen.

Leider sind die neueren Testprogramme CPU2017 mit den älteren CPU2006, CPU2000, CPU95 und CPU92 nicht direkt vergleichbar. Es gibt auch wenige Messungen der älteren und neueren Werte auf jeweils gleichen Rechnern. Optimal wäre es, die Anwenderprogramme, die für einen Interessenten relevant sind, auf verschiedenen Rechnern mit identischen Lastdaten laufen zu lassen. Da aber Anwenderprogramme meist nicht auf allen Plattformen ablauffähig sind, kann man auf diese Weise meist nur verschiedene Rechner einer Plattform vergleichen.

1.9 Architektur der Intel-PC-Prozessorfamilie

Die Architektur der Prozessorserie x86 von Intel geht auf den 8080 Chip zurück, der 1974 auf den Markt kam und als erster kommerziell angebotener Mikroprozessor gilt. Während der 8080 noch ein 8-Bit-Mikroprozessor war, bot Intel 1978 erstmalig mit dem 8086 einen 16-Bit-Mikroprozessor an, der aber zum 8080 weitgehend kompatibel war. Mit dem 80286 erweiterte Intel die Adressbreite des 8086 von 20 auf 24 Bit und vergrößerte den Befehlssatz. Mit dem 80386 startete die 32-Bit-Architektur für die x86-Chipserie. Allerdings ist dieser Prozessor umschaltbar so dass er im 8086-/80286-Mode als 16-Bit-Prozessor und im neuen 80386-Mode als 32-Bit-Prozessor nutzbar ist. Unter den Betriebssystemen MS-DOS und Windows 3.0 bzw. 3.1 wurden die 80386-Prozessoren bzw. ihre Nachfolger, lediglich im 16-Bit-Mode betrieben. UNIX, OS2, Windows 95, Windows 98, Windows ME bzw. Windows NT und Windows XP betreiben diese Prozessoren jedoch im 32-Bit-Modus.

Die Prozessoren 80486 und Pentium erweitern die 80386-Architektur jeweils nur geringfügig und unterscheiden sich hauptsächlich in der Implementierung. Der Name *Pentium* wurde statt *80586* gewählt, um ein Copyright für den Namen erwerben zu können; für Namen, die nur aus Ziffern bestehen, ist das in den USA nicht möglich.

Tabelle 1.12 vergleicht verschiedene ältere Prozessoren. Die Leistung wird in der (fragwürdigen) Einheit MIPS (Millionen Befehle pro Sekunde) angegeben. Neuere

Tab. 1.12. Preise und Leistung älterer Intel-Prozessoren. Quelle: Byte, 5/1993 und später

Chip	Markt-einführung	anfängl. Preis	späterer Preis	MIPS zu Anfang	MIPS später	Transistoren
8086	1978	360$	/	0.33	0.75	29.000
80286	1982	360$	8$	1.2	2.66	134.000
80386	1985	299$	91$	5	11.4	275.000
80486	1989	950$	317$	20	54	1.200.000
Pentium 66	1993	900$	300$	112	112	3.100.000
Pentium 100	1994	700$	100$	166	166	3.300.000

Leistungsdaten (SPEC95 oder SPEC2000) sind für diese Modelle meist nicht verfügbar.

1.9.1 Datenstrukturen und Befehle der x86 Prozessoren ab Pentium

Der Pentium Prozessor hat Befehle zur Bearbeitung folgender Datentypen:
- vorzeichenlose Zahlen der Formate 8, 16, 32 oder 64 Bit
- ganze Zahlen in Zweier-Komplement-Darstellung (8, 16, 32 oder 64 Bit)
- Gleitpunktzahlen nach IEEE-754-Standard
- short real (Vorzeichen, 8-Bit-Exponent, 23-Bit-Mantisse)
- long real (Vorzeichen,11-Bit-Exponent, 52-Bit-Mantisse, bias 1023)
- double extended real (Vorz.,15-Bit-Exponent, 63-Bit-Mantisse, bias 16383)
- BCD-Zahlen oder gepackte BCD-Zahlen.
- 32-Bit und 64-Bit Pointer (lineare Adressierung)
- 48-Bit logische Adressen (segmentierte Adressierung)
- Bit, Bit-Feld (4 Byte), Bit-Kette (maximal 4 Gigabit lang)
- Byte-Ketten als ASCII-Zeichenketten

Es gibt zehn Kategorien von Maschinenbefehlen:
- Befehle zum Laden, Speichern und Bewegen von Daten,
- Arithmetische Befehle, Schiebebefehle und logische Befehle,
- Befehle zur Bearbeitung von Bitketten und von Byteketten,
- Bedingte und unbedingte Sprünge,
- Unterprogrammaufrufe und Unterbrechungen,
- Befehle zur Unterstützung höherer Programmiersprachen,
- Befehle zur Kontrolle des Protected Mode,
- Befehle zur Kontrolle des Prozessors.

1.9.2 MMX- und SSE-Befehle

Speziell für die Bearbeitung von Grafik, Audio- und Videodaten hat Intel den x86 Prozessoren ab Pentium neue Register und neue Befehle spendiert. Diese Erweiterung wird als *MMX* (*MultiMedia-eXtension*) bezeichnet. Bei den genannten Anwendungen hat man oft viele kleine gleichartige Datenpakete, die mit einem Befehl gleichzeitig bearbeitet werden können. So kann man z. B. 8 Pixel zu je 8 Bit oder 4 Audio-Samples zu 16 Bit in ein 64 Bit großes Register packen und dieses mit einem Befehl manipulieren. Typisch sind Befehle wie PADDB (parallel add Byte) oder PADDW (*parallel add word*) etc. Die Idee ist nicht neu und als Konzept der Parallelverarbeitung unter dem Namen *SIMD* (*single instruction multiple data*) bekannt.

Beim Pentium III wurde der Befehlssatz nochmals um *Vektorbefehle* ergänzt, die anfangs aus Marketinggründen als *Internet Streaming SIMD Extensions* bezeichnet wurden. In vielen Dingen flexibler als die MMX-Befehlssatzerweiterung, dient diese Erweiterung gleichfalls dazu, Programme durch höhere Parallelisierung zu beschleunigen. Heute lässt man das „I" weg und spricht nur noch von SSE. SSE2, SSE3 und SSE4 sind jüngere Erweiterungen von SSE.

Pentium Prozessoren und ihre Nachfolgemodelle verfügen bereits seit einiger Zeit über eine Hierarchie von Cache-Speichern, die auf dem Prozessorchip untergebracht sind. Direkt mit dem Prozessor verbunden ist der so genannte L1-Cache. Dieser besteht aus zwei getrennten Teilen für Daten und Befehle. Für Daten und Befehle stehen bei den neueren Modellen je 32 kB pro CPU zur Verfügung. Der L1-Cache bezieht seine Daten aus dem L2-Cache. Dieser ist bei heutigen Modellen mit 256 kB pro CPU-Kern dimensioniert. Hinzu kommt ein L3-Cache mit 8 MB, der für alle CPU-Kerne zuständig ist. Bei den neueren Modellen von Intel werden alle Cache-Speicher im vollen Prozessortakt betrieben.

Trotz aller RISC-Prinzipien ist und bleibt die x86-Architektur eine CISC-Architektur. Das macht sich vor allem bemerkbar durch relativ wenige Register, viele verschiedene Befehlsformate mit einer komplexen Befehlscodierung, Operationen mit Speicheroperanden und viele komplexe Befehle, die Mikroprogramme erfordern.

Alle *einfachen* Befehle werden vom Pentium ohne Mikroprogramm in einem Takt erledigt. Durch die Mehrfach-Pipelines können in einem Takt sogar mehrere Befehle ausgeführt werden. Die komplexe Befehlsdecodierung kostet viel Zeit und die geringe Registerzahl führt zu häufigeren Speicherzugriffen. Beides benachteiligt den Pentium gegenüber vergleichbaren RISC-Prozessoren.

1.9.3 Adressierung

In einem Maschinenbefehl werden Datenadressen folgenden Typs verwendet:

Basis + (Index × Skalierungsfaktor) + Distanz.

Basis und Index werden einem der Mehrzweckregister entnommen, Skalierungsfaktor und Distanz sind absolute Zahlen, die dem jeweiligen Befehl entnommen werden. Von den drei Komponenten einer oben definierten effektiven Datenadresse (EA) können ein oder zwei entfallen (siehe dazu auch die vorangegangen Beispiele). Wenn Daten adressiert werden sollen, wird die oben beschriebene effektive Datenadresse gebildet und der Segmentierungseinheit als 32-Bit- bzw. 64-Bit-Adresse übergeben. Wenn Befehle adressiert werden sollen, wird die Befehlsadresse aus dem IP-Register *(Instruction Pointer)* bzw. RIP-Register entnommen bzw. von der Prefetch-Einheit vorausberechnet und dann der Segmentierungseinheit übergeben.

1.9.4 Die Segmentierungseinheit

Ein auf einem Pentium-Rechner ablaufendes Programm kann Daten und Befehle benutzen, die in Segmenten organisiert sind. Diese Segmente werden mithilfe einer Betriebssystem-Tabelle verwaltet. Diese enthält jeweils Informationen über ein in Ausführung befindliches Programm, das wir *Prozess* nennen wollen. Die genannte Tabelle kann Einträge für maximal 16 000 Segmente enthalten. Es wäre nicht effizient, wenn ständig auf diese im Speicher befindliche Tabelle zugegriffen werden müsste. Daher sind in der Segmentierungseinheit Register enthalten, die ständig die nötigen Informationen für 6 Segmente enthalten:

CS Code Segment
SS Stack Segment
DS,ES, FS,GS Daten Segmente

Jedes Segment wird durch eine Datenstruktur, den sogenannten Segmentdeskriptor, festgelegt. Der Pentium beherrscht aus Kompatibilitätsgründen drei Arten der Auswertung von Segmentadressen, von denen zwei in den folgenden Abschnitten beschrieben sind.

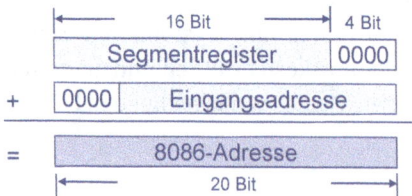

Abb. 1.107. Bearbeitung von 8086-Adressen

Zur Bearbeitung von 8086-Programmen muss der Rechner mit 20-Bit-Adressen arbeiten können. In diesem Fall ist die Eingangsadresse der Segmentierungseinheit 16

Bit breit, einem Segmentregister wird der 16 Bit breite Segmentselektor entnommen und, um vier Bits nach links verschoben (d. h. mit $16 = 2^4$ multipliziert), zu der Eingangsadresse addiert:

Zur Bearbeitung neuer Programme im so genannten *protected mode* wird der Segmentselektor lediglich als Index in die Segmenttabelle des Prozesses interpretiert. Die Eingangsadresse wird zu der im Deskriptor enthaltenen Anfangsadresse des Segmentes addiert. Dann wird geprüft, ob das Ergebnis unterhalb der ebenfalls im Deskriptor enthaltenen Grenzadresse liegt. Die daraus resultierende 32-Bit- bzw. 64-Bit-Adresse wird im korrekten Fall an die Adressübersetzungseinheit weitergereicht. Welches der Segmentregister verwendet wird, hängt von der Adressierung ab.

Befehlsadressen beziehen sich auf das Code-Segmentregister, Datenadressen, die für Stack-Befehle umgewandelt werden, auf das Stack-Segmentregister und alle anderen Adressen auf das DS-Daten-Segmentregister. Die von der CPU implizit vorgenommene Auswahl eines Segmentregisters kann explizit durch einen Prefixbefehl für den nachfolgenden Befehl verändert werden – so können z. B. auch die Segmentregister ES, FS und GS angesprochen werden.

Eine logische Adresse des 80386 ist also 48 Bit lang: die ersten 16 Bit definieren einen Segmentselektor, die restlichen 32 Bit bezeichnen die Relativadresse im Segment. Jedes Segment kann somit bis zu 2^{32} Byte groß sein – also 4 Gigabyte. Eine Segmenttabelle kann bis zu 2^{14} Segmenteinträge haben – damit ergibt sich ein logischer Adressraum von 64 Terabyte. Allerdings ist das eine eher theoretische Überlegung, da nur die Segmente effizient adressierbar sind, die in einem 4 GB-Adressraum untergebracht sind.

Die Segmentierung des Speichers ist wohl von Intel weniger als Ausweitung des Adressraumes gedacht, denn als Möglichkeit, einen 4 GB großen Adressraum in geschützte Segmente zu unterteilen: die Segmentierung verhindert die Bildung von Adressen, die außerhalb definierter Segmentgrenzen liegen. Diese Segmentgrenzen sind für ein Anwenderprogramm nicht zugänglich und können nur vom Betriebssystem vergeben werden, daher wird der Betrieb eines Programms mit dieser Art von Segmentadressen auch als *protected mode* bezeichnet.

Im neueren 64-Bit Mode wird die Segmentadressierung nur noch in Ausnahmefällen verwendet. Statt dessen wird ein flaches 64-Bit Adressierungsmodell ohne Segmentierung empfohlen. Allerdings kann auch im 64-Bit Modus ein segmentiertes Speichermodell verwendet werden. Die Segmente dienen dann nur noch dazu, Code-, Daten- und Stackbereiche in dem von einem Programm verwendeten Speicherbereich zu unterscheiden und zu schützen.

1.9.5 Adressübersetzung

Das Ergebnis der Segmentierungseinheit ist bei den klassischen x86-Prozessoren eine virtuelle 32-Bit-, 36-Bit- oder 64-Bit-Adresse. Diese wird in eine reale 32-Bit-, 36-Bit- oder 64-Bit-Hauptspeicheradresse umgesetzt. Die Umsetzung erfolgt in diesem Fall mithilfe einer Adressumsetzungstabelle, die *TLB* (*Translation Lookaside Buffer*) genannt wird:

Abb. 1.108. TLB: *Translation Lookaside Buffer*

Falls in der TLB kein passender Eintrag vorhanden ist, wird einem Kontrollregister eine Adresse entnommen, über die in einem zweistufigen Verfahren eine Seitentabelle erreicht wird, der der gesuchte Eintrag entnommen wird, wenn die fragliche Seite im Hauptspeicher resident ist. Andernfalls muss das Betriebssystem über einen Seitenwechselfehler informiert werden und die fehlende Seite beschaffen. Die Adressübersetzung erfolgt parallel zu den anderen Aktivitäten der CPU – so wird erreicht, dass fast keine Zeit zusätzlich benötigt wird.

1.9.6 Betriebsarten des Pentium

Der Pentium kann im so genannten Real-Mode betrieben werden – er verhält sich dann wie ein 8086. In dieser Betriebsart können 8086-Programme ohne jede Änderung bearbeitet werden – allerdings wesentlich schneller als mit dem Vorgängermodell.

Im Protected Mode können alte 80286-Programme und neuere Programme ablaufen, die die Möglichkeiten dieses Prozessors überhaupt erst richtig nutzen. Daneben können 8086-Programme im so genannten Virtual-8086-Mode ausgeführt werden. Alle diese Programme können als Prozesse konkurrierend betrieben werden. Der Prozessor unterstützt dies durch vordefinierte Datenstrukturen zur Verwaltung von Prozessen, durch Maschinenbefehle, die den Prozesswechsel unterstützen, und durch verschiedene Schnittstellen, die einen Prozess in die Lage versetzen, Anforderungen anderer Prozesse zu erfüllen. Dabei sind die von den einzelnen Prozessen verwendeten Speicherbereiche gegen unberechtigte Zugriffe anderer Prozesse geschützt. Die Prozesse haben definierte Rechte und Privilegien. Typisch für eine solche Umgebung ist es, dass nur die Betriebssystem-Prozesse das Recht haben, bestimmte privilegierte Befehle auszuführen, wie z. B. Ein- und Ausgabebefehle. Analog können derzeit Programme im 64-Bit Modus betrieben werden. In einem Kompatibilitätsmodus können ältere Programme ablaufen.

Intel hat den Pentium mit der neuesten, sonst nur bei RISC-Prozessoren vorhandenen Technologie ausgestattet. Diese Technik konnte bei der Entwicklung des PentiumPro, des Pentium II, des Pentium III, des Pentium-4 und des Pentium-4E noch weiter verbessert werden. Allerdings führte die Entwicklung der Pentium-4 Prozessoren wegen zu großer Hitzeentwicklung in eine Sackgasse. Die neueren Core 2 Duo bzw.

Tab. 1.13. Leistungsdaten von Intel-Prozessoren der 90er Jahre. Quelle: Intel

Chip	Markteinführung	SPECint95	SPECfp95	Transistoren
Pentium 100	1994	3,3	2,59	3.3 Mio.
Pentium-II 266	1997	10,8	6,89	7,5 Mio.
Pentium-II 450	1998	18,5	13,3	7,5 Mio.
Pentium-III 550	1999	22,3	15,1	9,5 Mio.

i3, i5 und i7 Prozessoren bauen auf der neueren Core/Nehalem Mikroarchitektur auf und erzielen eine höhere Leistung bei niedrigerer Wärmeentwicklung.

Die ursprüngliche Leistung des Pentium 66 lag bei 112 MIPS im Jahre 1993 und steigerte sich 1994 beim Pentium 100 auf 168 MIPS. Seit dieser Zeit sind die SPECint95- und SPECfp95-Werte für diesen Prozessor erhältlich. Sie liegen bei 3,3 und 2,59. Diese Werte konnten mit den neueren Pentium-4 Modellen um den Faktor 15 verbessert werden und bei den neuesten Core i7 Modellen erneut um einen Faktor von mindestens 10. Die folgende Tabelle vergleicht Intel-Prozessoren aus „mittleren Jahrgängen". Die Leistungsdaten liegen als SPECint95 bzw. SPECfp95 vor.

Die neuere Entwicklung der Nachfolger des 8086-Prozessors wird durch einen intensiven Konkurrenzkampf der Firmen AMD und Intel geprägt. Bis 1998 konnte Intel sich stets rühmen, die leistungsfähigsten Prozessoren herzustellen. Danach bot AMD Prozessoren unter dem Namen *Athlon* und *Opteron* an, die den Intel-Prozessoren ebenbürtig oder sogar überlegen waren. Neuere Marktnamen der AMD Prozessoren sind *Athlon*, *Phenom*, *Fusion FX* und zuletzt *Ryzen*. Der Name *Opteron* wird weiterhin für Prozessoren verwendet, die im Servermarkt angeboten werden.

Intel hatte Anfang 2001 den Pentium-4 Prozessor eingeführt und diese Prozessorfamilie dann in mehreren Schritten verbessert. Dabei setzte Intel auf die mit dem Pentium-4 eingeführte *Netburst*-Architektur. Diese setzt auf eine extrem lange Pipeline, die eine sehr hohe Taktrate ermöglichen soll. Ursprüngliche Pläne sahen vor, mit dieser Architektur frühzeitig 4 GHz und später bis zu 10 GHz zu erreichen. Tatsächlich erreichten die letzten Pentium-4 Modelle nur 3,8 GHz. Intel musste einsehen, das der Energieverbrauch und die damit verbundene Wärmeentwicklung der Prozessoren bei hohen Taktraten nicht in den Griff zu kriegen war.

AMD hatte sich dagegen frühzeitig entschlossen, die 32-Bit-Architektur zu einer abwärtskompatiblen 64-Bit-Architektur weiterzuentwickeln und gleichzeitig eine Prozessorarchitektur benutzt, die auf höhere Durchsatzleistung bei niedrigeren Taktraten baut. Mit diesem Konzept hatte AMD jahrelang im Wettrennen um die leistungsfähigsten Prozessoren die Nase vorn. Die folgende Tabelle vergleicht Intel und AMD Prozessoren aus „neueren Jahrgängen". Die Leistungsdaten liegen als SPEC-CINT2000 bzw. SPEC-CFP2000 vor.

Intel hatte jahrelang der besseren Prozessorarchitektur von AMD nichts entgegenzusetzen, musste schließlich sogar die 64-Bit-Architektur von AMD übernehmen

Tab. 1.14. Leistungsdaten von Intel- und AMD-Prozessoren der Jahre 2001 bis 2004

Prozessor	Jahr	GHz	CINT2000	CFP2000	Transistoren
Pentium-4	2001	1,5	502	524	42 Mio.
Athlon-XP	2001	1,533	597	504	37,5 Mio.
Athlon 64	2003	2,0	1266	1355	105,9 Mio.
Pentium-4C	2003	3,2	1205	1267	55 Mio.
Athlon 64 FX55	2004	2,6	1750	1854	105,9 Mio.
Pentium-4E	2004	3,4	1400	1397	125 Mio.

und die Weiterentwicklung der *Netburst*-Architektur aufgeben. Statt dessen setzte Intel nunmehr auf die *Intel Core Mikroarchitektur*. Diese wurde am 7. März 2006 offiziell angekündigt und sollte noch im Jahr 2006 die NetBurst-Architektur komplett ersetzen. Die ersten Modelle mit der neuen Architektur wurden Ende Juli 2006 unter der Bezeichnung Core 2 Duo mit den Modellvarianten E6300, E6400, E6600, E6700 und X6800 eingeführt. Ab 2008 wurde die neuere *Intel Nehalem Mikroarchitektur* angekündigt. In den Folgejahren wurden auf dieser Architektur aufbauend die Prozessorfamilien i3, i5 und i7 eingeführt, mit zahlreichen Prozessoren sowohl für Desktop- als auch für mobile Computer. Mit der im Juli 2006 eingeführten Prozessorfamilie Core 2 Duo, die die Core Mikroarchitektur erstmalig vollständig implementiert, ist es Intel gelungen, die zu diesem Zeitpunkt leistungsfähigsten Prozessoren anzubieten und den jahrelangen Rückstand gegenüber AMD wieder einzuholen. Bereits nach kurzer Zeit wurden die weiter verbesserten Prozessorfamilien *i3*, *i5* und *i7* auf den Markt gebracht und in den Folgejahren in mehreren Versionsschritten weiterentwickelt. Derzeit (Mitte des Jahres 2017) ist die 7. Generation aktuell. Ein aktueller Prozessor dieser Generation ist das Modell i7 7700K.

Die neu entwickelten Mikroarchitektur besitzt Ähnlichkeit mit der alten *P6*-Architektur, die erstmalig für den Pentium Pro entwickelt und später auch für den Pentium III eingesetzt wurde. Diese Architektur wurde parallel zu der Netburst-Architektur für die mobilen Prozessoren von Intel weiterentwickelt. Die neueren Versionen dieser Architektur, die z. B. von dem Pentium-M benutzt werden, waren bereits auf hohe Leistung bei geringem Energieverbrauch ausgelegt. Niedrigere Verlustleistung und mehrere CPU-Kerne gehören zu den besonderen Merkmalen der Core/Nehalem Mikroarchitektur. Im Gegensatz zur NetBurst-Architektur, die eine mehr als 30-stufige Pipeline aufweist, ist die neuere Mikroarchitektur mit einer relativ kurzen, 14-stufigen Pipeline auf niedrigere Taktraten ausgelegt und erreicht ihre Leistung vor allem aufgrund einer hohen Anzahl von Befehlen per Taktzyklus. Die Intel Core/Nehalem Mikroarchitektur ist ein vierfach superskalares Design im Gegensatz zum dreifach superskalaren Design des Pentium M und Pentium-4. Bereits beim Pentium-4 wurde der Befehlssatz nochmals um weitere Multimediabefehle SSE (Streaming Extensions) erweitert. Die SSE-Einheiten der Core Architektur besitzen intern eine auf 128 Bit verdoppelte Busbreite und können daher SSE-Befehle in nur einem

Taktzyklus verarbeiten. Ebenfalls verbessert wurden in der neueren Mikroarchitektur das Stromsparkonzept, das nunmehr eine feinere Abstufung besitzt und deswegen effizienter arbeitet.

Die Core/Nehalem Mikroarchitektur wurde konsequent für mehrere CPU-Kerne ausgelegt. Unter anderem sieht das Konzept vor, den L2-Cache dynamisch den verschiedenen CPU-Kernen zuzuweisen. Falls ein CPU-Kern inaktiv sein sollte, bekommt ein anderer CPU-Kern den gesamten L2-Cache zugewiesen. Ebenso kann ein CPU-Kern mit einer höheren Taktfrequenz betrieben werden, wenn die anderen dafür mit niedrigerem Takt arbeiten.

Bei der Implementierung der Pentium bzw. Core Prozessoren hat Intel weitgehend die heute bei RISC-Prozessoren üblichen Prinzipien verwirklicht. Der Pentium verfügt über fünf mehrstufige Pipelines für Integer-Arithmetik und zwei mehrstufige Pipelines für Gleitkomma-Arithmetik. Die Anzahl der Bearbeitungsstufen wurde beim Pentium-4 mit 32 angegeben. Man kann sich allerdings kaum vorstellen wie die Bearbeitung eines Maschinenbefehls in 32 Einzelschritte aufgeteilt werden kann. Vermutlich werden in einer solchen langen Pipeline mehrere Befehle zusammen bearbeitet. Wie bereits erwähnt, hat sich das Konzept einer langen Pipeline nicht bewährt. Mit der neuen *Core/Nehalem Microarchitecture* schrumpfte die Länge der Pipeline wieder auf 14.

Beiden Firmen, Intel und AMD, gelingt es immer wieder, die vermeintlichen Leistungsvorteile der RISC-Konkurrenten durch „schnellere" Chip-Technologie wett zu machen. Trotzdem leidet diese Prozessorfamilie an den Schwächen des in den 70er Jahren definierten Befehlssatzes und an der geringen Registerzahl. Wünschenswert wäre daher der Übergang zu einer moderneren Prozessorarchitektur.

Parallel zu den von Intel entwickelten Prozessoren hat AMD ständig neue Generationen von Prozessoren unter Namen wie Athlon, Phenom, Fusion, FX und zuletzt Ryzen entwickelt. Dabei hat mal Intel, mal AMD die Nase vorn hinsichtlich der Leistungsfähigkeit ihrer Prozessoren. In der folgenden Tabelle werden zwei aktuelle leistungsfähige Prozessoren beider Hersteller verglichen. Beide kosten weniger als 500 Euro und sind nicht vergleichbar mit anderen Prozessoren beider Hersteller, die zu weit höheren Preisen angeboten werden.

Zum gegenwärtigen Zeitpunkt hat wohl AMD bei der Zahl der Transistoren pro Flächeneinheit die Nase vorn. Von Intel sind daher derzeit keine Daten zu Chipfläche und Anzahl der Transistoren öffentlich bekannt. AMD ist es mit seinem aktuellen Prozessor gelungen auf einer relativ kleinen Fläche 8 CPU-Kerne mit jeweils ziemlich großen Cache-Speichern zu integrieren. Bei Testprogrammen, die eine große Zahl von Prozessoren gleichzeitig beschäftigen können, hat dieser Chip derzeit Vorteile. Andrerseits ist auf diesem Chip kein eigener Grafikprozessor (GPU) integriert. Programme die Grafik und vor allem Multimediafunktionen benötigen werden von dem aktuellen Intel Chip schneller bearbeitet. Beide Firmen konkurrieren aber weiterhin: Von AMD wird noch im laufenden Jahr ein weiterer vergleichbarer Prozessor mit integrierter GPU erwartet. Intel arbeitet an der 8. Generation der i3, i5, i7 Baureihe, die vermutlich ähnlich viele Prozessoren bei vergleichbarem Preis aufweisen wird.

Tab. 1.15. Vergleich von AMD und Intel Prozessoren aus dem Jahr 2017

	AMD Ryzen 1800-X	Intel Core i7 7700K
Taktfrequenz (Mitte 2017)	3,6 GHz bzw. 4,0 GHz	4,2 GHz bzw. 4,5 GHz
Anzahl CPU-Kerne	8	4 zusätzlich: integrierte GPU
L1-Cache (Befehle/Daten)	48 kB / 48 kB je CPU	32 kB / 32 kB je CPU
L2-Cache (auf Chip)	512 kB je CPU	256 kB je CPU
L3-Cache (auf Chip)	16 MB	8 MB
Fertigungsprozess	14 *nm*	14 *nm*
Chipfläche	213 *mm²*	?
Transistoren	4,8 Milliarden	?
Speicherart	bis zu DDR4-2666	bis zu DDR4-2400
Thermische Verlustleistung	95 *W*	91 *W*

Trotz aller Schwächen hat sich die Architektur der x86 Familie als de facto-Standard für Personal Computer durchgesetzt. Weltweit werden hunderte Millionen kompatible PCs pro Jahr verkauft. Milliarden von Standard-PCs sind im Einsatz – mit einer gewaltigen Menge an installierter Software, die nur auf diesen Prozessoren läuft. Daher wird der Bedarf an immer schnelleren Prozessoren, die kompatibel zu den x86-Prozessoren sind, auf absehbare Zeit eher zunehmen.

Die Leistungsfähigkeit der ersten x86 Prozessoren war gering. Sie wurden von den Herstellern damaliger Computer für Rechenzentren nicht ernst genommen. Mittlerweile hat sich die Leistungsfähigkeit dieser Prozessoren um mehrere Größenordnungen verbessert. Ein moderner PC ist in jeder Hinsicht den damaligen Computern überlegen. In heutigen Rechenzentren finden sich Batterien von Servern, die mit x86 Prozessoren betrieben werden. Mittlerweile konkurrieren die x86 Prozessoren nicht mehr mit den ehemaligen „Großrechnern" sondern eher mit den Prozessoren auf Basis der ARM Architektur. Diese wurden mittlerweile ebenfalls zu leistungsfähigen 64 Bit Rechner weiterentwickelt und werden massenhaft in Smartphones, Tabletcomputer, Kameras und allen sonstigen Geräte mit eingebetteten Computerfunktionen eingesetzt.

Kapitel 2

Betriebssysteme

Ein *Betriebssystem* ist ein Programm, das dem Benutzer und den Anwendungsprogrammen grundlegende Dienste bereitstellt. Nutzer eines Betriebssystems sind nicht nur Programmierer, sondern auch Personen, die mit dem Rechner umgehen wollen, von dessen Funktionieren aber keine Ahnung haben. Für solche Benutzer präsentiert sich der Rechner über das Betriebssystem. Die Dienste, die das Betriebssystem bereitstellt, machen das aus, was der Rechner in den Augen eines Nutzers *kann*.

Die meisten Rechner werden zusammen mit einem bereits vorinstallierten Betriebssystem verkauft. Auf PCs dominiert immer noch *Microsoft Windows* (gegenwärtig in der Version *Windows 10*) gefolgt von *macOS* (exklusiv auf den Rechnern der Firma Apple) und *Linux* (ein freies, quelloffenes Betriebssystem). Auf kleineren Rechnern (Netbooks, Tablets oder Smartphones) ist das auf Linux basierende *Android* der Firma *Google* sehr beliebt.

Erst den grafischen Betriebssystemoberflächen ist es zu verdanken, dass heute jeder einen Rechner irgendwie bedienen kann und dass es auch leicht ist, mit einem bisher unbekannten Programm zu arbeiten, ohne vorher dicke Handbücher zu wälzen. Genau genommen handelt es sich bei den *grafischen Oberflächen* um Betriebssystemaufsätze. Die elementaren Dienste des Betriebssystems werden, mehr oder minder geschickt, bildlich umgesetzt. Der Rechner präsentiert grafisch einen Schreibtisch (*desktop*), auf dem Akten und Ordner (Dateien und Verzeichnisse) herumliegen. Diese Akten können geöffnet und verändert (*edit*), kopiert (*copy*) oder in einen Papierkorb geworfen werden (*delete*). Man kann die Objekte des Schreibtisches anfassen, verschieben oder aus Ordnern neue Akten herausholen. Mit dieser *Desktop Metapher* kann auch ein Laie ohne vorherige Computerkenntnisse nach kürzester Zeit umgehen.

Unter den Handlungen, die man auf dem Desktop vollführt, können Programmierer einfache Betriebssystemdienste erkennen, die sie bis dato durch Kommandos aufgerufen hatten. Geübte Rechnerbenutzer ziehen oft die unterliegende Kommandosprache dem „Herumfuhrwerken" mit der Maus vor. Die Kenntnis dieser Komman-

https://doi.org/10.1515/9783110442366-147

dosprache ist für sie ohnehin notwendig, weil der D*esktop* nur einen Bruchteil der Betriebssystemdienste widerspiegelt.

Die Idee der graphischen Benutzeroberfläche und des *Desktops* entstand in den siebziger Jahren bei Xerox im Palo Alto Research Center (Xerox PARC). In dieser legendären Ideenschmiede wurden zur selben Zeit nicht nur der Laserdrucker entwickelt, sondern auch der erste Laptop, das Ethernet und modernes objektorientiertes Programmieren, insbesondere die Sprache *Smalltalk* zusammen mit einer bis heute richtungsweisenden Entwicklungsumgebung. Das *Office System* von Xerox war aber Anfang der achtziger Jahre zu teuer, die Hardware noch etwas langsam, und die Vorstellung, dass jeder Benutzer seinen eigenen Bildschirm haben sollte, aufgrund der hohen Hardwarekosten illusorisch, so dass es kein kommerzieller Erfolg wurde. Rechner schienen damals zu wichtigeren Zwecken da zu sein als zur Textverarbeitung und zur Büroorganisation. Das Konzept von Xerox wurde daher von der damals noch kleinen Firma *Apple* übernommen. Nach einem anfänglichen Misserfolg mit dem System *Lisa* trat der *Macintosh* seit den frühen 80er Jahren seinen Erfolgszug an.

2.1 Basis-Software

Direkt nach dem Einschalten eines Rechners müssen bereits die ersten Programme gestartet werden. Diese Programme wollen wir als *Basis-Software* bezeichnen. Dabei handelt es sich noch nicht um Teile eines Betriebssystems. Vielmehr muss der Rechner zuerst initialisiert werden, seine Komponenten werden getestet und erst danach wird zu einem Programm, dem Ladeprogramm gesprungen, welche das *Betriebssystem* lädt.

Ein Teil dieser Basis-Software ist in Festwertspeichern, also in *ROMs* (*read only memory*), bzw. in *EPROMs* (*Eraseable ROM*) gespeichert, um ggf. neuere Versionen einspielen zu können. Heute werden meist Flash-Speicher genutzt. Die Basis-Software wird immer dann aktiviert, wenn der Rechner eingeschaltet oder zurückgesetzt (*reset*) wird. Bei x86-PCs wird die Grundsoftware meist *BIOS* (Basic Input Output System) genannt. Auf Intel basierten Apple PCs und in Zukunft auch auf Rechnern mit dem Logo *Windows 8 ready* wird alternativ *UEFI (Unified Extensible Firmware Interface)* eingesetzt. UEFI ist ein modernisiertes BIOS, das auch 64 Bit-Betriebssysteme und große Festplatten (> 2 TByte) unterstützt.

Die Basis-Software enthält neben Testroutinen auch grundlegende Programme, um Daten von Festplatten und von anderen Laufwerken zu lesen, sowie einfache Ausgaberoutinen, um Meldungen auf dem Bildschirm auszugeben. Diese werden benötigt, denn beim „Hochfahren" müssen Erfolgs- oder Fehlermeldungen, sowie der Fortschritt des Ladevorganges angezeigt werden. Sind keine Fehler aufgetreten, dann wird von der Festplatte (evtl. auch von einem anderen Laufwerk) das Betriebssystem geladen. Es können durchaus mehrere Betriebssysteme zur Verfügung stehen. In diesem

Fall erscheint ein *Prompt*, also eine Anforderung an den Benutzer, das gewünschte auszuwählen. Dieses wird nun geladen, initialisiert und gestartet.

Früher starteten die meisten Betriebssysteme mit einem so genannten *Kommandointerpreter*. Dies ist ein Programm, das lediglich einen Textbildschirm, z. B. 25 Zeilen zu je 80 Spalten, mit einem Eingabeprompt anzeigt. Hier kann der Benutzer Kommandos eingeben. Diese werden vom Betriebssystem ausgeführt, eventuelle Ausgaben werden auf dem Textbildschirm angezeigt, dann erscheint wieder der Prompt für das nächste Kommando. Die Art und Syntax der Kommandos unterscheidet sich je nach Betriebssystem, dennoch gibt es viele Gemeinsamkeiten. Insbesondere wird der Name jedes ausführbaren Programms als Kommando aufgefasst. Gibt man den Namen einer Datei ein, die ein ausführbares Programm enthält, z. B. test.exe, so wird dieses gestartet. Das hört sich einfach an, erfordert aber eine Reihe recht komplizierter Verwaltungstätigkeiten des Betriebssystems, mit denen wir uns in diesem Kapitel befassen wollen.

Die ersten einfachen Betriebssysteme, wie z. B. MS-DOS, konnten nur über einen solchen Kommandointerpreter bedient werden. Der Benutzer tippte den Namen eines Programms ein, das Betriebssystem suchte die entsprechende Programmdatei auf der Festplatte oder auf der Diskette, lud sie in den Hauptspeicher und startete das Programm. Nachdem dieses beendet war, kehrte die Kontrolle zu dem Kommandointerpreter zurück. Erst dann konnte der nächste Befehl gegeben werden. Geriet das Programm in eine Endlosschleife, musste der Rechner neu gestartet werden. Heute starten die meisten Betriebssysteme unmittelbar mit einer grafischen Benutzeroberfläche, der Kommandointerpreter kann wie jedes andere Programm aufgerufen werden.

Multitasking Betriebssysteme müssen gleichzeitig viele Kommandos ausführen. Während in einem Fenster ein Web-Browser läuft, im anderen ein Mail-Programm, sorgt vielleicht ein mp3-Abspielprogramm für gute Stimmung. Jedes dieser gleichzeitig ablaufenden Programme ist ein *task* (engl. für *Aufgabe*). Unter *Windows* kann man durch gleichzeitiges Drücken der Tasten *Strg-Alt-Entf* (*Ctrl-Alt-Del*) alle aktiven Tasks anzeigen lassen. Man erkennt, dass neben den Benutzerprogrammen viele Verwaltungstasks des Betriebssystems aktiv sind. Ein *Multitasking-Betriebssystem* muss also nicht nur die angeschlossenen Geräte verwalten, sondern auch dafür sorgen, dass die vielen gleichzeitig im Hauptspeicher laufenden Programme, die sogenannten *Prozesse*, sich nicht gegenseitig stören, dass sie sich in der Benutzung der CPU abwechseln, dass sie bei Bedarf ein Gerät, etwa einen Drucker, für einen *job* zugeteilt bekommen, diesen aber nicht auf unbestimmte Zeit blockieren.

Multi-user Betriebssysteme müssen zusätzlich noch mehrere Benutzer verwalten und dafür sorgen, dass deren Programme und Daten vor dem Zugriff – und den Augen – der jeweils anderen angemessen geschützt sind.

Ein Betriebssystem übernimmt also umfangreiche Verwaltungstätigkeiten. Es ist andererseits selber ein Programm, benötigt daher ähnliche Ressourcen wie alle anderen. Es muss aber mehr Rechte besitzen, um notfalls ein „abgestürztes" Programm zu beenden, Speicher wieder freizugeben oder den Zugriff auf eine Ressource zu verweigern. Um zu verhindern, dass Benutzerprogramme sich ähnliche Rechte anmaßen, muss der Prozessor verschiedene *Privilegierungsstufen* vorsehen. Die höchste Stufe steht nur dem *Kern*, d. h. den besonders zentralen und kritischen Teilen des Betriebssystems zur Verfügung. Anwendungsprogramme können nur in der niedrigsten Stufe laufen.

Meist merkt der Benutzer von alledem nichts. Nachdem nämlich sein Rechner hochgefahren ist, wird automatisch ein Betriebssystemaufsatz gestartet, der alle Tätigkeiten des Betriebssystems und alle Ressourcen, wie z. B. Dateien, Geräte und Programme, hinter einer *Benutzeroberfläche* (*user interface*) versteckt. Dem Benutzer wird also ein Schreibtisch mit Schreibwerkzeugen, Telefon, Akten, Papierkorb und Aktenschränken etc. vorgegaukelt, die er mit der Maus durch Anklicken und Verschieben bedient. Der Betriebssystemaufsatz sorgt dafür, dass die Aktionen des Benutzers in entsprechende Programmaufrufe und Dateioperationen des zugrunde liegenden Betriebssystems umgesetzt werden. Benutzeroberflächen sind daher nicht an ein bestimmtes Betriebssystem gebunden. In der Tat hat der Benutzer z. B. bei *Linux* die Qual der Wahl zwischen verschiedenen Benutzeroberflächen, darunter auch einer, die in Aussehen und Funktionsweise dem *Windows-Desktop* entspricht.

Nicht alle Funktionen des Betriebssystems sind über die Bedienoberfläche erreichbar. Im Gegensatz zum Endanwender im Büro, müssen Systemverwalter verstehen, wie das Betriebssystem die Ressourcen – Festplatten, Hauptspeicher, Rechenzeit – verwaltet und mit welchen Kommandos dies gesteuert werden kann. Programmierer müssen wissen, welche System-Kommandos bereitstehen und wie diese in Anwendungsprogrammen eingesetzt werden können.

Einige Betriebssysteme sind nur für x86-PCs verfügbar, dazu gehören das veraltete *MS-DOS* und verschiedene ältere Varianten von *Microsoft Windows*. Vorwiegend auf PCs werden die neueren Versionen von Windows, also *Windows 7, 8* und *10* eingesetzt. Windows Systeme bringen zwar immer eine Grundausstattung an Benutzerprogrammen mit, professionelle Office Programme müssen aber gesondert dazugekauft werden.

Linux ist ein freies, quelloffenes System, das in verschiedenen *Distributionen* verfügbar ist. Darunter versteht man einen Linux-Kern zusammen mit einer Zusammenstellung von Anwenderprogrammen und üblicherweise einem Desktop Manager. Jeder kann sich eine Distribution zusammenstellen, oder aber zu einer fertigen Distribution greifen. Der Vorteil ist, dass man je nach Bedarf große umfassende Distributionen (inklusive Office System) verwenden kann, wie z. B. *Ubuntu Linux*, oder auch minimalistische Distributionen, z. B. für Notfall-CDs, mit denen man einen Rechner mit schadhaftem Betriebssystem, oder nach Virenbefall, starten, untersuchen und ggf. reparieren kann. Linux ist auch im kommerziellen Bereich, etwa als Serverbetriebssystem, sehr beliebt, weil es als verlässlich gilt.

Auch *Android* basiert auf dem Linux Kern und dazu der Java Technologie. Anstatt der JVM von SUN (jetzt Oracle) wird eine von Google entwickelte virtuelle Maschine (Dalvik VM) eingesetzt. Da das quelloffene Android insbesondere den Touchscreen und die wichtigsten Google Applikationen unterstützt, ist es nach kurzer Zeit zum am weitesten verbreiteten Betriebssystem für Smartphones und Tablet PCs aufgestiegen.

MacOS, jetzt bevorzugt *macOS* geschrieben, ist ein Betriebssystem speziell für die Rechner vom Typ *Mac* der Firma Apple. Mac OS X wurde auf der Basis von UNIX völlig neu entwickelt und ersetzte ab 2000 alle Vorgängerbetriebssysteme. In abgewandelter Form, als *iOS*, wird es auch auf den iPhone und iPad Geräten eingesetzt.

Workstations werden meistens unter dem Betriebssystem UNIX oder Abkömmlingen dieses Systems wie Linux, Solaris, AiX etc. betrieben. Bekannte Betriebssysteme für Mainframes heißen z/OS, MVS, VM/SP, CMS und BS 2000.

2.2 Betriebsarten

Je nach Art der vorherrschenden Anwendung kann man verschiedene *Betriebsarten* eines Betriebssystems unterscheiden. Bei einem *Anwender-Betriebssystem* hat man direkten Zugang zum Rechner über Tastatur und Bildschirm und kann beliebige Programme aufrufen. Die einfachsten Anwender-Betriebssysteme bieten *einem* Benutzer die Möglichkeit, mit *einem* Computer zu arbeiten. Schwieriger wird es, wenn *mehrere* Benutzer gleichzeitig mit einem Computer arbeiten wollen. *Multi-user* Betriebssysteme müssen jedem Anwender im *Zeitmultiplexverfahren* (*time sharing*) den Rechner abwechselnd für kurze Zeit zur Verfügung stellen – man spricht von *Teilnehmerbetrieb*. Im Gegensatz dazu haben beim *Teilhaberbetrieb* die Anwender nur eingeschränkten Zugang zu bestimmten Funktionen, so genannten *Dienstleistungen* des Rechners

2.2.1 Teilhaberbetrieb

Im Teilhaberbetrieb wird dem Anwender nur die Möglichkeit gegeben, bestimmte vordefinierte Transaktionen auszuführen. Ein Beispiel ist das System einer Bank, die an ihren Schaltern Terminals oder Personal Computer installiert hat, die mit einem Zentralrechner verbunden sind und den Angestellten oder den Kunden bestimmte Transaktionen erlauben, wie z. B. Überweisungen zu tätigen oder Kontoauszüge zu drucken. Andere Beispiele sind Systeme für Flugreservierungen und Reisebuchungen.

Die Anwender sind jeweils mit einem bestimmten Programm, einem *Transaktionsmonitor*, direkt verbunden und können diesem ihre Wünsche mitteilen. Dieses Programm macht aus den Wünschen *Transaktionen* und reicht sie an andere Programme weiter, die diese abarbeiten. *Transaktionen* sind jeweils aus kleineren Unteraufträgen bestehende Aufgaben, die entweder komplett oder gar nicht bearbeitet werden müssen.

Ein typisches Beispiel für eine Transaktion ist ein Überweisungsauftrag. Dieser beinhaltet eine Abbuchung vom Sendekonto und eine Gutschrift auf dem Empfangskonto. Es wäre problematisch, wenn nur einer dieser Teilaufträge erledigt würde. Der Transaktionsmonitor garantiert, dass *Transaktionen* komplett durchgeführt werden oder, falls ein Problem auftritt, dass der Zustand zu Beginn der Transaktionsbearbeitung wiederhergestellt wird.

2.2.2 Client-Server-Systeme

Klassische Teilhaber-Systeme wurden durch verteilte *Client-Server-Systeme* verdrängt. Dabei sind die Anwender nicht mehr direkt mit einem Zentralrechner verbunden, sondern indirekt mit einem oder mehreren Rechnern in einem Netzwerk. Der Anwender arbeitet mit einem Programm, das auf dem Personal Computer an seinem Arbeitsplatz abläuft. Dieses kann Dienstleistungen von einem oder mehreren Rechnern in dem Netzwerk anfordern. Das anfordernde Programm kann man sich als Kunde (engl. *Client*) vorstellen, der von dem Dienstleister (*Server*) einen Dienst anfordert.

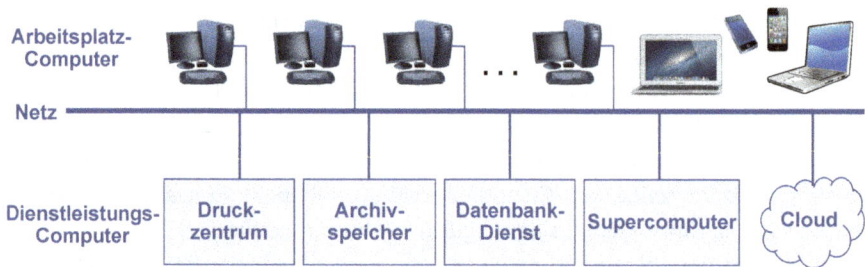

Abb. 2.1. Client-Server-Betrieb

Diese Betriebsart wird häufig *Client-Server-Betrieb* genannt. Im Unterschied zum Teilhaberbetrieb können von dem Rechner des Anwenders aus viele Dienste und Dienstleister in Anspruch genommen werden, so etwa Datei-Server, Datenbank-Server, Druck-Server oder Mail-Server. Neuerdings können sogar Dienste auf fernen Rechnern, in einer *Cloud*, in Anspruch genommen werden.

Durch eine solche Aufgabenverteilung werden die Dienstleistungsrechner (*server*) entlastet und können ihre eigentliche Aufgabe besser und schneller erbringen. Die Benutzerschnittstelle und die Überprüfung der Benutzereingaben werden direkt am Arbeitsplatz realisiert, bei dem *client*. Nur diejenigen Benutzerwünsche, die nicht bereits lokal erledigt werden können, werden als Dienstleistungsanforderungen über das Netz an den Server geschickt. Dienstleistungen können durch Anwenderprogramme auf Universalrechnern realisiert werden. In diesem Fall ist dann z. B. nur der Transaktionsmonitor der wesentliche Teil des Betriebssystems dieser Rechner. Dienstleistungsrechner sind von der Notwendigkeit entlastet, direkt mit Anwendern zu kommunizieren und können sich folglich auf andere Dinge konzentrieren wie z. B.:
– garantiertes Antwortzeitverhalten,
– Ausfallsicherheit und Transaktionsbearbeitung,
– Netzzugriffe,

– Datenschutz und Datensicherheit.

Jedes einzelne Betriebssystem in einem verteilten System könnte einfacher sein als ein Universalbetriebssystem, das alle Aufgaben eines Computersystems abdecken muss. In vielen Fällen wird aber auch im Client-Server-Betrieb ein Universalbetriebssystem – häufig *Linux* – auf der Serverseite eingesetzt.

Die verteilte *dezentrale* Rechnerversorgung wirft einige organisatorische Probleme auf. Wie sollen zum Beispiel verschiedene Entwickler auf gemeinsame Daten zugreifen? Muss jedes benutzte Programm auf jedem Rechner als Kopie vorliegen oder kann es zentral gehalten und gemeinsam genutzt werden? Die Lösung konnte nur sein, dass man die verschiedenen Rechner in irgendeiner Weise untereinander verband und so zu einem *Netz* zusammenfasste. Ein oder mehrere leistungsfähige Rechner in diesem Netz speichern zentral zumindest die gemeinsam genutzten Dateien und Programme und spielen so die Rolle eines Datei-Verwalters (engl. *File-Server*). Sie sind mit einer großen Plattenkapazität ausgestattet, während die Rechner der Benutzer im Extremfalle nicht einmal eine Festplatte besitzen müssen (*Diskless Workstation* oder *Network PC*). Sie fordern als Kunden (engl. *Client*) des Datei-Verwalters dessen Dateien und Programme über das Netz an, arbeiten lokal die Programme ab und senden Ergebnisdateien wieder zurück an den Datei-Verwalter. Eine solche *Client-Server-Architektur* ist geradezu charakteristisch für Software-Architekturen in einer Netzwerkumgebung.

War die dezentrale Rechnerversorgung in der Vergangenheit eine Sache die sich in einem Unternehmen oder einer räumlich zusammenhängenden Organisation abspielte, so wird das Konzept derzeit von großen Internet-Firmen auf die Spitze getrieben. Nicht genug damit, dass sie Kalender und Email-Konten anbieten, die zentral gehalten werden, so dass man von überall in der Welt darauf zugreifen kann, auch beliebige Dokumente (Texte, Fotos, Präsentationen, Spreadsheets) kann man bei einem Provider ablegen und mit beliebigen Menschen in beliebigen Erdteilen diskutieren und modifizieren.

Die Programme zur Bearbeitung dieser Dokumente müssen nicht mehr lokal vorhanden sein, sie laufen in dem Browser und werden bei Bedarf zusammen mit den entsprechenden Dokumenten vom Netz geladen. Der neue Browser *Chrome* von Google ist gerade für solche Zwecke optimiert. In diesem Szenario sind die vormaligen Diskless Workstations in Gestalt der *NetBooks* und *Tablet-PCs* wieder auferstanden. Es bedarf nicht mehr als eines Browsers und eines WLAN-Zugangs um ernsthaft arbeiten zu können. Nicht der Preis ist diesmal der Grund, dass man auf eine Festplatte verzichtet, sondern die Verfügbarkeit großer Flashspeicher, die gewonnene Datenkonsistenz und deren Robustheit.

2.3 Verwaltung der Ressourcen

Zu den fundamentalen Aufgaben eines Betriebssystems gehört es, die Ressourcen, die der Rechner in Form von Hardware (Speicher, Prozessorleistung, externe Geräte) zur Verfügung hat, dem Benutzer in einfacher Weise nutzbar zu machen. Selbst eine simple Tätigkeit, wie die Eingabe eines Textes von der Tastatur, ist aus Sicht des Prozessors eine ungemein komplizierte Aufgabe. So löst jeder einzelne Tastendruck einen *Hardware-Interrupt* aus, bei dem der Prozessor seine sonstige Arbeit unterbricht, untersucht, welches Zeichen angekommen ist und was damit zu tun ist. Müsste ein Programmierer sich um diese Details kümmern, käme ein größeres Projekt nie zu Stande.

Ähnlich kompliziert ist eigentlich auch der Zugriff auf externe Geräte wie Festplatten, Drucker und CD-ROM. Bei jedem Lesen von der Festplatte muss der Lesearm auf eine bestimmte Spur positioniert und die Daten von einem Sektor gelesen werden.

Ein Betriebssystem enthält daher Software, mit deren Hilfe die Benutzung eines PCs erheblich vereinfacht wird. Ein Benutzer (auch ein Programmierer) soll sich vorstellen, dass zusammengehörige Daten in so genannten *Dateien* gespeichert sind, die er lesen und verändern kann. Die Organisation der Dateien, die Übersetzung eines lesenden oder schreibenden Zugriffes auf Dateien in entsprechende Aktionen der Festplatte, das sind nur einige wenige der Aufgaben eines Betriebssystems.

2.3.1 Dateisystem

Viele Speichergeräte arbeiten *blockweise,* indem sie Daten als Blöcke fester Größe (häufig 512 Bytes) in Sektoren speichern, die in bestimmten Spuren zu finden sind. Die Hardware bietet somit eine Menge von Blöcken an, von denen jeder eindeutig durch ein Tupel (g, z, h, s) adressierbar ist. Dabei bedeutet g das Laufwerk, z die Zylindernummer, h die Nummer des Schreib-/Lesekopfes (oder der Plattenoberfläche) und s die Nummer des Sektors. Herstellerspezifische *Gerätetreiber* stellen dem Betriebssystem Routinen zur Verfügung, um einzelne Blöcke zu lesen und zu schreiben.

Für einen Benutzer ist es einfacher und intuitiver, seine Daten in *Dateien* (engl. *files*) zu organisieren. Eine Datei entspricht intuitiv einer Akte und diese können in *Ordnern* zusammengefasst werden. Jede Datei hat einen *Namen* und einen *Inhalt*. Dieser kann aus einer beliebigen Folge von Bytes bestehen. Das Betriebssystem muss eine Übersetzung zwischen den von der Hardware angebotenen Blöcken und den vom Benutzer gewünschten Dateien gewährleisten.

Das *Dateisystem*, als zuständiger Teil des Betriebssystems, verwaltet eine Datei als Folge von Blöcken. Selbst wenn sie nur ein Byte enthält, verbraucht eine Datei mindestens den Speicherplatz eines Blockes. In einem *Katalog*, auch *Verzeichnis* (engl. *directory*) genannt, findet sich für jede Datei ein Eintrag mit kennzeichnenden Informationen, *Attribute* genannt. Üblicherweise gehören dazu mindestens:
– *Dateiname* (ggf. auch die „Erweiterung"),
– *Dateityp* (Normaldatei, ausführbare Datei, Katalogdatei),

- *Länge* in Bytes,
- *zugehörige Blöcke* (meist reicht ein Verweis auf den ersten Block),
- *Zugriffsrechte* (Besitzer, ggf. Passwort, wer hat Lese- oder Schreibrechte)
- *Datum* (Erstellung, Änderung, evtl. Verfallsdatum).

Verzeichnisse werden selber wieder in Dateien gespeichert, so dass ein hierarchisches Dateisystem, ein *Dateibaum*, entsteht. Die Blätter des Dateibaumes sind die „normalen" Dateien, die inneren Knoten sind Verzeichnisse bzw. Ordner.

In Windows ist jedes Laufwerk die Wurzel eines eigenen Dateibaums. Sie wird mit einem „Laufwerksbuchstaben" (A: , C: , etc.) benannt. In UNIX sind die Dateisysteme aller Laufwerke Unterbäume eines globalen Dateibaumes, dessen Wurzel *root* heißt. Ein systemweites Dateisystem hat Vorteile, wenn viele Festplatten vorhanden sind und der Benutzer gar nicht wissen will, auf welchen Geräten sich die Daten befinden. Es hat aber Nachteile, wenn Geräte mit auswechselbaren Datenträgern (Disketten, USB-Sticks, externe Festplatten) betrieben werden, da bei jedem Medienwechsel entsprechende Teile des Kataloges geändert werden müssen.

Zusätzlich muss das Betriebssystem eine Pseudodatei verwalten, die aus allen *freien* (also noch verfügbaren) Blöcken des Datenträgers besteht. Eine weitere Pseudodatei besteht aus allen Blöcken, die als unzuverlässig gelten, weil ihre Bearbeitung zu Hardwareproblemen geführt hat. Sie werden nicht mehr für Dateien genutzt. Es gibt also Listen von belegten Blöcken, von freien Blöcken und von unzuverlässigen Blöcken. Während der Bearbeitung der Dateien ändern sich diese Listen dynamisch.

2.3.2 Dateioperationen

Das Dateisystem bietet dem Anwenderprogramm mindestens folgende Operationen zur Verwaltung von Dateien:

Neu: Anlegen einer noch leeren Datei in einem bestimmten Verzeichnis; die Parameter dieser Operation sind Dateiname und Dateityp;

Löschen: Die Datei wird entfernt und damit unzugänglich;

Kopieren: Dabei kann implizit eine neue Datei erzeugt oder eine bestehende überschrieben oder verlängert werden;

Umbenennen: Änderung des Dateinamens oder anderer Katalogeinträge einer Datei;

Verschieben: Die Datei wird in einen anderen Katalog übernommen.

Um eine Datei bearbeiten zu können, muss man sie vorher *öffnen*. Dabei wird eine Verbindung zwischen der Datei und ihrem Katalogeintrag, zwischen der Zugriffsmethode (lesen/schreiben) und einem Anwenderprogramm, das dies veranlasst, hergestellt. Nach dem Bearbeiten muss die Datei wieder geschlossen werden.

Wenn beispielsweise ein Anwender eine Textdatei editiert, dann muss das Betriebssystem aus dem Dateinamen die Liste der Blöcke bestimmen, in denen der Datei-Inhalt gespeichert ist. Meist ist dazu nur die Kenntnis des ersten Blockes notwendig. Dieser enthält dann einen Verweis auf den nächsten Block und so fort. Wird die editierte Datei gespeichert, so müssen möglicherweise neue Blöcke an die Liste angehängt werden oder einige Blöcke können entfernt und der Liste der freien Blöcke übergeben werden.

Datei = Block 1 ●→ Block 2 ●→ Block 3 ●→ Block 4 ●→ ········→ Block n ●→|

Abb. 2.2. Eine Datei als Folge von Blöcken

Die Benutzerbefehle „*Neu*" oder „*Löschen*" führen lediglich dazu, dass Blöcke der Liste der freien Blöcke entnommen oder zurückgegeben werden. Der Inhalt der Blöcke muss nicht gelöscht werden. Aus diesem Grunde sind in einigen Betriebssystemen auch versehentlich gelöschte Dateien ganz oder teilweise wiederherstellbar, sobald man den ersten Block wiederfindet. Sind mittlerweile aber mehrere Blöcke in anderen Dateien wiederbenutzt worden, ist es zu spät.

2.3.3 Prozesse und Threads

Ein auf einem Rechner ablauffähiges oder im Ablauf befindliches Programm, zusammen mit all seinen benötigten Ressourcen wird zusammenfassend als *Prozess* oder *Task* bezeichnet. Hat man mehrere CPUs, kann man verschiedene Tasks auf diese verteilen und gleichzeitig abarbeiten lassen.

Auf einem Rechner mit einer CPU ist es nicht wirklich möglich, dass mehrere Prozesse gleichzeitig laufen. Wenn man allerdings mehrere Prozesse abwechselnd immer für eine kurze Zeit (einige Millisekunden) arbeiten lässt, so entsteht der Eindruck, als würden diese Prozesse gleichzeitig laufen. Die zur Verfügung stehende Zeit wird in kurze Intervalle unterteilt. In jedem Intervall steht die CPU einem anderen Prozess zur Verfügung. Dazwischen findet ein *Taskwechsel* statt, wobei der bisherige Prozess suspendiert und ein anderer Prozess (re-)aktiviert wird.

Jeder Prozess besitzt seinen eigenen Speicherbereich. Demgegenüber sind *Threads* (engl. *thread* = Faden) Prozesse, die keinen eigenen Speicherbereich besitzen. Man nennt sie daher auch leichtgewichtige Prozesse (engl. *lightweight process*). Der Aufwand zur Erzeugung und Verwaltung von Threads ist deutlich geringer als bei Prozessen. Gewöhnlich laufen innerhalb eines Prozesses mehrere Threads ab, die den gemeinsamen Speicherbereich nutzen. Threads sind in den letzten Jahren immer beliebter geworden. Moderne Sprachen, wie Java, haben Threads in die Sprache integriert.

2.3.4 Vom Programm zum Prozess

Ein Programm, das in einer höheren Sprache erstellt wurde, greift meist auch auf Dienste zurück, die von andere Programmen oder dem Betriebssystem in sogenannten Bibliotheken bereitgestellt werden. Ein Beispiel einer solchen Bibliotheksfunktion ist die C-Funktion *printf* für die Ausgabe eines Strings auf einem Terminal. Nach dem Compilieren des erstellten Programms entsteht zunächst eine Datei in einem Format, das man *Objektcode* nennt. Sie enthält schon die Anweisungen in Maschinensprache, es fehlt jedoch noch der Code aus den Bibliotheken. Mit einem *linker* genannten Programm kann man nun das Anwendungsprogramm mit den angesprochenen Bibliotheksprogrammen zu einem gemeinsamen Objektprogramm zusammenfügen. Dabei müssen u. a. alle Sprungadressen und alle Speicherreferenzen korrigiert werden. Referenzen zu den externen Funktionen werden zu Sprüngen innerhalb des gemeinsamen Objektmoduls. Das Programm enthält außer dem Code noch einen Datenbereich, der als Speicher für die im Programm angelegten Variablen dient. Nun kann das Programm in den Hauptspeicher geladen werden. Dies erledigt ein *loader*. Dabei wird weiterer Speicher hinzugefügt, insbesondere ein Stackbereich, der während der Laufzeit Argumente und Rücksprungadressen von Funktionen verwaltet.

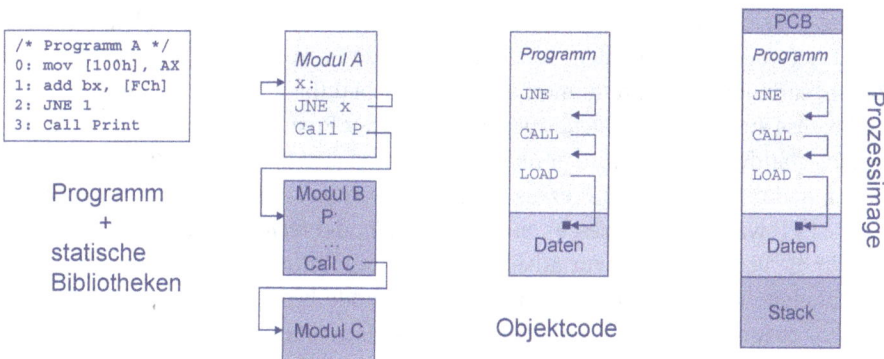

Abb. 2.3. Vom Programm zum Prozess.

Ein *Prozesskontrollblock* (PCB) wird angelegt, der zur Speicherung von Informationen über den Zustand des Prozesses dient. Er enthält Platz um unter anderem folgende Daten zu speichern, wenn der Prozess angehalten wird:
- den Befehlszähler,
- den Stackpointer,
- die Speicheraufteilung,
- den Zustand der geöffneten Dateien,
- die CPU-Register.

Mit Hilfe des Prozesskontrollblocks und des Speicherabbildes des Prozesses muss es möglich sein, den Prozess später an der gleichen Stelle, an der er gestoppt wurde, wieder fortzusetzen.

Die oben beschriebene Vorgehensweise, das Programm mit allen benutzten Bibliotheksroutinen zu einem Objektprogramm zusammenzubinden, nennt man auch *Statisches Linken*. Wenn mehrere Prozesse auf die gleiche Bibliotheksfunktion zugreifen, ist in jedem dieser Prozesse eine Kopie der entsprechenden Bibliothek vorhanden. *Dynamisches Linken* geht von dem Prinzip aus, dass wiederverwertbare Routinen stets nur einmal im Hauptspeicher vorhanden sein müssen, und auch nur dann, wenn sie tatsächlich gebraucht werden. Die Routinen können in *dynamischen Bibliotheken* abgelegt werden. Anwenderprogramme können auf die dort zentral vorhandenen Routinen gemeinsam zugreifen. Erst wenn eine davon benötigt wird, wird die entsprechende Bibliothek in den Speicher geladen. Unter Windows sind dynamische Bibliotheken als *dynamic link libraries* (DLL) bekannt und meist an der Dateiendung .dll erkennbar.

2.3.5 Prozessverwaltung

Alle Prozesse konkurrieren um das Betriebsmittel CPU. Hat ein Rechner genau eine CPU, so ist höchstens ein Prozess zu jedem Zeitpunkt aktiv. Dieser wird als *laufender* Prozess bezeichnet. Die anderen werden nach ihrer Erzeugung in eine Warteschlange *ready Queue* aufgenommen. Wenn der laufende Prozess in der ihm zugebilligten Zeit abgearbeitet wurde, terminiert er und der Scheduler kann die CPU einem anderen Prozess aus der *ready Queue* zuordnen. Falls der Prozess aber länger braucht, als die zugestandene Zeit, so wird er unterbrochen und erneut in die *ready Queue* aufgenommen, damit ein anderer Prozess ausgeführt werden kann. Die in der *ready Queue* auf die CPU wartenden Prozesse werden als *bereit* oder *rechenwillig* bezeichnet.

Für die Verwaltung der zur Ausführung bereiten Prozesse hat das Betriebssystem verschiedene Möglichkeiten. Die einfachste Methode besteht darin, Prozessen eine *Priorität* zuzuordnen und jeweils dem rechenwilligen Prozess höchster Priorität die CPU zu geben, so lange bis dieser Prozess nicht mehr rechenwillig ist oder ein anderer Prozess höherer Priorität bereit ist.

Eine allein durch Prioritäten gesteuerte Verwaltung begünstigt also den Prozess mit höchster Priorität. Zeitpunkt und Dauer der Ausführung von Prozessen geringerer Priorität sind nicht vorhersehbar. Sobald mehrere Anwenderprogramme gleichzeitig bearbeitet werden, ist diese Art der Prozessverwaltung ungerecht und unangemessen.

Eine bessere Methode besteht darin, die Zuteilung des Betriebsmittels CPU nicht allein von der Priorität eines Prozesses abhängig zu machen, sondern jedem rechenwilligen Prozess per *Zeitmultiplex* in regelmäßigen Abständen die CPU zuzuteilen. Diese Methode bezeichnet man als *Zeitscheibenverfahren* (engl. *time slicing* oder *time sharing*). Ein laufender Prozess kann also unterbrochen und wieder in die ready Queue aufgenommen werden, damit ein anderer Prozess einen Teil seine Arbeit erledigen kann.

Gelegentlich benötigen Prozesse irgendein Betriebsmittel, sei es einen Drucker, eine Eingabe von der Tastatur, oder ein Timersignal. Im Vergleich zur CPU sind alle diese Betriebsmittel unendlich langsam, so dass in der Zeit in der der Prozess auf das Betriebsmittel wartet, viele andere Prozesse nützliche Arbeit verrichten könnten. Daher wird der Prozess *blockiert* und erst wieder als *bereit* eingestuft, wenn das Signal kommt, dass seine benötigten Ressourcen bereitstehen. In der Zwischenzeit können die anderen Prozesse die CPU nutzen. Prozesse, die auf ein Ereignis warten, werden in eine dem Gerät zugeordnete Queue aufgenommen, in der sie verbleiben, bis das Ereignis eingetreten ist. In der folgenden Figur sind Prozesse durch kleine Kreisscheiben gekennzeichnet.

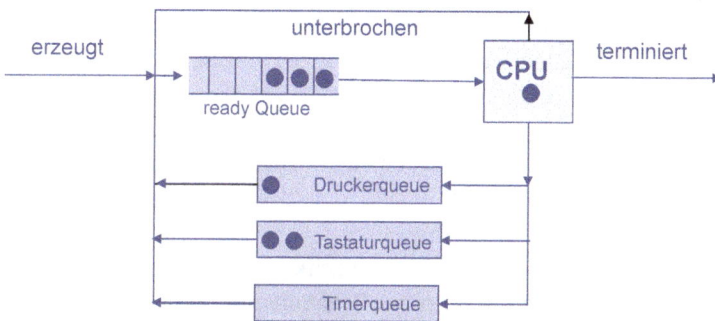

Abb. 2.4. Prozessverwaltung

Aus der Sicht eines Prozesses kann sich dieser, nachdem er *gestartet* wurde, in verschiedenen Zuständen befinden. Nach dem Start ist er zunächst *bereit* (oder *rechenwillig*) und wartet auf die Zuteilung eines Prozessors, auf dem er ablaufen kann. Irgendwann wird er vom Betriebssystem zur Ausführung ausgewählt – er ist dann *laufend* oder *aktiv*. Wenn er nach einer gewissen Zeitdauer nicht *beendet* ist, wird das Betriebssystem ihn unterbrechen, um einem anderen Prozess den Prozessor zuzuteilen.

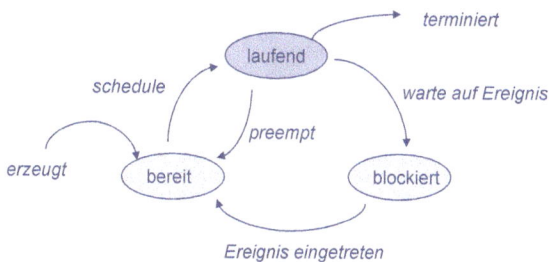

Abb. 2.5. Prozesszustände

Man nennt dies *preemption* (genau genommen: *Vorbeugung*) und die entsprechende Strategie des Betriebssystems heißt *preemptive multitasking*. Unser Prozess ist dann erneut *bereit*.

Wenn viele Prozesse gleichzeitig betrieben werden sollen, kann es sein, dass auch der Arbeitsspeicher des Rechners nicht ausreicht, um für alle Prozesse jeweils die notwendigen Bereiche zur Verfügung zu stellen. In diesem Fall kann es notwendig werden, einen Prozess anzuhalten und sein gesamtes Speicherabbild auf einer Festplatte als Datei zwischenzuspeichern. Man spricht dann davon, dass dieser Prozess *verdrängt* oder *ausgelagert* wurde. Für diesen Zweck reservieren viele Betriebssysteme auf der Festplatte einen festen Speicherbereich als *Auslagerungsdatei* (*swap space*).

Die Maximalzeit, die der laufende Prozess ohne Unterbrechung durch das Betriebssystem rechnen darf, wird *Zeitscheibe* genannt. Je nach System werden als Dauer einer Zeitscheibe 10 Millisekunden, 1 Millisekunde oder weniger gewählt. Die Zuteilung von Zeitscheiben erfolgt immer nur an rechenwillige Prozesse und zwar so, dass
- jeder Prozess in einem bestimmten Zeitraum eine garantierte Mindestzuteilung erhält;
- möglichst nach einiger Zeit die Anzahl der einem Programm zugeteilten Zeitscheiben proportional zu seiner Priorität ist.

Bei bestimmten Anwendungen, z. B. zur Steuerung zeitkritischer Überwachungsprogramme, muss für einige Prozesse eine bestimmte Reaktionszeit garantiert werden. Zu diesem Zweck werden Expressaufträge benötigt, die jeweils am Ende einer Wartezeit eine Sonderzuteilung von einer oder mehreren Zeitscheiben erhalten.

Die meisten Betriebssysteme führen allerdings nur eine sehr einfache Zeitscheibenzuteilung für die rechenwilligen Prozesse durch. Dieses Verfahren wird *round robin* (engl. für *Ringelreihen*) genannt und besteht darin, alle Prozesse, die rechenwillig sind, in einer zyklischen Liste anzuordnen.

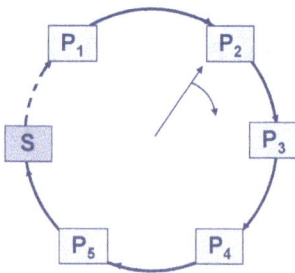

Abb. 2.6. Das round-robin-Verfahren

Die rechenwilligen Prozesse kommen in einem bestimmten Turnus an die Reihe und erhalten jeweils eine Zeitscheibe. Prozesse, die nicht mehr rechenwillig sind, werden aus der Liste ausgeklinkt, solche, die soeben rechenwillig geworden sind, an einer bestimmten Stelle in der Liste eingehängt. Die Verwaltung der Prozesse erfolgt durch einen Teil des Betriebssystems, den so genannten *scheduler,* der selbst als einer der Prozesse betrieben wird, die in der obigen Liste enthalten sind. Er wird einmal pro Rundendurchlauf aktiv und kann den Ablauf der anderen Prozesse planen. In Abbildung 2.6 ist er als Prozess S gekennzeichnet.

2.3.6 Prozesskommunikation

Prozesse die unabhängig voneinander ablaufen und in keiner Weise interagieren, nennt man auch *parallele Prozesse*. Sie können entweder auf verschiedenen CPUs gleichzeitig ablaufen, oder auf einer CPU im Zeitscheibenverfahren. Im letzteren Falle spricht man manchmal auch von *Quasi-Parallelität*, obwohl bei vertretbarer Auslastung der CPU ein Beobachter von außen keinen Unterschied zwischen echt paralleler und quasi-paralleler Ausführung erkennen sollte. Da jeder der Prozesse nur auf seinen privaten Speicherbereich zugreifen kann, können sie sich gegenseitig nicht stören, sie können aber auch nicht kooperieren.

Häufig möchte man aber Systeme aus vielen miteinander kooperierenden Prozessen aufbauen. In diesem Falle müssen die Prozesse Daten und Zwischenergebnisse austauschen, man sagt, dass sie miteinander *kommunizieren*. Ein System, das aus vielen miteinander interagierenden Prozessen besteht, nennt man *verteiltes System*. Verteilte Systeme können effizienter arbeiten, als ein aus einem einzelnen Prozess bestehendes System, da in der Zeit, in der ein Prozess auf eine Ressource – z. B. Daten von der Festplatte – wartet, ein anderer, mit ihm kooperierender Prozess eine sinnvolle Tätigkeit erledigen kann. Methoden für die Kommunikation von Prozessen oder Threads stellen viele Programmiersprachen zur Verfügung. Die Java-Klasse *Thread* haben wir bereits in Band 1 diskutiert. Wir werden hier erkennen, dass für eine verlässliche Kommunikation gewisse Basisdienste des Betriebssystems vonnöten sind.

Um Chancen, aber auch Probleme verteilter Systeme zu erkennen, und um dafür wiederum Lösungen zu finden, ist es auch an dieser Stelle hilfreich, sich analoge Situationen des täglichen Lebens vorzustellen. In einem Restaurant, zum Beispiel, könnte theoretisch jeder Angestellte zunächst eine Bestellung aufnehmen, in die Küche eilen, die Speise zubereiten, um sie anschließend zu servieren. Die Probleme liegen auf der Hand, z. B. wenn mehrere Köche gleichzeitig den Ofen benutzen möchten. Eine arbeitsteilige Organisation, in der ein Kellner (Prozess A) die Bestellungen aufnimmt, diese an den Koch (Prozess B) weitergibt, worauf sie von der Serviererin (Prozess C) ausgegeben werden, ist effizienter und einfacher zu koordinieren. Selbstverständlich müssen diese Prozesse geeignet miteinander kommunizieren.

Eine Kommunikation zwischen zwei Prozessen kann *synchron* oder *asynchron* erfolgen. Bei der synchronen Kommunikation müssen beide Prozesse an einer gewissen Stelle in ihrem Programmcode angekommen sein. Falls notwendig, muss einer der

Prozesse auf den anderen warten. Sodann erfolgt der Datenaustausch. In den Sprachen Ada und Eiffel nennt man diese Methode der Kommunikation *Rendezvous*.

Die bei der synchronen Kommunikation anfallende Wartezeit wird bei der *asynchronen Kommunikation* zwischen zwei oder mehreren Prozessen vermieden. Für diese gibt es zwei einfache Modelle. Im ersten Fall wird ein Speicherbereich für beide Prozesse zur gemeinsamen Benutzung freigegeben – man spricht von *shared memory*. In diesem gemeinsamen Bereich können beide (oder mehrere) Prozesse jederzeit lesen und schreiben. Im zweiten Modell werden *Kommunikationskanäle* zwischen Prozessen bereitgestellt. Ein Prozess kann eine Botschaft (*message*) in diesen Kanal senden, ein anderer kann die Botschaft aus dem Kanal empfangen – man nennt dies *message passing*. Die Botschaften werden in der Reihenfolge gelesen, in der sie geschrieben wurden (*First-In-First-Out*). Nachrichten können aus vereinbarten Kürzeln oder aber aus den Werten eines beliebigen Datentyps bestehen.

2.3.7 Kritische Abschnitte – wechselseitiger Ausschluss

Ein Kanal ist programmtechnisch nichts anderes als eine Queue. Typischerweise modelliert eine Queue eine *producer-consumer* Situation. Der Sender, der Daten in den Kanal sendet, ist hier der Produzent (*producer*), der Empfänger, also der lesende Prozess, heißt Konsument (*consumer*). In unserem Restaurant-Beispiel haben wir zwei Kanäle – einen, in dem die Bestellungen übertragen werden, einen anderen für die fertigen Speisen. Der Koch ist in einem Falle Konsument, im zweiten Produzent.

Wir nehmen an, dass unsere Programmiersprache keine besonderen Konzepte für die Prozesskommunikation zur Verfügung stellt, so dass wir diese selbst implementieren müssen. Die Kommunikation soll über einen beschränkten *Puffer* (alias *Queue*) laufen. MAXQ sei die maximale Puffergröße. Der Pseudocode ist dann etwa:

Producer:
```
while(true){
    <... produziere Element ...>
    while(!(size < MAXQ)){ };
    <... speichere Element ...>
    size = size+1 ;
};
```

Consumer:
```
while(true){
    while(!(size > 0)){ };
    <... entnehme Element ...>
    size = size - 1;
    <... konsumiere Element...>
};
```

Beide Prozesse benutzen eine *while*-Schleife mit leerem Rumpf

```
while( !<Bedingung>){ };
```

in der sie auf das Eintreffen einer <Bedingung> warten. Diese Methode heißt *busy waiting*, denn auch während des Wartens bleibt der Prozess aktiv und belegt so unnützerweise die CPU. Besser ist es, wenn das Betriebssystem einen Systemaufruf „Wait(<Bedingung>)" anbietet. In diesem Fall legt der Prozess sich „schlafen" und lässt sich vom Betriebssystem erst wieder „aufwecken", wenn die Bedingung erfüllt ist.

Ein wirkliches Problem kann aber dadurch auftreten, dass beide Prozesse auf die gemeinsame Variable *size* zugreifen. Beide Prozesse können nämlich jederzeit von dem Scheduler des Betriebssystems unterbrochen werden. Wird nun einer der Prozesse unterbrochen, nachdem ein Element entnommen bzw. gespeichert wurde, aber bevor die Variable *size* neu gesetzt wurde, so geht der andere Prozess von einer falschen Queuegröße aus. Dies mag im Kontext des obigen Beispiels noch hinnehmbar erscheinen. Allerdings gehen aus dem gezeigten Java Programm noch nicht alle möglichen Unterbrechungspunkte hervor. Ein Compiler könnte die Inkrementierung bzw. Dekrementierung von *size* übersetzt haben in:

```
MOV AX, size
INC AX
MOV size, AX

MOV AX, size
DEC AX
MOV size, AX
```

Wenn die beiden Prozessstückchen hintereinander ausgeführt werden, so ist insgesamt *size* gleich geblieben. Wenn der Prozesswechsel aber nach dem Lesen und vor dem Zurückschreiben der Variablen *size* erfolgt, dann werden beide Prozesse den gleichen Wert von *size* gelesen haben. Am Ende wird *size* entweder um eins erhöht oder erniedrigt worden sein – je nachdem, welcher der Prozesse das letzte Wort hatte.

Ein Codeabschnitt in einem Prozess, in dem, wie soeben dargestellt, gemeinsam benutzte Variablen gelesen und verändert werden, heißt *kritischer Bereich* (*critical section*). Man muss garantieren, dass nie zwei Prozessinstanzen gleichzeitig in ihrem kritischen Bereich sein können. Diese Forderung nennt man *wechselseitigen Ausschluss* (*mutual exclusion*). Die einfachste Methode, diesen zu garantieren, wäre, wenn der Prozess selber veranlassen könnte – etwa durch ein *interrupt disable* Signal – dass er nicht unterbrochen werden will. Am Ende des kritischen Bereiches müsste er wieder ein *interrupt enable* signalisieren. Eine solche Methode käme für Prozesse des Betriebssystemkerns in Frage, nicht aber für Benutzerprozesse, da ansonsten ein Benutzerprozess die CPU mutwillig okkupieren könnte, ohne sie wieder freizugeben.

Es gibt hier nur zwei Möglichkeiten. Entweder muss der kritische Bereich durch Programmiertricks so eingeengt werden, dass er sich in einer Prozessorinstruktion – die ja nicht unterbrochen werden kann – unterbringen lässt, oder das Betriebssystem muss Methoden bereitstellen, mit denen sich eine Gruppe von zusammengehörigen Benutzerprozessen einvernehmlich gegen die Unterbrechung durch andere Prozesse der Gruppe schützen kann.

Eine Lösung der ersten Art ist eine als *„Test and Set"* (TAS) bekannte Instruktion.

```
TAS schloss, x
```

entspricht den beiden Befehlen

```
x = schloss; schloss = true;
```

ist aber nicht unterbrechbar, man sagt *atomar*. Wenn `schloss` eine zwischen kooperierenden Prozessen gemeinsame Variable ist, kann man den Zugang zu einem kritischen Bereich mittels einer lokalen Variablen `x` folgendermaßen kontrollieren:

```
< ... unkritisch ... >
do{ <TAS schloss, x> } while ( x );
< ... kritischer Bereich ... >
schloss = false;
```

Es wird immer wieder der Wert des Schlosses (*true* für *verschlossen*, *false* für *offen*) in die Variable `x` gespeichert. Auf jeden Fall wird dabei das Schloss verschlossen. Danach kann `x` in Ruhe untersucht werden. Zeigt es sich, dass das Schloss bei dem letzten Test offen gewesen war, kann der kritische Bereich betreten werden. Bildlich gesprochen: man verschließt auf jeden Fall das Schloss; hat sich dabei tatsächlich der Schlüssel gedreht, so war es vorher offen und niemand sonst ist im kritischen Bereich. Am Ende des kritischen Abschnitts wird das Schloss geöffnet.

2.3.8 Semaphore und Monitore

Wenn eine Instruktion wie TAS nicht vorhanden ist, genügt es, wenn das Betriebssystem entsprechende Systemfunktionen bereitstellt. Da alle Benutzerprozesse in einer niedrigen Prioritätsstufe ausgeführt werden, muss der fraglichen Systemfunktion einfach nur eine genügend hohe Prioritätsstufe zugeteilt werden, und sie ist damit für andere Benutzerprozesse ununterbrechbar. Die Dienste, die ein Betriebssystem üblicherweise für die Kommunikation zwischen Prozessen, Ressourcenkontrolle und wechselseitigen Ausschluss zur Verfügung stellt, sind auf einer höheren Abstraktionsstufe angesiedelt als TAS. Wir betrachten hier stellvertretend nur *Semaphore* und *Monitore*.

Eine *Semaphore* (engl. für Signalmast) ist eine Datenstruktur bzw. eine Klasse mit einem Zähler *count* und den Methoden

`wait()` warte bis *count > 0* und dekrementiere count
`signal()` inkrementiere *count*.

Beides sind atomare, d. h. ununterbrechbare Methoden. Mit einem Semaphoren-Objekt S kann man den Zugang zu einem kritischen Bereich kontrollieren:

```
<... unkritisch ...>
S.wait();
<... kritischer Bereich ...>
S.signal()
```

Bei der Initialisierung von *count* wird festgelegt, wie viele Prozesse gleichzeitig in dem kritischen Bereich sein dürfen. Meist ist dies 1, man spricht dann von einer *binären Semaphore*.

Eine gute Implementierung von Semaphoren, als Datenstruktur oder als Java Klasse, ordnet jeder Semaphore eine Warteschlange zu. Ein erfolgloses *wait* nimmt den Prozess in die Warteschlange aller derjenigen Prozesse auf, die auf die gleiche Semaphore warten und blockiert ihn alsdann. Ein *signal* entfernt den am längsten wartenden Prozess, sofern es einen solchen gibt, aus der Warteschlange und setzt ihn auf *ready*.

Bei einem *Monitor* handelt es sich um eine Datenstruktur oder Klasse, von deren Methoden zu jeder Zeit immer nur eine aktiv sein kann. Alle anderen Prozesse, die eine Prozedur des Monitors benutzen wollen, werden solange in eine Warteschlange eingefügt. So kann man das *Producer-Consumer* Problem elegant lösen. Man muss die Datenstruktur der Queue einfach in einen Monitor verpacken. In Java genügt es, die Methoden des Monitors als *synchronized* zu erklären:

```
class queueMonitor {
. . .
synchronized void einlagern(Object obj) { ... }
synchronized Object abholen() { ... }
}
```

Das Erzeuger-Verbraucher Problem erfordert jetzt kein weiteres Nachdenken mehr. Ist lager ein Objekt der Klasse queueMonitor, so schreiben wir:

```
// Producer:
while (true){
  if (lager.size < MAXQ){
```

```
    produziere(x);
    lager.einlagern(x)
    }
};
// Consumer:
while (true){
    if (lager.size > 0){
    lager.abholen(x);
    konsumiere(x)
    }
};
```

Allerdings findet hier ein *busy waiting* statt – beim Produzenten, falls das Lager voll ist, und beim Konsumenten, falls das Lager leer ist. Aus diesem Grunde ergänzt man das Monitorkonzept noch um so genannte *Bedingungsvariablen* (*condition variables*). Diese ähneln binären Semaphoren, sind aber nur innerhalb des Monitors sichtbar. Im Falle des *queueMonitor* können wir Bedingungsvariablen *nonFull* und *nonEmpty* einführen. Wir implementieren die Methode *einlagern* so, dass sie im Falle eines vollen Puffers ein *nonFull.wait* aufruft und am Ende eines erfolgreichen Einlagerns ein *nonEmpty.signal*. Analog ruft *abholen* bei einem leeren Puffer ein *nonEmpty.wait* auf und nach erfolgreichem Abholen eines Elementes ein *nonFull.signal*. Weil sich jetzt *einlagern* und *abholen* selber darum kümmern, dass kein Über- bzw. Unterlauf der Queue eintritt, vereinfacht sich die Implementierung der Producer-Consumer Interaktion zu:

```
// Producer:
while (true){
  produziere(x);
  lager.einlagern(x)
};

// Consumer:
while (true){
  lager.abholen(x);
  konsumiere(x)
};
```

Monitore und Semaphore sind gleichmächtige Konzepte. Man kann immer das eine durch das andere implementieren. Beispielsweise könnte man dem gesamten Monitor eine Semaphore zuordnen. Jede Prozedur beginnt mit einem *wait* auf diese Semaphore und endet mit einem *signal*.

2.3.9 Deadlocks

Wenn mehrere Fahrzeuge eine unbeschilderte Straßenkreuzung überqueren wollen, gibt es eine einfache Regel: *rechts vor links*. Diese Regel funktioniert auch fast immer, außer in dem höchst unwahrscheinlichen, aber nicht ganz unmöglichen Fall, dass zur gleichen Zeit von jeder Einmündung ein Fahrzeug kommt. Wenn dann jeder auf seinem Recht beharrt, wird der Verkehr für immer zum Stillstand kommen. Wenn zusätzlich jeder nur nach rechts schaut, um zu warten, bis von rechts frei ist, wird niemand die Verklemmung erkennen.

In einem Rechnersystem mit mehreren gleichartigen Prozessen können ähnliche *Verklemmungen* (engl. *deadlocks*) auftreten. Der klassische Fall ist, dass mehrere Prozesse gemeinsame Betriebsmittel (z. B. Drucker und Scanner) gleichzeitig benötigen. Prozess P_1 reserviert Betriebsmittel A und blockiert bis B frei wird. Dummerweise benötigt Prozess P_2 die gleichen Betriebsmittel, er hat B schon reserviert und wartet auf A. Ohne weiteres wird keiner der Prozesse einen Fortschritt machen, sie verklemmen.

Ein ähnlicher Fall kann in einem Transaktionssystem auftreten, wie wir es beispielhaft auf auf Seite 143 betrachtet haben. Wenn Prozess P_1 eine Überweisung von Konto A nach Konto B tätigen will und gleichzeitig Prozess P_2 eine Überweisung von Konto B zu Konto A, dann kann eine analoge Situation auftreten, denn jeder muss Empfänger- und Zielkonto sperren. Noch unwahrscheinlicher wären drei gleichzeitige Überweisungen, eine von A nach B, eine von B nach C und eine von C nach A.

Deadlocks benötigen für ihr Eintreffen eine Reihe von Bedingungen. Eine davon ist die ringförmige Blockierung von Betriebsmitteln, wie im obigen Kontenbeispiel, eine andere Bedingung ist, dass niemand einem Prozess das reservierte Betriebsmittel entziehen kann. Da all diese Bedingungen nur mit sehr geringer Wahrscheinlichkeit gleichzeitig eintreffen, werden Deadlocks oft ignoriert. Wo aber absolute Zuverlässigkeit gefordert ist, muss man sie ausschließen. Dafür muss man nur eine der notwendigen Bedingungen verletzen. Im obigen Beispiel könnte man entweder die Betriebsmittel ordnen und verlangen, dass immer zuerst das in der Ordnung niedrigere belegt werden muss. Damit ist eine ringförmige Blockierung ausgeschlossen. Eine andere Möglichkeit wäre, den Prozessen Prioritäten – etwa anhand ihrer *processId* – zu geben und ggf. dem mit niedrigerer Priorität das Betriebsmittel zu entziehen.

2.3.10 Speicherverwaltung

Eine der Aufgaben des Betriebsystems besteht in der Versorgung der Prozesse mit dem Betriebsmittel *Arbeitsspeicher*. Dabei sollen die Prozesse vor gegenseitiger Störung durch fehlerhafte Adressierung gemeinsam benutzter Speicherbereiche geschützt werden, falls die Hardware eines Rechners dies zulässt. Bei heutigen Rechnern ist dies meist der Fall. Die wesentlichen Verfahren zur Speicherverwaltung sind:
- *Segmentierte Speicherverwaltung,*
- *Paging.*

Bei der segmentierten Speicherverwaltung besteht das Speicherabbild eines Prozesses aus einem oder mehreren *Segmenten* unterschiedlicher Größe. Ein Segment ist ein Speicherbereich, der aus allen Speicherzellen zwischen einer Anfangs- und einer End-Adresse besteht. Diese müssen vollständig im Arbeitsspeicher geladen sein, während der Prozess läuft. Die Anzahl der Segmente ist meist relativ klein, ihre Größe kann beliebig sein.

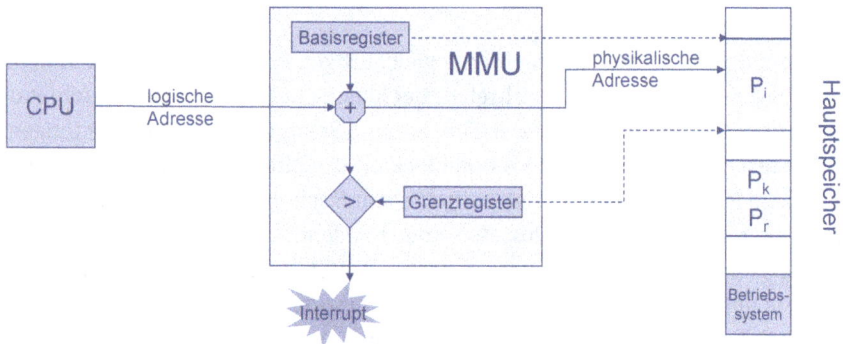

Abb. 2.7. Umsetzung logischer zu physikalischer Adresse bei Segmentierter Speicherverwaltung.

Um einen Prozess zu starten, muss das Betriebssystem einen ausreichend großen Speicherbereich zuteilen, der noch nicht von anderen Prozessen belegt ist, in den der *loader* das Speicherabbild schreiben kann. Bei der Ausführung des Codes muss zu jeder verwendeten Adresse noch die Basisadresse des Speichersegments an dem der Prozess sich befindet, addiert werden. Zusätzlich wird durch Vergleich mit der End-adresse garantiert, dass kein Speicherzugriff außerhalb des erlaubten Bereiches statt-findet. Dies geschieht innerhalb der sogenannten *memory management unit* (*MMU*) des Prozessors.

Aufgabe des Betriebssystems ist es, die belegten und nicht belegten Bereiche des Hauptspeichers zu verwalten – für jeden neu hinzugekommenen Prozess ein Segment ausreichender Größe zu finden und die von terminierten Prozessen beanspruchten Segmente wieder freizugeben. Nach einer Weile kann allerdings der Hauptspeicher stark fragmentiert sein, so dass es schwierig wird, für neue Prozesse ausreichend große Segmente zu finden. Durch viele nicht mehr sinnvoll nutzbare kleine Frag-mente wird zusätzlich Speicherplatz verschenkt. Dies ist trotz einer Reihe cleverer Strategien und Algorithmen ein Nachteil der segmentierten Speicherverwaltung.

Wenn für einen Prozess kein ausreichend großes Segment gefunden werden kann, müssen notfalls andere Prozesse gestoppt und deren Speicherabbild und PCB (siehe S. 149) auf die Festplatte geschrieben werden. Diesen Vorgang nennt man *swapping*. Wird ein so ausgelagerter Prozess zur Ausführung ausgewählt, so muss er wieder in den Hauptspeicher geladen werden, möglicherweise werden zu diesem Zweck andere Prozesse verdrängt. Daher führt Swapping meist zu einer hohen Transferrate zwischen Platte und Hauptspeicher.

Fast selbstverständlich erscheint die Tatsache, dass der Adressraum jedes Prozesses kleiner ist, als der tatsächliche Arbeitsspeicher, da auch das Betriebssystem Teile des Arbeitsspeichers benötigt. Das ist anders bei der moderneren Speicherverwaltung, die wir jetzt besprechen, dem Paging.

2.3.11 Virtuelle Adressierung und Paging

Zwar müssen die Instruktionen und Daten eines Prozesses, die gerade ausgeführt werden, bzw. auf die gerade zugegriffen werden soll im Hauptspeicher sein, doch benötigt nicht immer jeder Prozess jederzeit alle seine Daten. In der Praxis ist es so, dass zu gewissen Zeiten meist nur physikalisch nahe beieinanderliegende Daten gleichzeitig benutzt werden.

Beim *paging* (von engl. *page* = Seite) besteht das Speicherabbild eines Prozesses aus *Speicherseiten* gleicher Größe, z. B. 4 kBytes. Den Speicherseiten (*pages*) des Prozesses entsprechen reale Speicherbereiche im Hauptspeicher oder auf externem Speicher, die sogenannten *frames*. Daher müssen die frames, deren Summe den Adressraum eines Prozesses ausmachen nicht dauernd im Hauptspeicher sein. Einige davon können sich auf der Platte befinden und bei Bedarf nachgeladen werden. Die schwierigere Umsetzung von logischen in physikalische Adressen ist im Allgemeinen nur möglich, wenn der Prozessor über eine *virtuelle Adressierungstechnik* verfügt.

Bei *virtueller Adressierung* darf jeder Prozess alle Adressen verwenden, die auf Grund der Hardwarearchitektur des Rechners überhaupt möglich sind, unabhängig davon, wie groß der Arbeitsspeicher des Rechners tatsächlich ist. Bei einem System mit 32-Bit-Adressen kann jeder Prozess einen Adressraum von 4 Gigabyte verwenden – auch wenn der tatsächliche Arbeitsspeicher wesentlich kleiner ist, weil der Rechner z. B. nur einige Megabyte realen Speicher hat. Voraussetzung dafür ist die Verwendung eines Betriebssystems, das die virtuelle Adressierung der Hardware unterstützt und den Hauptspeicher im Paging-Verfahren verwaltet.

Eine 32-Bit Adresse a können wir zerlegen in eine 20 Bit lange Seitenadresse p und einen 12 Bit langen Offset d (engl.: *displacement*) in diese Seite. Dies ergibt 2^{20} logische Seiten von je $2^{12} Byte = 4kB$.

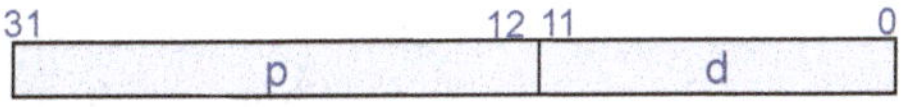

Abb. 2.8. 32-Bit Adresse

Physikalisch muss jeder Seite ein *frame* zugeordnet sein, das ist ein entsprechend großer (4kB) Speicherbereich entweder im Hauptspeicher oder auf der Platte. Diese frames können beliebig verstreut sein. Die Zuordnung von Seiten zu frames geschieht über eine sogenannte *Seitentabelle*. Zur *logischen* oder *virtuellen Adresse* $a = p \cdot 2^{12} + d$ gehört die physikalische Adresse $f \cdot 2^{12} + d$ wobei f der Eintrag ist, den wir an Stelle p der Seitentabelle finden.

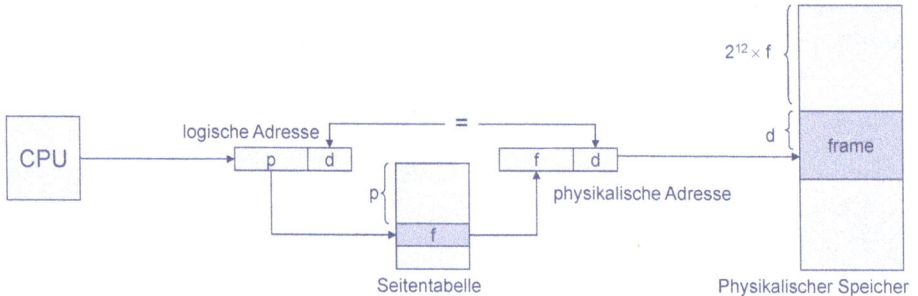

Abb. 2.9. Virtueller Speicher

Mit dieser Aufteilung des Speichers in gleichgroße *frames* können wir den Hauptspeicher perfekt ausnutzen. Außerdem ist es möglich, alle oder einige schon längere Zeit nicht genutzte Seiten temporär auf die Festplatte auszulagern. Bei Bedarf können diese nachgeladen werden. Auf diese Weise kann jeder Prozess den vollen 32 Bit-Adressraum, also 4 GByte Speicher benutzen, ohne dass dieser als Hauptspeicher installiert sein muss.

Ein Prozess, der gestartet werden soll, muss dem Betriebssystem mitteilen, wie viel virtueller Hauptspeicher benötigt wird. Für diesen virtuellen Speicherbereich muss ein *Schattenspeicher* in einem speziellen Bereich des Dateisystems reserviert werden. Diese *paging area* residiert auf der Festplatte. Ihre Größe begrenzt letztlich das Betriebsmittel Hauptspeicher, das allen rechenwilligen Prozessen zugeteilt werden kann.

Der Nachteil der virtuellen Adressierung ist natürlich eine Indirektion bei jedem Speicherzugriff. Da nicht nur die Daten, sondern auch die Befehle im Speicher gelesen werden müssen, kann der *overhead* beträchtlich sein. Daher versucht man diese Zugriffe weiter zu optimieren. Ein Beispiel dazu ist die Einführung eines TLB (*translation lookahead buffer*) der die letzten angeforderten pages mit den zugehörigen frames in einem schnellen Cache-Speicher der CPU hält. Befindet sich die *page* Adresse im TLB, kann der zugehörige *frame* schneller gefunden werden, als über die Seitentabelle. Auch hier macht man sich zunutze, dass in der Praxis jeweils für längere Zeit auf nahe beieinanderliegende Speicherplätze zugegriffen wird. Das Segmenttabellenregister zeigt auf den Anfang der dem aktuellen Prozess zugeordneten Seitentabelle.

Bei einem Prozess mit maximal zulässigem Adressraum von 4GB muss die Seitentabelle Platz für 2^{20} Einträge haben. Für jeden Eintrag werden 4 Byte benötigt, so dass allein die Seitentabelle dieses einen Prozesses einen Speicherbedarf von 4MB

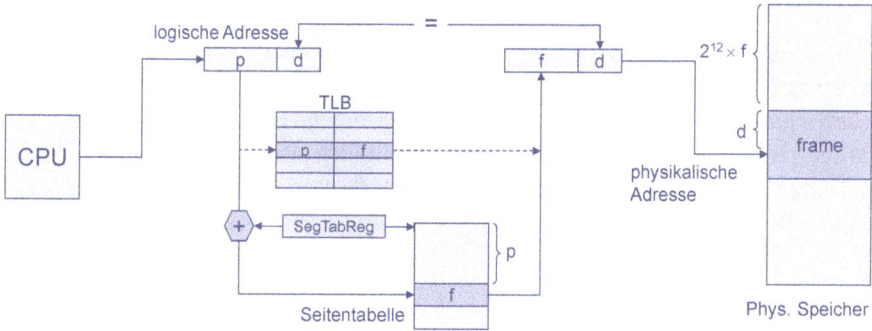

Abb. 2.10. Virtueller Speicher mit TLB

hat. Diesen kann man durch ein sogenanntes mehrstufiges paging vermindern. Dabei teilt man die ersten p Bits der virtuellen Adresse nochmal auf, z. B. in p_1 und p_2 mit jeweils 10 Bit.

p_1 verwendet man als Zeiger in eine sogenannte äußere Seitentabelle. Der p_1-te Eintrag dieser äußeren Tabelle verweist ihrerseits auf eine sogenannte innere Tabelle, an deren p_2-tem Eintrag wir sodann die Adresse des gesuchten frames finden. Die äußere Tabelle hat, wieder bei einem Prozess mit 4GB Adressraum, nun 2^{10} Einträge zu je 4 Byte, also 4kB. Diese kann man in einem schnellen Cachespeicher halten. Die inneren Seitentabellen müssen nicht alle speicherresident sein.

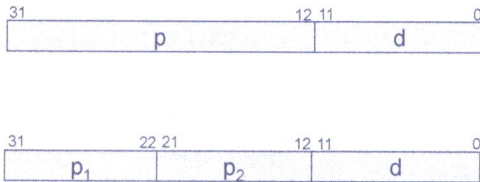

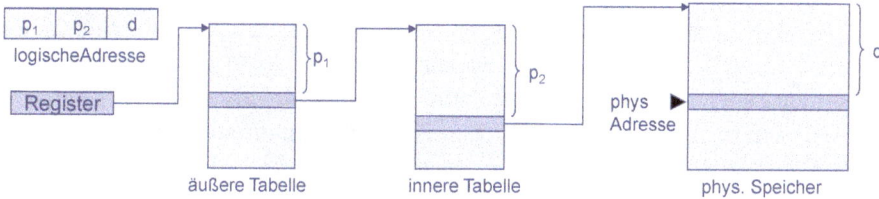

Abb. 2.11. Mehrstufiges Paging

Das in diesem Abschnitt vorgestellte Paging basiert auf 32-Bit Adressen. Dies ermöglicht Adressräume von maximal 4 GB. Neuere PCs beherrschen durchweg hardwareseitig bereits 36, 48 oder sogar 64-Bit Adressen. Auch neuere Versionen des Betriebssystems Windows beherrschen 64-Bit Adressen und erlauben wesentlich größere Adressräume. Paging funktioniert selbstverständlich analog auch mit 64-Bit Adressen. Lediglich die Aufteilung der Adressen und die Größe der jeweiligen Tabellen muss an die neue Adressbreite angepasst werden.

2.3.12 Page faults

Ob eine Seite speicherresident ist, oder nicht, kann man durch ein zusätzliches Bit, das sogenannte *valid Bit v* in der Seitentabelle notieren. Wenn eine Seite angesprochen wird, die nicht im Hauptspeicher ist, wird ein Seitenfehler (*page fault*) ausgelöst. Der *page fault handler* muss die Seite dann nachladen. Falls zu wenig Platz im Hauptspeicher ist und Seiten verdrängt werden müssen, so müssen diese wieder in die *paging area* geschrieben werden. Dabei wird das *valid Bit* zurückgesetzt und die restlichen 31 Bit des Seitentabelleneintrags können verwendet werden, um festzuhalten, wo die Seite in der paging area zu finden ist.

Für die Auswahl der Seiten, die aus dem Hauptspeicher verdrängt werden sollen, gibt es eine Reihe von Strategien. Eine davon ist der *Second Chance Algorithmus*, der periodisch die Seitentabelle scannt. Dabei wird versucht, diejenigen Seiten im Hauptspeicher zu finden, die in letzter Zeit nicht benutzt wurden. Ein *usedBit u* hält für jede Seite fest, ob sie seit dem letzten Scannen benutzt wurde. Dieses Bit wird bei jedem Zugriff auf die Seite gesetzt. Die Seiten mit *usedBit* = 0 sind gute Kandidaten, verdrängt zu werden. Wenn *usedBit* = 1 ist, bleibt die Seite zunächst noch einmal im Speicher, aber beim Scannen wird ihr *usedBit* auf 0 gesetzt.

Beim Prozesswechsel muss das Betriebssystem lediglich alle Einträge im TLB für ungültig erklären. Das geschieht z. B. immer dann, wenn das CPU-Register mit der Adresse des Seitentafelverzeichnisses eines neuen Prozesses geladen wird. Bevor dies geschehen kann, muss das Betriebssystem sicherstellen, dass dieses Seitentafelverzeichnis auch tatsächlich im Hauptspeicher vorhanden ist. Sobald das der Fall ist, kann der eigentliche Prozesswechsel erfolgen.

Das hier diskutierte Paging-Verfahren zur Verwaltung des Hauptspeichers eines Rechners mit virtueller Adressierung ist sehr aufwändig. Viele umfangreiche Tabellen werden benötigt, ein Teil des Festplattenspeichers wird als *paging area* verwendet, und es muss unterschieden werden zwischen Seiten, die ständig im Hauptspeicher resident sein müssen und solchen, die ausgelagert werden können. Trotz dieses gewaltigen *Overhead* ist *paging* das Verfahren, das gewählt werden sollte, falls die verwendete Hardware dies ermöglicht. Gründe hierfür sind:

– der Aufwand beim Prozesswechsel ist minimal,
– Prozesse müssen nicht komplett speicherresident sein, um ablaufen zu können,

- beim Prozesswechsel behält ein Prozess seine hauptspeicherresidenten Seiten. Er verliert sie erst, wenn sie von der Verwaltung des realen Speichers verdrängt werden.
- Programme können, unabhängig von der Größe des realen Hauptspeichers, den vollen virtuellen Adressraum benutzen, sofern genügend Plattenspeicher existiert,
- der tatsächlich an Prozesse zugewiesene reale Speicherplatz ändert sich dynamisch,
- Speicherschutzmechanismen sind einfach zu realisieren,
- das Betriebssystem kann einen eigenen, von den anderen Prozessen unabhängigen Adressraum verwenden. In diesem kann es insbesondere alle bisher diskutierten Tabellen unterbringen. Diese können daher von den Prozessen, die sie benutzen, weder irrtümlich noch absichtlich verändert werden.

2.4 Das Betriebssystem UNIX

Im Prinzip liefert das Betriebssystem eine hardwareunabhängige Schnittstelle zum Rechner. Dennoch sind Betriebssysteme von den Stärken und Schwächen oder von besonderen Fähigkeiten spezieller CPUs beeinflusst. So sind einfache Betriebssysteme wie MS-DOS (Disk Operating System) nur auf Rechnern einer Bauart (x86-PC) verfügbar, während andere Betriebssysteme wie UNIX und Windows NT auf vielen Hardware-Plattformen (darunter auch der x86-PC) verfügbar sind. Auf Workstations und im wissenschaftlichen Umfeld dominiert seit Anfang der 80er Jahre das Betriebssystem UNIX. Aufgrund der weiten Verbreitung von UNIX und Linux wollen wir exemplarisch den Umgang mit diesem Betriebssystem behandeln. Wir betrachten hier UNIX aus der Sicht eines Benutzers. Für Interna und die Implementierung von UNIX sei insbesondere auf das Buch von Tanenbaum verwiesen.

2.4.1 Bestandteile

Ein Unix System besteht aus einem Dateisystem (*file system*), dem Betriebssystemkern (*kernel*), einem Kommandointerpreter (*shell*), und einer Sammlung von nützlichen Programmen (*utilities*) zur Verwaltung von Benutzern, Prozessen und Dateien. Diese Programme können vom Benutzer als Kommandos von der shell aufgerufen werden.

Der *kernel* ist das Herz des Betriebssystems. Er kommuniziert direkt mit der Hardware, der Speicher- und Prozessverwaltung, dem Dateisystem und der *shell*. Der Kern bietet Anwendungsprogrammen und der *shell* eine Hardware-unabhängige einheitliche Schnittstelle. Dazu stellt sie Systemaufrufe, wie z. B. *read, write,* etc. bereit, die von Anwendungsprogrammen genutzt bzw. über die *shell* bereitgestellt werden können.

Die *shell* nimmt Benutzerkommandos entgegen, führt diese aus und zeigt deren Resultate, Antworten und Meldungen an. Die Kommandos werden analysiert, entweder direkt ausgeführt oder es werden dazu entsprechende Programme nachgeladen und ausgeführt. Die *shell* ist selber ein Programm, das je nach Geschmack des Benutzers gegen ein anderes ausgetauscht werden kann. Beliebte shells sind u. a. die *Bourne again shell* (*bash*), die *korn shell* (*ksh*) und die *C-shell* (*csh* bzw. *tcsh*).

Unter den *utilities* findet man nützliche Programme zur Suche von und in Dateien, zur Erstellung, zur Manipulation und zum Löschen von Dateien und Verzeichnissen, zur Benutzer- und Prozessverwaltung, Kalender-Programme, email clients, etc.. Alle diese Programme sind erst einmal text-orientiert, benötigen nur einen einfachen Textbildschirm (beispielsweise 25 Zeilen á 80 Zeichen). Das gilt auch für die beliebtesten Texteditoren, wie z. B. *vi* oder *emacs*.

Das Dateisystem ist als Hierarchie (*Baum*) von Verzeichnissen organisiert, an deren Enden (*Blättern*) sich Dateien befinden. Dateien können Text, Code, Bilder, Musikstücke etc. enthalten. Verzeichnisse sind eigentlich auch nur Dateien, die selber wieder Verzeichnisse oder Dateien enthalten.

2.4.2 Linux

Eine speziell auf x86-PCs zugeschnittene Implementierung von UNIX ist unter dem Namen *Linux* sehr populär geworden. Eine erste Implementierung stammte von dem finnischen Studenten *Linus Torvalds*. Eine rasch wachsende Fan-Gemeinde kooperierte weltweit über das Internet in der Weiterentwicklung dieses kostenfrei erhältlichen UNIX-Clones. Heute steht dieses voll entwickelte Mehrbenutzer- und Multi-Tasking-Betriebssystem, das von den einfachsten Diensten bis zur vollen Netzwerkunterstützung und grafischen Benutzeroberflächen alles bietet, keinem kommerziell erhältlichen UNIX-System nach. Immer mehr Firmen erkennen die Vorzüge von Linux, denn es ist so stabil, dass es gerne als Betriebssystem für Webserver eingesetzt wird.

Mit *OpenOffice* steht für Linux ein vollständiges und freies Bürosystem zur Verfügung, so dass Linux sowohl auf Workstations als auch auf PCs eine echte Alternative zu den kommerziellen Betriebssystemen darstellt. Für Linux gibt es Bedienoberflächen (KDE, Gnome), die nach Wunsch konfiguriert werden können, so dass sie wahlweise aussehen wie *Windows* oder wie der UNIX-Standard *CDE* (*common desktop environment*).

Die Software für Linux ist zum überwiegenden Teil unter der so genannten *GNU Public License* entwickelt. Sie ist damit nicht nur kostenlos, sondern auch im Quelltext verfügbar, so dass sie von jedem Anwender modifiziert oder verbessert werden kann. Linux kann man sich direkt frei aus dem Internet herunterladen. Meist wird man sich für eine Distribution entscheiden, das ist ein Paket mit dem Betriebssystem, einer Sammlung von Anwendungsprogrammen samt Handbüchern, sowie einer Infrastruktur, die zumindest weitere Pakete zum Nachinstallieren oder aktualisieren auf einem Webserver vorhält. Auf diese Weise können auch technisch Ungeübte eine Linux-Installation auf ihrem PC anstatt oder zusätzlich zu dem Standardbetriebssystem Windows einrichten. Ein genügend schneller Prozessor, genügend RAM und

Plattenplatz vorausgesetzt, kann ein PC zu einer preiswerten Workstation ausgebaut werden. Alles was im Folgenden über UNIX gesagt wird, gilt demnach gleichermaßen für Linux.

Linux-Distributionen gibt es für jeden Geschmack – von möglichst umfangreichen Distributionen über möglichst schlanke, von solchen, die allein auf quelloffene Programme setzen, zu solchen, die auch proprietäre Programme und lizenzpflichtige Programme enthalten oder auf einfache Weise ein Nachinstallieren solcher erlauben. Bekannte Distributionen heißen *Debian*, *Fedora* und *Slackware*. Auf der Debian Distribution basieren viele andere heute populäre Distributionen, wie z. B. *Ubuntu* oder das auf dem *Raspberry* laufende *Raspbian*. Alles was wir im folgenden über UNIX sagen gilt genauso auch für Linux.

2.4.3 Das UNIX-Dateisystem

Unter den elementarsten Diensten jedes Betriebssystems befinden sich solche, die den Umgang mit Dateien (engl.: *files*) organisieren. Dateien müssen erzeugt, verändert, abgespeichert, umbenannt und gelöscht werden. In die Fülle der existierenden Dateien muss eine Ordnung gebracht werden. Der Zugang zu ihnen muss den anderen Benutzern des Rechners ermöglicht oder blockiert werden. Das UNIX-System hat für viele spätere Systeme in diesem Bereich Maßstäbe gesetzt und ist insbesondere auf Workstations zum de facto-Standard geworden.

Das UNIX-Dateisystem ist als Baum organisiert. Die Dateisysteme der einzelnen Benutzer sind Unterbäume des globalen Dateibaumes. Die Wurzel dieses Baumes heißt *root* und wird mit einem Schrägstrich „ / " abgekürzt. Die inneren Knoten sind *Verzeichnisse* (*directories*), die Blätter sind die eigentlichen Dateien. In UNIX zählt man auch die Verzeichnisse zu den Dateien. Ebenso werden angeschlossene Geräte (engl.: *devices*), wie Bildschirm, Tastatur, Drucker, Maus, etc. logisch wie Dateien als sogenannte *special files* behandelt. In die einem Bildschirm zugeordnete Datei kann man nur schreiben, von der zu einer Tastatur gehörenden Datei nur lesen. Löscht man diese Dateien, so ist das zugehörige Gerät nicht mehr ansprechbar. Diese Philosophie hat den Vorteil der Einfachheit. Wenn der Benutzer weiß, wie er ein Datum in eine Datei schreibt, so weiß er auch, wie er es druckt: es wird einfach in die dem Drucker zugeordnete Datei geschrieben.

Für die Organisation des UNIX-Dateibaumes haben sich gewisse Konventionen eingebürgert, die in einem *filesystem hierarchy standard* festgeschrieben werden. Unter den Söhnen der Wurzel befinden sich normalerweise Unterverzeichnisse mit folgender Bedeutung.

home	Benutzerverzeichnisse **home** *directories*
bin	Systemdateien **bin**ary *files*
dev	Gerätedateien **dev**ices
lib	Bibliotheken **lib**raries

etc	Konfigurationsdateien *etc* = *et cetera*
usr	Systemweite Ressourcen *unix system resources*
tmp	Temporäre Dateien *temporary files*
mnt	externe Datenträger *mount point*

UNIX ist ein Mehrbenutzersystem. Das Dateisystem jedes Benutzers ist ein Unterbaum des globalen Dateisystems, meist direkt unter dem Verzeichnis *home* angehängt. Die Wurzel dieses Benutzer-Dateibaumes heißt auch *home directory* des Benutzers.

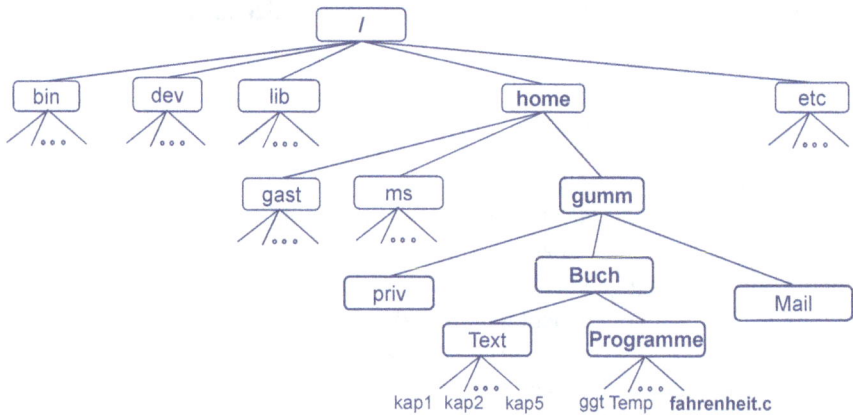

Abb. 2.12. Teil eines UNIX-Dateibaumes – Pfad zur Datei fahrenheit.c hervorgehoben

2.4.4 Dateinamen

UNIX-Dateinamen können aus (fast) beliebigen Folgen von ASCII-Zeichen bestehen – eine Ausnahme ist „/" (engl.: *slash*), weil es als Trennzeichen dient. Dateien, deren Namen mit einem Punkt beginnen, wie beispielsweise „.cshrc", werden bei der standardmäßigen Auflistung aller Dateien eines Verzeichnisses nicht angezeigt – man nennt sie daher versteckte (engl. *hidden*) Dateien. Oft speichert man darin Einstellungen oder Optionen.

```
zappa.au index.html kap12  .
brief.text fahrenheit.c fahr
.profile .cshrc .login
```

Attribute wie *ausführbar*, *schreibgeschützt*, *öffentlich* etc. sind nicht vom Namen abhängig. So könnte brief.text durchaus der Name einer ausführbaren Datei sein. Für den Benutzer ist es jedoch von Vorteil, sich an gängige oder eigene Konventionen zu halten.

2.4.5 Dateirechte

Jede Datei hat einen Besitzer (*owner*). Wie der Name schon andeutet, besitzt dieser die Datei, kann also Zugriffsrechte auf diese Datei für andere Benutzer vergeben. Jeder Benutzer kann auf beliebige Dateien in dem Dateibaum zugreifen, sofern ihm die notwendigen Zugriffsrechte gewährt werden. Auf diese Weise können Ressourcen des Systems gemeinsam genutzt werden. Es gibt drei Arten des Zugriffs:

> r *read* lesend
> w *write* schreibend
> x *execute* ausführend

Die Schreibberechtigung *w* schließt das Recht für Änderungen und für das Löschen der Datei ein. Um eine Datei zu erstellen oder zu löschen, muss man für das Verzeichnis, in dem sie sich befindet, eine Schreibberechtigung haben. Die Ausführungsberechtigung *x* ist nur für Programmdateien relevant.

Die Benutzer werden in drei Klassen eingeteilt:

> u *user* Besitzer
> g *group* Gruppe
> o *others* Andere.

Für jede dieser Benutzerklassen können die drei Zugriffsarten jeweils erlaubt oder verboten werden. Mit dem Befehl *chmod* kann der *owner* die Rechte der Datei ändern. Der Systemverwalter legt fest, zu welcher *group* der Benutzer gehört.

Beim Auflisten von Dateien, wir benutzen unten das Kommando **ls** (*list*) mit Option **-l** (*long format*), kann man sich den Benutzer (hier: gumm), die Gruppe (hier: staff) und deren Berechtigungen anzeigen lassen.

Wenn es sich um ein Verzeichnis handelt, wird dies durch ein *d* angezeigt. Es folgen die Berechtigungen für *user*, *group*, *other*, ausgedrückt durch die Buchstaben *r*, *w*, *x*. Im folgenden Beispiel hat das aktuelle Verzeichnis ein Unterverzeichnis *Temp*. Für die ausführbare Datei *fahr* hat der *user* alle Rechte (*rwx*) die Gruppe und andere keinerlei Rechte. Die Datei fahrenheit.c ist ein C-Programm im Quelltext, es kann also von niemandem ausgeführt werden. Lesen darf jeder, schreiben alle Mitglieder der *group*. Wir geben ein Beispiel einer entsprechenden Interaktion. Benutzereingaben sind fett gesetzt, [gumm@batna] ist der Prompt:

```
[gumm@batna] ls -l
-rwx------ 1 gumm staff 5282 2017-07-27 11:47 fahr
```

```
-rw-rw-r-- 1 gumm staff 306 2017-07-27 10:19 fahrenheit.c
drwxr-xr-x 2 gumm staff 4096 2017-07-27 11:53 Temp
```

Die Berechtigung x für Verzeichnisse besagt, dass dieses besucht werden darf. Falls der Pfad zu diesem Verzeichnis bekannt ist, darf jemand von außen, z. B. durch Eingabe in die Adresszeile seines Browsers, dorthin navigieren, um z. B. die darin enthaltenen Dateien zu sehen. Für Verzeichnisse, die HTML-Dateien enthalten ist dies in der Regel erwünscht und notwendig. Der Besitzer einer Datei kann deren Zugriffsrechte für alle Benutzerklassen *u,g,o* ändern:

chmod [*options*] *mode filenames*

Als Beispiel entziehen (-) wir der Gruppe und den Anderen (**go**) die Schreibrechte (**w**) für die Datei fahrenheit.c:

```
[gumm@batna] ls -l fahrenheit.c
-rw-rw-rw- 1 gumm staff 306 2017-07-27 10:19 fahrenheit.c
[gumm@batna] chmod go-w fahrenheit.c
[gumm@batna] ls -l f*c
-rw-r--r-- 1 gumm staff 306 2017-07-27 10:19 fahrenheit.c
```

2.4.6 Namen und Pfade

Jedes Unterverzeichnis und jede Datei lässt sich eindeutig durch den Weg von der Wurzel zur Datei beschreiben. Die Folge der Knoten auf dem Weg von der Wurzel wird, mit „ / " getrennt, als *Pfad* bezeichnet. Technisch ist der vollständige Pfad nötig, um eine Datei eindeutig zu identifizieren.

Wir haben bereits erwähnt, dass das Dateisystem jedes Benutzers ein Unterbaum des kompletten UNIX-Dateibaumes ist. Die Wurzel dieses Unterbaumes nennt man das *home directory* des Benutzers. Meist will der Benutzer auf Dateien zugreifen, welche sich in diesem Unterbaum befinden. Daher gibt es das Zeichen „~" als Abkürzung für den Pfad zu dem Home-Verzeichnis des jeweiligen Benutzers. Für den Benutzer gumm ist „~" eine Abkürzung für /home/gumm. Die C-Datei fahrenheit.c im Dateibaum von Abbildung 2.12 hätte dann den vollständigen Namen

```
/home/gumm/Buch/Programme/fahrenheit.c
```
bzw.
```
~/Buch/Programme/fahrenheit.c
```

Verzeichnisse dienen dazu, Ordnung und Übersicht in das Dateisystem zu bringen, indem z. B. logisch zusammengehörende Dateien in einem gemeinsamen Verzeichnis gespeichert werden. Bei der Arbeit bezieht man sich daher oft auf Dateien, die in einem bestimmten Verzeichnis aufgeführt sind, z. B. im Verzeichnis *Buch* beim Schreiben eines Buches oder im Verzeichnis *Programme* beim Programmieren. Daher gibt es den Begriff des *aktuellen Verzeichnisses* (engl. *working directory*). Auf dieses beziehen sich, wenn nichts anderes gesagt ist, die meisten Kommandos. Dies bedeutet, dass bei der Angabe von Dateinamen der Anfang des Pfades, der den Weg zum *working directory* beschreibt, weggelassen werden kann.

Jederzeit kann ein anderes Verzeichnis die Rolle des neuen *working directory* einnehmen. Die Vorstellung ist, dass man sich immer *„in einem Verzeichnis befindet“*. Zu Anfang einer UNIX-Sitzung ist dies das Home-Verzeichnis. Der Befehl

```
pwd          (print working directory)
```

gibt den Namen des aktuellen Verzeichnisses aus, z. B. /home/gumm/Buch. Jedem nicht mit „ / “ beginnenden Bezug auf eine Datei, z. B. fahrenheit.c wird implizit der Pfad zum aktuellen Verzeichnis vorangestellt, beispielsweise beim Aufruf des GNU-Compilers:

```
gcc -o fahr fahrenheit.c
```

Hier wird die C-Datei `fahrenheit.c` (im aktuellen Verzeichnis) compiliert und die ausführbare Datei `fahr` erzeugt. Um danach fahr von der Kommandozeile aufzurufen, muss aber explizit der Pfad vorangestellt werden, z. B. „`~/Buch/Programme/fahr`“. Daher gibt es zwei weitere nützliche Abkürzungen, nämlich „ `.` “ für das aktuelle Verzeichnis und „`..`“ für dessen Vater, das *parent directory*. Der korrekte Programmaufruf ist dann

```
./fahr
```

Im oben gezeigten Dateibaum könnte man `fahr` auch von dem Nachbarverzeichnis Text heraus mit „`../Programme/fahr`“ aufrufen. Bequemer ist es oft, das aktuelle Verzeichnis mit dem Befehl

```
cd verzeichnis     (change directory)
```

zu wechseln. Das Argument *verzeichnis* steht hierbei für den Namen irgendeines Verzeichnisses. Fehlt dieses, so wird „`~`“, das Home-Verzeichnis, angenommen.

```
cd                 ( zum Home-Verzeichnis )
cd Buch/Text       ( gehe nach ./Buch/Text )
cd ../../Priv      ( zweimal hoch, dann in Priv )
cd /home/gast      ( absoluter Verzeichnisname ).
```

2.4.7 Special files

Auch Geräte (Drucker, Bandgeräte, Platten, Terminals) werden, wie bereits erwähnt, logisch als Dateien betrachtet. Sie befinden sich in dem Verzeichnis `/dev` oder in einem Unterverzeichnis davon. Man unterscheidet diese *special files* ebenfalls nach ihrer Zugriffsmethode:

> *character special files* erlauben nur sequentiellen Zugriff
> *block special files* erlauben beliebigen Zugriff (random access).

Bandgeräte, ASCII-Terminals, Drucker sind Beispiele für *character special files*, von ihnen wird ein Zeichen nach dem anderen eingelesen. Festplatten, CD-Laufwerke und Disketten-Laufwerke sind dagegen *block special files*. Bei einer Festplatte werden immer ganze Datenblöcke gelesen und geschrieben.

Eine ganz besondere Datei ist `/dev/null`. Sie ist mit einem Papierkorb vergleichbar. Wenn ein Kommando eine Ausgabe hat, der Benutzer aber nicht an ihr interessiert ist, kann er diese in `/dev/null` umlenken.

2.4.8 Externe Dateisysteme

Um mit externen Dateisystemen zu arbeiten, die sich etwa auf einem externen Speichermedium oder einem externen Rechner befinden, kann man diese Dateisysteme in den UNIX-Dateibaum einhängen und ebenso wieder entfernen. Befindet sich z. B. auf einem USB-Stick ein Dateibaum, so kann man diesen mit dem Befehl `mount` an beliebiger Stelle in den UNIX-Dateibaum einklinken. Anschließend gibt es keine Unterscheidung mehr zwischen Dateien (und Dateizugriffen) auf dem USB-Stick oder anderen block special files. Mit dem Befehl `umount` wird der entsprechende Unterbaum wieder abgehängt. In ihrer allgemeinen Form sind die Befehle *mount* und *umount* nur dem Systemverwalter zugänglich. Dieser kann sie für bestimmte Zwecke (etwa zur Bedienung externer Laufwerke) auch anderen Benutzern zugänglich machen.

2.4.9 UNIX-Shells

Ein UNIX-Kommandointerpreter heißt *shell*. Dahinter steckt die Vorstellung, dass sich der Kommandointerpreter wie eine Schale (engl. *shell*) um den Betriebssystemkern legt. Die Shell vermittelt zwischen den Wünschen des Benutzers und den Ressourcen des Betriebssystems. Sie nimmt Kommandos (auch *Befehle* genannt) entgegen, analysiert diese und sorgt dafür, dass das Betriebssystem die gewünschten Aktionen ausführt. Nach einer abgeschlossenen Aktion wartet die Shell auf das nächste Kommando.

UNIX-Benutzer haben meist verschiedene Shells zur Auswahl. Einige davon sind die *Bourne-Shell*, die *Korn-Shell*, die *C-Shell* oder die *tc-Shell*. Sie unterscheiden sich

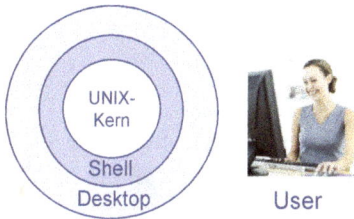

Abb. 2.13. UNIX-Shell und Desktop als Vermittler zwischen Benutzer und Betriebssystem

weniger, was die elementaren Kommandos betrifft, sondern eher in der Art ihrer Programmierbarkeit und des Komforts, den sie bieten. Aus der ersten Shell, die der Benutzer beim Anmelden (*login*) vorfindet, der so genannten *login shell*, kann er weitere Shells starten.

Bei modernen UNIX-Systemen startet die Shell automatisch einen *Desktop* als Anwendungsprogramm. Dieser legt sich dann wie eine weitere Schale um den Kern und nur über ihn kommunizieren die Benutzer via Tastatur, Maus oder Touchscreen mit dem Betriebssystem. Programmierer und UNIX-Spezialisten benutzen noch gerne die Shell, aber jetzt als Anwendungsprogramm vom Desktop aus.

2.4.10 UNIX-Kommandos

Auf der Kommandoebene unterscheidet sich UNIX nicht sehr von DOS. Für den geübten Benutzer erweist es sich aber als weit mächtiger und flexibler. Zwei Kommandos kennen wir schon: `pwd` und `cd`.

Für jeden Befehl existiert ein Eintrag im Online Manual, welcher mit

`man` *<Befehl>*

abgerufen werden kann. Man erhält eine komplette Beschreibung des Befehls. Füllt der Eintrag mehrere Seiten, so kann mit der Leertaste vorwärts und mit *b* (*backward*) rückwärts geblättert werden. *q* oder *Ctrl-c* brechen die Ausgabe ab. Als Beispiele versuche man:

`man` `pwd`

Die meisten UNIX-Befehle sind allgemeiner, effektiver und flexibler als die entsprechenden DOS-Befehle der Windows-Shell. Oft sind sie auch kürzer. Die folgende Liste stellt die wichtigsten Befehle zur Dateiverwaltung in UNIX und DOS gegenüber.

UNIX-Befehlen wird nachgesagt kryptisch, d. h. schwer verständlich zu sein. In der Tat liegt das oft daran, dass sie sehr allgemein sind. Ein Beispiel dafür ist der Befehl `cat`. Um den Inhalt einer Datei am Bildschirm anzuzeigen, ist zunächst der

Tab. 2.1. Befehle von UNIX und DOS

UNIX	DOS	Beschreibung	Englisch
cp	copy	Kopiere eine Datei	copy
mv	ren	bewegen/umbenennen	move/rename
rm	del	entfernen	remove/delete
mkdir	mkdir	Verzeichnis erstellen	make directory
rmdir	rmdir	Verzeichnis löschen	remove directory
ls	dir	Dateiliste anzeigen	list/directory
cat	type	Dateiinhalt anzeigen	concatenate
more	more	... seitenweise anzeigen	more
lp	print	Datei ausdrucken	line print

DOS-Befehl `type` verständlicher. Allerdings ist der UNIX-Befehl `cat` dazu gedacht, Dateien zu *konkatenieren*, das heißt aneinanderzuhängen. Wenn keine Ergebnisdatei angegeben ist, wird das Ergebnis auf dem Bildschirm ausgegeben. Der Aufruf

> `cat` *Datei*

ist ein Spezialfall: Nur eine Datei muss konkateniert werden, und da keine Ergebnisdatei genannt worden ist, wird die Datei auf dem Bildschirm angezeigt.

2.4.11 Optionen

Die meisten UNIX-Befehle können durch *Optionen* noch verändert und damit den Benutzeranforderungen angepasst werden. Optionen werden in der Regel durch einen Buchstaben mit vorgestelltem Bindestrich (*dash*) gekennzeichnet. Man kann auch mehrere Optionen zu einem String zusammenfassen und mit vorgestelltem „-" dem Befehl anhängen. Die Syntax des Befehls ls wird im Manual mit

> `ls` [*options*] [*files*]

angegeben. Die eckigen Klammern besagen, dass diese Teile optional sind. Ein Beispiel für die Benutzung des ls-Befehls ist:

> `ls -al *.dvi`

Hier wird der `ls`-Befehl mit den Optionen *-a* (*all*) und *-l* (*long*) aufgerufen. Gemeint ist: *„**liste** in **langer Form** (d. h. mit Zusatzinformationen) die Dateien auf, deren Namen auf „*.dvi" enden, und zwar **alle** (auch die versteckten)."*

Die erlaubten Optionen des ls-Befehls liest man sich am besten mit „`man ls`" nach. Viele Benutzer stellen sich ihre Lieblingskombinationen zusammen und definieren ein entsprechendes Alias, z. B.:

```
alias dir='ls -alF'
```

Von da ab kann man `dir` als Kommando benutzen. Die Shell führt dabei „`ls -alF`"
aus.

2.4.12 Datei-Muster

Immer wenn ein Kommando eine Liste von Dateinamen erwartet, lässt sich an deren
Stelle auch ein Datei-Muster (*pattern*) angeben. Dieses bezeichnet die Liste aller Dateien, deren Namen diesem Muster entsprechen.

Wenn die Shell ein solches Muster liest, expandiert sie dieses sofort in die Liste
aller Dateinamen im aktuellen Verzeichnis, die auf dieses Muster passen. Als Datei-
Muster steht der Stern „ * " (auch *wildcard* genannt) für einen beliebigen String und
„?" für ein beliebiges Zeichen. Für die Auswahl eines Zeichens aus einer Folge oder
aus einem Bereich verwendet man eckige Klammern:

`*`	passt auf jeden String (incl. Sonderzeichen)
`?`	ein beliebiges einzelnes Zeichen
`[ab7]`	eines der Zeichen a, b oder 7
`[A-Z0-9]`	ein Großbuchstabe oder eine Ziffer
`[^aeiou0-9]`	kein Vokal und keine Ziffer.

Im folgenden Beispiel zeigen wir zunächst die Dateien im aktuellen Verzeichnis
an. Dann löschen wir alle Dateien, die mit `l` beginnen, aber nicht mit `l` enden, und
kontrollieren mit `ls` das Ergebnis. Die Optionen `-a` und `-F` zeigen alle Dateien, auch
die versteckten, hier `.` und `..` und sie signalisieren mit nachgestelltem Zeichen `*`,
bzw. `/`, ob es sich um eine ausführbare Datei, bzw. um ein Verzeichnis handelt. Dann
definieren wir `dir` als Alias für `ls -alF` und testen es.

```
[gumm@batna] ls
fahr fahrenheit.c lex.yy.c lower lower.l Temp
[gumm@batna] rm [l]*[^l]
[gumm@batna] ls
fahr fahrenheit.c lower.l Temp
[gumm@batna] ls -aF
./ ../ fahr* fahrenheit.c lower.l Temp/
[gumm@batna] alias "dir=ls -alF"
[gumm@batna] dir
total 28
drwxr-xr-x 3 gumm staff 4096 2017-07-27 17:06 ./
```

```
drwxr-xr-x 4 gumm staff 4096 2017-07-27 14:50 ../
-rwxr-xr-x 1 gumm staff 5282 2017-07-27 16:57 fahr*
-rw-r--r-- 1 gumm staff 306 2017-07-27 10:19 fahrenheit.c
-rw-r--r-- 1 gumm staff 65 2017-07-26 18:18 lower.l
drwxr-xr-x 2 gumm staff 4096 2017-07-27 11:53 Temp/
```

2.4.13 Standard-Input/Standard-Output

Viele UNIX-Kommandos, die mit Input und/oder Output arbeiten, erwarten, wenn nichts anderes vereinbart wird, den Input von der Tastatur und liefern den Output an den Bildschirm. Da sowohl Tastatur als auch Bildschirm als Dateien behandelt werden, kann man sie auch durch andere Dateien ersetzen. Man spricht von einer Umlenkung (*redirection*) von *standard input* und *standard output*. Die Umlenkung von Standard-Output geschieht mit den Zeichen „ > " (bzw. „ >> ") und die Umlenkung von Standard-Input durch das Zeichen „ < ". In einem UNIX-Befehl bedeuten

> > *datei*   ersetze Standard-Output durch *datei*,
> >> *datei*   hänge Standard-Output an *datei* an,
> < *datei*   ersetze Standard-Input durch *datei*.

Beispielsweise kann man mit dem Kommando

```
ls *.tex >dokumente
```

eine Datei dokumente erzeugen, die die Namen aller Dateien im aktuellen Verzeichnis enthält, deren Namen mit „.tex" endet. Auf dem Bildschirm erscheint kein Zeichen, denn Standardausgabe ist jetzt die Datei dokumente. Erwartet ein UNIX-Kommando einen Dateinamen als Argument, so wird, falls dieser nicht angegeben wird, meist Standard-Input angenommen. Das Zeichen „-" bezeichnet in diesem Zusammenhang auch Standard-Input.

2.4.14 Dateibearbeitung

Die bisherigen Kommandos dienten im Wesentlichen der Navigation und Orientierung im UNIX-Dateisystem. Zur Verarbeitung und Veränderung von Dateien gibt es eine Reihe von effektiven und vielseitigen Kommandos, von denen wir jetzt eine kleine Auswahl vorstellen. Wenn eine Ausgabe erzeugt wird, so geht diese immer zur Standardausgabe, also zum Terminal, wenn nichts anderes vereinbart ist. Fehlt eine Eingabedatei, so wird die Eingabe von der Standardeingabe, also der Tastatur, erwartet. Das Ende einer UNIX-Datei wird durch das Zeichen *Ctrl-d* (eof) gekennzeichnet.

```
cat [options] [files]
```

konkateniert die angegebenen Dateien. Beispielsweise fügt

```
cat kapitel.1 kapitel.2 kapitel.3 > buch
```

die drei angegebenen Dateien zu einer neuen Datei buch zusammen während

```
cat > meinfile
```

eine neue Datei mit Eingabe von *stand. input* erzeugt. *Ctrl-d* beendet die Eingabe.

```
cat kapitel.4 - kapitel.7 >> buch
```

hängt kapitel.4, den Input von *standard input* und kapitel.7 an buch an und

```
cat kapitel.1
```

zeigt den Inhalt von kapitel.1 auf dem Bildschirm an.

```
diff [options] file1 file2
```

zeigt die Zeilen an, in denen *file1* und *file2* differieren und mit

```
sort [options] [file]
```

kann man die Zeilen einer Datei sortieren. Wie immer ist *standard output* die voreingestellte Ausgabedatei. Mit

```
sort -u namelist > namelist.sortiert
```

sortieren wir eine Datei namelist, entfernen Duplikate (**-u** = *unique*) und speichern das Ergebnis in namelist.sortiert.
Die Anzahl aller Zeilen (**-l** = *lines*), Worte (**-w**) und Buchstaben (**-c** = *characters*) einer Datei erhält man mit **wc** *(= wordcount)*:

```
wc [options] [files]
```

So zählt zum Beispiel

```
wc -wc romeo-julia
```

die Worte (-w) und Zeichen (-c) in `romeo-julia`, während

```
wc -c
```

die Anzahl der Zeichen zählt, die wir eintippen bevor wir mit *Ctrl-d* die Eingabe beenden. Die Befehle

    head [-n] [*file*]   bzw.   **tail** [-n] [*file*]

liefern nur die ersten bzw. letzten *n* Zeilen einer Datei. Ein sehr mächtiges Such-kommando, um in einer Gruppe von Dateien nach Zeichenketten zu suchen, ist `grep` bzw. `egrep` (*extended* **global** *regular expression*):

    egrep [*options*] *regexp* [*files*]

In den angegebenen Dateien werden alle Zeilen gesucht, in denen eine Zeichen-kette vorkommt, welche dem in *regexp* definierten Muster genügt. Mit Optionen lässt sich steuern, ob Groß- und Kleinschreibung berücksichtigt wird oder nicht (-i) oder ob statt der gefundenen Zeilen nur die Namen der Dateien, in denen der Ausdruck vorkommt, gezeigt werden sollen (-1). Reguläre Ausdrücke als Muster für Strings werden im nächsten Abschnitt erläutert. Im folgenden Beispiel suchen wir in allen C-Programmen (*.c) alle Zeilen, die das Wort `low` enthalten, aber als komplettes Wort, nicht als Teilwort, wie etwa `slow`:

```
[gumm@batna] egrep '[^a-z]low[^a-z]' *.c
int low, high;
scanf("%d %d", &low, &high);
for( i=low ; i <= high ; i+=10) {
[gumm@batna]
```

2.4.15 Reguläre Ausdrücke

Reguläre Ausdrücke sind Muster, mit denen Klassen von Strings beschrieben werden. Weitgehend folgt man dabei der sogenannten *EBNF* (extended Backus-Naur Form). Reguläre Ausdrücke werden in allen UNIX-Programmen verwendet, die mit der Ver-arbeitung und Analyse von Text zu tun haben. Dazu gehören neben *grep* auch die Editoren *emacs* und *vi* sowie *lex*, ein Werkzeug zur Entwicklung von Compilern.

Reguläre Ausdrücke bestehen aus ASCII-Zeichen, wobei einige Zeichen, die sog. *Metazeichen*, eine besondere Rolle in einem Suchmuster spielen. Die wichtigsten Me-tazeichen mit ihrer Bedeutung sind:

    .   passt auf ein beliebiges Zeichen,

    []   passt auf jedes einzelne Zeichen, das in den eckigen Klammern vorkommt.

Kombinationen von Bereichen sind erlaubt, z. B.: [aeiou0-3], [a-zA-Z] .

` ^ ` komplementiert einen Bereich, z. B. [^aeiou].

`*` der vorangehende Ausdruck ... darf beliebig oft wiederholt werden,

`+` ... wird ein- oder mehrfach wiederholt,

`?` ... ist optional.

`|` trennt eine Alternative aus zwei Ausdrücken.

`( )` Klammern.

Es gibt noch weitere Metazeichen, auf die wir hier aber nicht weiter eingehen. Statt dessen betrachten wir einige Beispiele

`[a-z].*`	Strings, die mit Kleinbuchstaben beginnen
`[a-zA-Z][a-zA-Z0-9_]*`	legale Namen in vielen Programmiersprachen
`.*[^aeiou]`	Strings, die mit Konsonanten enden
`.*(low|hi).*`	Strings, die `lo` oder `hi` als Teilstring enthalten.

Man beachte, dass reguläre Ausdrücke nicht dasselbe sind wie die Datei-Muster (siehe 175), wie sie in vielen UNIX-Befehlen benutzt werden. So passt der reguläre Ausdruck „a* “ genau auf diejenigen Strings, die nur aus einer Folge von *a*'s besteht, also auf „a“, „aa“, „aaa“ etc., während das Dateimuster „a* “, wie z. B. in „ls a* “, auf alle Dateien zutrifft, die mit dem Buchstaben „a“ beginnen. Damit in einem Kommando wie *egrep* reguläre Ausdrücke nicht mit Dateimustern verwechselt werden, ist es ggf. nötig, den regulären Ausdruck in Anführungszeichen einzuschließen, wie z. B. in grep 'a*' *.dvi.

2.5 UNIX-Prozesse

Ein Prozess (siehe S. 148) ist eine Instanz eines laufenden Programms. Prozesse können zeitweilig angehalten und später fortgeführt werden. In der Zwischenzeit kann der Prozess aus dem Hauptspeicher entfernt und evtl. auf die Platte ausgelagert werden. Das Betriebssystem kann ihn später wieder laden und fortsetzen. Während einer UNIX-Sitzung sind im Allgemeinen eine Reihe von Prozessen aktiv:

– Die *Shell* jedes Benutzers ist ein Prozess.

– Jedes UNIX-Kommando erzeugt einen eigenen Prozess.

– Ein *Pipe*-Kommando (siehe unten) erzeugt mehrere Prozesse.

Da der *Taskwechsel* von einem Prozess zum nächsten sehr schnell vonstatten geht, erscheint es jedem Benutzer, als ob ihm die Maschine alleine gehören würde. Zwischen zwei Tastatureingaben bleibt dem Betriebssystem genügend Zeit, konkurrierende Prozesse zu bedienen. Wenn allerdings zu viele Prozesse im System aktiv sind, kann es geschehen, dass dem Benutzer der Rechner *langsam* erscheint. Wenn darüber hinaus der Hauptspeicher so klein bemessen ist, dass immer wieder Prozesse zwischenzeitlich auf die Platte ausgelagert werden müssen, dann können Taskwechsel merklich viel Zeit in Anspruch nehmen. Um die effiziente Nutzung des Betriebssystems zu erhöhen, sind viele Parameter zu berücksichtigen, beispielsweise die Dauer der Zeitscheiben, die Priorität gewisser Prozesse oder die Dimensionierung von Haupt- und Plattenspeicher.

2.5.1 Pipes als Datenströme

Viele UNIX-Kommandos transformieren Input nach Output. Input und Output sind aus Sicht des Betriebssystem auch Dateien (speziell auch Tastatur und Bildschirm). Aus Benutzersicht kann man sie als (potentiell nicht endende) Datenströme auffassen. Aus einem Inputstrom kann man das jeweils nächste Element lesen oder an einen Ausgabestrom ein neues Element anhängen. Da man zu keiner Zeit den kompletten Strom vor sich sieht, erscheinen die Ströme wie Röhren, aus den etwas herauskommt und in die man etwas hineingeben kann, daher heißen sie in UNIX auch *pipes*. Das Betriebssystem stellt elementare Kommandos bereit um pipes zusammenzusetzen, abzuzweigen zu filtern, etc. Um zwei pipes zu verbinden gibt es den '|'- Operator. Ist Cmd_1 ein Kommando, das einen Ausgabestrom liefert, und Cmd_2 ein Kommando, das einen Eingabestrom einliest, so entsteht mit dem pipe-Operator '|' das Kommando

$$Cmd_1 | Cmd_2$$

welches die Ausgabe von Cmd_1 mit der Eingabe von Cmd_2 verbindet. Der Output des ersten Befehls wird zum Input des nächsten, ohne dass temporäre Dateien angelegt werden müssten. Bereits die wenigen bisher bekannten Befehle können mit Pipes zu interessanten Aufgaben kombiniert werden:

Wie viele Dateien befinden sich im aktuellen Directory?
```
ls | wc -w
```

Wie groß sind *Kapitel.1* und *Kapitel.2* zusammen?
```
cat Kapitel.1 Kapitel.2 | wc -l
```

Ist Data1 zeilenweise sortiert ? (0 = *ja*, sonst *nein*)
```
sort Data1 | diff Data1 | wc -l
```

Finde alle Zeilen, die Mueller und Marburg enthalten:
```
grep -i mueller | grep -i marburg
```

In der Datei *Kndn* seien Kundendaten gespeichert, jeweils die Anschrift eines Kunden pro Zeile. Suche alle Kunden aus Köln und speichere sie sortiert in „*Koelsche.Kndn*":

```
grep -i koeln Kndn | sort > Koelsche.Kndn
```

Gelegentlich möchte man von einer Pipe auch ein Zwischenergebnis abzweigen. Für diesen Vorgang wird ein T-Stück benötigt. Dieses wird durch das Kommando *tee* realisiert. Bsp.: Speichere alle Kunden aus Köln in der Datei *Koeln*. Gebe aber nur deren Anzahl auf dem Bildschirm aus:

```
grep -i koeln Kndn | tee Koeln | wc -l
```

2.5.2 Sind Pipes notwendig?

Alle Effekte, die mithilfe von Pipes erzielt werden, könnte man scheinbar auch ohne Pipes, nämlich mithilfe von Zwischendateien erbringen. Es scheint, als sei

```
Kommando1 | Kommando2
```

äquivalent zu den der Befehlsfolge

```
Kommando1 > temp
Kommando2 < temp
rm temp
```

In Wirklichkeit ist dies aber nicht der Fall. Abgesehen von der Tatsache, dass die Pipe-Version keine Hilfsdatei anlegt, laufen in einer wirklichen Pipe die Befehle als unabhängige Prozesse gleichzeitig ab. Während Kommando1 noch Output produziert, konsumiert Kommando2 diesen bereits als Input. Wenn Kommando2 terminiert, signalisiert es dies an Kommando1, so dass dieses seine Arbeit evtl. vorzeitig einstellen kann, denn ein weiterer Output wird nicht mehr benötigt. Man kann sich Kommando1 | Kommando2 daher besser als *producer-consumer* Paar vorstellen. Statt der temporären Zwischendatei wird ein *Puffer* (*Queue*) verwendet. Das folgende Beispiel demonstriert den Vorteil einer Pipe gegenüber der Version mit der Zwischenablage. Die Aufgabe sei, aus einer Datei, die aus einer ungeordneten Folge von Zahlen besteht, die kleinste Zahl zu finden. Die Ursprungsdatei enthalte eine Zahl pro Zeile. In der ersten Lösung

```
sort numbers > temp
head -1 temp
rm temp
```

wird zunächst die komplette Datei numbers sortiert und von der entstandenen sortierten Datei das erste Element bestimmt. Die Lösung mit der Pipe

```
sort numbers | head -1
```

sollte erheblich schneller sein, denn sobald `head -1` die erste von `sort` produzierte Zeile gelesen und ausgegeben hat, ist `head -1` fertig und signalisiert `sort` abzubrechen, denn für weiteren Output ist kein Abnehmer mehr da. Die genaue Ersparnis hängt in dem konkreten Beispiel von dem Algorithmus ab, der `sort` zugrunde liegt. Der Befehl

```
sort numbers | head -1
```

könnte somit eine lineare Laufzeit haben, obwohl das Sortieren allein schon quadratisch oder zumindest *loglinear* ist.

Das beschriebene Verhalten ist nicht auf eine besonders clevere Programmierung der Befehle *sort* und *head* zurückzuführen, sondern auf das UNIX-Prozesskonzept in Verbindung mit dem Pipe-Mechanismus. Hinter Befehlen verbergen sich nur Programme, und wir können denselben Effekt mit selbstgeschriebenen Programmen erzielen.

Angenommen, wir suchen die kleinste Primzahl $p > 150000$, für die $p + 2$ auch eine Primzahl ist. Das Paar $(p, p + 2)$ heißt dann *Primzahl-Zwilling*. Obwohl schon Euklid beweisen konnte, dass es unendlich viele Primzahlen gibt, ist es heute noch unbekannt, ob es auch unendlich viele Primzahlzwillinge gibt. Um zu testen, ob jenseits von 150000 immer noch Primzahlzwillinge anzutreffen sind, schreiben wir zwei C-Programme: `primes.c` erzeugt in einer Endlosschleife alle Primzahlen > 150.000 in aufsteigender Reihenfolge und gibt sie auf Standard-Output aus.

```c
/* Erzeugt Primzahlen und schreibt sie nach Std.-Out */

#include <stdio.h>

int isPrime(int c){
  int i;
  for(i=2;i<c; i++) if(c%i==0) return 0; // false
  return 1;         // true
}
main(){
  int low = 150001;
  while(1){ // Endlosschleife
  if(isPrime(low)) printf("%d\n",low);
  low++;
  }
}
```

Ein zweites Programm, `findPair.c` liest von Standard-Input Zahlen bis zwei aufeinanderfolgende die Differenz 2 haben:

```
/*  Finde im Input zwei aufeinanderfolgende
    Zahlen p und q mit q-p = 2 */

#include <stdio.h>
int first,second;

int main (){
  scanf("%d",&first);
  while(1){          // Endlosschleife
    scanf("%d",&second);
    if(second-2==first){
    printf("p=%d und p+2=%d\n",first,second);
    return;
  }
  first = second;}
}
```

Wir compilieren die Programme mit

```
gcc -o primes primes.c
gcc -o findPair findPair.c
```

Wenn wir mit ./primes das erste Programm starten, können wir beobachten, wie die Primzahlen > 150000 ausgegeben werden. Da es sich um eine Endlosschleife handelt, müssen wir das Programm mit *Ctrl-C* stoppen. Wenn wir mit ./findPair das zweite Programm starten, können wir Zahlen von der Tastatur eingeben. Nachdem zwei aufeinanderfolgende Zahlen mit Differenz 2 eingegeben wurden, stoppt das Programm bei der folgenden Eingabe. Das Pipe-Kommando

```
./primes | ./findPair
```

findet jetzt den kleinsten Primzahlzwilling. Sobald *findPair* zwei aufeinanderfolgende Zahlen im Output von *primes* detektiert hat, stoppt es selber, daraufhin veranlasst die pipe, dass auch *primes* gestoppt wird. Das erste Programm, *primes*, ist der Produzent, das zweite, *findPair,* der *Konsument*.

2.5.3 Prozess-Steuerung

Das Prozess-Konzept von UNIX kommt nicht nur im *Pipe*-Mechanismus zum Vorschein. Der Benutzer kann die Abarbeitung seiner Prozesse auch durch spezielle Kommandos beeinflussen. Er kann auf diese Weise Prozesse erzeugen (*fork*), abbrechen (*kill*), suspendieren (*sleep*) und reaktivieren (*wake*). Man kann Prozesse in den Hintergrund verschieben (&), wieder hervorholen, zu einem bestimmten Zeitpunkt starten lassen oder Prozesse auch nach dem Abmelden des Benutzers weiterlaufen lassen.

Die Tastatureingabe *Ctrl-z* suspendiert den zuletzt gestarteten und noch laufenden Prozess. Mit dem Kommando `fg` kann man ihn wieder reaktivieren, das heißt im Vordergrund (`foreground`) ablaufen lassen. Die Kombination von *Ctrl-z* und `fg` erlaubt ein bequemes Unterbrechen und Wiederaufnehmen von Tätigkeiten an einem UNIX-Rechner, selbst wenn wir ihn nur über die Kommandozeile bedienen.

Angenommen, wir benutzen das UNIX-Mailprogramm *mutt*, um einen Brief zu beantworten. Mitten in dem Vorgang fällt uns ein, dass wir im Kalender einen Termin nachsehen müssen.

In einem System ohne *Multitasking*-Fähigkeiten müssten wir
- den angefangenen Brief speichern und das mail-Programm verlassen,
- das Kalenderprogramm aufrufen,
- das Kalenderprogramm verlassen,
- das mail-Programm wieder aufrufen den Brief laden und weiterschreiben.

In einem Multitasking-System, können wir:
- mit *Ctrl-z* den Mailer suspendieren,
- das Kalenderprogramm aufrufen,
- das Kalenderprogramm verlassen,
- mit `fg` das suspendierte Programm reaktivieren.

Der Inhalt des Editors und die Position der Schreibmarke präsentieren sich exakt wie vor der Betätigung von *Ctrl-z*. Wenn wir das Kalenderprogramm zwischendurch noch öfter brauchen, empfiehlt sich auch eine Suspendierung dieses Programms. Hat man allerdings mehrere suspendierte Programme, so ist der Befehl `fg` für sich nicht eindeutig. Die vollständige Syntax

`fg` [*Prozesskennung*]

erlaubt uns aber, den Prozess entweder über seine Nummer, die so genannte *process id*, oder als eine Zeichenkette der Form *%s* einzugeben. Gemeint ist dann der Prozess, dessen Namen mit dem String *s* beginnt. Zur Ermittlung der Kennungen aller suspendierten Prozesse, auch *jobs* genannt, gibt es das entsprechende Kommando

`jobs` [*options*]

Dieses zeigt alle suspendierten Kind-Prozesse des gegenwärtigen Prozesses. Der *gegenwärtige Prozess* ist in der interaktiven Arbeit meist eine Shell. Die Kind-Prozesse sind dann diejenigen Prozesse, die aus dieser Shell heraus gestartet worden sind. Ein Beispiel für das Zusammenspiel von *Ctrl-z*, jobs und `fg` zeigen wir in dem folgenden

Protokoll einer Terminalsitzung.

```
[gumm@batna] ftp ftp.nla.gov.au
Connected to ftp.nla.gov.au (192.102.239.196).
220---------- Welcome to Pure-FTPd ----------
220-You are user number 2 of 50 allowed.
220-Local time is now 05:51. Server port: 21.

Name (ftp.nla.gov.au:gumm): anonymous
230 Anonymous user logged in
Remote system type is UNIX.
Using binary mode to transfer files.

ftp> ls
drwxr-x--- 3 1042 0 4096 Aug 6 03:51 biztech
drwxr-x--- 2 0 0 4096 Apr 9 2007 cjkupload
drwxrwx-wx 2 501 0 4096 Aug 26 11:23 incoming
drwxr-xr-x 15 0 0 4096 Aug 15 18:12 mtriggs
```

Nachdem wir eine Verbindung mit einem ftp-Server an einer australischen Universität aufgebaut haben, fällt uns ein, dass wir auf dem lokalen Rechner etwas im Kalender nachsehen wollen. Wir wollen aber die aufgebaute Verbindung nicht abbrechen. Mit *Ctrl-z* suspendieren wir den ftp-Prozess, der die Verbindung etabliert, erledigen unsere Arbeit (z. B. indem wir lokal das Kalenderprogramm cal aufrufen).

```
ftp> Ctrl-z
[1]+ Stopped ftp ftp.nla.gov.au

[gumm@batna] cal
June 2017
Su Mo Tu We Th Fr Sa
             1  2  3
 4  5  6  7  8  9 10
11 12 13 14 15 16 17
18 19 20 21 22 23 24
25 26 27 28 29 30
```

Anschließend lassen wir uns mit jobs die suspendierten Prozesse anzeigen. Es erscheint in diesem Falle nur einer, den wir mit fg reaktivieren. Wir arbeiten danach auf dem australischen Rechner weiter. Weil das Verzeichnis *mtriggs* die Berechtigungen drwxr-xr-x zeigt, können wir hinabsteigen und uns umsehen ...

```
[gumm@batna] jobs
[1]+ Stopped ftp ftp.nla.gov.au

[gumm@batna] fg
ftp ftp.nla.gov.au

ftp> cd mtriggs
250 OK. Current directory is /mtriggs
ftp>
```

2.5.4 Multitasking

Wir haben bereits festgestellt, dass mehrere Benutzer gleichzeitig an einem Rechner arbeiten können. Die Sitzung jedes Benutzers ist ein Prozess, und das Betriebssystem sorgt dafür, dass so schnell von einem Prozess zum nächsten gewechselt wird, dass alle Prozesse scheinbar gleichzeitig ablaufen. Nicht nur das Betriebssystem, auch ein Benutzer kann mehrere Prozesse gleichzeitig starten. Wenn ein Prozess voraussichtlich längere Zeit in Anspruch nehmen wird, möchte der Benutzer nicht warten, bis der Prozess beendet ist, sondern andere Dinge gleichzeitig erledigen. Er kann diesen Prozess dann im Hintergrund ablaufen lassen. Wenn ein Prozess aus einer Shell gestartet wird, wird dies erreicht, indem man das Kommando, das den Prozess startet, mit einem „&" abschließt. Eine typische Situation entsteht, wenn eine Datei ausgedruckt werden soll. Das Kommando

```
lp meinfile
```

würde die Shell so lange blockieren, bis die Datei gedruckt ist. `lp` steht für `line printer`. Beendet man das Kommando dagegen mit einem **&** wie in

```
lp meinfile &
```

so wird der Druckprozess im Hintergrund ausgeführt. Die Shell ist sofort für das nächste Kommando bereit, während noch der Druck erledigt wird. Explizit kann man auch mit

```
bg [ processID]
```

einen bestimmten Prozess in den Hintergrund verlegen. Hätte man also aus Versehen das „&" vergessen, also den Befehl `lp meinfile` gegeben, so könnte man folgendermaßen vorgehen:

```
Ctrl-z      (hält lp an)
bg %1        (legt lp in den Hintergrund).
```

Danach erscheint die Shell sofort wieder, auch wenn *lp* noch arbeitet. Mit

ps [*options*]

kann man alle Prozesse anzeigen, die momentan auf der Maschine aktiv sind. Auf diese Weise erfährt man auch deren Process-Ids. Um einen davon abzubrechen, tötet man ihn mit

kill [*options*] [*processId*]

Das *kill*-Kommando kennt eine Reihe von Optionen, von denen -9 besonders tödlich wirkt. Wird die erste Shell, die so genannte *login shell* terminiert, so beendet dies die Sitzung.

Wenn der Rechner sich einmal „aufgehängt" hat, also in einen Zustand gerät, in dem er auf keinen Tastendruck mehr reagiert, so würde man, falls es sich um einen PC handelt, diesen aus- und wieder einschalten. Bei einem Mehrbenutzersystem wie UNIX geht dies natürlich nicht. Hier besteht die Lösung darin, ein anderes Terminal zu finden und sich dort erneut anzumelden. Mit dem *ps*-Kommando findet man die Prozesskennung des aufgehängten Prozesses und mit *kill* wird dieser gewaltsam beendet.

Interessant sind noch die Möglichkeiten, Kommandos zu bestimmten Zeiten oder auch zu immer wiederkehrenden Zeiten auszuführen.

at [*Zeitangabe*]

führt Kommandos zu der angegebenen Zeit durch und

cron

kann beliebige Kommandos, die in einer Datei crontab spezifiziert sind zu festen oder wiederkehrenden Zeiten starten, z. B.
- führe jeden Sonntagabend eine Datensicherung durch,
- lasse alle halbe Stunde eine Kuckucksuhr ertönen.

2.5.5 UNIX-Shell-Programmierung

Die UNIX-Shell ist, wie wir bereits gesehen haben, selber ein Prozess. Jedes der Shell übergebene UNIX-Kommando startet einen neuen Kind-Prozess der Shell. Wenn die Kommandozeile mit „&" abgeschlossen wurde, laufen sowohl die Shell als auch der

Kind-Prozess gleichzeitig weiter. Ansonsten wartet die Shell, bis der Kind-Prozess terminiert hat.

Es gibt eine Reihe von Shells, unter denen ein Anwender auswählen kann. Alle zeigen das oben beschriebene Verhalten, doch können die meisten mehr, als nur einen *Prompt* darzustellen und UNIX-Prozesse zu starten. Beispielsweise kann man mit dem Kommando `history` die letzten Befehle noch einmal anzeigen oder mit dem Kommando „!!" den letzten Befehl erneut ausführen lassen. Solche Befehle heißen *Shell-Kommandos*, sie werden von der Shell selber interpretiert und führen nicht zu einem Kind-Prozess. Unterschiedliche Shells haben unterschiedliche Sammlungen von Shell-Befehlen. Der Benutzer kann meist nicht zwischen UNIX-Kommandos, die in allen Shells gleich funktionieren, und Shell-Kommandos unterscheiden. Erst wenn er zu einer anderen Shell übergeht, werden ihm Unterschiede auffallen.

Die Bourne-Shell *sh* als Standardshell von UNIX wurde in Linux von der Bourne-Again-Shell *bash* abgelöst. Daneben sind aber auch andere Shells populär geworden, zum Beispiel die C-Shell *csh* oder die Korn-Shell *ksh*. Mit dem Kommando `bash` wird eine neue Bourne-again-Shell gestartet, mit `csh` eine neue C-Shell. Mit `exit` oder *Ctrl-d* terminiert man sie. Wenn ein Benutzer sich anmeldet (*einloggt*), wird zunächst eine Shell gestartet. Der Systemverwalter hat festgelegt, ob es eine C-Shell oder eine andere Shell sein soll. Die erste Shell, die Mutter aller Prozesse, heißt *login-shell*. Terminieren der login-shell bedeutet abmelden des Benutzers.

2.5.6 Die C-Shell

Die C-Shell wird mit dem Kommando *csh* gestartet. Möglicherweise ist aber die login-Shell bereits eine C-Shell. Sie ist besonders unter C-Programmierern beliebt. Ihre genaue Arbeitsweise wird von den folgenden Dateien beeinflusst, die im *Home*-Verzeichnis des Benutzers, in „~", liegen sollten:

`.cshrc` enthält Kommandos, die beim Starten jeder C-Shell ausgeführt werden,

`.login` wird von der login-Shell direkt nach .cshrc ausgeführt,

`.logout` wird beim Terminieren der login-Shell, also beim logout ausgeführt,

`.history` enthält die Liste der letzten Befehle der letzten Sitzung.

Bis auf `.history` sind alle diese Dateien Kommandodateien, d. h. sie enthalten beliebige UNIX- oder Shell-Kommandos. Üblicherweise werden sie dazu benutzt, Systemparameter zu setzen, mit *alias* andere Namen für Kommandos zu definieren und Suchpfade festzulegen. Ein Suchpfad gibt an, in welchen Verzeichnissen zusätzlich gesucht werden soll, falls im Arbeitsverzeichnis eine Datei nicht gefunden wird.

2.5.7 Kommando-Verknüpfungen

Mehrere Kommandos können auf vielfältige Weise zu neuen Kommandos verknüpft werden. Ein Beispiel war die Verknüpfung zweier Kommandos durch eine Pipe. Andere Kommandoverknüpfungen sind:

cmd &	Führe cmd im Hintergrund aus.
cmd1 ; cmd2	Führe erst cmd1 aus, danach cmd2.
cmd1 | cmd2	Bilde eine Pipe aus cmd1 und cmd2
cmd1 && cmd2	AND. Falls cmd1 fehlerfrei terminiert, führe cmd2 aus
cmd1 || cmd2	OR. Falls cmd1 mit Fehler terminiert, führe cmd2 aus
cmd1 ʻcmd2ʻ	Benutze die Ausgabe von cmd2 als Argument für cmd1

Es folgen einige Beispiele. Diese könnten auch in einer Kommandodatei stehen. Ein **#** beginnt einen Kommentar, der sich bis zum Zeilenende erstreckt.

```
sort AdressenDatei &                    # Sortiere im Hintergrund
cd ; pwd                                # Erst cd, dann pwd
sort daten | pg | lp                    # Sortiere, paginiere, drucke
grep -l Hugo *.txt || echo Nix da       # Melde erfolglose Suche
vi ʻgrep -l Hugo *.cʻ                    # Editiere alle C-Dateien, mit „Hugo"
```

2.5.8 Variablen

Variablen können in der C-Shell benutzt werden, um Zwischenwerte zu speichern oder das Verhalten der Shell zu beeinflussen. Der Wert einer Variablen kann ein String, eine Zahl, ein Symbol oder eine Liste von Werten sein. Mit dem Kommando

set *variable* = *wert*

wird einer Variablen ein Wert zugeordnet. Fehlt der Wert, so wird eine Variable *gesetzt*. Mit unset wird dies wieder rückgängig gemacht. Ohne Argumente zeigt set alle Variablen zusammen mit ihren Werten an. Um auf den Wert einer Variablen zuzugreifen, muss man ein „$" davorsetzen. Auf diese Weise kann man zwischen Symbolen und Variablen unterscheiden. Als Beispiel betrachten wir das Kommando echo, das lediglich seine Argumente auf dem Bildschirm ausgibt. Nach dem Setzen der Variablen *hallo* durch

```
set hallo=" Guten Tag"
```

führt der Aufruf

```
echo hallo $hallo
```

zu der Bildschirmausgabe: hallo Guten Tag.

Die folgenden Variablen sind vordefiniert. Sie haben also eine besondere Bedeutung für die C-Shell. Einige, wie z. B. *argv* und *cwd*, werden automatisch gesetzt, andere werden meist beim Aufruf der C-Shell gesetzt und können interaktiv verändert werden. Dazu gehören u. a. die Variablen *home, path, prompt, term, user*. Da die Werte dieser Variablen das Verhalten der Shell bestimmen, ist es sinnvoll, in der Datei „.cshrc", die zu Beginn jedes Aufrufs einer C-Shell abgearbeitet wird, den Variablen geeignete Werte zuzuweisen. Einige der wichtigsten vordefinierten Variablen sind:

argv	Liste der Argumente zum gegenwärtigen Kommando
echo	Falls gesetzt: Zeige jede Zeile nochmal, ehe sie ausgeführt wird.
home	Home-Verzeichnis des Benutzers
ignoreeof	Ignoriere eof vom Terminal (Verhindert versehentliches logout)
path	Liste von Pfadnamen, in denen Kommandos nach Dateien suchen
prompt	String, der als Prompt dienen soll
user	Login-Name des Users.

Um auf den Wert einer Variablen zugreifen zu können, ist es nötig, ein $ voranzustellen. Genau genommen handelt es sich um eine Substitution, wie wir sie von der Behandlung der Datei-Muster bereits kennen: Ein Ausdruck der Form $*var* wird von der Shell durch den Inhalt der Variablen *var* ersetzt. Erst dann wird das Kommando, in dem $*var* vorkommt, ausgeführt.

Solche Substitutionen spielen in den so genannten *Shell Scripts* eine große Rolle. Das sind Dateien, die eine Reihe von Kommandos enthalten, ähnlich den Batch-Dateien in DOS. In der folgenden Tabelle werden die wichtigsten Ersetzungen aufgelistet, die durch das vorangestellte $ veranlasst werden. Die geschweiften Klammern sind oft überflüssig. Sie dienen dazu, einen Variablennamen von den folgenden Zeichen zu trennen, die sonst als Teil des Namens interpretiert werden könnten.

${var}	Inhalt der Variablen var
${var[i]}	i-tes Wort der Liste var
${#var}	Anzahl der Worte in var
${?var}	1, falls var gesetzt, 0 sonst.
$$	Prozessnummer der gegenwärtigen Shell
$<	Lies Zeile von Standard-Input.

Beispielsweise sortiert das folgende Kommando die letzte Datei der Eingabezeile und speichert das Resultat in einer neuen temporären Datei:

```
sort $argv[$#argv] > temp.$$
```

Jedes UNIX-Kommando liefert nach Beendigung einen *return code* zurück. Dieser wird in der Variablen status gespeichert. Ist der Wert 0, so hat das Kommando erfolgreich terminiert, ist er ungleich 0, so muss er als ein für dieses Kommando spezifischer Fehlercode interpretiert werden.

2.5.9 Shell-Scripts

Ein Shell-Script ist eine Datei, die eine Reihe von Kommandos enthält, welche dem Kommandointerpreter übergeben werden können. Diese Kommandos werden dann genauso ausgeführt, als wären sie von der Tastatur eingetippt worden. Ein Beispiel eines Shell-Scripts ist .cshrc. Darin werden meist einige Variablen gesetzt und Alias-Namen definiert, um die Shell benutzerspezifisch anzupassen. Auch Shell-Scripts sollten durch Kommentare verständlich gemacht werden. Ein einfaches Beispiel einer .cshrc-Datei ist:

```
# Das Zeichen "#" beginnt einen Kommentar bis zum Zeilenende
clear   # Lösche Bildschirm
pwd
# -------------- Variablendefinitionen -------------
set path=(~ ~/bin /usr/ucb /bin /usr/bin . )
set prompt='Dein naechster Befehl, Meister %'
# ------------- Aliasdefinitionen -----------------
alias ls ls -CF
alias ll ls -lF
alias del 'mv \!* ~/Trash' # \!* steht fuer Argumentliste
```

2.5.10 Ausführung von Shell-Scripts

Die Kommandos in einem Shell-Script werden von einer Shell interpretiert. Daher muss man ein Shell-Script auch nicht compilieren, sondern es genügt, mithilfe von *chmod* eine *execute*-Erlaubnis zu setzen (chmod u+x *script*). Anschließend kann *script* wie ein Kommando verwendet werden, es ist z. B. aufrufbar durch Eintippen des Dateinamens auf der Kommandozeile. Da der Aufruf einer Shell aber selber wieder ein UNIX-Kommando darstellt, ergeben sich insgesamt folgende Alternativen:

csh < *script*	Rufe eine Subshell auf mit Standard-Input aus *Script*
source *Script*	Führe Kommandos aus *Script* in der aktuellen Shell aus,
exec *Script*	Terminiere aktuelle Shell und führe Script aus
Script	Führe das Script in einer Subshell aus.

Im letzten Fall ist es nötig, dass die Datei vorher mit chmod als *executable* markiert wurde. Im Allgemeinen muss *Script* mit seinem vollen Pfad angegeben werden. Wenn sich die Datei Script im aktuellen Verzeichnis befindet, das ja mit „.“ bezeichnet wird, lauten die vollständigen Kommandos also: `source ./Script`, `exec ./Script`, und `./Script`.

2.5.11 UNIX-Kommandos und Shell-Kommandos

Ohne Handbuch ist es oft nicht ersichtlich, ob ein Kommando ein UNIX-Kommando ist oder ein Shell-Kommando. Letzteres kann bei einer Shell vorhanden sein, es kann aber auch bei einer anderen Shell fehlen oder eine andere Syntax haben. Im Folgenden stellen wir einige Kommandos von bash und csh gegenüber:

bash	csh	
`$`	`%`	Default Prompt
`x=y`	`set x=y`	Wertzuweisung
`$?`	`$status`	exit status
`$#`	`$#argv`	Anzahl der Argumente
`pwd`	`dirs`	aktuelles Verzeichnis
`read`	`$<`	lesen vom Terminal
`for/do`	`foreach`	for-Schleife
`while/do`	`while`	while-Schleife
`done`	`end`	Schleifenende
`if[$i -eq 5]`	`if($i==5)`	if-Syntax
`fi`	`endif`	beendet ein if

Generell sind Shell-Kommandos solche, die mit der Wirkungsweise der Shell selber zu tun haben. Dazu gehören einerseits das Setzen von Variablen, Kommandoersetzung und Kommandoverknüpfung sowie der History-Mechanismus. Andererseits gibt es auch Shell-Kommandos, die lediglich eine schnellere Version eines UNIX-Kommandos bereitstellen, wie z. B. das Kommando *dirs* der C-Shell. Es ist identisch zu dem UNIX-Kommando *pwd*, wird aber schneller ausgeführt. Das liegt an der verschiedenen Behandlung von Shell- und UNIX-Kommandos:

- ein Shell-Kommando wird von der gegenwärtigen Shell als Unterroutine ausgeführt,
- ein UNIX-Kommando veranlasst die Shell, einen neuen Prozess zu erzeugen, der in einer eigenen Subshell das Kommando ausführt.

Ein Beispiel für das Zusammenspiel von Shell-Kommandos und UNIX-Kommandos:

```
set anzahl = `cat/etc/passwd | wc -l`
```

set ist ein Shell-Kommando, *cat* und *wc* sind UNIX-Kommandos. Der komplette Befehl führt zu zwei neuen Prozessen, zu einem für *cat* und einem für *wc*, während *set* direkt von der Shell ausgeführt wird.

2.5.12 UNIX als Mehrbenutzersystem

UNIX ist ein *Mehrbenutzersystem*. Für jeden Benutzer, der sich im System anmeldet, wird eine Shell (*login Shell*) als neuer Prozess gestartet. Mit dem Befehl

```
login
```

meldet sich ein eingetragener Benutzer im System an. Dieses fragt zunächst nach Benutzernamen und Passwort. Anschließend wird seine login-Shell gestartet. Mit

```
passwd
```

sollte man gelegentlich sein Passwort ändern. Das Passwort kann beliebige Zeichen, auch Sonderzeichen, enthalten. Nur die ersten 8 Zeichen sind relevant. Mit dem Befehl

```
who
```

kann man sich *umschauen*. Der Befehl zeigt an, wer noch an derselben Maschine arbeitet. Anschließend kann man mit diesen Benutzern in Kommunikation treten. Diese Kommunikation kann aber auch netzweit oder, falls der Rechner am *Internet* angeschlossen ist, sogar weltweit fortgesetzt werden. Mit

```
write user [tty]
```

wird eine Kommunikation zu einem anderen Benutzer eingeleitet. Dieser erhält ein akustisches Signal und die Aufforderung zur Antwort. Um allen Benutzern des Systems eine Botschaft mitzuteilen, gibt es das Kommando

```
wall
```

Meist benutzt der Systemverwalter ein solches Kommando, um allen Benutzern mitzuteilen, dass die Maschine *heruntergefahren* werden soll.

2.5.13 UNIX-Tools

Die Verfügbarkeit einer umfangreichen Sammlung von Software-Werkzeugen (*tools*) hat UNIX in den 80er Jahren, insbesondere an Universitäten und Forschungseinrichtungen, populär gemacht. Die dort entwickelte Software ist im Allgemeinen kostenlos zugänglich.

Unter den Entwicklern dieser Tools ist vor allem die „Free Software Foundation" hervorzuheben, die als Gruppe ehemaliger Studenten des MIT begann. Unter dem Projektnamen GNU (*GNU is Not UNIX*) stellt sie hochwertige UNIX-Tools her, die kostenlos vertrieben werden. Diese Produkte werden im Quellcode (C oder C++) weitergegeben und sind meist besser als die kommerziell erhältlichen Gegenstücke. Einige der GNU-Entwicklungswerkzeuge sind

`emacs`	ein Full-Screen-Editor
`gcc`	GNU-C-Compiler
`gas`	GNU-Assembler
`g++`	C++-Compiler
`flex`	Scanner-Generator, GNU-Variante von `lex`
`bison`	Parser-Generator, GNU-Variante von `yacc`
`GNU-LISP`	LISP, eine funktionale Sprache.

Im Folgenden werden wir einige der erwähnten Systeme kurz vorstellen.

2.5.14 Editoren für Linux Systeme

Selbstverständlich gibt es für Linux die übliche große Auswahl an modernen, bequemen Texteditoren und Programmentwicklungsumgebungen. Wir besprechen hier nur kurz drei Editoren, die auch ohne grafische Oberfläche in textbasierten Terminalfenstern funktionieren und somit auch in minimalistischen Umgebungen, z. B. innerhalb einer *telnet* Sitzung, bedienbar sind. Zudem sind alle drei Editoren in fast allen Linux Distributionen schon vorhanden (*vi* und *nano*) oder können mit einem einzigen Befehl nachinstalliert werden (*emacs*).

vi

vi (sprich: „wie ei") ist ein Editor, der mit Sicherheit auf jedem UNIX- und jedem Linux-System vorhanden ist. Auf einem neuen oder einem fremden System könnte man daher anfänglich gezwungen sein, diesen Editor zu benutzen, weil noch nichts anderes installiert worden ist. Daher ist es sinnvoll, sich rudimentäre Grundkenntnisse über vi anzueignen.

Wichtig ist es zu wissen, dass vi sich immer in einem von zwei Modi befindet:
- *command mode* oder
- *input mode*.

In *command mode* erwartet vi einen Befehl und in *input mode* die Eingabe von Text. Im *command mode* kann man
- den Cursor bewegen,
- Worte, Zeilen oder Buchstaben löschen,
- den Text speichern und *vi* verlassen,

Abb. 2.14. vi-modes

aber keinen Text eingeben! Dies geht nur in *input mode*. Die Tasten i (*insert before cursor*), a (*append after cursor*) und einige mehr führen vom *command modus* in den *input modus*.

Im *input modus* kann man ganz normal Text eingeben, dieser erscheint vor oder nach dem Cursor, je nachdem, ob man mit i oder mit a in den input modus gewechselt ist. Die Texteingabe gestaltet sich anfänglich wie bei jedem anderen Editor, sobald man jedoch ein Zeichen löschen oder den Cursor bewegen will, muss man vorher mit *ESC* in den Command mode wechseln.

vi kann von jedem UNIX-Terminal aus bedient werden. Dieses muss nicht einmal Cursor-Tasten besitzen. In diesem Fall geht man zunächst in *command mode* und bewegt die Schreibmarke mit den Buchstabentasten h, j, k und l. Die rudimentärsten, in *command mode* notwendigen Befehle sind:

– *Cursorbewegungen*: Falls vorhanden, mit den Pfeiltasten ↑, ↓, ←, →, ansonsten mit h, j, k, l oder w (ein **W**ort nach rechts) oder mit b (*backward*) ein Wort nach links.
– *Löschen*: x (Zeichen unter Cursor) dd (Zeile unter Cursor), dw (Wort unter Cursor),
– *Speichern und Beenden*: ZZ (Comicfans assoziieren damit „schnarchen") speichert und verlässt *vi*, ebenso :wq , zusammengesetzt aus :w (*write*) und :q (*quit*).

Es ist sinnvoll sich einige rudimentäre vi-Kanntnisse als Überlebenshilfe für den Fall anzueignen, dass man gezwungen ist, ein fremdes UNIX-System zu bedienen.

nano

Die meisten Linux Systeme haben einen einfachen Texteditor *nano* vorinstalliert, der für Neulinge, insbesondere aber Umsteiger von anderen Betriebssystemen, deutlich einfacher zu bedienen ist, als *vi*. Texteingabe inklusive Cursorbewegungen, *backspace* und *del* funktionieren wie von normalen Texteditoren gewohnt. Für Kommandos, wie *cut/uncut*(paste), *writeOut* (speichern), *whereIs*(suchen), etc. gibt es leicht zu merkende Ctrl-Sequenzen ^K/^U, ^O, ^W, etc. die zudem stets am unteren Rand angezeigt werden. Für normale oder gelegentliche Linux-User ist dieser Editor empfehlenswert, weil er unmittelbar ohne Eingewöhnungsphase effektiv zu benutzen ist.

emacs

Der mächtigste und in UNIX-Kreisen sehr beliebte Editor ist emacs. Mehr als ein Editor, bietet emacs eine komplette Oberfläche, aus der heraus man nicht nur Daten editieren, sondern auch UNIX-Kommandos ausführen, LISP-Ausdrücke auswerten und in mehreren Fenstern gleichzeitig arbeiten kann. Dennoch ist emacs aus jeder Shell heraus zu bedienen, somit auch über beliebige *telnet*- und *ssh*-Verbindungen.

Emacs kennt eine Reihe von Dateiformaten, kann während der Bearbeitung solcher Dateien Syntax- und Rechtschreibprüfungen durchführen, zeigt korrespondierende Klammerpaare optisch an und kann mit regulären Ausdrücken spezifizierte Textteile suchen und ersetzen. Mit einer mächtigen Makro-Sprache kann man emacs beliebig an eigene Bedürfnisse anpassen. Da emacs in der Sprache LISP, einer interaktiven funktionalen Sprache, geschrieben ist, steht immer ein eingebautes LISP-System zur Verfügung. Falls einem UNIX-Benutzer keine grafische Benutzeroberfläche zur Verfügung steht – sei es, dass er kein grafikfähiges Terminal benutzt, sei es, dass er nur via *telnet* mit dem Wirtrechner verbunden ist – bietet emacs die wohl intelligenteste Oberfläche. Viele Programmierer ziehen emacs auch in der täglichen Praxis dem Umgang mit einer grafischen Benutzeroberfläche vor. Sind ihm erst einmal die Kommandos und Tastenkombinationen bekannt und hat er emacs seinem Geschmack und seinen Bedürfnissen angepasst, kann er damit schneller arbeiten als mit einer grafischen Oberfläche. Trotz der Vorzüge von emacs ist es eine Tatsache, dass emacs nicht zum Standard-Umfang von Linux- oder UNIX-Systemen gehört.

2.5.15 C und C++

UNIX hat einen kompakten Kern, der in Assembler geschrieben und daher auch maschinenabhängig ist. Der größte Teil von UNIX ist aber in der Sprache *C* geschrieben. Daher ist UNIX relativ einfach auf neue Maschinen portierbar.

C ist eine imperative Sprache wie Java und Pascal, hat aber weit weniger Sicherheitsmechanismen (insbes. was die Typprüfung angeht). C ist hauptsächlich für die systemnahe Programmierung geeignet, hat aber, bedingt durch den Erfolg von UNIX, auch als allgemeine Programmiersprache eine herausragende Bedeutung erlangt. C++ ist eine objektorientierte Erweiterung von C. Ursprünglich von B. Stroustrup als Präprozessor für C entwickelt, gibt es heute zahlreiche C++ Compiler. C++ hat den Siegeszug von C fortgesetzt und ist heute auf fast allen Betriebssystemen erhältlich. Viele PC-Anwendungen (Excel, Windows, ...) sind in C oder in C++ programmiert.

Im Vergleich zu Java oder Pascal hat der C-Programmierer sehr viel mehr mit der Speicherverwaltung zu tun. Viele Daten werden über untypisierte Pointer angesprochen. Programmierfehler sind daher vom Compiler oft nicht erkennbar und führen erst während der Laufzeit zu Schwierigkeiten. Solche Fehler sind immer nur mühsam zu erkennen.

Hier wird die Sprache C nicht näher besprochen. Wir zeigen als Illustration lediglich den Quelltext eines Programms, das eine Temperaturtabelle mit Fahrenheit und Celsiuswerten ausgibt. Die Ähnlichkeit der C-Syntax mit der von Java ist sofort ersichtlich.

```
/* Temperaturtabelle Celsius-Fahrenheit */
  #include <stdio.h>
  int low, high;
  zeile(int c){
    printf(" %d\t %d\n",c,32+(9*c)/5);
  }
  main(){
    int i;
    scanf("%d %d", &low, &high);
    printf("Celsius Fahrenheit\n");
    printf("------- ----------\n");
    for( i=low ; i <= high ; i+=10) { zeile(i); }
  }
```

Nachdem das Programm in einer Datei gespeichert wurde, z. B. *fahrenheit.c* kann es mit dem *gcc* Compiler übersetzt werden. Anschließend werden die Systemfunktionen, wie *printf* dazugebunden und ein ausführbares Programm erzeugt. All dies geht mit dem Befehl

```
gcc -o fahr fahrenheit.c
```

Dann kann *fahr* von der Kommandozeile aufgerufen werden.

```
./fahr
```

Es liest die eingegebenen Zahlen von der Tastatur , z. B. -20 und 30 und erzeugt die Ausgabe:

```
Celsius Fahrenheit
------- ----------
   -20      -4
   -10      14
    0       32
   10       50
   20       68
   30       86
```

2.5.16 Programme installieren und deinstallieren

Unter Windows ist man gewohnt, Programme aus dem Internet zu laden und auszuführen. Entweder handelt es sich um eine Installationsdatei, die das gewünschte Programm nach dem Beantworten gewisser Fragen und dem Zustimmen zu den Lizenzbedingungen selber installiert, oder es handelt sich um ein Archiv, also ein gepacktes

Verzeichnis mit dem ausführbaren Code und Hilfsdateien. Letztere muss man entpacken und kann dann das lauffähige Programm anklicken.

In UNIX- und Linux war es lange anders. Die Programme kamen in Quelltextpaketen, die man zuvor kompilieren musste. Das ist mittlerweile einfacher geworden, da die Linux-Distributionen sogenannte *package manager* mitbringen, mit deren Hilfe man aus vorhandenen Paketen die gewünschten auswählt. Mit einem Klick werden diese dann heruntergeladen, aktualisiert oder neu installiert. Das ganze erinnert stark an den *play store* für Android oder den App Store für Apple Produkte und so funktioniert es auch.

Von der Kommandozeile aus kann man dazu den Befehl `apt-get` mit geeigneten Optionen benutzen. Um beispielsweise das Paket mit dem *flex* Scanner Generator zu installieren, kann man den Befehl

```
apt-get install flex
```

Kommandozeile absetzen. Damit wird die gewünschte Datei mit allen notwendigen Hilfsdateien installiert. Das Programm `aptitude` bietet eine textbasierte Oberfläche, um bequem alle installierten Pakete verwalten zu können, und selbstverständlich gibt es auch eine graphische fensterbasierte Anwendung, die unter Debian-basierten Linux Distributionen (darunter auch die populäre *Ubuntu* Distribution) `synaptic` heißt.

2.5.17 Scanner- und Parsergeneratoren

Scanner und *Parser* sind wichtige Bestandteile von Compilern. Sie dienen dazu, einen als String vorliegenden Text in Bestandteile zu zerlegen und seine syntaktische Struktur zu analysieren. Sobald bestimmte Strukturen erkannt wurden, können entsprechende Aktionen veranlasst werden, z. B. die Übersetzung der erkannten Struktur oder die Ausführung eines erkannten Befehls.

Viele interessante Aufgaben lassen sich durch eine syntaxgesteuerte Übersetzung lösen, daher gibt es Systeme, die aus einer mit regulären Ausdrücken und BNF beschriebenen Sprache automatisch entsprechende Scanner und Parser erzeugen.

Mit *lex*, einem Scannergenerator und *yacc*, einem Parsergenerator, gibt es in UNIX die wohl mächtigsten Werkzeuge in diesem Bereich. Als freie Alternativen zu diesen beiden Werkzeugen hat die *Free Software Foundation* die Alternativen *flex* und *bison* entwickelt. Da diese, getreu der GNU-Philosophie, im C-Quelltext abgegeben werden, sind sie auch in anderen Betriebssystemen nutzbar. Es ist wichtig zu erkennen, dass der Einsatzbereich dieser Werkzeuge nicht auf den Compilerbau beschränkt ist, sondern dass man mit ihnen auch viele Programmieraufgaben erheblich erleichtern kann.

Ein *Scanner* ist zunächst ein Programm, das einen String in einer selbst definierbaren Weise in Teilstrings zerlegt und diese klassifiziert. Die Klassen heißen *Token*.

Oft werden die Teilstrings als die elementaren Bestandteile einer Sprache definiert: Worte in natürlicher Sprache, Schlüsselworte, Variablennamen, Konstanten und Operationszeichen in einer Programmiersprache. Aus einer Definition der elementaren Bestandteile einer Sprache mittels regulärer Ausdrücke erzeugt *lex* einen Scanner.

Es gibt noch sehr viel mehr Möglichkeiten, *lex* zu nutzen, als nur Scanner für Compiler zu erstellen, denn in den lex-Aktionen können beliebige C-Anweisungen stehen. Als Beispiel wollen wir ein Programm erstellen, das aus Textdateien überflüssige Leerzeichen entfernt und zusätzlich alle Großbuchstaben in Kleinbuchstaben umwandelt. Wir erstellen die folgende lex-Datei `lower.l`:

```
%%
[A-Z] putchar(yytext[0]+'a'-'A');
[ ]+$ ;
[ ]+ putchar(' ');
```

Die lex-Datei enthält drei *reguläre Ausdrücke*. Der erste, `[A-Z]`, passt auf jeden Großbuchstaben. Da der jeweils von *lex* erkannte Text in dem String `yytext` gehalten wird, liefert `yytext[0]` den ersten Buchstaben des erkannten Textes und `yytext[0]+'a'-'A'` den entsprechenden Kleinbuchstaben, der dann mit *putchar* ausgegeben wird. `'[ ]+'` passt auf Folgen von einem oder mehreren Leerzeichen, und $ steht für das Zeilenende. `[ ]+$` passt daher auf eine nichtleere Folge von Leerzeichen vor dem Zeilenende $, und die zugehörige Aktion „ ; " entspricht der leeren C-Anweisung. Die Wirkung ist, dass Leerzeichen am Zeilenende entfernt werden. Mehrere Leerzeichen werden durch ein einzelnes Leerzeichen ersetzt -(`putchar(' ');`).

`flex` erzeugt nun aus der Quelldatei ein C-Programm mit Namen `lex.yy.c`, das wir anschließend mit `gcc` kompilieren. Da einige Hilfsfunktionen aus der *flex library* mit eingebunden werden müssen, erhält der Compilierfunktion als -l Option den Namen dieser Bibliothek: (`-l fl`).

```
flex lower.l
gcc lex.yy.c -o lower -l fl
```

Anschließend können wir das erzeugte Programm `lower` mit einer beliebigen Eingabedatei testen:

```
./lower <test.txt
```

Ein *Parser* ist ein Programm, das einen Text liest und ihn mit einer vorgegebenen Grammatik vergleicht. Die einzelnen Textteile werden den grammatikalischen Einheiten zugeordnet. Lässt sich der gelesene Text nicht im Sinne der Grammatik zerlegen, so wird ein Fehler angezeigt. Ansonsten wird die Struktur des Textes anhand der Grammatik erkannt.

In der Informatik setzt man Grammatiken zur Beschreibung von Programmiersprachen ein. Ein *Parser* ist das „*front end*" eines Compilers. Die den syntaktischen Bestandteilen zugeordneten Aktionen bewirken eine Übersetzung von der Quell- zur Zielsprache. Das klassische UNIX-Werkzeug zur Erzeugung von Parsern aus Grammatikbeschreibungen heißt *yacc*. Damit lässt sich aus einer Syntaxbeschreibung ein Parser erzeugen. Unter Verwendung *grammatischer Aktionen* kann sogar ein großer Teil eines Compilers oder Interpreters allein aus einer *lex/yacc* Beschreibung generiert werden. *yacc* und *lex* – genauer, die von ihnen erzeugten Scanner und Parser – arbeiten Hand in Hand. Der eingegebene Text wird von dem Scanner in Worte (*Token*) zerlegt, diese werden von *dem* Parser den grammatikalischen Einheiten zu geordnet. Weitere Daten, wie z. B. Tokenwerte, werden über gemeinsame Variablen ausgetauscht. Die freien Implementierungen von *lex* und *yacc* heißen *flex* und *bison*. Diese sind auch in anderen Betriebssystemen einsetzbar.

2.5.18 Projektbearbeitung

Bei größeren Softwaresystemen setzt sich das fertige Programm oft aus vielen verschiedenen Dateien zusammen, zum Beispiel aus Objekt-Dateien (`*.obj`), welche zu einem ausführbaren Programm (*.exe) gebunden werden. Die Objekt-Dateien werden mittels verschiedener Compiler aus Quelldateien gewonnen. Auf diese Weise ergeben sich Abhängigkeiten, welche in einem Baum veranschaulicht werden. Die Wurzel ist das Endergebnis, z. B. das endgültige Programm. Die Söhne jedes Knotens sind die Dateien, von denen der Knoten direkt abhängig ist.

Wenn in einer der Dateien eine Änderung vorgenommen wird, müssen alle anderen Dateien, die von dieser Datei abhängig sind, auf den aktuellen Stand gebracht werden. Das UNIX-Tool *make* dient dazu, das Projekt mit minimalem Aufwand in einen konsistenten Zustand zu versetzen. Dazu notiert man in einem *makefile* die Abhängigkeiten der Dateien untereinander sowie für jeden inneren Knoten die Befehle, mit denen dieser Knoten aus seinen Söhnen neu erzeugt werden kann. Nach einer Änderung irgendwelcher Quelldateien sorgt *make* dafür, dass alle davon abhängigen Dateien wieder entsprechend erzeugt werden. Diese Änderungen setzen sich rekursiv bis zur Wurzel fort. Auch das Programm *make* ist mittlerweile auch für andere Betriebssysteme erhältlich.

2.6 X Window System

Grafische Benutzeroberflächen haben sich unter UNIX nur langsam durchgesetzt. Durch seine Verbreitung im technisch-wissenschaftlichen Bereich und durch seine Abwesenheit auf PCs blieb UNIX lange Spezialisten vorbehalten, für die die Beherrschung der UNIX-Kommandosprache keine Schwierigkeiten bedeutete. Die Handhabung mit Maus und Fenstern beschleunigte die Arbeit nicht unbedingt und war so eher eine Last als eine Erleichterung. Mit UNIX-Kommandos und Befehlstasten in Verbindung mit UNIX-Werkzeugen, wie z. B. emacs, kann ein UNIX-Spezialist schnell und gezielt umgehen.

Mit der Schnelligkeit, mit der neue Anwendungen entstehen, wächst jedoch der Druck, neue Software auszuprobieren und anzuwenden, ohne vorher Kommandos, Befehlstasten oder überhaupt ein Manual zu studieren. Hierbei ist eine intuitive Benutzeroberfläche von Vorteil. Heute stattet jeder Workstation-Hersteller sein Rechner-Betriebssystem daher mit einer grafischen Oberfläche aus. Wären diese Oberflächen nicht kompatibel, dann wäre dies von Nachteil für die Portabilität von UNIX-Anwendungen. Andererseits möchte jeder Hersteller seine Oberfläche mit dem speziellen *look and feel* ausstatten, der sie im Vergleich mit dem Konkurrenten hervorhebt.

Vor diesem Hintergrund wurde 1984 an der US-amerikanischen Universität MIT (Massachusetts Institute of Technology) das X-Fenstersystem (X Window System) entwickelt, dessen Version 11 aus dem Jahre 1987 sich als X11-Standard in der UNIX-Welt etabliert hat. *X* ist ein netzwerkunabhängiges Fenstersystem, das auf den Rechnern vieler Hersteller, z. B. auch auf dem x86-PC, läuft. Voraussetzung ist allerdings ein grafikfähiger Bildschirm nebst Tastatur und Maus. Eine X-Applikation kann sich auf mehrere Rechner in einem Netzwerk verteilen. Diese Rechner spielen dabei verschiedene Rollen:

- Der X-Display-Server ist Anbieter der Ein- und Ausgabedienste. Er stellt mit seinem Bildschirm die Fenster (X-Windows) dar und registriert Maus- und Tastatureingaben.
- Ein oder mehrere X-Clients sind die Kunden oder Nutzer der Server-Dienste. Gemäß dem X-Protokoll fordern sie Ein- und Ausgabedienste von dem Server an. Die auf den X-Clients laufenden Programme können beliebige UNIX-Programme sein: Datenbanken, Editoren, Compiler etc.

Typischerweise sind Rechner heute in lokalen und globalen Netzen eingebunden. Demgemäß können X-Clients und X-Server auf verschiedenen Rechnern eines Netzes ablaufen, andererseits ist es aber auch möglich, dass sowohl Client als auch Server auf demselben Rechner zu Hause sind. Das X-System ist damit ein Beispiel für ein in der Netzwelt häufig anzutreffendes Konzept der *Client-Server-Architektur*.

Was ist damit gewonnen? Angenommen, dass ein Benutzer vom Rechner auf seinem Schreibtisch eine Datenbankabfrage starten möchte, die ihm Aufschluss über die in einer entfernten Bibliothek vorhandenen Buchtitel zu einem bestimmten Thema gibt. Das Ergebnis soll in einem Fenster dargestellt werden, in dem man mithilfe einer *scrollbar* die gelieferten Titel in aller Ruhe ansehen kann. Wegen der begrenzten Kapazität der Netzverbindung, aber auch aus anderen Gründen wäre es unsinnig, wenn der entfernte Bibliotheksrechner die Pixel des Rechners auf dem Schreibtisch des Benutzers zeichnen müsste, seine Mausbewegungen registrieren und darauf reagieren sollte. Als X-Client erwartet das Datenbankprogramm von dem X-Server des Benutzers lediglich, dass dieser ein Fenster mit Rollbalken bereitstellt und die gefundenen

Namen darin darstellt. Solange der Betrachter mit Maus und Rollbalken diese Liste inspiziert, ist der Bibliotheksrechner nicht involviert. Erst wenn Mausereignisse oder Tastatureingaben zu einer weiteren Anfrage führen, führt er den nächsten Befehl aus. Insofern ist es ihm auch gleichgültig, in welcher Farbe, Größe oder welchem Stil die Fenster des Servers erscheinen, allein die Funktionalität – Fenster mit Rollbalken plus Inhalt – ist relevant und wird durch das Netz übertragen.

In der Tat bietet ein X-Server allein noch keine überwältigende Benutzeroberfläche. Eine Reihe von nützlichen Hilfsmitteln steht aber zur Verfügung, die es gestatten, auf dem X-Server eine nützliche Oberfläche zu gestalten. Diese Hilfsmittel sind üblicherweise selber als X-Clients konzipiert. Die wichtigsten Clients sind dabei der so genannte *Window-Manager*, der *xterm* Terminal-Emulator sowie eine Reihe von nützlichen Hilfsmitteln, so genannte *utilities*.

2.6.1 Window-Manager und Terminal Emulator

Der Window-Manager ist ein Client, der es erlaubt, die Größe und die Position von Fenstern zu bestimmen und zu verändern. Mit ihm kann man Fenster verschieben, überlappen, zu Icons verkleinern, öffnen und beliebig in der Größe verändern. Der Window-Manager ist, als Client, selbst ein X-Programm und kann beliebig ersetzt werden. Ein populärer Window-Manager heißt *uwm,* für *universal window manage*r, aber es gibt eine Reihe von Alternativen wie *Sawfish, kwm* oder *KWin.*

Ein *Terminal-Emulator* ist ein Fenster, in welchem man ein Terminal nachbilden kann. Das Programm *xterm* etwa emuliert z. B. das früher weitverbreitete DEC VT102-Terminal. In dem Terminal-Fenster wird im VT102 Modus jeder Tastendruck so interpretiert, als wäre er an dem VT102-Terminal geschehen und auch die Ausgabe beschränkt sich auf den Textmodus des VT102. Eine solche Verbindung im Textmodus ist oft bei Netzverbindungen nötig, etwa bei einem *login* auf einem entfernten Rechner, *rlogin,* oder bei einer *ftp-* oder *telnet*-Verbindung. Da der X-Server eine Reihe von Clients gleichzeitig bedienen kann, dürfen mehrere solcher Terminalfenster zur selben Zeit geöffnet sein. So kann man zum Beispiel in einem Fenster Text editieren und in einem anderen Fenster Dateien transferieren. Wie bei den meisten X-Clients lässt sich durch eine Reihe von Optionen das Verhalten von *xterm* auf vielfältige Weise den Benutzerwünschen anpassen.

2.6.2 Grafische Oberflächen

Wenn auch X11 zum Standard für grafikorientierte Programme geworden ist, so spricht nichts dagegen, dass Firmen ihren Produkten ein eigenes *look-and-feel*, also ein charakteristisches, abgestimmtes Aussehen geben. Das X Window System stellt eine Grundfunktionalität zur Verfügung, auf der firmeneigene Benutzeroberflächen aufsetzen können. Diese Benutzeroberflächen können sich durch eine eigene Gestaltung der grafischen Elemente oder auch durch besondere Funktionalität auszeichnen.

Damit z. B. alle Anwendungen der Firma SUN in gewisser Weise einheitlich zu bedienen waren, wurde in einer OPEN LOOK genannten Spezifikation eine grafische Benutzeroberfläche spezifiziert. An diese Spezifikation sollten sich Entwickler halten, damit neue Software sofort intuitiv bedienbar war. Eine Implementierung einer Benutzeroberfläche, die sich an die OPEN LOOK-Spezifikation hielt, bot SUN in dem *OpenWindows*-System an.

OPEN LOOK mit OpenWindows blieb aber beileibe nicht die einzige grafische Benutzeroberfläche, die auf X11 aufsetzt. Es wurde durch das System OSF/Motif der Open Software Foundation abgelöst. Des Weiteren lässt sich auf X11 auch die Benutzeroberfläche von MS-Windows oder die des Apple Macintosh aufsetzen.

OPEN LOOK und Motif wurden schließlich durch das *Common Desktop Environment* (CDE) abgelöst. Ein Ziel war, in Konkurrenz zu Microsoft Windows einen von vielen Firmen unterstützen UNIX-Desktop Standard zu schaffen. Ab 1995 waren die ersten CDE-Implementierungen verfügbar. Das ursprünglich proprietäre CDE wurde später zum Vorbild für die freien Oberflächen *KDE* und *Gnome*, die heute in Linux Distributionen dominieren.

2.7 MS-DOS und MS-Windows

Als im Jahre 1981 IBM einen Personal Computer (PC) auf den Markt brachte, konnte niemand ahnen, dass ein Jahrzehnt später schon über 50 Millionen PCs verkauft sein würden. Mittlerweile sind es höchstwahrscheinlich weit mehr als eine Milliarde geworden. Natürlich hat sich der ursprüngliche PC weiterentwickelt, selbst IBM ist aus dem PC Geschäft ausgestiegen und hat dieses an die Firma Lenovo verkauft. Der ursprüngliche Prozessortyp 8088 von Intel mit 16-Bit-Registern, aber nur 8 Bit breitem Datenbus, wurde nacheinander ersetzt durch die Typen 286, 386, 486, *Pentium*, *Core Duo* und *Core i*. Die von der Firma AMD entwickelten *Athlon-*, *Phenom-* und *FX*-Prozessoren konkurrieren mit den aktuellen Intel Modellen und sind in der Leistungsfähigkeit durchaus vergleichbar. Die von AMD eigenständig entwickelte 64-Bit Erweiterung der x86 Prozessorfamilie war so erfolgreich dass sie von Intel übernommen wurde und mittlerweile in allen neueren x86 Prozessoren zur Verfügung steht.

Dennoch trägt auch der neueste, ausgereifteste und schnellste PC noch eine Verpflichtung mit sich, die von seinem Vorfahren stammt: Millionen von Anwendern haben viel Geld und Training in Software investiert, was sie nicht aufgeben möchten.

Was den Prozessor angeht, ist das Problem technisch lösbar. Neue Prozessoren werden als Erweiterung der bisherigen Prozessoren konzipiert. Der neue Prozessor beherrscht immer noch die Befehle des Vorgängermodells und einige mehr und hat noch die gleiche Registerstruktur, deren Breite sich lediglich verdoppelt hat. So wurden im Übergang vom 80286 zum 80386 im Jahre 1986 die Register von 16 Bit zu 32 Bit erweitert, auf neueren Rechnern sogar zu 64 Bit. Die neuen 64-Bit-Allzweckregister RAX, RBX, RCX und RDX beinhalten nun die vormaligen 32-Bit-Allzweckregister EAX,

EBX, ECX und EDX in den niederwertigen 32 Bit und diese wiederum die ehemaligen 16-Bit-Allzweckregister AX, BX, CX und DX in den niederwertigen 16 Bit, so dass alte Assemblerprogramme weiter verwendbar sind. Zusätzlich besitzen die neuen Prozessoren einen Modus, in dem sie den alten 8088-Prozessor simulieren. Diesen Modus nennt man den *real mode*.

Nun wäre es von Vorteil, wenn man alte Software im *real mode* laufen lassen und für die neu erworbene Software die neuen Tricks des Prozessors nutzen könnte. Unglücklicherweise ergibt sich aber eine Schwierigkeit: das Betriebssystem MS-DOS. Da de facto jedes Benutzerprogramm auf die Dienste des Betriebssystems zurückgreifen muss, stellt sich auch hier das Problem der Kompatibilität zu alten Versionen, für die die Software vielleicht auch einmal geschrieben und getestet worden ist.

Hätte man im Jahre 1981 ahnen können, in welche Bereiche der PC einmal vorstoßen und welche Speichergrößen einmal realistisch werden würden, so hätte man MSDOS anders konzipiert. Bald wurde dieses Betriebssystem aber das größte Hemmnis in der Ausnutzung der Möglichkeiten des PCs. Bereits der PC/AT von 1984 konnte 16 MByte Speicher adressieren, die späteren Prozessoren (seit 1986) 4 Gigabytes. MS-DOS jedoch konnte bis Ende der 80er Jahre gerade mal ein Megabyte verwalten, so viel wie 1981. Nur im so genannten *protected mode* des Prozessors, der aber inkompatibel zu DOS ist, kann auf diesen Speicherbereich zugegriffen werden.

Die erste Version von MS-DOS wurde 1981 von der Firma Microsoft erstellt. Das System war eng an das damals im Home-Computer-Bereich populäre Betriebssystem CP/M angelehnt. Da auch IBM davon ausging, dass der IBM-PC hauptsächlich für Spielprogramme genutzt werden würde, schien dies eine gute Wahl. Da der erste IBM-PC 64 kByte Speicher besaß, erschien ein Betriebssystem, das für bis zu 1 MByte Hauptspeicher ausgelegt war, mehr als ausreichend auch für künftige Versionen. Die Folge war, dass bis zur Einführung von Windows 95 die meisten Benutzer aus Kompatibilitätsgründen immer noch auf MS-DOS angewiesen waren und von ihren bis zu 16 MByte installierten Hauptspeichern nur 640 kByte uneingeschränkt für Programme nutzen konnten. Zudem betrieben sie den Prozessor im *real mode*, denn nur in diesem Modus lief das Betriebssystem.

Obwohl MS-DOS technisch lange überholt war, blieb es bis Mitte der 90-er Jahre mit Abstand das meistgenutzte Betriebssystem der Welt. Microsoft hatte ihm 1990 eine grafische, mit der Maus zu bedienende Oberfläche gegeben. Doch das neue System, Windows 3.11, benötigte als Basis immer noch das 1981 konzipierte Betriebssystem MS-DOS.

Das völlig neu entwickelte *Windows NT* sollte Microsofts Betriebssystem für HighEnd-PCs, Workstations und Server sein. Mit der Version 5.0 änderte Microsoft die Bezeichnung zu *Windows 2000*. Eine neuere Version wurde ab Herbst 2001 unter dem Namen *Windows XP* angeboten. Dessen Nachfolger erschien als *Windows Vista* und war nie besonders populär im Gegensatz zu den Nachfolge-Versionen *Windows 7* und *Windows 8* sowie dem aktuellen *Windows 10*.

2.7.1 Windows NT, Windows 2000

Durch die Entwicklung von Windows 3.x und später Windows 95 hat es Microsoft geschafft, IBM's Betriebssystem OS/2 vom Markt zu verdrängen. Auf lange Sicht war das Konzept von Windows 3.x, als Betriebssystemaufsatz über DOS, eine Sackgasse. Ein neuer Betriebssystemstandard war unausweichlich. In dieser Situation hat Microsoft ein eigenes neues Betriebssystem entwickelt: Windows NT bzw. Windows 2000 bzw. Windows XP oder Windows 10, wie es in neueren Versionen heißt. Bei Windows NT handelt es sich um ein *32-Bit*-Multitasking-Betriebssystem, das zwar von Grund auf neu konzipiert worden ist, mit dem man aber dennoch an den Erfolg von Windows anknüpfen will.

Windows NT unterstützt echtes *preemptive multitasking*. Nach bestimmten Prioritätskriterien werden Prozesse unterbrochen und andere gestartet, der Scheduler ist nicht auf die Kooperation der Prozesse angewiesen wie unter Windows 3.x.

Besonders hervorzuheben ist, dass Windows NT nicht mehr an die Intel-Prozessoren gebunden ist, sondern auf vielen anderen Prozessortypen lauffähig ist, insbesondere auf Multiprozessorsystemen. Dafür ist eine Schnittstelle verantwortlich, der so genannte *Hardware Abstraction Layer* (HAL), die man für den jeweiligen Prozessor bereitstellen muss und auf der der Betriebsystemkern erst aufsetzt. Dieser bietet seine Dienste spezialisierten *Subsystemen* in Form von Systemaufrufen an. Der Benutzer kommuniziert nur mit diesen Subsystemen. Wichtigstes Subsystem ist *Win32*, auf dem alle speziell für Windows NT geschriebenen 32-Bit-Applikationen aufsetzen. Andere Subsysteme sind etwa *OS/2* oder *security*. Wenn Windows NT auf einem Nicht-Intel-Prozessor läuft, dann wird zur Unterstützung von DOS und Windows 3.x eigens ein x86-PC vom Wirt-Prozessor emuliert.

Windows NT bringt auch eine Netzwerkunterstützung mit, so dass es sich als Server-Betriebssystem in einem möglicherweise *heterogenen Netz* eignet. Damit ist ein Netz gemeint, in dem sich Rechner (Clients) von verschiedenen Herstellern befinden und die zudem noch unter verschiedenen Betriebssystemen betrieben werden können.

Als Einzelplatzbetriebssystem ist Windows NT fast schon ein „Overkill". Es bietet selbst hier über das Subsystem *Security* die Möglichkeit, dass mehrere Benutzer (nacheinander) an demselben Rechner arbeiten können, ihre Daten und Applikationen aber voreinander geschützt sind. Dies beinhaltet, dass sich jeder Benutzer zu Beginn seiner Sitzung durch ein *login* beim System anmelden muss. Ebenso ist es notwendig, direkte Plattenzugriffe, wie sie bei DOS üblich waren, nicht zu erlauben. Gleichzeitig besitzt Windows NT aus diesem Grund ein neues Dateisystem, NTFS, da laut Microsoft selbst das ursprünglich gemeinsam mit IBM entwickelte OS/2-Dateisystem HPFS den Sicherheitsanforderungen nicht stand hält. Microsoft hat für Windows NT das amerikanische Sicherheitszertifikat *C2* erhalten.

2.7.2 Windows XP

Die zunehmende Leistungsfähigkeit der PCs ermöglichte es Microsoft, seine Betriebssystemlinien wieder zusammenzuführen. Mit Windows XP wurde ein System für alle PC-Leistungsklassen angeboten – vom Notebook über Desktop-Modelle bis hin zu High-End-PCs und Servern. Während einige technische Neuerungen bei den älteren Windows-Versionen nur mit zusätzlichen Erweiterungen benutzbar waren, glänzte Windows XP damit, alle technischen Entwicklungen der früheren Jahre nahtlos zu integrieren, insbesondere

– die schnelle Anbindung von Peripherie über USB 2 und Firewire,
– die volle Integration von Netzwerkkomponenten wie Internet, LAN, WLAN etc.,
– die neuste Multimediatechnologie, z. B. DirectX Version 9.

Windows XP brachte darüber hinaus eine deutlich modernisierte Benutzerschnittstelle, die den Umgang mit dem System nochmals einfacher und intuitiver machte. Auch die Installation wurde vereinfacht. Großen Wert legt Microsoft auf die dynamische Erkennung von Änderungen der Konfiguration. Erst unter Windows XP funktioniert *Plug and Play* tatsächlich fast so, wie man sich das vorstellt.

2.7.3 Windows Vista

Über 5 Jahre nach der Herausgabe von Windows XP kam im Januar 2007 *Windows Vista* auf den Markt. Diese Windows Version brachte eine Reihe technischer Verbesserungen, insbesondere was Sicherheitskonzepte gegen Schadsoftware angeht. Dem Anwender fällt sofort die Neugestaltung der Benutzeroberfläche auf, vor allem die halbtransparenten Fenster des *Aero-Desktop* und die *Sidebar*, ein Bereich auf dem Desktop, in dem man nützliche Helferprogramme wie Uhr, Kalender, Wettervorhersage etc. permanent sichtbar haben kann. Auf den Bildschirmen im 16:9 Format kann man damit den sonst ungenutzten Bereich am rechten Rand mit sinnvollen Dingen füllen.

Technisch bietet Vista eine Reihe von Neuerungen, die eher für Anwendungsprogrammierer interessant sind. Insbesondere ist das *.NET-Framework* als Laufzeitsystem und API für alle Microsoft-Sprachen bereits in das Betriebssystem integriert. Die vielleicht wichtigste Neuerung ist das verbesserte Sicherheitskonzept. Während unter XP die meisten Benutzer als Administrator angemeldet waren und demgemäß auch leicht ungewollt ihr System kompromittieren konnten, war eine Verbesserung der Sicherheit eines der Hauptziele von Windows Vista. So bringt Vista endlich eine *Firewall* zur Überwachung der ein- und ausgehenden Verbindungen mit. Für Aktionen, die eine Administratorenberechtigung benötigen, wie z. B. Installation neuer Programme und Treiber wird der Benutzer aufgefordert, das Administratorpasswort einzugeben, oder zumindest die Aktion explizit zu bestätigen. Damit ein entsprechender Prompt nicht so leicht gefälscht werden kann, und auch um den Benutzer auf die Wichtigkeit der

Aktion hinzuweisen, wird der komplette Bildschirm temporär schwarz und nur das Autorisierungsfenster ist sichtbar.

Allerdings kommen Situationen, in denen der Benutzer eine Aktion autorisieren muss, dermaßen häufig vor, u. a. bei jedem Umbenennen einer Datei im geschützten Bereich, dass die entsprechenden Aufforderungen bald genauso gedankenlos weggeklickt wurden, wie die Lizenzbedingungen bei neu zu installierender Software. Aus diesem aber auch aus anderen Gründen war Windows Vista bei den Anwendern nicht sonderlich beliebt. Der Ressourcenhunger (und damit einhergehend der Energiehunger) sorgte dafür, dass auf schwächeren Rechnern und auf Laptops geraten wurde, den Aero-Desktop zu deaktivieren. Zudem funktionieren längst nicht alle Programme, die unter XP liefen, auch unter Windows Vista und nicht jeder Gerätehersteller hatte ein Interesse, Vista-Treiber für bereits ausgelaufene Geräteserien bereitzustellen. Auch einige der angekündigten Neuerungen, wie das neue Windows Dateisystem *WinFS* oder die *Monad-Shell* konnten aus Zeitgründen nicht mehr in Vista aufgenommen werden. All diese Dinge trugen dazu bei, dass Windows Vista keine besonders gute Presse bekam und manche Käufer neuerer Computer mit vorinstalliertem Vista sogar lieber einen Gutschein zum Downgrade auf XP mit nach Hause nahmen. Das Urteil von PC World, die im Dezember 2007 Windows Vista als die "größte technische Enttäuschung von 2007" titulierte (mehr als 70 % der Leser stimmten dem Artikel zu) ist sicher überzogen, aber immerhin veranlasste die anhaltende Kritik Microsoft, das alte Windows XP ein halbes Jahr länger zu verkaufen, als ursprünglich geplant. Als im Jahre 2008 die ersten *Netbooks* sich überraschend gut verkauften und diese aufgrund ihrer Hardwareausstattung mit Linux daherkamen, entschied sich Microsoft, Windows XP für diesen Markt auch in Zukunft noch an OEM-Kunden auszuliefern. Viele Firmen und auch Privatpersonen haben daher Vista ausgelassen und sind direkt auf das neu entwickelte *Windows 7* umgestiegen.

2.7.4 Windows 7 und Windows 8

Windows 7 wurde im Juli 2009 fertiggestellt und war von Anfang an sehr populär bei den Benutzern. Hauptgründe sind die wesentlich verbesserte Bedienbarkeit und der wesentlich geringere Ressourcenhunger. Intern wird Vista von Microsoft als Windows NT 6.0 geführt und Windows 7 als Windows NT 6.1. Daran erkennt man, dass es im wesentlichen eine korrigierte Version von Vista ist. Bereits Vista wurde in einer 32- und in einer 64-Bit Version ausgeliefert, aber erst bei Windows 7 ist die 64-Bit Version mit der Vergangenheit so kompatibel geworden, dass viele Anwender diese nutzen.

Windows 8 wurde im Oktober 2012 fertiggestellt. Neben einigen technischen Verbesserungen, wie z. B. der Unterstützung des BIOS Nachfolgestandards UEFI, hat sich Microsoft mit der neuen Version vor allem auf die Überarbeitung der Benutzerschnittstelle konzentriert. Dabei wurde berücksichtigt, dass seit Einführung des iPhones die Verwendung von Touchscreens immer populärer geworden ist. Die neue Benutzeroberfläche von Windows 8 ist auf die Verwendung von derartigen Bildschirmen hin optimiert. Daneben kann man aber natürlich auch weiterhin mit Tastatur und Maus arbeiten. Während Windows 7 nur für x86-PCs verfügbar ist, legt Microsoft großen Wert darauf dass Windows 8 auch auf Tablet PCs mit anderen Prozessoren einsetzbar ist.

2.7.5 Windows 10

Mit Windows 10 wollte Microsoft ein Betriebssystem schaffen, das auf allen Rechnertypen, dazu gehören seit einiger Zeit auch Tablets und Smartphones, gleich aussieht und gleich zu bedienen ist. Da Windows als Betriebssystem auf Smartphones nur einen sehr geringen Marktanteil hat, schien dies eine gute Strategie. Um dies zu unterstützen wurde das Betriebssystem bis Sommer 2016 kostenlos verteilt. Neu in Windows 10 ist auch der Nachfolger des Internet Explorers, Windows Edge, sowie eine Sprachassistentin *Cortana* ähnlich wie Apple's *Siri* und *Google Now*. Heftig kritisiert wurde Microsoft für die Unmenge privater Nutzerdaten, die ständig an Microsoft übertragen werden. Die Möglichkeiten, sich davor zu schützen sind versteckt und werden von den Wenigsten wahrgenommen werden. Die Hoffnung von Microsoft, mit Windows 10 einen größeren Anteil am Markt der Smartphone Betriebssysteme zu sichern, wurden enttäuscht, hier dominiert eindeutig Android, gefolgt von Apple's iOS; Windows muss sich mit einem fast vernachlässigbaren Marktanteil von weniger als 2 % begnügen.

2.8 Alternative PC-Betriebssysteme

Viele Jahre hatten MS-DOS und der Nachfolger Windows den Markt der Betriebssysteme für x86-PCs beherrscht. Jahrelang mussten die Anwender mit den Mängeln von MS-DOS fertig werden. Als dieses Betriebssystem endlich von *Windows* abgelöst wurde, krankte jenes unter dem Zwang der Abwärtskompatibilität zu DOS. Diese Abwärtskompatibilität war das erfolgreichste Geschäftsprinzip von Microsoft, hatte man dadurch doch immer die größte existierende Softwarebasis mit im Boot. Die Abwärtskompatibilität war für jeden Benutzer, auch für den, der nicht mehr an DOS interessiert war, teuer erkauft. Legende ist die Instabilität der frühen Windows-Versionen, ihr Ressourcenhunger und ihre Größe. Mit jeder neuen Version wurde ein neuer Rechner fällig, da für ein vernünftiges Arbeiten der Prozessor zu langsam war, Festplatte und Hauptspeicher viel zu klein dimensioniert. Natürlich bot das Betriebssystem immer mehr Features, wurde immer bequemer zu bedienen und immer leistungsfähiger. Aber dennoch ist die Frage berechtigt, ob die stetige Aufblähung des Betriebssystems ein notwendiger Preis für die gebotenen Fähigkeiten ist.

Die Antwort haben am eindrucksvollsten der finnische Student Linus Torvalds und mit ihm Tausende von enthusiastischen Idealisten gegeben, die mit *Linux* (siehe S. 166) ein leistungsfähiges, stabiles und ausgereiftes Betriebssystem geschaffen und kostenlos zur Verfügung gestellt haben. Linux gewinnt vor allem durch seine Stabilität, aber auch durch die explosionsartig zunehmende Softwarebasis, die von professioneller Qualität und dazu noch kostenlos ist, sowohl im privaten als auch im kommerziellen Bereich stetig an Bedeutung.

Knoppix ist eine freie Linux-Distribution, die das Linux-Betriebssystem und alle wichtigen Applikationen, darunter KDE-Desktop, Browser, Compiler, Textsatzsysteme TeX/LaTeX, das Bürosystem *OpenOffice* und viele Spiele auf einer CD unterbringt. Das Beste ist, dass man das System von dieser CD booten und loslegen kann – es muss nicht installiert werden. Auf diese Weise ist ein unverbindliches Ausprobieren möglich. Ein anderer Einsatz von Knoppix ist, als Notfallsystem auf einer CD bereit zu stehen.

Andere, frühere Alternativen zu Windows konnten sich vor allem wegen der marktbeherrschenden Stellung von Microsoft nicht durchsetzen. Bereits Ausgang der 80er Jahre gab es mit *GEM* bzw. *GeOS* grafische Betriebssysteme für PCs, komplett mit Textverarbeitung, Tabellenkalkulation, Zeichenprogrammen und Datei-Managern, die selbst auf den 286er Rechnern zufriedenstellend schnell und stabil liefen. Sie krankten aber an der mangelnden Verfügbarkeit von vielen Programmen, vor allem von Spielen.

Nach dem Ausstieg von Microsoft aus der Entwicklung von OS/2 wurde dieses Betriebssystem von IBM weiterentwickelt. Lange sah dieses technisch überlegene System (OS/2 Warp) nach einem ernsthaften Konkurrenten für Microsoft aus, doch auch IBM hat schließlich vor der Übermacht von Microsoft kapituliert.

Ein neuer Versuch wurde mit großem Enthusiasmus von der Firma *Be* gestartet. Ihr Betriebssystem *BeOS* war speziell als Multimedia-Betriebssystem für die Bearbeitung von Musik, Grafik und Videos auf dem PC konzipiert. Eine Weile schien es, als ob BeOS sogar der vormals im Multimedia-Bereich dominierenden Firma *Apple* Konkurrenz machen könnte. BeOS ist erheblich kleiner, aber auch viel fixer als Windows. Es hat ein 64-Bit-Dateisystem, kann aber alle anderen gängigen Dateisysteme und Dateiformate lesen und gleichzeitig mit einem anderen System installiert werden. BeOs unterstützt 1, 2, 4 oder 8 Prozessoren gleichzeitig, ohne dass es rekonfiguriert werden muss. Es dauert gerade einmal 20 Sekunden, bis das System hochgefahren ist. Leider wurde die Firma *Be* im Jahre 2001 von *Palm* gekauft und die Weiterentwicklung von BeOS eingestellt. Allerdings hat auch hier die Fangemeinde nicht aufgegeben und entwickelt mit großem Enthusiasmus einen quelloffenen Nachfolger unter dem Name *Haiku*.

Wie klein kann ein grafisches Betriebssystem sein? Ein grafisches Betriebssystem benötigt heute mindestens eine grafische Benutzeroberfläche, Unterstützung verschiedenster Grafikkarten mit unterschiedlichen Auflösungen, Mausunterstützung, Modemanschluss, TCP/IP, Netzwerkanbindung und natürlich Grundsoftware wie Dateimanager, Texteditor, einen Browser mit JavaScript-Unterstützung und Plug-Ins für verschiedene Bildformate. Selbstverständlich sollte es auch via *Plug and Play* die Hardware-Konfiguration selbstständig erkennen. Die Firma *QNX* hat es geschafft, ein Betriebssystem, das dies und noch viel mehr kann, auf einer einzigen 1,44-MB-

Diskette unterzubringen! Mit diesem System wollte das Unternehmen nur demonstrieren, wie man auch programmieren könnte, wenn man technisch sorgfältig und überlegt vorgeht. Offensichtlich müssen leistungsfähige Betriebssysteme auf Mini-Rechnern, in Organizern und Haushaltsgeräten keine Illusion bleiben, auch ohne immense Investitionen in die Hardware. Allerdings hatte auch die Firma QNX nicht den gewünschten Markterfolg und wurde zunächst 2004 von dem Konzern Harmann International übernommen, der dann 2010 QNX an den Blackberry Hersteller RIM (Research in Motion) weiterverkauft hat. Das seit 2010 erhältliche Blackberry Tablet *Playbook* benutzt QNX als Betriebssystem.

Ansonsten wird der Markt der TabletPC sowie der Smartphones von den Betriebssystemen *iOS* und *Android* dominiert. iOS wird von Apple auf seinen iPads, iPhones und iPods eingesetzt.

Abb. 2.15. Android Logo

Android ist eine Neuentwicklung unter Federführung der Firma Google. Es basiert auf dem Linux Kern und einer Java-Platform. Letzteres ist quasi eine Einladung an Entwickler von Programmen, sogenannten *Apps*, die man kostenlos oder für kleine Geldbeträge von einem *Android-Market* genannten Angebot herunterladen kann. Android hat derzeit im Smartphone Bereich einen Marktanteil von angeblich 80 % erobert.

Kapitel 3

Rechnernetze

Bis in die frühen 80er Jahre waren Computer große und teure Anlagen, zu denen nur wenige Personen direkten Zugang besaßen. Betriebe und Universitäten hatten Rechenzentren eingerichtet, welche die kostbare Rechnerleistung verwalteten. Die Benutzer mussten sich in Terminalräume begeben, wenn sie am Rechner arbeiten wollten. Diese Situation hat sich in den 80er Jahren dramatisch verändert. Personal Computer und Workstations, die direkt auf den Schreibtischen von Entwicklern und Ingenieuren stehen, liefern nicht nur ausreichende Rechenleistung, sie bieten mit ihrer Grafikfähigkeit und ihren Benutzeroberflächen eine viel attraktivere Arbeitsumgebung als frühere Großrechner. Heute sind jene weitgehend verdrängt, und nur noch für bestimmte zentrale Aufgaben finden sie Anwendung. Die Leistungsfähigkeit von Personal Computern ist mittlerweile so weit gediehen, dass auch die Unterscheidung von Workstations und Personal Computern keinen Sinn mehr macht. Wir sprechen daher allgemein von *Rechnern* und meinen damit sowohl Workstations als auch Personal Computer und tragbare Geräte, also Tablet-, Netbook-, Notebook-, Laptop-Computer und Smartphones.

Rechner sind heute fast immer mit einem Netzwerk verbunden. Das Konzept einer dezentralen Rechnerversorgung mit Servern, die die Rolle eines zentralen Datei-Verwalters übernehmen und viele andere Dienste (E-Mail, WWW, Datenbankenanbindung, Cloud Computing, etc.) anbieten und Rechnern, die als Klienten diese Dienste in Anspruch nehmen, hat sich jedoch weitgehend durchgesetzt. Wir sind darauf im Kapitel über Betriebssysteme bereits unter dem Stichwort „Client-Server-Systeme" eingegangen.

In neuerer Zeit ist zu diesen *Rechnern* noch eine Vielzahl anderer Geräte hinzugekommen, deren Leistungsfähigkeit zum Teil ein ähnliches Niveau erreicht. Der einzige Unterschied liegt darin, dass sie meist auf spezielle Anwendungen ausgerichtet sind. Dazu zählen vor allem *Navigationsgeräte*, *GPS-Empfänger* (Global Positioning System), *persönliche digitale Assistenten* (PDAs) und *mobile Telefone* (Handys) sowie Kombinationen aus diesen Gerätetypen (*Smartphones, etc.*).

https://doi.org/10.1515/9783110442366-219

Die große Herausforderung ist die Vernetzung all dieser Geräte, wobei in die Netze, in Zukunft noch mehr als heute, Geräte wie Drucker, Scanner, Photo- und Videoapparate, HiFi-Anlagen, Fernseher, Heizungen, Kühlschränke, Waschmaschinen, etc. einbezogen sein werden. Ebenfalls in ein häusliches Netz werden *intelligente Zähler* zur Messung des Strom-, Wasser-, Gas-, und Wärmeverbrauchs integriert sein. Immer mehr Systeme zur Heimautomatisierung werden unter dem Begriff *Smart Home* angeboten. Durch intelligente Vernetzung unterschiedlicher Geräte entstehen intelligente Lösungen für effizientere Energienutzung, zur Steuerung diverser Geräte, als Alarmanlage oder zur Unterhaltung mit Audio- und Videosystemen.

3.1 Rechner-Verbindungen

Die Voraussetzung für die Vernetzung von Rechnern aller Art ist die direkte Verbindung von Rechnern untereinander. Ist dieser Schritt erst einmal geschafft, kann man mehrere Rechner zu einem logischen Netz zusammenfassen. Jedes Netz eröffnet vielfältige Möglichkeiten der Kommunikation zwischen den beteiligten Rechnern. Ein nächster nahe liegender Schritt besteht darin, verschiedene Netze untereinander zu verbinden. So entstand auch seit etwa 1970 ein weltumspannendes Netz von Rechnernetzen, das *Internet*, dessen fantastische Möglichkeiten als weltumspannendes Informationssystem erst nach und nach entdeckt worden sind.

In diesem Kapitel werden wir auf die Techniken der direkten Verbindung von Rechnern untereinander und auf verschiedene Netzwerktechnologien eingehen, bevor wir uns im nächsten Kapitel dem Internet zuwenden.

3.1.1 Signalübertragung

Signale sind elektrische oder optische Repräsentationen von Daten. Auf der untersten Ebene verstehen wir Daten als Bitfolgen. Angenommen wir wollen das ASCII-Zeichen „b", also die Bitfolge 01100010, übertragen. Wir stellen diese durch einen Spannungsverlauf mit fester Amplitude dar, indem wir dem Bit 0 die Spannung 0 V zuordnen und dem Bit 1 die Spannung 1 V. Der Spannungsverlauf ist eine Rechteckkurve wie in der folgenden (mithilfe von „gnuplot" erzeugten) Abbildung dargestellt.

Bei der Übertragung durch elektromagnetische Wellen setzt sich jedes Signal $s(t)$ als unendliche Summe von *harmonischen Schwingungen* zusammen. Der k-te Summand ist dabei die harmonische Schwingung $a_k \cdot cos(k \cdot \omega \cdot t) + b_k \cdot sin(k \cdot \omega \cdot t)$ mit der Frequenz $f = k \cdot \omega/(2\pi)$. Die Amplituden a_k und b_k des Cosinus- und Sinusanteils heißen auch die *Fourierkoeffizienten*. Wie man sie rechnerisch bestimmt, soll hier nicht näher erläutert werden. Die Fourier-Darstellung der kompletten Signalfunktion $s(t)$ ist dann die unendliche Summe

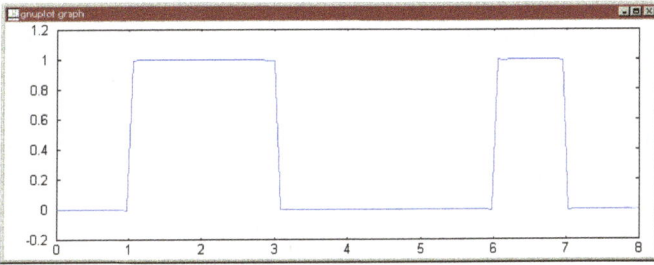

Abb. 3.1. Rechteckkurve für das Bitmuster 01100010

$$s(t) = \frac{a_0}{2} + \sum_{k=1}^{\infty}(a_k \cdot cos(k \cdot \omega \cdot t) + b_k \cdot sin(k \cdot \omega \cdot t)).$$

Bricht man diese Summation nach endlich vielen Schritten ab, so erhält man bereits eine recht gute Approximation an das wahre Signal. In der obigen Abbildung haben wir die gewünschte Rechteckkurve durch die ersten 1000 Summanden der Fourierentwicklung angenähert. Bricht man schon viel früher ab, so enthält man ungenauere Approximationen. In der folgenden Abbildung haben wir zum Vergleich sukzessiv bessere Approximationen an das wahre Signal in einem gemeinsamen Schaubild dargestellt. Die relativ flache Funktion in der Mitte zeigt die Approximation nach einem Schritt. Nach $k = 3$ Schritten sind bereits zwei peaks zu erkennen, aber noch nicht, ob das Bitmuster 01100110 oder 01100010 herauskommen wird. Nach $k = 10$ Schritten ist das Bitmuster bereits klar ersichtlich, und nach $k = 100$ Schritten hat man fast die perfekte Rechteckkurve, nur an den scharfen Ecken gibt es noch leichte Verzerrungen, so genannte *Überschwinger*.

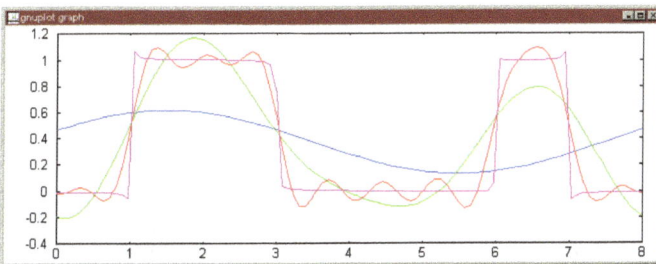

Abb. 3.2. Approximationen der Rechteckkurve aus Abb. 3.1 mit k = 1, 3, 10, 100

Der für die approximative Darstellung eines Signals verwendete Frequenzbereich ist die *effektive Bandbreite* des Signals. Allgemein verstehen wir unter dem Begriff *Bandbreite* einen Frequenzbereich oder die Differenz zwischen der höchsten und niedrigsten Frequenz eines solchen Bereiches. Wenn wir also unser Signal bei einer Grundfrequenz f durch die ersten k Fouriersummanden approximieren, so nutzen wir eine Bandbreite von $k \cdot f - f = (k - 1) \times f$ aus. Bei $f = 1\,MHz = 10^6\,Hz$ und $k = 10$ benötigen wir eine Bandbreite von 9 MHz. Dabei wird das Signal, hier ein Byte, in der Zeit $T = 1/f = 10^{-6}s = 1\mu s$ übertragen. Wollen wir die Datenrate verdoppeln, so heißt das, dass wir T halbieren. Wir wählen also $2 \cdot f$ als Grundfrequenz. Jetzt benötigen wir aber die doppelte Bandbreite, nämlich $k \cdot (2{\cdot}f) - (2{\cdot}f) = 2 \cdot (k - 1) \cdot f$.

Für $k = 10$ und $f = 1\,MHz$ wären dies 18 MHz.

Solche Überlegungen sind deswegen relevant, weil sich in jedem elektromagnetischen Übertragungsmedium nur eine gewisse Bandbreite zur Signalübertragung nutzen lässt. Außerhalb dieser Bandbreite werden die Signale zu stark gedämpft. Bei genügend großer nutzbarer Bandbreite lässt sich diese noch in disjunkte (nicht überlappende) Bereiche, *Kanäle* genannt, unterteilen. Innerhalb jedes Kanals kann eine unabhängige Datenübertragung stattfinden. Von der Radioübertragung ist uns die Methode wohlbekannt. Die Bandbreite der Radiosender eines Wellenbereiches ist in Kanäle aufgeteilt, die jeweils einem Sender zur Verfügung stehen. Dabei entsteht die Optimierungsaufgabe, möglichst viele Kanäle zu schaffen, die sich untereinander nicht stören, andererseits jedem Kanal genügend Bandbreite zur Verfügung zu stellen, so dass die Signale unverzerrt übertragen werden können.

3.1.2 Physikalische Verbindung

Die einfachste physikalische Verbindung zwischen zwei Rechnern geschieht durch ein Paar von Kupferdrähten, das möglichst noch verdrillt sein sollte. Die Verdrillung verringert die Störanfälligkeit.

Abb. 3.3. Verdrillte Kabel

Nicht abgeschirmte verdrillte Kabel (*UTP = Unshielded twisted Pair*) sind die billigste und einfachste Verdrahtungsmöglichkeit. Sie sind in Rechnernetzen und im Bereich der Telefonie sehr weit verbreitet und erlauben heute, z. B. bei ISDN, Datenübertragungsraten von 150 kBit/s über größere Strecken. Auf mittleren Distanzen sind Datenübertragungsraten von über 10 MBit/s erreichbar. Diese Möglichkeit wird von der

DSL-Technologie im Bereich geringer Datenraten genutzt. Noch höhere Datenübertragungsraten sind auf kurzen Distanzen erzielbar, z. B. beim Gigabit-Ethernet.

Kupferkoaxialkabel bestehen aus einem isolierten Kupferdraht, der zur Ausschaltung von Störungen mit einer leitenden Abschirmung umhüllt ist.

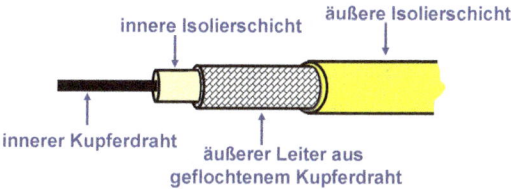

Abb. 3.4. Kupferkoaxialkabel

Mit Kupferkoaxialkabeln lassen sich Übertragungsraten von 100 MBit/s im *Basisbandverfahren* erzielen. Dieser Begriff bezeichnet die direkte Übertragung von Bits durch verschiedene Spannungsniveaus, bzw. durch verschiedene optische Niveaus im Falle der gleich zu besprechenden Glasfaserkabel. Im Gegensatz dazu wird bei einer *Breitbandübertragung* das eigentliche Signal auf eine hochfrequente elektrische Welle aufmoduliert. Durch die Definition verschiedener Frequenzbereiche (FDM = frequency division multiplexing) lassen sich mehrere unabhängige Übertragungskanäle einrichten, so dass sich die Datenübertragungsrate entsprechend vervielfacht. Während bei verdrillten Kupferdrähten und Koaxialkabeln in lokalen Netzen die Basisbandübertragung vorherrscht, wird bei Funkverbindungen und vermehrt auch bei optischen Verbindungen die Breitbandübertragung eingesetzt.

Glasfaserkabel zeichnen sich durch Unempfindlichkeit gegen äußere Störungen und höchstmögliche Übertragungsraten aus. Nachteilig sind der hohe Aufwand für Sender und Empfänger sowie die relativ hohen Kosten des Mediums. Bei einer *Multimode* Glasfaser reflektiert das übertragene Licht am inneren Rand der Glasfaser. Auf diese Weise folgt es auch den Biegungen der Faser. Allerdings werden die von einer Lichtquelle ausgehenden Strahlen, je nach Eintrittswinkel in die Faser, verschieden oft reflektiert, so dass sich unterschiedliche Weglängen ergeben. Ein Strahl entlang des Zentrums kommt früher an als einer, der oft reflektiert wird. Ein eintretender kurzer Lichtpuls wird auf diese Weise zeitlich „verschmiert", was wiederum eine verringerte Datenübertragungsrate zur Folge hat.

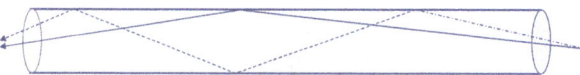

Abb. 3.5. Strahlengänge in einer Glasfaser

Man kann diesem Effekt entgegenwirken, indem man den Brechungsindex der Faser vom Zentrum zum äußeren Rand verringert. Ein höherer Brechungsindex bedeutet gleichzeitig eine geringere Fortpflanzungsgeschwindigkeit, so dass ein Strahl entlang des Zentrums zwar seltener reflektiert wird, aufgrund des höheren Brechungsindexes in der Mitte aber verlangsamt wird.

Eine bessere Lösung besteht darin, die Dicke der Faser auf eine Größenordnung zu reduzieren, die der Wellenlänge des verwendeten Lichtes nahekommt. In einer solchen *Singlemode* Glasfaser wandert das Signal weitgehend unreflektiert auf einem einzigen Pfad durch die Faser. Singlemode Glasfasern erlauben die höchsten Übertragungsraten. Heute sind bis zu 100 GBit/s pro Wellenlänge üblich. Durch die gleichzeitige Nutzung mehrerer Wellenlängen (DWDM = dense wavelength division multiplexing) können heute bis zu 88 Wellenlängen pro Faser gleichzeitig genutzt werden. Daraus resultiert eine Gesamtdatenrate von 8800 GBit/s pro Faser.

Funkübertragung wurde früher hauptsächlich bei Weitverkehrsnetzen, mit Satelliten als Relaisstationen, eingesetzt. Bei einer Breitbandübertragung im Mikrowellenbereich stehen in jedem Kanal ca. 500 MBit/s zur Verfügung.

Funkübertragung erlaubt im Nahbereich den Aufbau von kabellosen Netzen. Im Bereich von bis zu 100 Metern hat sich die WLAN-Technologie etabliert. Im Bereich von wenigen Metern kann man mit kabellosen Mäusen, Tastaturen, Druckern etc. arbeiten. Oft wird dabei der *Bluetooth*-Standard verwendet. Dieser definiert ein Protokoll für die kabellose Kommunikation zwischen Geräten im Nahbereich bis zu 10 Metern und hat die *Infrarot-Übertragung*, bei der das Signal auf infrarotes Licht aufmoduliert wird, fast völlig verdrängt.

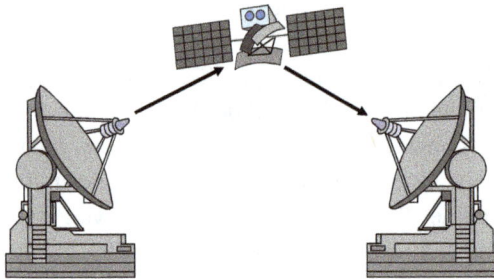

Abb. 3.6. Funkübertragung mit Satelliten

Technologien wie z. B. *UPnP* (*Universal Plug'n Play*) befassen sich mit der spontanen Einbindung von Geräten in ein Netz – etwa wenn sich ein Mensch mit seinem Notebook-Computer einem Drucker nähert, oder wenn er sich, etwa in einer Firma oder einer öffentlichen Einrichtung bewegt ohne die Netzeinbindung und damit den Zugang zu allen gewohnten Ressourcen zu verlieren. Die Ausdehnung solcher Ideen auf umfassendere technische Bereiche werden mit Begriffen wie *ubiquitous computing, pervasive computing* oder *ambient intelligence* umschrieben.

3.1.3 Synchronisation

Bei einer *asynchronen* Datenübertragung werden die Daten in kleinen Paketen übertragen (meist jeweils 1 Byte lang), die durch ein Start- und ein Stopbit markiert sind. Das Startbit signalisiert dem Empfänger, dass Daten folgen, ein eventuell vorhandenes Stopbit zeigt das Ende der Übertragung an. Allerdings ist eine solche Art der Übertragung nicht sehr effektiv. Es bietet sich an, größere Datenblöcke auf einmal zu senden. Dabei entsteht aber die Schwierigkeit, dass die Uhren von Sender und Empfängern auseinanderdriften können, was besonders bei der Übertragung langer Blöcke des gleichen Bits zu Fehlern führen kann.

Das Problem lässt sich vermeiden, wenn man Sender und Empfänger durch eine zusätzliche Taktleitung verbindet, über die ihre Uhren im Gleichlauf gehalten werden können; man spricht von einer *synchronen* Datenübertragung. Als Alternative zu der aufwändigen zusätzlichen Taktleitung, kann man die Synchronisation zwischen Sender und Empfänger auch durch eine geschickte Codierung der übertragenen Daten erreichen, wie sie im folgenden Abschnitt dargestellt wird.

3.1.4 Bitcodierungen

Die einfachste Methode, ein Bit elektrisch über eine Leitung zu übertragen, ist die Darstellung von 0 bzw. 1 durch verschiedene Spannungsniveaus. Beispielsweise könnte eine 0 durch 0 Volt und eine 1 durch 5 Volt codiert sein – oder umgekehrt. Diese Kodierung heißt auch *NRZ-L* (nonreturn to Zero-Level). Eine Variation hiervon, *NRZI* (nonreturn zero inverted), interpretiert eine *Spannungsänderung* als 1 und eine gleichbleibende Spannung als 0. Driften die Uhren von Sender und Empfänger sehr stark auseinander, dann könnte sich der Empfänger bei einer langen Folge von 0-en „verzählen".

Mit drei Spannungsniveaus „+", „-" und „0" arbeitet der *bipolar-AMI*-Code. Der Pegel „0" steht für das Bit 0 und sowohl „+" als auch „-" signalisieren das Bit 1. Dabei wird aber immer zwischen „+" und „-" abgewechselt. Auf diese Weise kommt es häufig zu Pegeländerungen, anhand derer sich Sender und Empfänger synchronisieren können. Außerdem lassen sich Fehler in gewissem Umfang erkennen, da nie zwei Spannungen gleicher Richtung, etwa „+ +", „- -" oder „+ 0 +" aufeinander folgen können. Lediglich eine lange Folge von 0-en ist immer noch ein Problem. In der Praxis modifiziert man daher bipolar-AMI zu dem *B8ZS* oder ähnlichen Codes. Bei B8ZS wird eine Folge von 8 Nullbits durch die Pegelfolge „0 0 0 + - 0 - +" bzw. „0 0 0 - + 0 + -" dargestellt. Diese Pegelfolge kann ansonsten in bipolar-AMI nicht vorkommen, da sie die Folge „+ 0 +" bzw. „- 0 -" enthalten, in der „+" bzw. „-" nicht alternieren.

Interessanter sind *selbstsynchronisierende Codes*, wie beispielsweise der *Manchester-Code*, der mit zwei Spannungsniveaus „0" und „1" arbeitet. Das Manchester-Verfahren ist dadurch gekennzeichnet, dass innerhalb einer jeden Bitzelle – das ist der für die Übertragung eines Bits reservierte Zeitraum – ein *Pegelsprung* auftritt. Dessen Flanke kann zur Synchronisation benutzt werden. Ein Sprung von „0" nach „1" steht für das Bit 1, ein Sprung von „1" nach „0" für das Bit 0. Folgen zwei gleiche Bits aufeinander, so muss am Ende der Bitzelle auf das vorige Ausgangsniveau zurückgesprungen werden. Der Empfänger erkennt den Anfang der ersten Bitzelle durch eine spezielle Bitfolge, die am Anfang einer Übertragung gesendet wird, die *Präambel*.

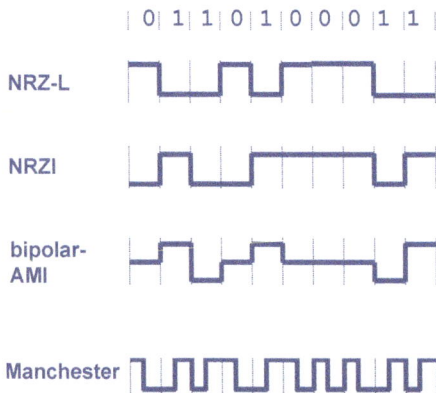

Abb. 3.7. Verschiedene Codierungen der Bitfolge 0110100011

Mit der Manchester-Codierung ist eine sehr gute Synchronisierung möglich, allerdings erfordert die Übertragung eines Bits im Schnitt 1,5 Pegelwechsel. Da die Anzahl der Pegelwechsel andererseits ein limitierender Faktor des Übertragungsmediums ist, zieht man heute Variationen des bipolaren AMI-Codes, z. B. den B8ZS-Code, gegenüber der Manchester-Codierung vor.

3.2 Datenübertragung mit Telefonleitungen

Bis zur Einführung von ISDN wurden bei einem Telefongespräch Wählimpulse und Sprache als analoge Signale übertragen. Zur Übertragung von Daten kann man diese einfach Tonsignalen aufprägen (modulieren) und diese Tonsignale über die analoge Telefonleitung übertragen. Beim Empfänger müssen die ankommenden Töne wieder in Bitsignale umgesetzt (demoduliert) werden. Geräte zur Modulation und Demodulation werden Modem (= **Mod**ulator / **Dem**odulator) genannt.

Die physikalische Größe, die bei gegebener Bandbreite des Übertragungskanals die Obergrenze der Übertragungsgeschwindigkeit bestimmt, ist die Anzahl der Pegel-

Abb. 3.8. Datenübertragung mithilfe von MODEMs

wechsel pro Zeiteinheit. Je mehr Details nämlich das Signal bestimmen, desto größer ist die effektive Bandbreite, die nötig ist, das Signal eindeutig darzustellen. Die Anzahl der Pegelwechsel pro Sekunde wird in *baud* gemessen und ist nicht notwendigerweise identisch mit der in Bit/s oder *bps* (Bit pro Sekunde) gemessenen Datenübertragungsrate.

Bei der Manchester-Codierung, zum Beispiel, entsprechen einem Bit im Schnitt 1,5 Pegelwechsel. Verbesserte Kodierungsmethoden benötigen durchschnittlich nur knapp mehr als 1 Pegelwechsel pro Bit, so dass man ungefähr $1 baud \approx 1 bps$ setzen kann.

Schließlich können die Daten vor dem Versand noch *komprimiert* werden. Im einfachsten Falle nutzt man aus, dass gewisse Zeichen oder Zeichenkombinationen häufig, andere seltener vorkommen. In einem Text kommt zum Beispiel „e" häufig, „x" seltener vor. Kodiert man häufig vorkommende Zeichen durch besonders kurze, seltene Zeichen durch entsprechend längere Bitsequenzen, so kann man schon beachtliche Kompressionsraten erzielen. Mit raffinierten Kodierungs- und Kompressionsverfahren erreichen moderne Modems Übertragungsraten von bis zu ca. 56000 Bit/s. Allerdings kann man diese Übertragungsraten nur dann nutzen, wenn beide Modems, die an der Verbindung beteiligt sind, das entsprechende Übertragungsverfahren unterstützen.

3.2.1 ISDN

Ab 1989 wurde in der Bundesrepublik Deutschland schrittweise ein digitales Telefonsystem eingeführt. Dieses *diensteintegrierende* Netz wurde *ISDN* (= *Integrated Services Digital Network*) genannt. Ein ISDN-Anschluss ermöglichte einen schnellen Verbindungsaufbau und bot einem Teilnehmer neben einem Signalisierungskanal mit 16 kBit/s zwei Nutzkanäle mit je 64 kBit/s zur Übertragung von Gesprächen, Daten, Texten und Bildern etc. Drei Telefonnummern erhielt man zur freien Verfügung und konnte jederzeit zwei davon *gleichzeitig* benutzen.

ISDN stellte eine durchgehende digitale Verbindung zwischen den Endgeräten zur Verfügung. Modems waren nicht mehr erforderlich, da die Daten nicht mehr *vertont* werden mussten. Stattdessen benötigte ein Computer zum direkten Anschluss an eine ISDN-Leitung eine entsprechende ISDN-Karte oder eine Anschlussbox, die z. B. an den USB-Port angeschlossen werden konnte.

Im einfachsten Fall wurde das zu Hause ankommende Telefonkabel an ein Netz-abschlussgerät (*NTBA=Network Termination Basic Access*) angeschlossen. Dieses stellte dann einen *ISDN-Basisanschluss* in Form eines so genannten S_0-*Bus* zur Verfügung. An ihn ließen sich bis zu acht Endgeräte anschließen, von denen jeweils nur zwei gleichzeitig betrieben werden können:

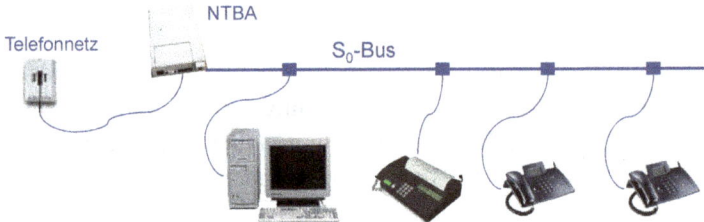

Abb. 3.9. ISDN-Basisanschluss

Der Verbindungsaufbau zwischen zwei ISDN-Anschlüssen erfolgte nicht mehr durch Simulation einer Wählscheibe, wie dies bei analogen Tastentelefonen früher üblich war. Nach der Wahl der letzten Ziffer war die Verbindung praktisch sofort da. Dies ermöglichte einem Netz von Computern, die über ISDN mithilfe entsprechender Karten kommunizieren, folgende Vorgehensweise:

–   Wenn ein Paket von Daten zur Übertragung ansteht, wird eine Verbindung auf-gebaut. Nach der Übertragung wird nur bis zum Ende des aktuellen Zeittaktes gewartet, ob eine weitere Übertragung ansteht, andernfalls wird die Verbindung abgebrochen.

–   Nur wenn einer der gewünschten Anschlüsse auf beiden Nutzkanälen besetzt ist, führt diese Methode zu zeitlichen Nachteilen gegenüber einer ständigen Verbindung.

Die Übertragung von Daten konnte über einen oder, falls beide Kommunikationspartner sich darauf verständigen, sogar über beide Nutzkanäle erfolgen. Die Übertragung erfolgt dann mit maximal 64 + 64 = 128 kBit/s. Die Telekom bot neben dem ISDN-Basisanschluss auch einen Primärmultiplexanschluss an, der bis zu 30 Nutzkanäle ermöglichte. Kommunikationspartner, die beide über einen solchen Anschluss verfügen, konnten auf diese Weise bei Bedarf bis zu 1,92 MBit/s nutzen.

Von 1989 bis 1997 wurden alle Vermittlungsstellen für Telefonie auf ISDN-Technik umgestellt. Damit war die Digitalisierung des Telefonnetzes abgeschlossen. Besitzer älterer analoger Telefonanschlüsse konnten ihre Telefone jedoch weiterhin nutzen. Die Vermittlungsstellen übernahmen die Digitalisierung der analogen Signale. Die zunehmende Nachfrage nach Internetzugängen und zu Breitbandanschlüssen führte dazu, das eine Abschaltung der ISDN-Technik bis Ende 2018 beschlossen wurde.

Statt dessen wird *VoIP* (Voice over IP) Telefonie eingeführt und unter Schlagwörtern wie *All IP* oder *NGN* (Next Generation Network) eine einheitliche Netzinfrastruktur für Telefonie, Multimediadienste und Internet geschaffen.

3.2.2 DSL, ADSL und T-DSL

DSL (*digital subscriber line*) ist eine Technologie, die dem Anwender eine vergleichsweise hohe Datenübertragungsrate über eine ganz normale Telefonleitung zur Verfügung stellt. Der Begriff *xDSL* steht für verschiedene Varianten der DSL-Technologie, wie z. B. ADSL (asymmetric DSL), HDSL (High Data Rate DSL), VDSL (Very HDSL) und T-DSL (die von der deutschen Telekom angebotene ADSL-Version).

Die DSL-Technologie wurde bereits Ende der 80er Jahre in den *Bellcore* Laboratorien in den USA entwickelt. Physikalisch werden schlichtweg freie Bandbreiten im existierenden Telefonnetz nutzbar gemacht. Während bei der Sprachübertragung nur ein Frequenzbereich bis 4 Kilohertz (kHz) ausgelastet wird, können Kupferkabel theoretisch einen Bereich bis 1,1 Megahertz (MHz) abdecken. Aufgrund der enormen Verluste in hohen Frequenzbereichen wurden in der Praxis bisher nur Frequenzen bis 120 kHz verwendet. Höhere Frequenzen wurden durch Filter im Telefonnetz blockiert. Mit der DSL-Technologie wird ein größerer Frequenzbereich genutzt; und zwar bis 1,1 MHz. Mit dieser Bandbreite ist theoretisch eine Gesamtdatenrate im Bereich von 10 bis 50 MBit/s erreichbar. Bei der ADSL Norm ist diese auf 8 MBit/s begrenzt. Kommerzielle Varianten nutzen bis zu 6 MBit/s. Je höher die erzielte Datenrate ist, desto kürzer muss die Leitung zwischen der Vermittlungsstelle und dem Übergabepunkt zum Nutzer sein (unter 1000 m bei sehr hohen Datenraten). Außerdem steigen die Kosten für die verwendeten elektronischen Komponenten. Um die Gesamtdatenrate niedrig zu halten, wird die Bandbreite eines *ADSL*-Anschlusses asymmetrisch für die Übertragung vom Anwender zum Provider (*upstream*) bzw. in der anderen Richtung (*downstream*) aufgeteilt. Dies folgt den Nutzungsanalysen, die zeigen, dass das Datenvolumen zum *upload* nur 10 % dessen ausmacht, was für das *download* aufgewendet wird.

Bei der ADSL2 Norm wurde die maximal zulässige Datenrate von 8 auf 12 MBit/s in Empfangsrichtung erhöht, da man davon ausgeht, dass mittlerweile eine verbesserte Signalverarbeitung und Kodierung verfügbar ist. ADSL2+ erweitert außerdem die Bandbreite des ADSL-Signals auf 2,2 MHz und erhöht damit die nutzbare Datenrate in Empfangsrichtung auf maximal 25 MBit/s.

Die von der Deutschen Telekom ursprünglich angebotene Standardversion *T-DSL* ist ein asymmetrisches Verfahren mit einer Downstream-Kapazität von 768 kBit/s und einer Upstream-Kapazität von 128 kBit/s. Im Vergleich zu den theoretischen Werten ist die Bandbreite relativ niedrig, dafür sind auch die Restriktionen hinsichtlich der Entfernung zur Vermittlungsstelle minimal. Seit 2002 wurden schnellere Varianten bereitgestellt. 2004 war die schnellste erhältliche Variante zunächst T-DSL-3000 (Downstream 3072 kBit/s und Upstream 512 kBit/s), ab 2005 dann T-DSL-6000 (Downstream 6016 kBit/s und Upstream 576 kBit/s). Seit Mai 2006 ist ADSL2+ auch im Rahmen von

T-DSL verfügbar und zwar als T-DSL-16000 (Downstream 16 MBit/s und Upstream 1 MBit/s).

Alle bisher genannten DSL Varianten basieren auf ISDN Telefonanschlüssen. Das von der Vermittlungsstelle kommende Kabel wurde direkt oder über eine TAE-Steckdose an einen *Splitter* angeschlossen. Dieser trennt das DSL-Signal von dem ISDN-Signal. Der DSL-Ausgang des Splitters wurde zu einem ADSL-MODEM geführt. Die Verbindung mit dem anzuschließenden Computer erfolgte dann über eine drahtlose Verbindung (*WLAN*) oder über eine Ethernetkarte mit passender Kabelverbindung. Über diesen Weg erhielt der angeschlossene Rechner eine Internetverbindung, die der Provider über eine *Flatrate, einen Volumentarif oder einen Zeittarif* abrechnete.

Mit der Abschaltung von ISDN entfällt diese Anschlusstechnik. Vom Provider kommt seither ein Kabel das direkt an eine Anschlussbox geführt wird, die für den Nutzer Telefonanschlüsse und Internetverbindungen bereitstellt. Übergangsweise können dabei bisherige ADSL Verbindungen genutzt werden, überwiegend werden aber in Zukunft VDSL Anschlüsse mit 50 oder 100 MBit/s genutzt werden. Diese sind über die bisherigen Kupferkabel an das Glasfasernetz des Providers angeschlossen. Im Laufe der nächsten Jahre wird ein direkter Anschluss über Glasfaserkabel zum Standard werden: *fiber to the home*. Alternativ zu dieser Anschlusstechnik über das traditionelle Festnetz können auch Kabel-Anschlüsse diverser Anbieter von Kabelnetzen verwendet werden oder das mobile LTE Netz.

3.3 Protokolle und Netze

Zu einer Kommunikation zwischen Rechnern gehört neben einer physikalischen Verbindung noch eine Vereinbarung über Art und Abfolge des Datenaustausches, ein so genanntes *Kommunikationsprotokoll*. Dieses regelt unter anderem:
–   die elektrischen Signale während der Kommunikation,
–   die Reihenfolge, in der die Partner kommunizieren,
–   die Sprache, in der sie sprechen.

Zunächst muss bestimmt werden, wer von den Kommunikationspartnern Zugriff auf den Übertragungskanal hat. Wenn die Datenübertragung zwischen den Endgeräten einer physikalischen Verbindung immer nur in einer Richtung, von einem Sender zu einem Empfänger, erfolgt, spricht man von einem *Simplexverfahren*. Dieses kommt allerdings in der Praxis äußerst selten vor. Wenn in beiden Richtungen im Wechselbetrieb übertragen wird, spricht man von einem *Halbduplexverfahren*, wenn beide Endgeräte gleichzeitig senden und empfangen können, von einem *Duplexverfahren*.

Im einfachsten Fall steht nur ein Übertragungskanal zur Verfügung, dann werden die Daten bitweise nacheinander gesendet; sie werden *seriell* übertragen. Für eine *parallele* Übertragung, bei der die Daten in Bit-Gruppen (meist 1 Byte) parallel übermittelt werden, benötigt man entsprechend viele parallele Kanäle. Vom PC zu einem

Drucker wurden die Dateien früher meist parallel übertragen – heute steht mit der USB-Schnittstelle ein genügend schneller serieller Übertragungsstandard zur Verfügung.

3.3.1 Das OSI-Modell

Ein vollständiges Kommunikationsprotokoll muss die Spannweite von der physikalischen Signalübertragung bis zu den komplexen Diensten, die durch Anwendungsprogramme gefordert werden, beschreiben. Um diese überschaubar zu machen, zerlegt man ein Protokoll in Schichten (engl.: *layer*), wobei jede Schicht eine gewisse Funktionalität für die nächsthöhere Schicht bereitstellt und ihrerseits die Dienste der darunterliegenden Schicht nutzt.

Die folgende Abbildung zeigt das normierte Referenzmodell für Kommunikationsprotokolle in offenen Systemen. Dieses wird als OSI-Referenzmodell bezeichnet.

Abb. 3.10. OSI-Schichtenmodell

OSI ist eine Abkürzung für den englischen Begriff *Open Systems Interconnection*, auf Deutsch etwa: *Vernetzung offener Systeme*. Das OSI-Referenzmodell ist in einer Reihe von Dokumenten der ISO (*International Standard Organization*) beschrieben und umfasst sieben Schichten.

Die oberste Schicht beschreibt das Kommunikationsprotokoll aus der Sicht des Anwenders. Tiefere Schichten beziehen sich auf die zunehmend technischeren Details. Die niedrigste Schicht z. B. behandelt die im letzten Abschnitt besprochene Bitcodierung und die physikalische Übertragung von Bitströmen. Jede Schicht wird auf

Basis der direkt darunterliegenden Schicht implementiert. Diese Methode, verschiedene Abstraktionsschichten einzuführen, ist uns bereits im Zusammenhang mit Datenstrukturen begegnet (siehe Band 1). Hier wird also eine Informationsübertragung, vermittelt durch mehrere (7) Abstraktionsstufen, anhand von Datenübertragung implementiert.

Die unteren Schichten des OSI-Modells bezeichnet man auch als Transport- oder Transitsystem, die oberen als Anwendersystem. Die folgende Grafik soll verdeutlichen, wie die Kommunikation zwischen zwei Anwendungen stufenweise durch die Kommunikation in den niedrigeren Schichten bewerkstelligt wird.

Die unterste Schicht ist für die Übertragung von Bitfolgen zuständig. Die darauf aufbauende zweite Schicht behandelt die Übertragung von Bitfolgen als Datenpaket. Diese werden mit Adressen und Korrekturbits versehen. Beim Versenden werden Quittungen verwendet, um den Erfolg zu überprüfen. In der Vermittlungsschicht wird der Leitungsweg in einem Netz ermittelt, außerdem werden ggf. anfallende Übertragungskosten abgerechnet. In der darüberliegenden vierten Schicht werden die Parameter der Verbindung bestimmt sowie die Aufteilung der Verbindung auf mehrere Nutzer (Leitungs-Multiplexing). Die Sitzungsschicht ist verantwortlich für den logischen Aufbau von Verbindungen: Anmeldung, Passwortabfrage, Dialogsteuerung, Synchronisation und zuletzt Verbindungsabbau.

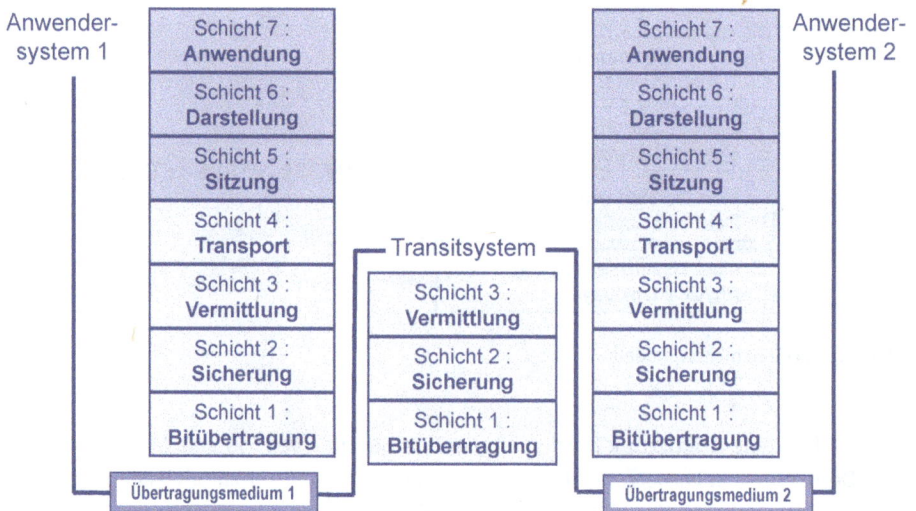

Abb. 3.11. Übertragung über ein Transitsystem

Die beiden obersten Schichten sind zwar auch definiert, die Interpretation dieser Definitionen ist aber auf unterschiedliche Weisen möglich, da hier Vorgänge geregelt werden, die mit der eigentlichen Datenübertragung wenig zu tun haben.

Das OSI-Modell bietet eine „Rahmenrichtlinie". Nicht alle real existierenden Protokolle passen genau in dieses Modell. Viele Protokolle, darunter auch Ethernet, berühren mehrere Schichten des OSI-Modells. Auch die heute überwiegend im Internet verwendeten Protokolle und Dienste lassen sich nicht ohne weiteres den Schichten des OSI-Modells zuordnen. Die folgende Abbildung kann daher nur eine grobe und zum Teil willkürliche Einordnung versuchen. Die meisten der dargestellten Protokolle werden in diesem und im nächsten Kapitel näher erläutert.

E-Mail- und FTP-Clientprogramme setzen direkt auf den Protokollen SMTP, POP3 und FTP auf. Im Allgemeinen werden keine Zwischenprotokolle der Ebene 6 benutzt. Web-Browser stellen Seiten dar, die mithilfe von HTML und/oder XML codiert sind. Dies ist eines der wenigen guten Beispiele für eine Anwendung der Darstellungsschicht. Ebenso nutzen Web-Browser das HTTP-Protokoll, um Dokumente zu lesen. Wie auch SMTP, POP3 und FTP ist dieses der 5. Schicht zuzuordnen. Internet-Telefonie (VoIP) sowie die Übertragung (*Streaming*) von Audio- und Videomaterial aus dem Internet erfolgt über das *Realtime Transport Protocol* (RTP).

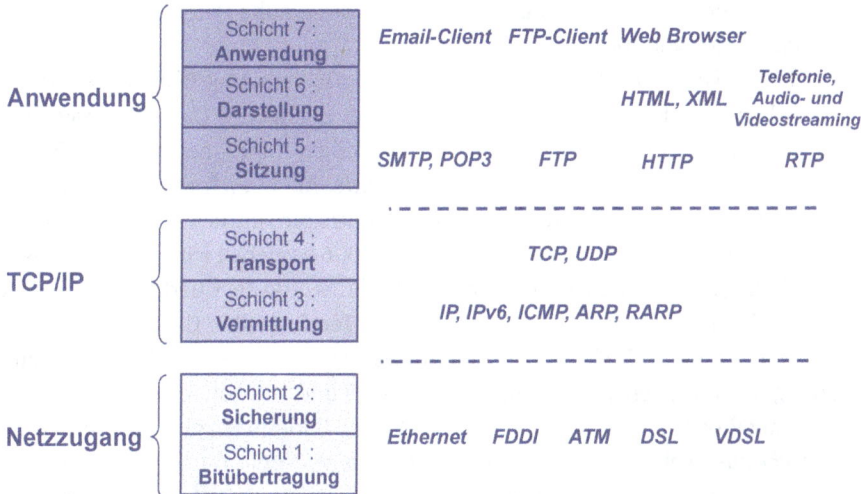

Abb. 3.12. Einordnung üblicher Internet-Protokolle und Dienste in das OSI-Modell

3.3.2 Netze

Unter einem Rechnernetz versteht man eine Gruppe von Rechnern, die untereinander verbunden sind, um miteinander zu kommunizieren oder gemeinsame Ressourcen nutzen zu können. Je nachdem, ob ein Rechnernetz sich auf einen begrenzten Raum beschränkt oder ob es sich weltweit erstreckt, spricht man von *lokalen* oder *globalen* Netzen.

- Ein *lokales Netz (LAN = Local Area Network)* dient zur Verbindung von Rechnern und Servern in einem räumlich begrenzten Gebiet (mit einer maximalen Ausdehnung von wenigen Kilometern) über Leitungen, für die nur der Betreiber (also nicht etwa die Telekom) verantwortlich ist. Die Übertragungsraten in lokalen Netzen liegen derzeit im Bereich von 100 MBit/s bis 100 GBit/s.
- Sehr weit verbreitet sind auch *drahtlose lokale Netze (WLAN = Wireless Local Area Network)*. Im Unterschied zu den gerade genannten LANs erfolgt die Kommunikation nicht über Leitungen sondern drahtlos. Weit verbreitet sind heute Übertragungsraten bis etwa 2 GBit/s.Netze mit einer Übertragungsrate bis etwa 10 GBit/s sind in Vorbereitung.
- Ein *Stadtnetz (MAN = Metropolitan Area Network)* ist ein spezielles Weitverkehrsnetz, das sich typischerweise auf ein (Teil-)Gebiet einer Stadt oder aber auf das Gelände einer größeren Firma beschränkt. Von den traditionellen Weitverkehrsnetzen unterscheidet es sich durch vergleichsweise hohe Datenübertragungsraten im Bereich von 100 MBit/s bis 1 GBit/s.
- Ein *Weitverkehrsnetz* (*WAN = Wide Area Network*) verbindet Rechner innerhalb eines Landes oder in mehreren Ländern über öffentliche Datenübertragungseinrichtungen. Die Übertragungsgeschwindigkeiten traditioneller Weitverkehrsnetze liegen zwischen 64 kBit/s und 600 MBit/s. Anfänglich wurden *Breitband-Weitverkehrsnetze* mit Bandbreiten von 800 GBit/s pro Glasfaser genutzt. Als Beispiel sei das deutsche *X-Win* genannt das seit 2006 betrieben wird und Nachfolger des *G-Win* (**G**igabit-**Wi**ssenschafts-**N**etz) ist. 2012 wurde die Übertragungstechnik des X-Win modernisiert und erreicht nun ca. 8 TeraBit/s über Glasfaser.
- Ein *globales Netz* (*GAN = Global Area Network*) verbindet Rechner weltweit und ermöglicht die Übertragung von *electronic mail* und von beliebigen anderen Dateien mit Programmen, Daten, Text, Sprache und Bildern. Ein globales Netz ist die *logische Zusammenfassung* verschiedener LANs, MANs etc. durch öffentliche oder private Weitverkehrsverbindungen. Beispiele sind globale Netze multinationaler Firmen, militärische Netze oder öffentliche Netze wie das Internet.
- Das *Internet* ist ein spezielles globales Netz, das mittlerweile weltweit leitungsgebunden und/oder drahtlos nutzbar ist.
- Ein *virtuelles privates Netz* (*VPN = Virtual Privat Network*) verbindet eine Benutzergruppe in einem Netzwerk (meist im Internet) durch ein spezielles Zugangs- und Übertragungsprotokoll, so dass nur berechtigte Teilnehmer Zugang erhalten. Die Übertragung der Daten innerhalb eines VPNs erfolgt verschlüsselt.

3.3.3 Netztopologien

Die Verbindungsstruktur der Rechner in einem Netz bezeichnet man als *Netztopologie*. Für spezielle Netztopologien gibt es geeignete Protokolle und Techniken, mit denen die Kommunikation der Teilnehmer untereinander gewährleistet wird.

Bei einem *sternförmigen Netz* sind alle Rechner mit einem Zentral-Rechner oder einem Vermittlungssystem verbunden:

Abb. 3.13. Sternförmiges Netz

Der Zugang zum Netz erfolgt bei sternförmigen Netzen meist unter Kontrolle der Zentrale durch *polling*. Dabei befragt die Zentrale die angeschlossenen Systeme der Reihe nach, ob Sendewünsche vorliegen und erfüllt diese gegebenenfalls. Nachteile eines sternförmigen Netzes sind

− der Ausfall des gesamten Netzes, wenn die Zentrale ausfällt,
− die Überlastung der Zentrale, wenn alle Stationen sendewillig sind,
− die Notwendigkeit, alle Stationen mit der Zentrale zu verbinden.

Bei einem *Busnetz* sind alle Stationen an ein gemeinsames passives Medium angeschlossen, zum Beispiel an ein Kupferkoaxialkabel. Jeder angeschlossene Rechner besitzt eine Netzwerkkarte mit einer eindeutigen Adresse. Sendet ein Teilnehmer Daten auf das Netz, so können diese im Prinzip von allen Teilnehmern „belauscht" werden. Ist die Sendung jedoch nur für einen bestimmten Rechner bestimmt, so wird sie nur von der Netzwerkkarte mit der richtigen Adresse an das Betriebssystem des zugehörigen Rechners weitergeleitet.

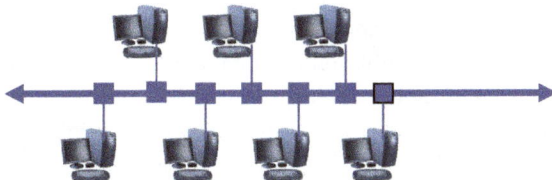

Abb. 3.14. Busnetz

Da eine zentrale Instanz fehlt, ist der Zugriff auf das Netz („wer darf wann senden") nicht so leicht zu organisieren wie im Fall des sternförmigen Netzes. Er wird meist mithilfe eines Wettkampfverfahrens (CSMA-CD) geregelt, das wir im nächsten Abschnitt besprechen. Die Abwesenheit einer zentralen Instanz ist andererseits ein großer Vorteil von Busnetzen. Die Verkabelung ist einfach, und das Netz ist relativ ausfallsicher, da zur Übertragung einer Nachricht nur die beteiligten Stationen benötigt werden, alle anderen können theoretisch ausfallen.

Bei einem *ringförmigen Netz* ist jeder Rechner mit dem folgenden verbunden, bis sich am Ende der Kreis wieder schließt. Die Übertragung von Nachrichten erfolgt durch ein Weiterleiten der Nachricht, immer in einer bestimmten Richtung:

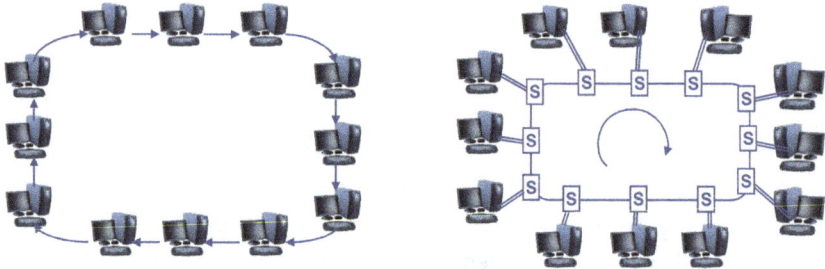

Abb. 3.15. Ringförmige Netze

Ein Nachteil eines Ringnetzes ist, dass das Netz unterbrochen wird, wenn nur eine angeschlossene Station ausfällt. Dieses Problem lässt sich aber durch einen einfachen schaltungstechnischen Trick beheben. Die Stationen sind an das Netz über einen Schalter angeschlossen, der im Ruhezustand direkt den Eingang mit dem Ausgang verbindet. Wenn eine angeschlossene Station funktionsfähig ist, wird der Schalter durch ein Signal umgelegt. Die Station ist an das Netz angebunden. Sobald dieses Signal entfällt, wird der Schalter automatisch zurückgestellt.

Auch im Falle der Ringnetze ist der Netzzugriff nicht ganz einfach zu regeln und wird mit einer *Berechtigungsmarke* (*token*) betrieben. Das Token ist ein festgelegtes Bitmuster, welches im Netz kreist. Eine Station muss auf das Token warten, bevor sie senden darf. Wenn sie ihre Daten gesendet hat, gibt sie das Token wieder frei.

Ein Vorteil der Ringstruktur liegt in der einfachen Verkabelung. Es brauchen nur Punkt-zu-Punkt-Verbindungen zwischen benachbarten Stationen gelegt zu werden. Ringnetze können ziemlich groß sein, weil immer nur eine kurze Entfernung zwischen benachbarten Stationen überbrückt werden muss. Allerdings gibt es auch Probleme mit dem Netzzugang mittels des Tokens. Ein Fehlverhalten eines einzigen Rechners kann u. a. dazu führen, dass das Token verloren geht oder dass ein zweites Token erzeugt wird. Daneben muss geklärt werden, wer das erste Token generiert und wie ein Bitmuster innerhalb einer Nachricht, das zufällig identisch mit dem Bitmuster des

Tokens ist, von diesem unterschieden wird. Da die Verbreitung ringförmiger Netze im Rückgang begriffen ist, werden wir auf diese Probleme hier nicht näher eingehen.

Klassische Rechnernetze sind überwiegend Sternnetze. Personal Computer werden heute überwiegend mit Busnetzen bzw. mit Schnittstellenvervielfältigern verknüpft, da die Verkabelung einfacher ist und ein zentraler Rechner nicht benötigt wird. Welche Netztopologie im Einzelfall besser ist, lässt sich nicht entscheiden – erst die angewendeten Zugriffsverfahren erlauben eine fundierte Diskussion der Vor- und Nachteile.

Mehr und mehr werden auch Verkabelungssysteme für Busnetze üblich, die statt eines physischen Kabels mit Schnittstellenvervielfältigern (*hub*) arbeiten. Ein Schnittstellenvervielfältiger bietet eine Anzahl von *Kabel-Anschlüssen,* ohne dass ein Kabel physisch existiert. In gewisser Weise verhalten sich solche Systeme wie ein Busnetz, auch wenn man sie eher als Mehrfach-Stern bezeichnen muss.

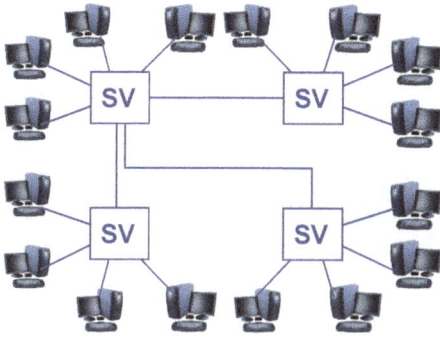

Abb. 3.16. Schnittstellenvervielfältiger (Hub)

3.3.4 Netze von Netzen

Es ist in vielen Fällen nicht möglich, alle potentiellen Teilnehmer an ein einziges Netz anzuschließen. Manchmal wird eine direkte Kopplung über ein Netz nicht gewünscht, z. B. um eine Netzüberlastung zu vermeiden oder aus Gründen des Datenschutzes bzw. der Sicherheit gegen Eindringlinge. In allen diesen Fällen kann es jedoch von Interesse sein, ein bestimmtes Rechnernetz mit anderen gleichartigen Netzen zu koppeln oder gar Übergänge zu Netzen mit anderen Protokollen zu ermöglichen. Von besonderem Interesse ist in den letzten Jahren der Anschluss an das weltweite Internet geworden.

Die Verbindung zwischen Netzen erfolgt durch Vermittlungsrechner (VR). Diese können Netze unmittelbar verbinden, indirekt über Telefonleitungen oder mit übergeordneten Netzen (Backbone-Netze).

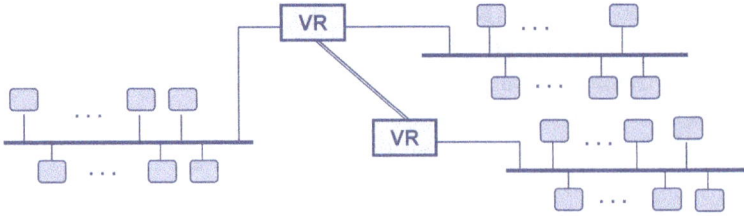

Abb. 3.17. Verbindung von Netzen

Wenn mehrere Netze verbunden sind, haben wir ein Netz von Netzen vor uns. Die Kommunikation zwischen einer Station X in einem Quellnetz erfolgt dann über mehrere Zwischennetze zu einer Station Y in einem Zielnetz. Die Datenpakete können über unterschiedliche Wege von X nach Y und umgekehrt gesendet werden. Diesen Vermittlungsvorgang nennt man *routing* (engl. für Wegsuche).

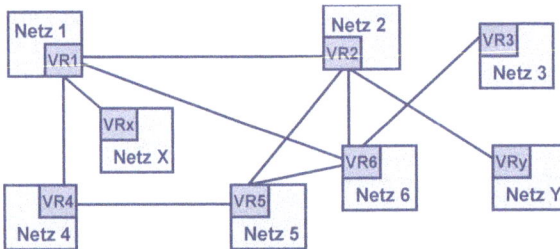

Abb. 3.18. Routing in Datennetzen

Als Vermittlungsrechner werden Geräte unterschiedlicher Intelligenz eingesetzt. Für diese Geräte sind Bezeichnungen im Gebrauch, die von Herstellerfirmen verschieden interpretiert werden:

- *Repeater* verbinden Teilnetze (Segmente) zu einem logischen Gesamtnetz. Die Aufgabe eines Repeaters ist es, das Signal neu zu generieren. Dadurch können die Signalstärken innerhalb der Teilnetze reduziert werden. Die Signale werden in ihrer ursprünglichen Stärke in das jeweils nächste Teilnetz gegeben. Repeater haben keine eigene Intelligenz: Die Signale und damit die Pakete werden durch Repeater unverändert auf alle angeschlossenen Teilnetze übertragen. Das Netzprotokoll wird durch Repeater nicht verändert.
- *Bridges* haben eine ähnliche Funktion wie Repeater, sind aber mit der Fähigkeit ausgestattet, zu erkennen, ob das Signal weitergegeben werden muss oder nicht. Eine Bridge verbindet genau zwei Teilnetze und kennt die angeschlossenen Teilnetze und die in diesen befindlichen Rechner. Eine Bridge muss über eine Tabelle mit Einträgen für die Rechner der angeschlossenen Teilnetze verfügen. Sie

weiß wie die Pakete des verwendeten Netzprotokolls aussehen, empfängt alle in den angeschlossenen Teilnetzen gesendeten Pakete und macht eine Fehlerprüfung. Fehlerhafte Pakete werden gleich weggeworfen, ebenso Pakete, die für unbekannte Rechner bestimmt sind. Wenn ein Paket korrekt empfangen wurde, das für einen bekannten Rechner in dem anderen der beiden angeschlossenen Teilnetze bestimmt ist, wird das Paket in dieses Teilnetz gesendet. Die Verwendung von Bridges entkoppelt also die angeschlossenen Teilnetze.

- *Switches (Vermittlungsrechner)* haben dieselbe Funktion wie Bridges, verbinden aber i.A. mehr als zwei Teilnetze. Der Name erinnert daran, dass diese Systeme eine ähnliche Aufgabe haben, wie die für Telefonanlagen verwendeten Vermittlungssysteme.
- *Router* (auch *IP-Switch*) haben dieselbe Funktion wie die gerade besprochenen Vermittlungsrechner, aber in einer anderen Protokollebene. Repeater, Bridges und Switches verbinden Teilnetze eines lokalen Netzes auf den unteren beiden Schichten des OSI-Modelles, Router verbinden Teilnetze des Internets. Sie dienen also der Paketvermittlung für das IP-Protokoll. Im Internet ist ein Router ein eigenständiger Rechner oder in einigen Fällen lediglich eine spezielle Softwarekomponente eines Rechners, die den nächsten Rechner im Internet bestimmt, zu dem ein gegebenes IP-Paket auf seinem Weg zum endgültigen Ziel geschickt werden soll. Diesen Vorgang nennt man *routing*. Meist ist ein Router dafür zuständig, ein gegebenes lokales Netz mit dem Internet zu verbinden. Er verschickt die abgehenden Pakete ins Internet und verteilt die ankommenden Pakete im lokalen Netz. Ein Router führt normalerweise eine Tabelle, die Internetadressen Rechnern zuordnet, zu denen für sie bestimmte Pakete weitergeleitet werden sollen. Für die Ermittlung von optimalen Routen werden Algorithmen benötigt, die den Zustand der verfügbaren Routen und die Kosten bzw. die benötigte Zeitdauer für das Versenden von Paketen auf bestimmten Routen berücksichtigen.
- *Gateway* nennt man ganz allgemein einen Rechner, der die Verbindung zum Internet herstellt. Meist handelt es sich dabei einfach um einen Router.

Netze von Netzen sind meist hierarchisch strukturiert. Ein gutes Beispiel hierfür ist die Einbettung des lokalen Netzes des Fachbereiches Mathematik und Informatik der Universität Marburg. Dies zeigt die folgende Abbildung.

3.3.5 Zugriffsverfahren

Wenn mehrere Partner über ein gemeinsames Medium kommunizieren, braucht man ein Zugriffsprotokoll, damit nie mehrere Stationen gleichzeitig senden, dennoch aber jeder in angemessener Zeit drankommt und mit jedem anderen Teilnehmer Nachrichten austauschen kann. In vielen Fällen orientieren sich die zu diskutierenden Zugriffsverfahren an bekannten Verfahren des täglichen Lebens, wie z. B. an Gesprächen zwi-

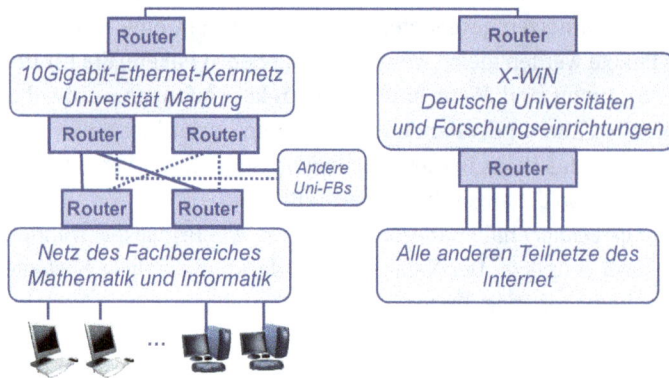

Abb. 3.19. Hierarchie von Netzen

schen einer Gruppe von Personen. Allerdings sind die technischen Protokolle exakt geregelt und bauen nicht auf Höflichkeitskonventionen auf.

– Die Zugangsregelung mittels eines Tokens, wie sie bei Ringnetzen üblich ist, erinnert an eine Diskussionsgruppe, in der genau ein Mikrofon vorhanden ist. Dieses wird von Teilnehmer zu Teilnehmer weitergereicht. Nur wer das Mikrofon hat, kann sprechen. Nach Beendigung des Redebeitrags, muss der Teilnehmer das Mikrofon an den nächsten weiterreichen.

– Die Analogie beim *Wettkampfverfahren* ist eine Diskussionsgruppe, in der alle gleichberechtigt reden dürfen. Jederzeit darf ein Gruppenmitglied anfangen zu reden, sofern es niemand anderen reden hört. Wenn es begonnen hat, darf es eine Weile ungestört reden. Weil der Schall eine endliche Ausbreitungsgeschwindigkeit hat und jeder Teilnehmer eine gewisse Reaktionszeit benötigt, kann es passieren, das mehrere Teilnehmer fast gleichzeitig zu reden beginnen. Sobald diese Redner dies bemerken, müssen sie sofort den Redefluss beenden. Sie können es später erneut versuchen.

3.3.6 Wettkampfverfahren: CSMA-CD

CSMA-CD ist eine Abkürzung für den englischen Begriff *Carrier Sense Multiple Access with Collision Detection*. Der Begriff beschreibt die wesentlichen Punkte der Zugangssteuerung:

– Mehrere Rechner können gleichzeitig auf das Medium zugreifen (*multiple access*).

– Bevor Daten gesendet werden sollen, wird überprüft, ob das Kabel nicht gerade von einem anderen Rechner benutzt wird. Zu diesem Zweck kann die sendebereite Station ein Trägersignal testen (*carrier sense*).

Haben mehrere Stationen mit dem Senden von Daten begonnen, so entsteht eine *Kollision*. Jeder Sender muss Kollisionen erkennen (*collision detect*) und sofort das Senden einstellen.

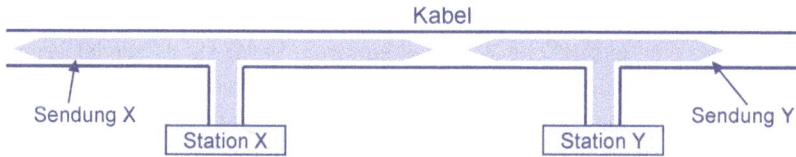

Abb. 3.20. Fast zeitgleicher Sendebeginn

Angenommen, Station X und Station Y haben fast gleichzeitig mit dem Senden begonnen, X etwas früher als Y. Die Ausbreitung des Signals jeweils in beide Richtungen, ist in Abbildung 3.20 dargestellt. Nach einer Weile erkennt Y, dass noch eine andere Station sendet, und bricht ab. Dies wird mit der zweiten Abbildung illustriert. Etwas später wird auch X die Kollision erkennen und ebenfalls die Sendung abbrechen. Natürlich können auch mehrere Stationen eine Kollision verursachen.

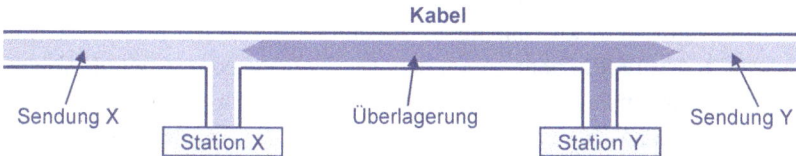

Abb. 3.21. Y hat Kollision schon erkannt und bricht ab

Ist $t_{X,Y}$ die Laufzeit des Signals von X nach Y, so kann die Station X im schlimmsten Fall erst nach der Zeit $2 \times t_{X,Y}$ erkennen, dass ihre Sendung an der Kollision beteiligt war und daher erneut gesendet werden muss. Bei CSMA-CD muss eine Kollision erkannt werden, solange eine Station noch sendet. Daher muss die Übertragungszeit der kürzesten erlaubten Nachricht länger sein als die doppelte maximale Signallaufzeit zwischen zwei Stationen. Wir rechnen dies an einem Beispiel durch:

Bei der Verwendung von Kupferkoaxialkabeln und einer Übertragungsrate von 10 MBit/s sei die kürzeste erlaubte Nachricht auf 64 Byte, also 512 Bit, festgelegt. Damit dauert jeder erfolgreiche Sendevorgang mindestens 512×10^{-7} s Bei einer Signalgeschwindigkeit von Strom in Kupferkabeln von ca. 200 000 km/s entspricht dies einer Strecke von 10240 m, also ca. 10 km. Der maximale Abstand zweier Stationen kann dann maximal die Hälfte, also 5 km sein. Unter Berücksichtigung zusätzlicher Einflüsse wie Senderverzögerungen, Verstärker etc. kann sich die maximale Entfernung auf 2 km verkürzen.

Natürlich muss auch die maximale Länge einer Nachricht vorgeschrieben sein, sonst könnte eine Station das Netz monopolisieren. Mögliche Maximalwerte sind 512 Bytes oder 1500 Bytes etc.

Im Falle einer Kollision müssen alle Stationen warten, bis sich das Netz wieder elektrisch beruhigt hat. Die Stationen, die an der Entstehung einer Kollision beteiligt waren, müssen eine zusätzliche Wartezeit einlegen, bevor sie es wieder versuchen. Wichtig ist offensichtlich, dass sie unterschiedlich lange warten, um nicht beim nächsten Versuch eine erneute Kollision zu verursachen. Die Wartezeit wird daher auf allen Stationen *unabhängig* als Zufallszahl in einem Zeitintervall $1 \dots T$ ermittelt, wobei T mit der Anzahl erfolgloser Sendeversuche zunimmt.

3.4 Netztechnologien

Hard- und Software für die Rechnervernetzung werden von verschiedenen Firmen angeboten. Wir besprechen vier Standards – Ethernet, FDDI, ATM und SONET/SDH.

3.4.1 Klassisches Ethernet

Ethernet war ein spezielles lokales Netz, das von Xerox, Intel und DEC Anfang der 80er Jahre entwickelt wurde. Ein experimentelles Vorläufer-Ethernet hat Xerox bereits in den 70er Jahren in den PARC-Laboratorien benutzt. Dieses wiederum wurde von einem auf Hawaii benutzten Funknetz namens *ALOHAnet* beeinflusst. Die Verwendung von drahtlosen Netzen hat auch zu der Bezeichnung Ethernet geführt, da die Daten über den „Äther" übertragen wurden. Bei Ethernet wurden dann allerdings Kupferkoaxialkabel als Übertragungsmedium gewählt.

Ethernet war ursprünglich ein Standard für lokale Netze mit Kupferkoaxialkabeln und ist heute der am weitesten verbreitete LAN-Standard. Ein Ethernet-LAN kann mithilfe von Kabelsegmenten, Verstärkern zur Verbindung von Segmenten und Schnittstellenvervielfältigern aufgebaut werden. Kabelsegmente können aus verdrillten Kabeln, dünnen oder dicken Kupferkoaxialkabeln bestehen. Die maximale Netzwerkausdehnung beträgt bis zu 2500 m. Als Zugriffsverfahren wird CSMA-CD verwendet.

Ethernet ist ein paketvermittelndes Datennetz. Die Pakete können aus bis zu 1518 Bytes bestehen; maximal 1500 davon sind Datenbytes. Die Bytes werden mithilfe des Manchester Codes dargestellt. Die *Slot-Time* – das ist die maximale Zeit, die eine Nachricht von einem Ende eines Ethernets bis zum anderen Ende und zurück unterwegs sein darf – ist definiert als 512 Mal die Zeit, die zur Übertragung eines Bits benötigt wird. Bei 10 MBit/s sind das also $51,2\,\mu s$. Jedes Paket muss mindestens 512 Bit lang sein, so dass der Sender auch nach der *Slot-Time* immer noch sendet. Dadurch kann er spätestens bei Beendigung des Sendevorgangs sicher sein, dass keine Kollision aufgetreten ist oder auftreten wird. Die Kollisionsauflösung erfolgt mit *exponential backoff*. Das bedeutet, dass die Wartezeit zwischen zwei Sendeversuchen als Produkt einer

Zufallszahl und der Slot-Time bestimmt wird. Die Zufallszahl wird beim k-ten Sendeversuch im Intervall $0 \ldots 2^n$ gesucht mit $n = min(k, 10)$. 10 ist in diesem Fall das *backoff-limit*. Das *attempt-limit* legt die maximale Zahl von Sendeversuchen mit 16 fest.

Fast Ethernet, auch 100BASE-T10 genannt, ist ein Ethernet-Standard mit einer Übertragungsrate von 100 MBit/s. Noch schnellere Varianten werden mit *Gigabit Ethernet* bezeichnet und verwenden Glasfasern als Übertragungsmedium.

3.4.2 Ethernet heute

Nach wie vor wird Ethernet im Bereich der lokalen Netze verwendet. Zu den ursprünglichen Standards sind allerdings zahlreiche Varianten mit unterschiedlichen Kabeltypen, Codierungsarten, Übertragungsgeschwindigkeiten etc. hinzugekommen. Geblieben sind aber die Definitionen zu Struktur und Länge der versendeten Pakete.

Neben der Verwendung als Standard für lokale Netze wird Ethernet mittlerweile auch zur Übertragung von Paketen von Netz zu Netz mit Hilfe von Glasfasern verwendet. Auf diese Weise ist es möglich Ethernetpakete im gesamten Internet zu transportieren ohne dass sie für unterschiedliche Übertragungsprotokolle umgepackt werden müssen. Mit Hilfe von Singlemode-Glasfasern können Daten mit 10 GBit/s bis zu 80 km weit übertragen werden. Für größere Entfernungen kann man dann Glasfasersegmente durch Repeater verbinden. Meist werden für solche Verbindungen Bündel bestehend aus sehr vielen Glasfasern verwendet, so dass Übertragungsraten im Terabit Bereich möglich werden. Für derartige Punkt zu Punkt Verbindungen wird das ursprünglich für Ethernet typische CSMA/CD Protokoll natürlich nicht mehr benötigt.

Der Name Ethernet wird also mittlerweile für alle möglichen Netze und Netzverbindungen benutzt, die die durch den Ethernet Standard definierten Pakete transportieren.

3.4.3 FDDI

FDDI wurde Ende der 1980er Jahre zur Übertragung von Daten über Glasfasern entwickelt. Ein FDDI-Ring besteht aus einem primären und einem sekundären Ring. Der zweite Ring dient der Betriebssicherheit, er kann aber auch zusätzlich zur Datenübertragung eingesetzt werden. Beide Ringe arbeiten jeweils in entgegengesetzter Richtung, so dass jede Station mit beiden Richtungen verbunden bleibt, auch wenn der Ring an irgendeiner Stelle durchtrennt wird. Ein FDDI-Ring wird mithilfe von Glasfasersegmenten aufgebaut, ist maximal bis zu 200 km lang und bietet Anschluss für maximal 1000 Stationen, an die jeweils wieder ein LAN oder ein Endgerät angeschlossen ist. Die Datenübertragungsrate beträgt 100 MBit/s. FDDI wurde nach und nach durch die kostengünstigere Ethernet-Technik verdrängt.

3.4.4 ATM

FDDI-Ringe sollten hauptsächlich der direkten Verbindung von Datennetzen dienen. Die gleiche Funktion kann auch von Breitbandnetzen übernommen werden. Die Entwicklung dieser Breitbandnetze ging von der Überlegung aus, dass die für ISDN definierten Datenraten von 64 bzw. 128 kBit/s zwar zur Übertragung von Sprache und normalen Datenmengen ausreichen, aber nicht für die Übertragung von Bewegtbildern. Um Video-Informationen zu übertragen, sind, auch wenn die Bilddaten komprimiert werden, Datenraten von 10 MBit/s und mehr erforderlich.

Um dies in öffentlichen Netzen oder in MANs zu ermöglichen, wurde in der Zeit von 1980 bis Anfang der 90er Jahre ein Standard zur Übertragung großer Datenmengen in Vermittlungsnetzen entwickelt. Dieser trägt den Namen ATM (*Asynchronous Transfer Mode*). Netze und Vermittlungseinrichtungen auf ATM-Basis wurden ab etwa 1990 kommerziell angeboten.

Während ein FDDI-Ring primär zur Übertragung von Daten angewendet wird, sind ATM-Netze Mehrzwecknetzwerke, die außerdem als Telefonnetze genutzt werden können. Ähnlich wie FDDI-Ringe kann man sie auch als Backbone-Netze zur Verknüpfung von LANs nutzen. Damit sollten Telefonvermittlungstechnik und die Datenübertragungstechnik, die sich seit Jahren auseinanderentwickelt hatten, potentiell wieder zusammenwachsen. ATM-Netze sind auch geeignet zur Übertragung von Bewegtbildern und können verwendet werden, um Fernsehprogramme und Videos zu übertragen.

ATM ist ein paketvermitteltes Datenübertragungsnetz. Übertragen werden sehr kleine Pakete fester Länge. Diese bestehen jeweils aus 53 Bytes und werden *Zelle* genannt. Die zu übertragenden Daten – gleichgültig ob es sich um digitalisierte Sprache für eine Telefonverbindung oder um einige Bytes einer Datei oder eines Fernsehbildes handelt – werden in kleine Portionen zerhackt, in Zellen eingepackt und auf das Netz gegeben. Die Gesamtübertragungsleistung des Netzes muss so groß sein, dass die Zellen ohne wahrnehmbare Zeitverzögerung am Ziel ankommen.

Ein Netz auf ATM-Basis besteht aus Endgeräten und Vermittlungseinrichtungen. An jeden ATM-Vermittlungsknoten können Endgeräte direkt oder über LANs angeschlossen werden. Untereinander können diese Knoten direkt über eine oder mehrere Leitungen oder indirekt über eine Kette von Zwischenknoten verbunden sein. Jede dieser Verbindungsleitungen ist eine Glasfaserleitung mit einer Übertragungsleistung von 155 oder 622 MBit/s.

Die Entwicklung der ATM-Technologie hat nicht zu dem von der Industrie erhofften Durchbruch geführt. Für die Übertragung von Daten waren ATM-Netze wegen der geringen Paketgröße nie besonders populär. Zudem hat die schnelle Entwicklung des Internets dazu geführt, dass noch höhere Datenraten benötigt werden, als sie von ATM-Netzen geboten werden. Das Deutsche Forschungsnetz, das deutsche Universitäten und Forschungseinrichtungen verbindet, basierte einige Jahre auf einem ATM-Netz mit der Bezeichnung B-Win. Anfang des Jahres 2000 wurde dieses Netz durch das leistungsfähigere G-Win abgelöst und dieses wiederum Anfang 2006 durch das nochmals leistungsfähigere X-Win. Längere Zeit wurde ATM noch von Telekom Kommunikationsnetzen genutzt, aber auch in diesem Bereich erfolgte ab etwa 2012 die schrittweise Umstellung auf die Ethernet Technik unter dem Schlagwort *All-IP*.

3.4.5 SONET/SDH

SONET und *SDH* sind Protokolle, die für den Betrieb vollständig optischer Netzwerkstrukturen definiert wurden. Es handelt sich um ausgereifte Standards, die teilweise schon seit Jahren in den öffentlichen Telekommunikationsnetzen verwendet werden. Im Internet werden sie zunehmend zur Verbindung verschiedener Teilnetze des Internets eingesetzt, da hierfür hohe Bandbreiten gefordert sind.

SONET steht für *Synchronous Optical Network* und ist die in Nordamerika verwendete Version des ANSI-Standards. *Synchronous Digital Hierarchy*, abgekürzt SDH, ist die in Europa verwendete, von der ITU empfohlene Version. Mit SONET/SDH kann man zwischen Vermittlungsrechnern höherer Ebenen eine Punkt-zu-Punkt oder auch eine Mehrpunktverbindung realisieren. Vorgesehen sind dabei unterschiedliche Datenübertragungsraten, für die bei SONET bzw. SDH jeweils leicht unterschiedliche Bezeichnungen gewählt wurden.

Tab. 3.1. Synchronous Digital Hierarchy

SONET Bezeichnung	SDH Bezeichnung	Bitrate
OC/STS-1	STM-0	51,84 MBit/s
OC/STS-3	STM-1	155,52 MBit/s
OC/STS-12	STM-4	622,08 MBit/s
OC/STS-48	STM-16	2.488,32 MBit/s ~ 2,5 GBit/s
OC/STS-192	STM-64	9.953,28 MBit/s ~ 10 GBit/s
OC/STS-768	STM-256	39.813,120 Mbit/s ~ 40 GBit/s
OC/STS-1536	STM-512	79.626,240 Mbit/s ~ 80 GBit/s
OC/STS-3072	STM-1024	159.252,480 Mbit/s ~ 160 GBit/s

Um die letztgenannten Bitübertragungsraten zu erreichen, wird die neueste Technologie eingesetzt, um die Bandbreite von Glasfasernetzen zu steigern. Diese *DWDM*-Technik (Dense Wavelength Division Multiplexing) überträgt gleichzeitig mehrere Lichtsignale unterschiedlicher Wellenlänge über dieselbe Glasfaser. Heute sind bis zu 100 GBit/s pro Wellenlänge üblich, im Testbetrieb sogar bis zu 160 GBit/s. Durch die gleichzeitige Nutzung mehrerer Wellenlängen können bis zu 88 Wellenlängen pro Faser gleichzeitig genutzt werden. Daraus resultiert eine Gesamtdatenrate von 8800 GBit/s pro Faser.

Die IP-Router der durch das X-Win verbundenen deutschen Universitäten und Forschungseinrichtungen sind direkt durch ein SDH-Netz, genannt Multi-Gigabit-

Kernnetz, miteinander verbunden. Den Stand der Planung für das X-Win in 2016 zeigt Abbildung 3.22.

Das Wissenschaftsnetz *X-WiN* ist die technische Plattform des Deutschen Forschungsnetzes. Es verbindet mehr als 500 Hochschulen und Forschungseinrichtungen in Deutschland untereinander und mit den Wissenschaftsnetzen in Europa und auf anderen Kontinenten. Mit Anschlusskapazitäten von derzeit bis zu 2 x 10 Gigabit/s und einem Multi-Gigabit-Kernnetz, das sich zwischen 70 Kernnetz-Standorten aufspannt, zählt das X-WiN zu den leistungsfähigsten Kommunikationsnetzen weltweit.

Zweifellos der wichtigste Dienst über das X-WiN ist das Internet. Er verbindet die Anwender des Deutschen Forschungsnetzes untereinander und bietet leistungsfähige Übergänge zu den wichtigsten wissenschaftlichen Partnernetzen sowie zum globalen Internet.

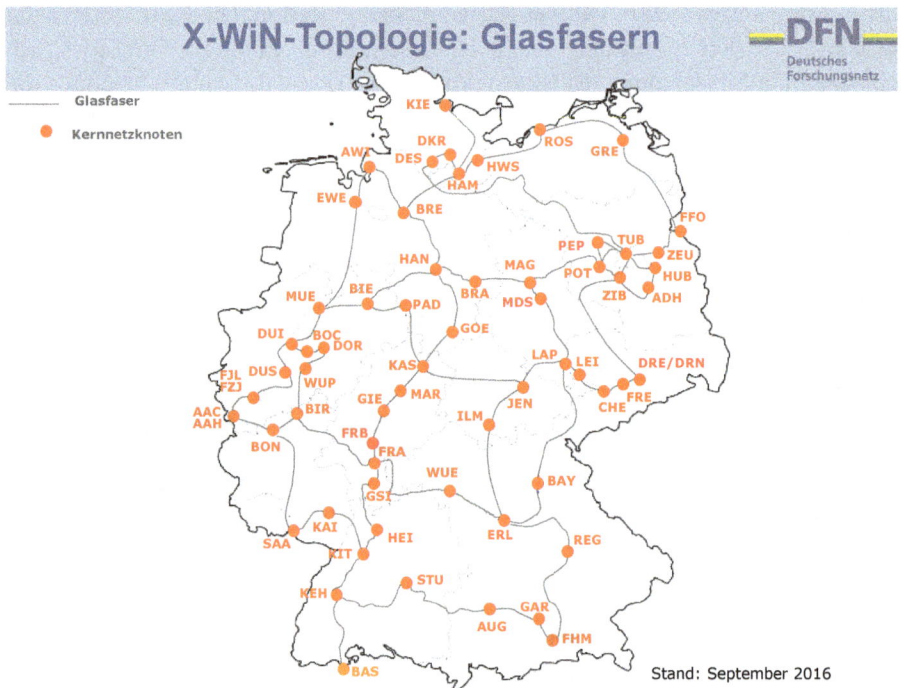

Abb. 3.22. X-Win Topologie Stand September 2016 (Quelle: DFN Verein)

In den USA wurde ein ähnliches Hochleistungsnetz wie das X-Win mit der Bezeichnung *Internet2* installiert. *GÉANT2* ist ein pan-europäischer Forschungs- und Wissenschaftsbackbone und Nachfolger von GÉANT. GÉANT2 wurde von der Europäischen Union und den nationalen Forschungs- und Wissenschaftsnetzwerken gegründet und ging offiziell am 15. Juni 2005 in Betrieb. GÉANT2 verfügt über ein Multi-Gigabit-Kernnetzwerk und verbindet insgesamt 34 Länder und 30 nationale Forschungsnetzwerke miteinander. Über den europäischen Backbone GÉANT2 ist das X-WiN mit dem weltweiten Verbund der Forschungs- und Wissenschaftsnetze direkt verbunden.

3.5 Drahtlose Netze

In der Telefonie sind drahtlose Netze selbstverständlich. Im Bereich der Computertechnik hat sich die Verwendung drahtloser Technik erst relativ spät etablieren können. Derzeit beobachten wir allerdings einen Boom hinsichtlich des Einsatzes von WLANs zum drahtlosen Anschluss von PCs, Notebooks, Smartphones, Druckern etc. ans Internet. Hierzu stehen drei Frequenzbereiche zur Verfügung, die ohne besondere Lizenzen genutzt werden können, wenn die Sendeleistung bestimmte Grenzwerte nicht übersteigt. Das 27 MHz Band wird üblicherweise für Tastaturen und Mäuse genutzt, die drahtlos betrieben werden. In diesem Bereich tummeln sich noch zahllose andere Geräte, z. B. Funktelefone, Fernsteuerungen für den Modellbau etc.. Da Tastaturen und Mäuse nur eine geringe Bandbreite benötigen und die benutzten Datenpakete mit speziellen Kennungen versehen sind, verläuft der Betrieb generell störungsfrei.

Das klassische Frequenzband für drahtlose Netze liegt im Bereich von 2,4000 bis 2,4835 GHz. Dieser Bereich war ursprünglich generell für Anwendungen im Bereich von Industrie, Wissenschaft und Medizin freigegeben (ISM-Frequenzband). Die Nutzung ist nach deutschem Recht anmelde- und gebührenfrei, sofern die Nutzung auf eigenem Gelände erfolgt und eine bestimmte Sendeleistung nicht überschritten wird. Störungen kann es zum Beispiel durch defekte Mikrowellengeräte geben, da diese im gleichen Bereich arbeiten. Ein weiterer, neu zugelassener Bereich, der unter ähnlichen Bedingungen genutzt werden kann, ist der Bereich von 5,15 bis 5,35 GHz. In Europa ist die Nutzung nur mit Einschränkungen zulässig, z. B. muss ein automatisches Frequenzwahlverfahren (Dynamic Frequency/Channel Selection, DFS/DCS) benutzt werden. Störungen können z. B. von Radaranlagen ausgehen. Wegen der hohen Frequenz ist auch mit einer höheren Dämpfung des Signals durch Hindernisse zu rechnen als bei dem 2,4 GHz Frequenzbereich.

3.5.1 Bluetooth

Bluetooth ist eine lizenzfreie Spezifikation für Funkverbindungen. Der Phantasiename erinnert an Harald Blatand, genannt Blauzahn, König von Dänemark, der etwa von 940 bis 985 lebte und einzelne Gebiete zu dem einheitlichen Königreich Dänemark zusammenfasste. Bluetooth wurde ursprünglich von der schwedischen Firma Ericsson entwickelt, später von einem Konsortium zu dem Intel, IBM, Nokia und Toshiba gehören. Der gemeinsame Grundgedanke war und ist es, eine preiswerte und Energie sparende Funkverbindung zu schaffen, die Kabelverbindungen auf kurzer Distanz vollständig ersetzt. Bluetooth ist vom technischen Ansatz her in alle elektronischen Geräte, die Datenkommunikation betreiben, integrierbar.

Typische Anwendungen verbinden zwei Geräte direkt miteinander. Bluetooth kann also ohne weiteres benutzt werden, um z. B. Tastatur und Maus mit einem PC zu verbinden. Bei dieser Anwendung steht Bluetooth also in direkter Konkurrenz zu den üblicherweise für diesen Zweck eingesetzten Funksystemen im 27 MHz-Band. Der Nachteil, aus heutiger Sicht, ist der höhere Preis für eine Verbindung mit Bluetooth, der Vorteil die mögliche Mehrfachnutzung einer Bluetooth-Schnittstelle am PC, die zusätzlich zur Kommunikation mit einem Mobiltelefon, mit einer Kamera, einem Notebook, einem Drucker etc. genutzt werden kann.

Bluetooth ist ein Kurzstreckenfunkstandard, der die kabellose Kommunikation zwischen Geräten unterschiedlicher Hersteller ermöglicht sowie deren Verbindung mit dem PC. Die Übertragungsleistung liegt derzeit bei 1 Mbit/s, der Frequenzbereich ist das ISM-Band, also ca. 2,4 GHz. Der Übertragungsbereich liegt bei maximal 10 Metern und kann darüber liegen, wenn die Sendeleistung erhöht wird oder mehrere gekoppelte Funkzellen benutzt werden. Die geringe Reichweite liegt an der geringen Sendeleistung. Diese und auch die geringe Datenübertragungsrate beruht auf Überlegungen, dass Bluetooth häufig in Geräten eingesetzt wird, die mit Batterien und daher Strom sparend betrieben werden sollten. Außerdem sollen die Geräte billig sein, die Elektronik daher möglichst auf einem Chip integrierbar sein. Zur Überbrückung größerer Entfernung soll es in Zukunft Bluetooth-Module mit zuschaltbarem Leistungsverstärker geben, der die Sendeleistung bis auf 100 mW erhöht.

Auf Grund der niedrigen Datenrate und der geringen Reichweite ist Bluetooth keine Konkurrenz zu den im folgenden Abschnitt beschriebenen WLANs.

3.5.2 WLAN Standards

WLAN ist eine Abkürzung für *Wireless LAN*, also für ein drahtloses lokales Netz. Im Englischen wird, angelehnt an den Begriff *Hi-Fi* zumeist die Bezeichnung *Wi-Fi* verwendet, als Abkürzung für *Wireless Fidelity*, obgleich der Begriff *Fidelity* (hier: *Wiedergabetreue*) im Kontext digitaler Netze wenig Sinn macht.

Der Einsatz drahtloser Netze beruht auf der IEEE Norm 802.11. Diese definierte ursprünglich die drahtlose Kommunikation im 2,4 GHz-Bereich mit einer Übertragungsrate von 1 bzw. 2 MBit/s. Heute werden Varianten 802.11*a* bis 802.11*i* dieses Standards benutzt. Dabei legen die Standards *a*, *b*, *g* und *h* jeweils eine WLAN-Technik fest, die anderen Buchstaben bezeichnen zusätzliche Standards, so steht z. B. *i* für Verschlüsselung und Authentifizierung. Anfang 2006 ist der Buchstabe *n* hinzugekommen. Die endgültige Version des Standards 802.11*n* liegt seit 2009 vor. Mit einer *MIMO* (*Multiple Input Multiple Output*) genannten Technik werden mehrere Sende- und Empfangsantennen eingesetzt und eine maximale Bruttodatenrate von 600 MBit/s erreicht. Ein

weiterer Standard, 802.11*ac*, liegt seit 2013 vor und erreicht eine theoretische Übertragungsrate von 6933 MBit/s. Kommerziell angebotene Geräte nutzen maximal 1733
MBit/s. Ein weiterer noch leistungsfähiger Standard 802.11*ad* wurde in der gleichen
Zeit bereits definiert. Da dieser Standard eine Kommunikation im 60 GHz Bereich vor-
sieht, ist er aus verschiedenen Gründen bis jetzt nur experimentell zum Einsatz gekommen.

Bis vor einiger Zeit war der Standard 802.11*b* am weitesten verbreitet. WLANs, die
auf diesem Standard beruhen, arbeiten im 2,4 GHz Bereich mit einer Übertragungsrate von 11 MBit/s. Eine Sendeleistung von maximal 100 mW sorgt für eine Reichweite von ca. 50 Metern. Als Zugangsprotokoll wird *CSMA/CA* benutzt. CSMA ist im Abschnitt über Wettkampfverfahren bereits erläutert worden und ein typisches Zugriffsverfahren für lokale Netze. Bei einem drahtlosen Netz ist i.A. eine Kollisionserkennung
analog zu der in einem kabelgebundenen CSMA/CD-Netz nicht möglich. Der Zusatz
CA steht für Kollisionsvermeidung (*collision avoidance*). Um Kollisionen und sonstige
Fehler zu vermeiden, ist bei drahtlosen Netzen der Nutzlastanteil der Brutto-Datenrate
relativ gering, so dass die Nettodatenrate bei etwa 5 MBit/s liegt. Über einen längeren
Zeitraum betrachtet, sinkt die Datenrate natürlich proportional zu der Anzahl der aktiven Teilnehmer an dem Netz.

Der neuere Standard 802.11*g* ist eine Weiterentwicklung des gerade besprochenen
Standards 802.11*b*. Er arbeitet ebenfalls im 2,4 GHz Bereich, hat aber eine Datenrate
von brutto 54 bzw. netto 32 MBit/s. Das Zugriffsverfahren wurde erweitert mit dem
Austausch von RTS/CTS-Paketen (siehe weiter unten), um die Kollisionswahrscheinlichkeit zu senken.

Die Standards 802.11*a* und 802.11*h* sind beide für den 5 GHz-Bereich spezifiziert
und arbeiten mit brutto 55 MBit/s. Der erste dieser Standards ist für den Einsatz in
Amerika gedacht und konnte in Europa nicht eingesetzt werden, da die hier gefor-
derten Auflagen für die Benutzung des 5 GHz-Bereiches nicht erfüllt werden. Diese
wurden in die kürzlich verabschiedeten Norm 802.11h eingearbeitet. Die Erweiterung
des Zugriffsverfahrens wurde aus 802.11g übernommen.

Die aktuellen Standards sind 802.11n und 802.11ac. Beide umfassen die bisherigen Standards, ermöglichen aber höhere Bandbreiten. Insbesondere sind sie sowohl
für den 2,4 GHz Bereich als auch für den 5 GHz-Bereich spezifiziert. Durch Kanalbün-
delung kann bei Nutzung von parallelen Kanälen eine Gesamtdatenrate von etwa 2,5
GBit/s erreicht werden.

3.5.3 Access Points

In einem drahtlosen Netz gibt es meist zwei Arten von Teilnehmern: einen Server,
der in diesem Kontext meist *Access-Point* (*Zugangsknoten*) genannt wird und *Clients*,
die mit dem Server kommunizieren. Direkter Kontakt der Clients untereinander, *sogenannte Peer-to-Peer Kommunikation*, ist möglich, in diesem Kontext aber eher un-

üblich. Der Access-Point vermittelt den Zugriff der Clients auf ein lokales stationäres Netz und/oder den Internetzugang.

Damit das drahtlose Netz sinnvoll funktioniert, müssen alle Klienten eine ungestörte Verbindung zum Access Point haben, aber nicht notwendig untereinander. Dies führt zu dem so genannten *Hidden-Node* Problem, bei dem ein Client aktive Sendungen eines anderen Klienten nicht bemerkt, weil dieser für ihn verdeckt ist. Konsequenterweise bemerkt er auch Kollisionen im Rahmen des CSMA Protokolls nicht.

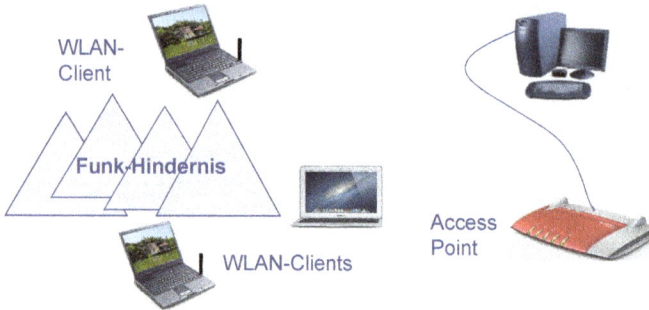

Abb. 3.23. Hidden-Node Problem

Abbildung 3.23 illustriert den Fall, dass alle WLAN-Klienten Funkzugang zu dem Access Point haben, untereinander aber teilweise verdeckt sind. Das Verfahren zur Kollisionsvermeidung für WLAN Netze sieht vor, dass eine sendewillige Station das Netz eine bestimmte Zeit beobachtet. Wenn sie in dieser Zeit keinen Funkverkehr festgestellt hat, beginnt sie zu senden – auch wenn eine für sie verdeckte Station gerade sendet. Dieses Problem versucht man dadurch zu vermeiden, dass zunächst ein RTS-Paket (RTS: *ready to send*) verschickt wird. Wenn der Empfänger dieses Paket erhalten hat und aus seiner Sicht nichts gegen die Sendung spricht, antwortet er mit einem CTS-Paket (CTS: *Clear to send*). Die eigentliche Sendung beginnt daher erst, wenn Sender und Empfänger keinen anderen Funkverkehr im Netz beobachten. Natürlich kann das Senden des RTS-Paketes bereits zu einer Kollision führen. Da RTS/CTS-Pakete sehr klein sind, sind Kollisionswahrscheinlichkeit und Schaden aber geringer als ohne das Senden dieser Pakete.

Abb. 3.24 zeigt eine typische Konfiguration eines WLAN Netzes. Der Access Point ist über einen integrierten VDSL-Anschluss an das Internet angeschlossen und bietet allen angeschlossenen Geräten unabhängigen Internetzugang. Darüber hinaus haben sie Zugriff auf die Ressourcen eines lokalen Netzes auf Ethernet Basis. Auch im privaten Bereich ist derzeit die Installation von WLAN Access Points sehr populär, da dadurch der Anschluss ans Internet sehr viel einfacher möglich ist und Geräte, wie z. B. Drucker sowohl mit Kabeln als auch drahtlos an ein gemeinsames lokales Netz mit Internet-Gateway angeschlossen werden können.

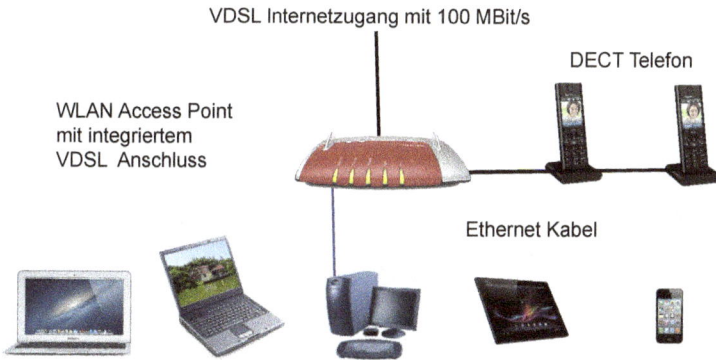

Abb. 3.24. Typische WLAN Konfiguration

Die Kommunikation in einem WLAN erfolgt über einen oder mehrere Access Points. Für jeden Access Point ist eine einstellbare Netzkennung SSID (*Service Set Identifier*) festgelegt. Bei jeder Sendung zwischen einem Klienten und einem Access Point wird diese Kennung verwendet, um die Zuordnung zu einem WLAN zu gewährleisten. Auf diese Weise ist der Betrieb mehrerer überlappender WLANs möglich. Diese können unabhängig jeweils als BSS (*Basic Service Set*) oder im Verbund mehrerer Netze als ESS (*Extended Service Set*) operieren.

In Universitäten sind kabelgebundene Netze seit Jahren Standard. In vielen Fällen werden diese durch den Einsatz von WLAN Access Points in Hörsälen, Bibliotheken, Seminar- und Besprechungsräumen ergänzt. Studenten können so im Hörsaal direkt über ein WLAN Material zu der Vorlesung empfangen und an ihrem Notebook-Computer verarbeiten, speichern etc.. Besucher und Studenten haben überall im Bereich der Campus-WLANs Zugang zum Internet bzw. zum Intranet der Universität.

Der Zugang zum Internet bzw. zu lokalen Zusatzangeboten ist aber auch generell äußerst attraktiv. Daher entwickelt sich derzeit mit großer Geschwindigkeit ein System von so genannten *Hotspots*. Diese bezeichnen ein Gebiet, in dem über ein oder mehrere Access Points der Zugriff auf ein WLAN öffentlich oder für Berechtigte möglich ist. Derartige Hotspots werden von Bibliotheken, Hotels, Cafes und Restaurants, aber auch im Bereich von Messen, Kongressen, Flughäfen, Bahnhöfen und anderen öffentlichen Einrichtungen angeboten. Derzeit haben sie meist einen festen Standort, in einigen Fällen wurden sie aber auch bereits in öffentlichen Verkehrsmitteln eingerichtet. Die Benutzung erfolgt über eine spezielle örtliche Zugangsprozedur, die Gebühren werden dann mit dem örtlichen Anbieter abgerechnet. Alternativ bieten überörtliche Anbieter ihre Dienste an. Diese ermöglichen die Nutzung aller drahtlosen Netze des Anbieters mit einer einheitlichen Zugriffsprozedur. Im Internet finden sich Listen (*hotspotlists*) bzw. Suchmaschinen (*hotspotfinder*) zum Auffinden von Hotspots.

Besonders einfach ist die Nutzung kostenfreier Hotspots. In diesem Fall ist der Access Point so konfiguriert, dass er in regelmäßigen Abständen ein *SSID-Broadcast* sendet. Ein Notebook-Computer mit eingebauter WLAN-Karte, der eine solche Sendung empfängt, kann mittels der übermittelten SSID mit dem örtlichen Access Point kommunizieren und hat so den gewünschten Zugriff, z. B. zum Internet. Bei kostenpflichtigen Hotspots ist die Nutzung nicht so einfach, es wird spezielle Hardware oder Software benötigt, die eine Identifikation bzw. Authentifizierung des Benutzers zum Zwecke der Abrechnung erzwingt. T-Mobile und andere Anbieter verlangen außerdem die Nutzung einer spezieller SSID, die nicht per Broadcast bekannt gegeben wird, um unberechtigte Benutzer fern zu halten.

Die Nutzung von WLANs erfordert ein hohes Maß an Sicherheitsbewusstsein. Der naive Betrieb eines drahtlosen Netzes kann zu ernsten Problemen führen:

– Die Kommunikation kann von Dritten abgehört werden. Die Rechner der berechtigten Teilnehmer im WLAN können ausspioniert, benutzt bzw. manipuliert werden.

– Das WLAN kann von unberechtigten Personen als Zugang zu den Ressourcen dieses WLAN bzw. zum Internet genutzt werden. Dabei können Kosten entstehen, die den Betreibern berechnet werden. Illegale Aktivitäten können den Betreibern des WLAN angelastet werden, obwohl sie von unberechtigten Personen verursacht wurden.

Die Erkundung von Zugangsmöglichkeiten zu WLANs war in den Pionierjahren noch ein Sport (*warchalking*) einer bestimmten Spezies von Hackern. Im April 2010 wurde bekannt, dass WLANs im Rahmen von *Google Street View* systematisch erfasst worden sind. Neben dem Verschlüsselungsstatus der Geräte und ihrer MAC-Adresse (s.u.) wurde auch der vom Nutzer vergebene Name gespeichert. Damit, so kritisieren Datenschützer, kann ein Netz oft den Betreibern zugeordnet werden.

Bei der Einrichtung eines drahtlosen Netzes ist also Vorsicht angebracht. Für ein privates Netz sollte zuerst das SSID-Broadcast abgeschaltet werden. Falls keine Verschlüsselung erfolgt, ist es einem erfahrenen Hacker aber immer noch möglich, durch Mitschneiden gesendeter Pakete die SSID auszulesen. Als Nächstes sollte die Zugangskontroll-Liste des Access Points aktiviert werden. Jede WLAN-Hardware besitzt eine eindeutige Netzzugangsadresse (MAC = *media access control*). Wenn die MAC-Adressen der berechtigten Benutzer in der aktivierten Zugangskontroll-Liste des Access Points eingetragen sind, können nur diese Teilnehmer in dem WLAN kommunizieren – dies nennt man „MAC-Adressen Filterung". Zwar kann man mit dem entsprechenden Know-How auch diese Adressen fälschen („spoofen"), aber das ist schon schwieriger. Als dritte Maßnahme sollte die Verschlüsselung aktiviert sein. Die beiden ersten Maßnahmen sind wegen des Administrationsaufwandes nur in privaten Netzen sinnvoll und möglich. Die Verschlüsselung kann und sollte in jedem WLAN angewendet werden.

In allen 802.11 Netzwerken war von Anfang an eine Verschlüsselung unter dem Namen WEP (*wired equivalent privacy*) vorgesehen. Da der verwendete Verschlüsselungsalgorithmus aber nicht dem neuesten Stand der Technik entspricht, ist es derzeit einem Angreifer möglich, innerhalb kurzer Zeit den WEP-Schlüssel eines gegebenen WLAN zu ermitteln. Diese grundsätzliche Schwäche von WEP ist seit längerem bekannt.

Innerhalb der Normierungsgremien wurde seit Juni 2004 ein neuer Sicherheitsstandard mit der Bezeichnung IEEE 802.11i definiert. Wesentliche Teile dieser Norm wurden in dem „vorläufigen Standard" WPA (*Wi-Fi Protected Access*) bereits vor Abschluss der Definition von 802.11i zusammengefasst. Die endgültige Norm 802.11i ist eine kompatible Erweiterung von WPA. Zur Unterscheidung nennt man eine Implementierung von WPA, die der neueren Norm entspricht auch WPA2. Alle neueren Geräte beherrschen den Standard WPA2. Die wesentlichen Verbesserungen von WPA2 bzw. 802.11i im Vergleich zu WEP sind:

- Dynamische Schlüsselmodifikation auf der Basis von TKIP (*temporal key integrity protocol*). Dies ist die wesentliche Neuerung, da die Entschlüsselung von WEP gerade auf der ständigen Anwendung desselben Schlüssels beruhte. TKIP ist zwar nur eine Behelfslösung, baut aber auf dem Verschlüsselungsalgorithmus von WEP auf. Es ist daher möglich mit diesem Protokoll WEP sicherer zu machen. Zusätzlich wurde in WPA2 noch das Verschlüsselungsprotokoll CCMP hinzugefügt.
- Authentifizierung von Benutzern auf der Basis von EAP (*extensible authentication protocol*). Die Authentifizierung fehlte bei WEP vollständig.
- Benutzung eines modernen Verschlüsselungsalgorithmus, der auf AES *(advanced encryption standard)* aufbaut. Dieser ist nicht kompatibel zu der bei WEP und anfangs in WPA eingesetzten Stromchiffre RC.

3.5.4 Datenübertragung mit mobilen Telefonnetzen

1992 wurde mit *GSM* (Global System for Mobile Communications) der erste Standard für digitale mobile Telefonie eingeführt. Während die analoge mobile Telephonie nicht sehr weit verbreitet war, führte GSM zu einer schnellen Verbreitung von Mobiltelefonen (*„Handys"*). GSM war der erste Standard einer zweiten Generation von Mobilfunknetzen. Bei der Einführung dieses Standards dachte noch niemand daran, Daten über mobile Telefonnetze zu übertragen. Der Wunsch nach mobilem Internetzugang ließ aber nicht lange auf sich warten und wurde im Rahmen der GSM-Netze mit den Standards GPRS und EDGE erfüllbar. Der Zugang über Edge erlaubt eine maximale Datenrate von 220 kBit/s.

Mit *UMTS* (Universal Mobile Telecommunications System) wurde bereits im Jahr 2000 ein Standard einer dritten Generation von Mobilfunknetzen eingeführt. Mangels geeigneter Endgeräte und auch wegen der zögernden Einführung der notwendigen Technik in den Funkzellen dauerte es aber einige Jahre bis sich dieser Standard durchsetzte. Heutige Smartphones beherrschen durchweg UMTS. Mit diesem Standard werden Daten normalerweise mit 384 kBits/s übertragen. Seit wenigen Jahren bieten einige Mobilfunkanbieter den zusätzlichen UMTS Datenübertragungsstandard HSPA+ (High Speed Packet Access) an, der noch höhere Datenraten ermöglicht: je nach Ausbaustufe einige MBit/s.

Ein Standard der vierten Generation *LTE* (Long Term Evolution) wurde bis 2010 entwickelt und wird seitdem zunehmend eingesetzt. In Ballungsgebieten ist LTE mittlerweile fast überall verfügbar. In weniger dicht besiedelten Gebieten muss man sich mit den älteren Standards begnügen. Ursprünglich bot LTE Datenübertragungsraten bis zu 300 MBit/s an. Mittlerweile wurde LTE zu LTE-Advanced (manchmal auch LTE+ genannt) weiterentwickelt. Der Übergang erfordert keine neue Hardware – lediglich die entsprechende Software muss geändert werden. Der neue Standard bietet maximale Übertragungsraten bis zu 4000 MBit/s im Download und 1000 MBit/s im Upload. Die tatsächlich erreichbaren Übertragungsraten liegen je nach Zahl der aktiven Nutzer in einer Funkzelle deutlich niedriger. Ein Internetzugang über das Mobilfunknetz ist mit LTE-Advanced durchaus mit einem kabelgebundenen Internetzugang konkurrenzfähig.

Zu Beginn der Nutzung von Mobilfunknetzen zur Datenübertragung war das ein teures Vergnügen, mittlerweile sind die Kosten erheblich niedriger. Viele Nutzer von Smartphones und Tablet-PCs können mit einer erschwinglichen *Flatrate* überall in Deutschland ohne weitere zusätzliche Kosten mobil auf das Internet zugreifen. Auch im Ausland ist der Zugriff möglich, derzeit ist das aber häufig mit hohen Kosten verbunden.

Kapitel 4

Das Internet

Nachdem in den vorigen Abschnitten vor allem technische Aspekte von Rechnernetzen behandelt wurden, wollen wir uns jetzt dem wichtigsten globalen Netz widmen, dem *Internet*. Dieses Netz verbindet weltweit mehr als eine Milliarde Rechner und eine um ein Vielfaches größere Zahl von Menschen und ist zu einer nie da gewesenen und alle Grenzen überwindenden Kommunikations-, Wissenschafts- und Wirtschaftsplattform geworden.

Historisch liegen die Anfänge des Internets in dem amerikanischen ARPANET (*Advanced Research Projects Agency-Net*) das seit 1969 als militärisches Netzwerk entwickelt wurde. Ab etwa 1972 wurde es auch eingesetzt, um Universitäten und Forschungseinrichtungen zu verbinden, die mit dem Verteidigungsministerium zusammenarbeiteten. Aus Sicherheitsgründen wurde das ARPANET später in einen öffentlichen und einen nichtöffentlichen Teil getrennt. Der öffentliche Teil wurde zum Internet.

Seit etwa 1990 hat sich das Internet durch die Einführung des World-Wide-Web (*WWW*) zu einem einfach zu bedienenden Informationssystem entwickelt. 1995 wurde es auch für kommerzielle Anwendungen geöffnet. Die Anzahl der Benutzer ist in den letzten Jahren drastisch gestiegen. Einem Abriss der Geschichte des Internets von R. H. Zakon (*www.zakon.org*) entnehmen wir die folgende Tabelle, die die gerundete Anzahl der mit dem Internet verbundenen *Hostcomputer* (engl. *host* = Gastgeber) im Verlauf der letzten 40 Jahre angibt. Neuere Daten sind erhältlich von *www.isc.org/network/survey/*. Die Zahlen aus jüngerer Zeit sind Schätzwerte, da viele Rechner immer nur temporär über Modem und Betreiber (*Provider*) am Internet angeschlossen sind und dabei nur eine zeitweilig genutzte *Hostadresse* ausgeliehen bekommen.

Besser noch kann man sich die Entwicklung der Zahl der registrierten Hosts anhand der folgenden Grafik veranschaulichen. Sie hat einen logarithmischen Maßstab. Die Kurve ähnelt in einigen Teilen einer geraden Linie, ein Indiz für das exponentielle Wachstum des Internets in dieser Zeit. Etwa ab 1990 wurde das Internet von der

https://doi.org/10.1515/9783110442366-255

Tab. 4.1. Wachstum des Internets

Datum	Hosts	Datum	Hosts	Datum	Hosts
12/69	4	10/90	313.000	1/2006	394.992.000
10/70	11	10/92	1.136.000	1/2008	541.677.000
1/73	35	10/94	3.864.000	1/2010	732.740.000
6/74	62	1/96	9.472.000	1/2012	888.239.000
3/77	111	1/98	29.670.000	1/2014	1.010.251.000
8/81	213	1/2000	72.398.000	1/2015	1.012.706.000
10/85	1.961	1/2002	147.345.000	1/2016	1.048.766.000
12/87	28.174	1/2004	233.101.000	1/2017	1.062.660.000

Allgemeinheit entdeckt und hatte einen kräftigen Anstieg der Zahl der Hostcomputer zur Folge. Seit etwa 2014 nehmen die Werte nur noch geringfügig zu: Offenbar ist eine gewisse Sättigung erreicht.

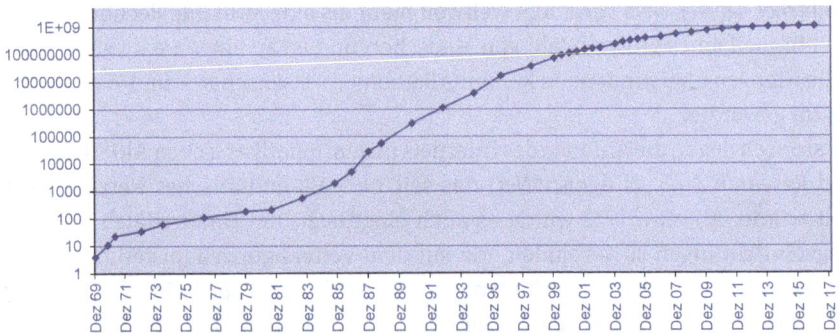

Abb. 4.1. Die Zahl der im Internet registrierten Hostcomputer

Tatsächlich ist die Zahl der Internetnutzer erheblich größer. In der obigen Tabelle und in der Grafik werden nur sogenannte Hostcomputer berücksichtigt. Tatsächlich verbindet sich heute eine Unzahl weiterer Geräte mit dem Internet: Smartphones und diverse weitere Geräte wie Kameras, Fernseher, elektronische Steuerungen, Autos, etc.

Die Zahl der Menschen, die das Internet benutzen, lässt sich ebenfalls nur schwer abschätzen, da einzelne Benutzer nicht als solche registriert sind. Die meisten haben zwar registrierte E-Mail-Adressen – über deren Zahl liegt allerdings keine Statistik vor. Am ehesten kann man die Zahl der Benutzer abschätzen, wenn man die in sozialen Netzwerken wie *facebook* oder *twitter* registrierten Benutzer betrachtet. Nach Angaben von *statista.com* hatte facebook im zweiten Quartal 2017 bereits 2 Milliarden *monthly active users*, also verschiedene Benutzer innerhalb einer Messperiode von einem Monat.

Bildung von Standards im Internet

Bereits die ersten Schriftstücke aus dem Jahr 1969 mit Vorschlägen für das zukünftige, damals noch nicht so genannte, Internet wurden mit dem Kürzel *RFC* bezeichnet. Es steht für *request for comment* und ist eine Aufforderung an andere Entwickler, Kommentare zu diesem Arbeitspapier abzugeben. Praktisch alle Entwicklungen im Zusammenhang mit dem Internet sind in Form solcher RFCs dokumentiert. Diese sind durchnummeriert und über *www.rfc-editor.org* abrufbar.

Die wichtigste Funktion von RFCs ist die schrittweise Festlegung von Protokollen. Aus ersten Diskussionsentwürfen werden Vorschläge und schließlich Internet-Standards. So sind die aktuellen Versionen der Basisprotokolle IP und TCP durch die RFCs 791 bzw. 793 festgelegt. Die ursprünglichen Standards für E-Mail (SMTP) waren in den RFCs 821 und 822 festgehalten worden; sie wurden kürzlich überarbeitet und sind derzeit unter den Nummern 2821 und 2822 zu finden – mit dem Hinweis, dass diese Dokumente nunmehr die Vorgänger ersetzen.

Gelegentlich, bevorzugt mit Datum 1. April, finden sich nicht ganz so ernst gemeinte RFCs, wie z. B. RFC 1149 mit dem Titel „A standard for the transmission of IP datagrams on avian carriers" (frei übersetzt: „Transport von IP-Paketen mit Brieftauben"). Am 1. April 2012 wurde RFC 6592 über das nicht vorhandene Paket veröffentlicht: „The Null Packet", und am 1. April 2017 beschrieb RFC 8140 die Darstellung verschiedener Fabelwesen mit Hilfe von ASCII Zeichen.

Protokollnummern, Port-Nummern, Internetadressen und ähnliche „Zahlen" wurden in der Frühzeit des Internet ebenfalls in RFCs geregelt. Da deren Vergabe jedoch ein dynamischer Prozess ist, wurde bereits im Dezember 1988 die IANA (*Internet Assigned Numbers Authority*) gegründet. Deren Direktor war der legendäre Internetpionier Jon Postel, der bis zu seinem Tod im Jahr 1998 auch als RFC-Editor tätig war.

Heute ist IANA eine Unterabteilung der ICANN (*The Internet Corporation for Assigned Names and Numbers*), die dem Namen nach eine sehr ähnliche Aufgabe hat. IANA ist offenbar weiterhin für die Vergabe von Protokollnummern, Port-Nummern, Internetadressen und ähnliche *Zahlen* zuständig. ICANN beschäftigt sich darüber hinaus mit der Vergabe der im Internet verwendeten *Namen*. Diesen *Domain-Names* ist das Unterkapitel 4.3 gewidmet.

Für die Zuteilung von Namen und Adressen werden von IANA bzw. von ICANN so genannte *Registrare* eingesetzt. Auf internationaler Ebene ist das *INTERNIC* (*www.internic.org*) für die Vergabe von Domain-Namen und Internetadressen, die so genannte *Registrierung*, autorisiert. Daneben gibt es derzeit vier *regionale Internet Registrare* (RIR). Für Europa wurde eine Organisation namens *RIPE* (Réseaux IP Européens) eingesetzt. RIPE (www.ripe.net) ist derzeit außer für Europa noch für den Nahen Osten und für Teile von Afrika zuständig. Die anderen regionalen Registrare sind derzeit ARIN (*American Registry for Internet Numbers*, www.arin.net), APNIC (*Asia Pacific Network Information Centre*, www.apnic.net) und LACNIC (*Latin American and Caribbean IP address regional registry*, lacnic.net). Die regionalen Registrare erhalten

Adressblöcke und Namensbereiche von IANA/ICANN. Hieraus ergibt sich eine hierarchische Vergabe von Internetadressen und Namen. Die unterste Ebene besteht aus den lokalen Registraren (LIR: *Local Internet Registry*), z. B. dem DENIC in Deutschland, dem AFNIC in Frankreich usw.

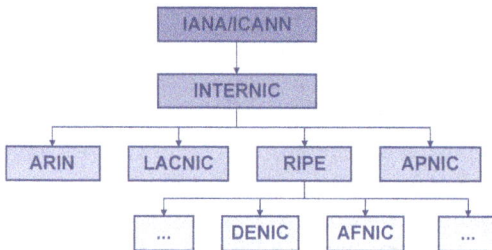

Abb. 4.2. Hierarchie der Registrare

4.1 Die TCP/IP Protokolle

Das Internet ist ein Netz von Netzen. Diese sind untereinander durch Vermittlungsrechner (*gateways* oder *router*) verknüpft. Basis des Internets ist eine Familie von Protokollen, die bis etwa 1982 spezifiziert wurden und unter dem Namen *TCP/IP* bekannt sind.

TCP (*transmission control protocol*) und *IP* (*internet protocol*) definieren zusammen das Übertragungsprotokoll des Internets. Sie sind auf Stufe 4 bzw. 3 des OSI-Referenzmodells (siehe Abschnitt 3.3.1) angesiedelt. TCP ist verantwortlich für das Verpacken der zu übertragenden Daten in eine Folge von Datenpaketen. Diese werden mit einer Adresse versehen und an die niedrigere Schicht, IP, weitergereicht. IP ist für den Versand der einzelnen Pakete zuständig. Jedes Datenpaket wandert zu dem nächsten Vermittlungsrechner – meist wird dafür die englische Bezeichnung *Gateway* oder *Router* benutzt – und wird von diesem weitergeleitet, bis es über viele Zwischenstationen an einem Vermittlungsrechner ankommt, in dessen Bereich (engl. *domain*) sich der Zielrechner befindet. Da die einzelnen Pakete einer Datei verschiedene Wege nehmen können, ist es möglich, dass sie in veränderter Reihenfolge beim Empfänger ankommen. Für die Zusammensetzung der Pakete in der richtigen Reihenfolge ist dann wieder TCP zuständig.

Ein wichtiges Ziel bei der Entwicklung von TCP/IP war es, ein ausfallsicheres Netz zu schaffen. Das ursprünglich militärische Netz sollte auch noch funktionieren, wenn durch einen Atomschlag einige Verbindungsrechner vernichtet sein sollten. Diese Ausfallsicherheit wird durch die Paketvermittlung gewährleistet. Allerdings steht dem auch ein großer Nachteil gegenüber. Die Pakete reisen unverschlüsselt über viele

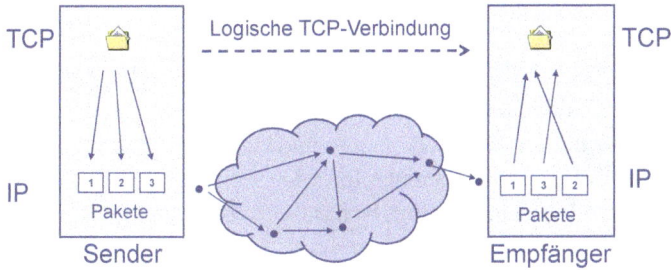

Abb. 4.3. TCP-Verbindung – realisiert durch IP

Vermittlungsrechner und können im Prinzip an jeder Zwischenstation gelesen werden. Zwar kann ein Benutzer selber seine Daten verschlüsseln, bevor er sie versendet, aber nicht immer ist ihm klar, dass er vertrauliche Daten auf die Reise schickt.

Daten werden also von TCP/IP in Paketen verschickt. Die Daten stammen von Anwendungen oder von Protokollen, die bestimmte Anwendungen, wie z. B. E-Mail, unterstützen. In der folgenden Abbildung sehen wir, wie eine Datei mit dem FTP-Protokoll (siehe Abschnitt 4.5.3) verschickt wird. Die Datei wird dazu in kleine Einheiten gestückelt, da in einem Paket maximal 64 kB an Daten versandt werden können. Meist beschränkt man sich jedoch auf wesentlich kleinere Pakete, z. B. 4 kB. Die gestückelten Daten werden jeweils in ein TCP-Paket eingepackt und mit Informationen versehen. Diese werden in einem *Header* zusammengefasst. Im nächsten Abschnitt werden wir uns näher damit befassen. Das TCP-Paket wird dann schließlich in ein IP-Paket eingepackt, um einen IP-Header erweitert und im Internet verschickt.

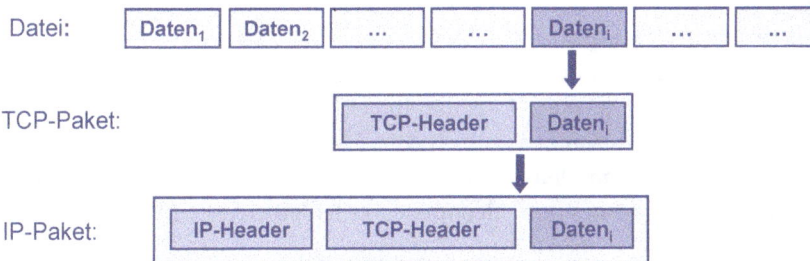

Abb. 4.4. Verpackung von Daten in Pakete

Die Abbildung könnte den Eindruck erwecken, als ob die Daten, also die Nutzlast, einen geringeren Anteil am Gesamtpaket hätten, als die beiden Header. Das ist normalerweise aber nicht der Fall. Beide Header zusammen umfassen ca. 40 Byte. Bei einem Paket von mehr als 1 kB Gesamtgröße ist der Anteil des „Ballast" also vergleichsweise gering.

4.1.1 Die Protokolle TCP und UDP

Typischerweise laufen auf einem Rechner viele Anwendungen gleichzeitig, die Daten über das Internet verschicken oder in Empfang nehmen. Während ich meine Post bearbeite, kann ich gleichzeitig surfen, Web-Radio hören und im Hintergrund eine große Datei herunterladen. Alle nötigen Daten kommen in vielen kleinen Paketen an, bzw. werden als solche versandt. Wie bereits erwähnt, ist das IP-Protokoll für den Transport der Datenpakete vom Sender zum Empfänger verantwortlich. Der Versand erfolgt ungesichert und ohne Kenntnis, zu welcher Anwendung die Pakete gehören.

Die Verteilung der Pakete an die richtigen Anwendungen muss das TCP-Protokoll übernehmen. Dazu etabliert es so genannte *logische Verbindungen* zwischen spezifischen Anwendungen zweier Rechner, die längere Zeit andauern können. Jede erhält eine spezifische Nummer, die so genannte *Port-Nummer*. Der Begriff suggeriert einen Hafen (engl. *port*), in dem die zugehörigen Datenpakete einlaufen können.

Ports werden durch vorzeichenlose 16-Bit Zahlen, d. h. Werte im Bereich von 0 bis 65535 benannt. Von diesen sind einige für so genannte „*well-known ports*" reserviert. Diese *gut bekannten Port-Nummern* werden benutzt, um die Dienste im Internet beliebigen Hosts unter einer definierten Adresse anbieten zu können. Für E-Mail (SMTP-Protokoll) wird beispielsweise die Port-Nummer 25 verwendet, für das HTTP Protokoll die Nummer 80. Ursprünglich waren 256 Nummern für diese Zwecke reserviert, mittlerweile sind es 1024.

Die Port-Nummern werden von der IANA vergeben bzw. registriert. Es werden derzeit drei Bereiche für Port-Nummern unterschieden. Der Bereich von 0 bis 1023 ist für die bereits genannten *well-known ports* reserviert. Der Bereich von 1024 bis 49151 wird von der IANA auf Wunsch für spezielle Anwendungen öffentlich registriert. Diese Registrierungen sind aber unverbindlich, d. h. die selben Port-Nummern können auch anderweitig genutzt werden. Der Bereich von 49152 bis 65535 kann von Anwendungen ohne weitere Einschränkungen verwendet werden.

Jede TCP-Verbindung stellt eine zuverlässige Duplexverbindung zwischen zwei Anwendungen auf verschiedenen Hosts dar. In beiden Richtungen steht jeweils ein Übertragungskanal zum Lesen bzw. Schreiben zur Verfügung. Das TCP-Protokoll regelt den Verbindungsaufbau, den gesicherten Austausch von Daten und den Abbau der Verbindung im Falle eines normalen und eines fehlerbedingten Verbindungsendes.

Der Header eines TCP-Paketes ist eine Datenstruktur variabler Größe. Die Länge des Header ist in dem Feld HL (header length) angegeben. Die unterschiedliche Länge ergibt sich aus der Zahl der verwendeten Optionsfelder. Diese und einige weitere Felder in einem TCP-Header sind historisch bedingt und werden kaum verwendet.

Die Felder SP (source port) und DP (destination port) bezeichnen die Portnummern des sendenden und des empfangenden Programms. In dem Feld SN (sequence number) wird die Anzahl der Bytes angegeben, die in der Richtung des aktuellen Paketes gesendet worden sind und in AN (acknowledge number) wird die Anzahl der

SP	DP	SN	AN	HL	R	CB	W	CS	UP	Opt	Daten
2B	2B	4B	4B	4Bit	6Bit	6Bit	2B	2B	2B		

Abb. 4.5. Die Felder eines TCP-Paketes

Bytes bestätigt, die in der umgekehrten Richtung erfolgreich angekommen sind. Diese Anzahlen verstehen sich kumulativ d. h. sie geben auch gleichzeitig eine Sequenznummer in dem Datenstrom in der jeweiligen Richtung an.

In dem W-Feld (Window) gibt der Sender an, wie groß die Differenz zwischen gesendeten und bestätigten Sequenznummern maximal werden darf. Man nennt diese Zahl auch *Fenstergröße* (engl.: *sliding window*). Wenn diese zu groß ist, werden viele Daten auf Verdacht gesendet, bei einem Fehler müssen sie ggf. erneut gesendet werden. Wenn die Zahl zu klein ist, sinkt die Übertragungseffizienz, weil häufig auf eintreffende Bestätigungen gewartet werden muss. Die Übertragungsprotokolle berücksichtigen schließlich noch eine Prüfsumme im Feld CS (check sum) und einige der Bits aus dem Feld CB (Code-Bits).

Das TCP-Protokoll ist recht komplex. Es wurde konzipiert, um den gesicherten Transfer großer Datenmengen, z. B. für das FTP-Protokoll, zu garantieren oder um eine zeitlich länger andauernde Verbindung herzustellen, z. B. für das HTTP-Protokoll. In vielen Fällen reicht aber ein einfacheres Protokoll aus, wenn nur kleinere Datenmengen ungesichert übertragen werden sollen. Parallel zu TCP wurde daher *UDP* (*user datagram protocol*) entwickelt. Es wird häufig für einfache Anfragen benutzt, die ggf. wiederholt werden, wenn ein Fehler aufgetreten ist bzw. wenn nach einer bestimmten Zeit keine Antwort eingetroffen ist. Ebenso wie bei TCP wird bei UDP mit Hilfe von Port-Nummern eine direkte Verbindung zwischen zwei Anwendungen hergestellt. Ein Beispiel für die Anwendung von UDP sind die später diskutierten Anfragen an Domain-Name-Server. Der Header eines UDP-Paketes besteht aus genau 4 Feldern, ist also einfacher als der eines TCP-Paketes. Außer den Feldern SN, DN und CS gibt es nur noch ein Feld, das die Gesamtlänge des Paketes angibt.

4.1.2 Das IP Protokoll

Das IP-Protokoll ist für den Versand *einzelner* Pakete verantwortlich. Jedes Paket wird *nach besten Kräften* (engl.: *best effort delivery*) zu dem Empfänger befördert. Der wesentliche Inhalt des Headers eines IP-Paketes sind daher Absender- und Zieladresse. Mit diesen werden wir uns im nächsten Unterkapitel beschäftigen.

Derzeit wird überwiegend die Version 4 des IP-Protokolles benutzt, abgekürzt *IPv4*. Die Zahl der mit diesem Protokoll adressierbaren Rechner bzw. Netze hat sich als zu klein erwiesen. Daher wurde ein neues Protokoll, *IPv6* (IP Version 6) entwickelt. Die Versionen 4 und 6 des IP-Protokolls (über eine Version 5 ist wenig bekannt) unterscheiden sich hauptsächlich in der Adressbreite. Während IPv4 mit 32-Bit-Adressen arbeitet, sind bei der neueren Version 128 Bits für Adressen vorgesehen. Die Anzahl der mit IPv6 adressierbaren Rechner bzw. Netze ist offensichtlich sehr groß – Spötter sagen, man könnte damit jedes Atom unseres Planeten adressieren.

Die Einführung von IPv6 wäre experimentell im Prinzip schon ab 1995 möglich gewesen, seit 1999 kann es im Regelbetrieb eingesetzt werden. In den Folgejahren konnte man in vielen Publikationen immer wieder den Satz lesen: „Die Umstellung von IPv4 auf IPv6 wird schrittweise in den nächsten Jahren erfolgen". Tatsächlich wird IPv6 aber erst seit wenigen Jahren in nennenswertem Umfang eingesetzt. Immerhin werden IPv6 Pakete mittlerweile auch von bekannten Anbietern von Internetdiensten, z. B. von Google, genutzt. Nach wie vor gibt es keine Pläne, die eine endgültige Umstellung auf bzw. Einführung von IPv6 vorsehen. Zweifellos hätten 48- oder 64-Bit-Adressen ausgereicht, um die Schwächen der IPv4 Adressierung zu überwinden – vielleicht wären solche auch schneller allgemein akzeptiert worden.

IP-Pakete werden häufig *Datagramme* genannt. Ihre Länge muss ein Vielfaches von einem 4 Byte Wort sein. Dies gilt auch für den Header. Ähnlich wie bei TCP-Paketen können optionale Felder eingesetzt werden. Daher können die Header unterschiedlich lang sein – mindestens aber 5 und höchstens 16 Worte. Die Gesamtlänge ist auf maximal 65 536 Bytes = 16384 Worte begrenzt.

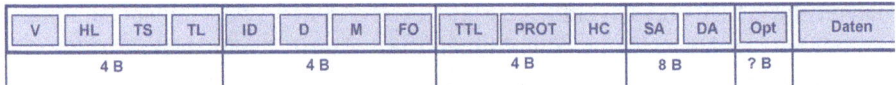

Abb. 4.6. Struktur von IPv4 Paketen

Das erste Feld eines IPv4 Headers gibt Auskunft über die Version des Protokolls, enthält also eine 4. Die meisten Felder sind historisch bedingt und spielen derzeit kaum noch eine Rolle. Die wichtigsten Felder sind SA (Source Address), DA (Destination Address), TTL (Time to live) und PROT. Das letztere Feld gibt Auskunft über das enthaltene Protokoll. Im Falle eines eingebetteten TCP-Paketes enthält dieses Feld z. B. die Nummer 6. Die Felder SA und DA enthalten die IPv4-Adressen von Absender und Empfänger. Das Feld TTL enthält einen Zähler, der jedes Mal, wenn das Paket von einem Vermittlungsrechner weitergeleitet wird, um 1 erniedrigt wird. Wenn das Feld den Wert 0 erreicht, wird das Paket verworfen. So sollen Irrläufer eliminiert und Routing-Fehler kompensiert werden. Ein typischer Anfangswert für TTL ist 50. Meist erreichen Pakete nach höchstens 10 Vermittlungen ihr Ziel.

Die Struktur eines IPv6 Headers ist durch die deutlich größere Adressbreite der Felder SA und DA gekennzeichnet. Die Versionsnummer und das TTL Feld sind übernommen worden, letzteres wird allerdings in dem aktuellen Protokoll meist als *Hop*

Limit bezeichnet. Damit nimmt man direkt Bezug auf die maximale Zahl von Vermitt-
lungspunkten (*hops*).

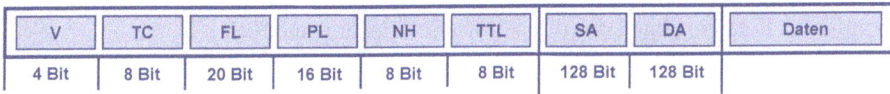

V	TC	FL	PL	NH	TTL	SA	DA	Daten
4 Bit	8 Bit	20 Bit	16 Bit	8 Bit	8 Bit	128 Bit	128 Bit	

Abb. 4.7. Struktur von IPv6 Paketen

Es fällt auf, dass nur wenige Felder von IPv4 nach IPv6 übernommen wurden.
Hinzu gekommen ist die Möglichkeit, Pakete zu kennzeichnen, die besondere Anforderungen an die Übertragungsgeschwindigkeit haben. Dazu kann das Feld TC (Traffic
Class) genutzt werden. Mit dem Feld FL (Flow Label) kann eine Folge von Paketen als
zusammengehörig gekennzeichnet werden, damit diese von den Vermittlungsrechnern in besonderer Weise behandelt werden können. So ist es möglich, schon auf IP-
Ebene eine bestimmte Verbindung zu kennzeichnen, etwa um ein Video in Echtzeit zu
übertragen.

Der IPv6 Header hat eine feste Länge und keine Optionsfelder. Die Optionen sind
aber nicht entfallen, ihre Behandlung ist verallgemeinert worden. Unmittelbar nach
dem Header kann eine Folge von zusätzlichen Headern eingeschoben werden.

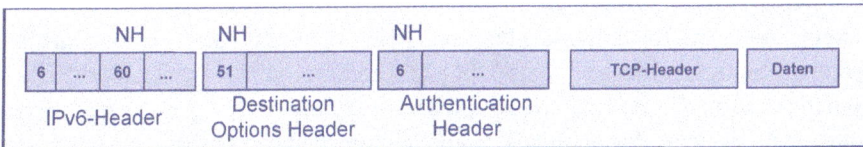

	NH		NH		NH				
6	...	60	...	51	...	6	...	TCP-Header	Daten
IPv6-Header		Destination Options Header		Authentication Header					

Abb. 4.8. Beispiel für die Verwendung von Erweiterungsheadern

Falls kein Header folgt, hat dieses Feld dieselbe Bedeutung wie das Protokollfeld
bei IPv4 – im Falle eines eingebetteten TCP-Paketes enthält es also die Nummer 6.
Diese Zahl stammt aus einer von der IANA verwalteten Liste von Protokollnummern.
In dieser Liste finden sich auch Nummern für die bisher definierten möglichen Er-
weiterungsheader. Deren Struktur und jeweilige Größe sind im IPv6 Protokoll genau
definiert. Einige der bisher definierten Erweiterungsheader sind:
- Routing Header: Vorschlag für eine (Teil-) Route (Prot. Nr. 43)
- Authentication Header: Authentifizierungsdaten des Absenders (Prot. Nr. 51)
- Encapsulating Security Payload Header: Verschlüsselung der Nutzlast (Prot. Nr. 50)
- No Next Header: ein leeres Paket ohne Nutzlast (Prot. Nr. 59)

– Destination Options Header: Zusatzinformationen für den Zielrechner (Prot. Nr. 60)

Jeder Erweiterungsheader beginnt mit einem *Next-Header* Feld, so dass eine Kette von optionalen Erweiterungen des ursprünglichen Headers möglich ist.

4.2 IP-Adressen

Jeder Rechner, der am Internet angeschlossen ist, benötigt eine Adresse. Diese Adresse setzt sich zusammen aus der *Netzadresse* des Teilnetzes, in dem der Rechner sich befindet, und aus seiner Adresse innerhalb dieses Teilnetzes, der *Hostadresse*.

Die Paketvermittlung im Internet erfolgt ausschließlich über die Netzadressen. Der Vermittlungsrechner des Zielnetzes (*Gateway* bzw. *Router*) verbindet dann zu den einzelnen Rechnern innerhalb des Teilnetzes. Für diese Zwecke steht jedem Teilnetz ein Kontingent von *Hostadressen* zur Verfügung. Diese können bestimmten Rechnern fest zugeordnet sein oder temporär vergeben werden. Rechner, die ständig im Netz sind, wie z. B. Server, erhalten immer eine feste Adresse. Rechnern, die nicht ständig *online* sind, sondern sich z. B. über ein Modem einwählen, kann bei Bedarf eine gerade freie Hostadresse zugeordnet werden. Dabei kommen verschiedene Techniken zur Anwendung, z. B. das *Dynamic Host Configuration Protocol* (*DHCP*). Die darauf basierende dynamische Adresszuordnung erlaubt es, mit einem festen Kontingent von Hostadressen eine potenziell größere Zahl von Rechnern zu bedienen.

Netzadresse und Hostadresse bilden zusammen die vollständige *Internetadresse*, abgekürzt *IP-Adresse*. Diese wird als 32-Bit-Zahl codiert und der besseren Lesbarkeit wegen in der Form $d_1 \cdot d_2 \cdot d_3 \cdot d_4$ notiert. Dabei stehen d_1, d_2, d_3, d_4 jeweils für die dezimalen Äquivalente der vier Bytes, aus denen sich die Adresse zusammensetzt. Per Konvention findet sich die Netzadresse am Anfang der Gesamtadresse, die Hostadresse ergibt sich aus den restlichen Bits. Die Zahl der für die Netzadresse verwendeten Bits ist flexibel, allerdings müssen es mindestens 8 Bits sein.

Eine Netzadresse des Fachgebiets Informatik der Universität Marburg im IPv4 Format ist beispielsweise 137.248.123.2. Diese aus 4 Bytes bestehende Adresse lautet als Binärzahl:

1000 1001 1111 1000 0111 1011 0000 0010.

Die Adresse setzt sich zusammen aus der Netzadresse 137.248 und der Hostadresse 123.2. In diesem Fall werden also jeweils 16 Bits für die Netzadresse und für die verwendeten Hostadressen benutzt.

4.2.1 Adressklassen

Jahrzehntelang hat man die IP-Adressen in 5 Klassen aufgeteilt: A, B, C, D und E. Der Übergang zu einer *klassenlosen* Vergabe von IPv4 Adressen wurde bereits mit dem RFC 1519 aus dem Jahr 1993 eingeleitet und hat sich in den Folgejahren durchgesetzt. Diese Technik wird als CIDR (*classless interdomain routing*) bezeichnet. Die Einteilung von Adressen in Klassen hat somit nur noch historische Bedeutung. Adressbereiche werden heute nur noch in der Form *Anfangsadresse/Netzbits* vergeben. Die durch Netzbits gegebene Zahl definiert, wie viele Bits am Anfang der Adresse als Netzadresse interpretiert werden. Diese Netzadresse sollte durch die Anfangsadresse eindeutig bestimmt sein, alle Bits dieser Adresse, die nach den Netzbits kommen, sollten 0 sein. Der bereits untersuchte Adressbereich der Universität Marburg lässt sich in dieser Notation als 137.248.0.0/16 schreiben.

Als *Subnetzmaske* bezeichnet man die 32-Bit Binärzahl, die an den zur Netzadresse gehörenden Bitpositionen eine 1 hat, überall sonst eine 0. Das logische AND der Subnetzmaske mit der Internetadresse liefert somit die Netzadresse. Die deutsche Telekom z. B. hat den Adressblock 217.224.0.0/11 erhalten, der den Adressbereich 217.224.0.0 bis 217.255.255.255 beinhaltet. Ihre Subnetzmaske ist also 1111 1111 1110 0000 0000 0000 0000 0000 = 255.224.0.0.

Die klassenlose Vergabe von IPv4 Adressen ermöglicht eine flexible, an den Bedarf angepasste Vergabe von Adressbereichen. Ein weiteres Ziel ist die Bündelung von Adressen nach regionalen Gesichtspunkten, um die Vermittlung von Paketen durch die Router zu vereinfachen. So ist der genannte Adressblock 217.224.0.0/11 in dem Adressblock 217.0.0.0/8 enthalten, welcher der für Europa zuständigen Vergabestelle für Netzadressen, RIPE, zugeordnet ist. Ideal wäre es, wenn weltweit alle IPv4 Adressen nach regionalen Gesichtspunkten zugeordnet wären. Leider greift die geschilderte hierarchische und regional gegliederte Adressvergabe nur für Adressen, die ab Mitte der 90er Jahre vergeben wurden. Ältere Adressen wurden überwiegend entsprechend dem früheren Klassenschema und ohne Rücksicht auf regionale Gesichtspunkte vergeben. Insgesamt sind IPv4 Adressen daher teilweise regional gegliedert, überwiegend werden aber „regional gemischte" Adressen aus der Vergangenheit verwendet – auch die Adresse 137.248.0.0 ist eine solche – der sie umfassende Adressblock 137.0.0.0/16 wird von „verschiedenen Registraren" genutzt.

Bei der früher üblichen Aufteilung der IP-Adressen in 5 Klassen werden die Adressen anhand der Position der ersten Null in der Binärdarstellung klassifiziert. Die Anzahl der Netzbits ist in jeder Klasse fest vorgegeben. Dadurch gibt es beispielsweise in der Klasse A nur relativ wenig Netzadressen, die zugehörigen Netze verfügen aber über sehr viele Hostadressen.

1. Klasse A: Die Adressen, die binär mit 0 beginnen. Das erste Byte bildet die Netzadresse, die restlichen 3 Bytes können für Hostadressen in dem jeweiligen Netz verwendet werden. Dies deckt den Adressbereich von 0.0.0.0 bis 127.255.255.255, die Hälfte aller IP-Adressen, ab.

2. Klasse B: Die Adressen, die mit 10 beginnen. Die ersten 2 Bytes bilden die Netz-
    adresse, die restlichen 2 Byte können als Hostadressen verwendet werden. Dies
    umfasst die Adressen von 128.0.0.0 bis 191.255.255.255. Die Universität Marburg
    hat ein Netz der B-Klasse.
3. Klasse C: Die Adressen dieser Klasse beginnen mit 110. Die ersten 3 Bytes bilden
    die Netzadresse, es bleibt noch 1 Byte für Hostadressen übrig. Die Adressen von
    192.0.0.0 bis 223.255.255.255 gehören zur Klasse C.
4. Klasse D: Die Adressen dieser Klasse beginnen mit 1110 und sind reserviert für
    die Adressierung von Gruppen von IP-Adressen. Diese Gruppen werden verwen-
    det, um so genannte Multicast-Sendungen zu ermöglichen. Dabei wird eine Folge
    von Paketen an mehrere Adressaten gleichzeitig versendet. Der Adressbereich er-
    streckt sich hier von 224.0.0.0 bis 239.255.255.255. Jede dieser Adressen kann als
    Adresse einer Multicast-Gruppe verwendet werden. Diese hat einen Namen, be-
    steht aus einer Menge von IP4-Adressen und muss registriert werden.
5. Klasse E: Die Adressen dieser Klasse sind für „zukünftige Verwendungen" reser-
    viert. Der dafür vorgesehene Adressbereich ist 240.0.0.0 bis 247.255.255.254 bzw.
    240.0.0.0/4 in klassenloser Notation. Dieser Bereich könnte jederzeit „in Betrieb"
    genommen werden. Diese Reserve von mehr als 250 Millionen Adressen ist also
    jederzeit verfügbar!

Eine Sonderrolle spielt die Adresse 0.0.0.0. Diese wird temporär von Rechnern verwendet, die die eigene IP-Adresse nicht kennen. In Erweiterung dieser Konvention ist
der gesamte Bereich 0.0.0.0/8 reserviert zur Adressierung von Hosts innerhalb eines
Netzes mit (noch) unbekannter Netzadresse.

Per Konvention dürfen einige Adressbereiche im Internet (außerhalb des eigenen Netzes) nicht benutzt werden. Router dürfen Pakete mit Adressen aus diesen Bereichen nicht weiterleiten. Es handelt sich unter anderem um die Bereiche
0.0.0.0/8, 10.0.0.0/8, 127.0.0.0/8, 172.16.0.0/12 und 192.168.0.0/16. Adressen im Bereich
von 127.0.0.0/8 dienen als so genannte *Loopback*-Adressen. Pakete an diese Adresse
werden nicht ins Internet verschickt, sondern innerhalb des Rechners direkt vom Sen-
deteil des Protokolls zum Empfangsteil umgeleitet. Diese Konvention soll das Testen
von Protokollimplementierungen ermöglichen, ohne das umgebende Netz zu stören.
Die anderen Bereiche werden für die weiter unten beschriebene Adressübersetzung
genutzt.

Eine weitere Sonderrolle spielen auch die Hostadressen, deren Binärdarstellung
aus lauter Nullen bzw. aus lauter Einsen besteht. Erstere wird wieder temporär von
Rechnern verwendet, die noch keine Hostadresse haben, letztere für *Broadcast*-
Sendungen. Diese sind an alle Rechner im jeweiligen Netz oder Subnetz gerichtet
und können zum Beispiel verwendet werden, um die Adresse eines DHCP-Servers zu
erfragen, damit man diesen anschließend um Zuteilung einer IP-Adresse bitten kann.

In einem Netz können Teilnetze gebildet werden. Diese Subnetzbildung ist allerdings nur innerhalb eines Netzes von Bedeutung. Im Internet wird eine eventuel-

le Zugehörigkeit zu einem Teilnetz ignoriert. Auch im Netz der Universität Marburg (137.248.0.0/16) wurden die bis zu 65.536 möglichen Hostrechner nicht wahllos durchnummeriert, sondern auf intern definierte Subnetze verteilt, welche dem Rechenzentrum, den Fachbereichen und anderen Institutionen zugeordnet sind. So verwaltet der Fachbereich 12 (Mathematik und Informatik) die Subnetze 121 bis 129. In jedem dieser Subnetze kann er jeweils bis zu 254 Hostadressen vergeben.

4.2.2 Adressübersetzung

Die Zahl der mit den ursprünglichen Adressklassen adressierbaren Netze hat sich als zu klein erwiesen. Eine bessere Nutzung des IP4 Adressbereichs wurde durch den Übergang zur klassenlosen Adressierung erreicht. Aber auch der gesamte nunmehr zur Verfügung stehende Adressraum wird irgendwann erschöpft sein. Abhilfe verspricht der wesentlich größere Adressraum von IPv6. Da die Einführung von IPv6 nicht mit der notwendigen Eile erfolgt ist, haben sich parallel dazu verschiedene Techniken etabliert, die eine verbesserte Nutzung von IPv4 Adressen ermöglichen. Neben der klassenlosen Adressierung ist das vor allem eine Technik, die unter dem Namen NAT (*Network Adress Translation*) bekannt geworden ist.

Die Grundidee von NAT besteht darin, einer Gruppe von Benutzern einen privaten Adressbereich zuzuordnen, der im internen Netz der Gruppe verwendet wird, aber beim Zugang zum öffentlichen Internet in andere Adressen übersetzt wird. Für derartige private Adressbereiche wurden mit dem RFC 1918 folgende Bereiche reserviert:
-   10.0.0.0/8 – das ist ein Bereich mit 16.777.214 individuellen Adressen,
-   172.16.0.0/12 – ein Bereich mit 1.048.574 individuellen Adressen,
-   92.168.0.0/16 – ein Bereich mit 65.534 individuellen Adressen.

Diese Bereiche werden von der IANA nicht vergeben. Die zugehörigen Adressen dürfen nur in privaten Netzwerken verwendet werden – im öffentlichen Internet dürfen sie nicht auftauchen. Wenn ein Benutzer eines privaten Netzes ins öffentliche Netz will, muss seine Adresse in eine legale Internetadresse übersetzt werden. Dazu dient eine so genannte NAT-Box.

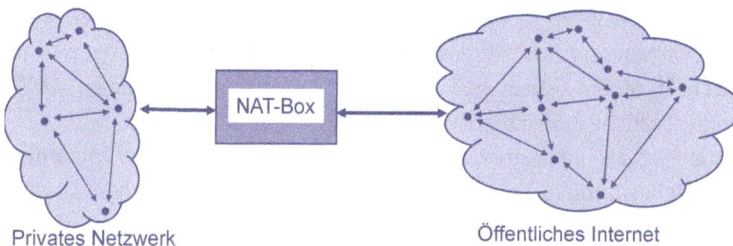

Privates Netzwerk   Öffentliches Internet

Abb. 4.9. Adressübersetzung mit einer NAT-Box

Für die Übersetzung der Adressen gibt es zahlreiche Vorschläge, von denen wir hier nur einige wenige erwähnen. Man unterscheidet die traditionelle Übersetzung von Adressen und ein experimentelles Protokoll namens RSIP (*Realm Specific IP*, beschrieben in einigen RFCs ab 3102). Die traditionelle Übersetzung von Adressen wird in RFC 3022 besprochen und unterscheidet wiederum zwischen Basic NAT und NAPT (*Network Address Port Translation*).

Bei einem Basic NAT werden zur Verfügung stehende globale, externe IP-Adressen dynamisch den internen Hosts auf einer 1:1 Basis zugewiesen. Diese Zuweisung erfolgt i.A. temporär bzw. dynamisch, kann aber für einige Hosts (z. B. für Server) auch statisch vorgenommen werden, wenn eine Internetverbindung garantiert werden soll. Nur wenn der Pool der zur Verfügung stehenden globalen, externen IP-Adressen größer oder gleich der Anzahl der internen Hosts ist, kann eine gleichzeitige Verbindung ins Internet gewährleistet werden. Mit Hilfe von Basic NAT wird die bereits erwähnte *dynamische Adresszuordnung* realisiert, mit deren Hilfe mit einem gegebenen Kontingent von Hostadressen eine potenziell größere Zahl von Rechnern bedient werden kann.

4.2.3 NAPT

Sehr viel häufiger als Basic NAT wird heute das flexiblere NAPT eingesetzt. Mit Hilfe von NAPT können mehrere Rechner eines privaten Netzwerkes gleichzeitig eine Verbindung ins Internet mit derselben öffentlichen IP-Adresse aufnehmen und aufrechterhalten. Die NAT-Box, wegen der erweiterten Funktionalität jetzt NAPT-Server genannt, unterscheidet die verschiedenen Verbindungen anhand der lokalen IPv4-Adressen und Port-Nummern der Rechner im privaten Netz. Die Initiative zu einem Verbindungsaufbau muss bei NAPT von einem Rechner im privaten Netz ausgehen. Da Port-Nummern zur Identifikation der Verbindungen benutzt werden, können nur TCP- und UDP-Verbindungen aufgebaut werden. Der NAPT-Server verwaltet eine Menge von öffentlichen IP-Adressen und für jede von diesen ein Kontingent von Port-Nummern. Meist werden alle Nummern im Bereich 1024 bis 65.535 dafür verwendet, so dass pro IPv4-Adresse mehr als 64.000 Verbindungen aufgebaut werden können.

Mit einem NAPT-Server kann man aus einem privaten Netzwerk heraus mit einer gegebenen Zahl öffentlicher IPv4-Adressen gleichzeitig ein Vielfaches an Verbindungen ins öffentliche Netz realisieren. Kleinere private Netze kommen mit einigen wenigen öffentlichen IPv4-Adressen aus – aber auch größere private Netze benötigen kaum mehr als die früher in einem C-Netz verfügbaren 254 Adressen. Meist bieten NAPT-Server noch einige nützliche Zusatzdienstleistungen unter anderem:

- Einige der öffentlichen IPv4-Adressen können reserviert werden, um von außen einen Zugang zu bestimmten Rechnern im privaten Netz zu ermöglichen. Dies ermöglicht den Betrieb von Servern wie z. B. Web- und E-Mail-Servern.
- NAPT ermöglicht eigentlich nur TCP- und UDP Verbindungen. Im Falle von Fehlermeldungen wird jedoch noch eine Variante des IP-Protokolls namens ICMP (*In-*

ternet Control Message Protocol) benötigt. Derartige Pakete werden analysiert und anhand der Tabellen der jeweiligen Verbindung zugeordnet, sinngemäß umgesetzt und weitergeleitet.

Bei Benutzung von NAPT ergeben sich eine Reihe von Vor- und Nachteilen sowohl für das globale Internet, als auch für den lokalen Nutzer. Wir beginnen mit den Vorteilen:

- Für eine Gruppe von Rechnern in einem privaten Netz, die Internetzugang benötigen, werden nur einige wenige global gültige IP-Adressen benötigt. Gegenüber dem öffentlichen Internet wird die Verwendung der internen IP-Adressen anonymisiert.
- Die Vergabe der IP-Adressen im privaten Netz kann entsprechend der Interessen des Betreibers erfolgen. Die Vergabe erfolgt unabhängig vom gewählten Provider und kann bei einem eventuellen Wechsel beibehalten werden. Es stehen umfangreiche Adressräume zur Verfügung, so dass auch eine Teilnetzstruktur entsprechend den Wünschen des Betreibers des privaten Netzes entsteht.
- Der NAPT-Server bietet bereits Schutzfunktionen, da jeder Verbindungsaufbau überwacht wird. Verbindungen von außerhalb in das Netz sind nur zu ausgewählten Servern möglich, ansonsten kann der Verbindungsaufbau nur aus dem privaten Netz heraus erfolgen.

Nachteile von NAPT sind u.a.:

- Die Adressübersetzung ist zwar im Allgemeinen anwendungsunabhängig, jedoch müssen für bestimmte Anwendungen (z. B. FTP) zusätzliche Maßnahmen ergriffen werden, um diese verwendbar zu machen. Dies liegt daran, dass nach dem Aufbau einer ersten TCP-Verbindung für eine FTP-Sitzung, eine zweite Verbindung aufgebaut wird (FTP benötigt eine Kontroll- und eine Datentransportverbindung). Die Daten der zweiten Verbindung, also die verwendeten IP- und Portadressen, werden innerhalb der ersten Verbindung gegenseitig mitgeteilt. Ohne zusätzliche Tricks können diese Adressen nicht vom NAPT-Server übersetzt werden, damit kommt die benötigte zweite TCP-Verbindung nicht zustande.
- Anwendungen, die nicht auf TCP oder UDP aufsetzen, sondern ein anderes Protokoll verwenden oder direkt IP-Pakete benutzen, werden von NAPT nicht unterstützt.
- Vom Konzept her sollten IP-Adressen weltweit eindeutig sein. Durch die Verwendung von dynamischer Adressumsetzung bzw. von privaten Adressräumen wird dieses Prinzip verletzt. Die Adresse 10.42.9.7 kann z. B. zu einem Zeitpunkt gleichzeitig von vielen Rechnern benutzt werden.
- Der verbindungslose Austausch von IP-Paketen ist nicht möglich. IP-Pakete können nur für TCP- oder UDP-Verbindungen ausgetauscht werden. Damit wird das Internet lokal zu einem verbindungsorientierten Netz. Da der NAPT Server nicht direkt den Verbindungsaufbau und -abbau kontrolliert, kann es hier zu Fehlersituationen kommen, z. B. wenn der NAPT-Server irrtümlich eine Verbindung we-

gen einer langen Pause für beendet erklärt und die benutzen IP und Portadressen anderweitig verwendet.
- NAPT verletzt grundlegend einige Prinzipien der Rechnerkommunikation: So sollte ein Vermittlungsrechner keine Veränderung an den vermittelten Paketen vornehmen und bei Vermittlung eines IP-Paketes keine Annahmen über die höher liegenden Schichten machen.

Die klassenlose Vergabe von IPv4 Adressen und die Übersetzung von Netzwerkadressen haben das Problem des zu kleinen Adressraums kurzfristig gelöst und damit indirekt zu einer weiteren Verzögerung für die Einführung von IPv6 Adressen gesorgt. Eine langfristige, technisch saubere und dauerhafte Lösung für dieses Problem ist aber nur die Einführung des IPv6 Protokolls.

4.2.4 IPv6-Adressen

IPv6 Adressen bestehen aus 128 Bits, also aus 16 Bytes. Die bevorzugte Schreibweise dieser Adressen ist x:x:x:x:x:x:x:x, wobei jedes x zwei Byte, also 16 Bit, in hexadezimaler Notation repräsentiert. Nullfolgen können einmal durch :: abgekürzt werden. Beispiele:
- FEDC:BA98:7654:3210:FEDC:BA98:7654:3210
- FF01:0:0:0:0:0:557A:43 bzw. abgekürzt FF01::557A:43

IPv4 Adressen werden eingebettet in eine IPv6 Adresse, deren erste 96 Bits 0 sind. Für diese speziellen Adressen wird für den IPv4 Teil die alte Notation beibehalten. Beispiel:
- 0:0:0:0:0:0:137.248.123.44 bzw. abgekürzt ::137.248.123.44

IPv6 Adressen identifizieren eine Netzschnittstelle (ein „interface") und nicht mehr notwendig einen Rechner. Ein Rechner kann mehrere Netzschnittstellen haben und damit mehrere IPv6 Adressen. Es gibt drei Adress-Typen:
- *Unicast-Adressen* identifizieren eine einzelne Netzschnittstelle.
- *Anycast-Adressen* identifizieren eine Menge von Netzschnittstellen, z. B. alle Schnittstellen einer Menge von Servern. Ein Paket an eine Anycast-Adresse wird an *eine* Adresse der Menge ausgeliefert.
- *Multicast-Adressen* identifizieren eine Menge von Netzschnittstellen, z. B. alle Schnittstellen einer Gruppe individueller Rechner. Ein Paket an eine Multicast-Adresse wird an *alle* Adressen der Menge ausgeliefert.

Den normalen Host-Adressen der Version 4 entsprechen die so genannten globalen IPv6 Unicast-Adressen. Derzeit wird für diese Adressen ein Achtel des möglichen Adressraums verwendet, fast alle anderen Adressen sind „reserviert für mögliche zukünftige Verwendung". Diese Adressen beginnen mit der Bitfolge 001, daran schließt

sich ein 45 Bit breiter globaler Routing-Präfix an, gefolgt von einem 16 Bit großen Teil-
netzfeld und schließlich 64 Bit zur Identifikation der Netzschnittstelle. Der globale
Routing-Präfix wird von der IANA verwaltet und in geographisch zusammenhängenden Blöcken den regionalen Registraren zugeteilt.

4.3 Das System der Domain-Namen

In der Anfangsphase des Internet wurden nur die oben beschriebenen IP-Adressen
verwendet. Jeder Hostcomputer verwaltete eine Datei *hosts.txt*, in der die Namen aller
Hosts mit ihren IP-Adressen zu finden waren. In jeder Nacht wurde eine aktualisierte
Version dieser Datei von einem zentralen Rechner abgeholt. Solange es relativ wenige
Teilnehmer gab, funktionierte diese zentrale Datenhaltung gut. Ab etwa 1980 wurde
als Alternative eine verteilte Datenbanklösung zur Verwaltung von Namen im Internet
entwickelt. 1984 wurde sie unter dem Namen DNS (*domain name service*) eingeführt.
Dabei hatte man die Vorstellung, dass jedes Teilnetz des Internets einen Bereich (engl.
domain) von Namen verwaltet und selbst einen Bereichsnamen (*domain name*) hat.

Heute ist es zwar immer noch so, das jedes Teilnetz des Internets in der Regel
einen Domain-Namen hat, aber daneben gibt es unzählige Domain-Namen, die benutzt werden können, ohne dass ihnen ein eigenes Teilnetz des Internets entspricht.
Diese Namen werden von dem Name-Service eines Netzbetreibers (*provider*) mitver-
waltet und benötigen noch nicht einmal eine feste IP-Adresse. Um an den Inhaber
eines solchen Domain-Namens eine E-Mail schicken zu können, benötigt man lediglich die IP-Adresse des Name-Servers des Netzbetreibers und kann von diesem die
IP-Adresse des Mail-Service erhalten, welcher für die Benutzer des Domain-Namens
zuständig ist.

Domain-Namen im Internet bestehen aus mindestens zwei Komponenten, die
durch Punkte getrennt sind:

domain.ToplevelDomain   oder   *subdomain.domain.ToplevelDomain.*

Am weitesten rechts steht der Name einer *Toplevel-Domain (abgekürzt: TLD)*. Dieser
bezeichnet einen geografischen oder organisatorischen Bereich. Die zweite Komponente (von rechts) beinhaltet den eigentlichen Domain-Namen, dann folgt, immer
noch von rechts, eine Einteilung in Unterbereiche (*subdomains*). Die Schreibweise
spielt keine Rolle: Groß- und Kleinbuchstaben werden nicht unterschieden. Landes-
typische Zeichen wie ä,ö,ß waren bis vor kurzem nicht zulässig, werden aber zunehmend benutzt, was aber (immer noch) zu Problemen führen kann.

Beispiele für gültige Domain Namen sind:

mathematik.uni-marburg.de und *informatik.uni-marburg.de*

In diesem Falle ist *„de"* die TLD und *„uni-marburg"* der Domain-Name des Netzes der Universität Marburg, *„mathematik"* bzw. *„informatik"* der Name einer subdomain. In diesem Fall handelt es sich um zwei Synonyme für das gleiche Netz.

Ein solcher Name wird von rechts nach links abgearbeitet. Für Deutschland (*de*) muss es ein globales Namensverzeichnis geben, in dem *uni-marburg* eingetragen ist. Ein weiteres Namensverzeichnis an der Uni-Marburg weiß dann, wie *mathematik* zu finden ist, bzw. dass *informatik* ein alias für das selbe Subnetz ist.

4.3.1 Toplevel Domains

Geografische TLDs werden auch als *ccTLD* bezeichnet (dabei steht *cc* für country co-de). Weitere ccTLDs sind z. B. *aq* für Antarctica, *at* für Österreich, *ch* für die Schweiz, *fr* für Frankreich, *pn* für Pitcairn und *uk* für das Vereinigte Königreich von Großbritannien. Mittlerweile sind auch TLDs für Regionen etabliert worden, so zum Beispiel *eu* für Europa und *cat* für die Region der katalanischen Sprache. Einige spezifischen Ländern zugeordnete ccTLDs werden auch missbräuchlich fremd vermarktet. Die dem Land Tuvalu zugeordnete Kennung *tv* wird z. B. derzeit für Domainnamen von Fernsehkanälen zweckentfremdet.

Die Liste der zulässigen Kürzel für Ländernamen ist in der Norm ISO 3166 festgelegt. Dort findet sich auch das Kürzel *us* für die USA. Die Anfänge des Internet lagen in den USA, daher ist die Verwendung der TLD *us* eher selten. Amerikanische Institutionen verwenden meist unspezifische TLDs. Insbesondere die Kennungen *gov* (für Regierungsstellen) und *mil* (für das Militär) sind für nordamerikanische Institutionen reserviert.

Nicht alle TLDs sind einem spezifischen Land zugeordnet. Dazu gehören auch *com* (für kommerzielle Organisationen), *net* (für Organisationen in Zusammenhang mit dem Internet), *org* (für nichtkommerzielle Organisationen), *edu* (für Bildungseinrichtungen) und *int* (für Organisationen des internationalen Rechts wie z. B. die UNESCO). Diese werden auch als generische TLDs (kurz *gTLD*) bezeichnet.

Die Einführung weiterer gTLDs wird seit Jahren kontrovers diskutiert. TLDs werden von ICANN festgelegt. Ende der 90er Jahre sollten schon *aero, biz, coop, info, name, museum* und *pro* zugelassen werden, aber erst im Laufe des Jahres 2001 wurden diese Namen schrittweise zur Benutzung freigegeben. Es sind sogar noch viele weitere gTLDs eingeführt worden, u.a.: *jobs, mobi* und *travel*. Mittlerweile erfolgt eine Einteilung der gTLDs in ungesponsorte uTLDs und gesponsorte sTLDs. Letztere werden von bestimmten Unternehmen oder Organisationen anhand eigener Richtlinien verwaltet. Beispiele für sTLDs sind: *gov, edu, mobi, museum, post, travel* und *xxx*. Ungesponsort sind z. B. *com, info, net, org*. Im Jahr 2011 eröffnete ICANN ein Bewerbungsverfahren für neue gTLDs. Bis Ende April 2012 konnten Interessenten eine neue gTLD beantragen. Für jeden einzelnen beantragten Domain-Namen mussten Bewerber 185.000 Dollar zahlen. Damit sollten unseriöse Bewerber abgeschreckt werden. ICANN prüft jede eingegangene Bewerbung. Im Falle eines positiven Verlaufs der Prüfung wurde eine

weitere Gebühr in Höhe von 25.000 Dollar fällig – im Falle eines negativen Prüfungs-
ergebnisses wurde die gezahlte Gebühr nicht erstattet. In einem Zeitraum von etwa
zwei Jahren wollte ICANN die Bewerbungen prüfen und entscheiden, welche davon
zugelassen werden. Es wurden 1930 Bewerbungen eingereicht, davon knapp 70 aus
Deutschland. Die Prüfung der Bewerbungen konnte daher nicht wie vorgesehen in
zwei Jahren geschehen und war auch bis Anfang 2017 noch immer nicht endgültig abgeschlossen. Durch die Einnahmen aus der Bewerbungsgebühr hat ICANN eine nicht
unerhebliche finanzielle Risikoreserve aufbauen können.

Google und Amazon haben die meisten neuen Domain-Namen beantragt, darunter auch *.google* und *.amazon*. Diese wurden aber bisher noch nicht vergeben. Viele
Firmen wie z. B. BMW, Bloomberg, Chrysler haben erfolgreiche Anträge mit ihren Fir-
mennamen gestellt, zum Teil vermutlich, um zu verhindern das ihr Name anderweitig
genutzt wird. Auch einzelne Städte haben entsprechende Anträge gestellt und bieten
Kennungen mit dieser Endung regionalen Nutzern an, so zum Beispiel *.berlin*, *.wien*
und *.zuerich*. Auf der Seite *https://dot.berlin/* kann man sich beispielsweise um eine
Kennung mit der Endung *.berlin* bewerben. Die Bundesregierung will erreichen dass
nur solche Firmen eine Kennung mit der Endung *.gmbh* erhalten, die tatsächlich die
Rechtsform GmbH haben. Die meisten Bewerbungen (13) gab es für die Endung *.app*,
für *.home* interessierten sich 11 Bewerber, für *.hotel* waren es 7. Bis Mitte 2017 wurden mehr als 1200 neue Domain-Namen zugelassen. Domain-Namen mit mehreren
Interessenten wurden von ICANN nach einer Versteigerung vergeben – eine weitere
Geldquelle für diese Organisation.

4.3.2 Root Server

Für jede TLD müssen ein oder mehrere *Name-Server* betrieben werden, die alle registrierten Subdomains kennen. Die Verweise auf alle Name-Server der TLDs werden
von einem Netz von weltweit verteilten *Root-Servern* verwaltet. Diese bilden die Wur-
zeln eines baumartig verzweigten Domain-Name-Systems. Derzeit gibt es 13 solcher
Root-Server: *A.root-servers.net*, ... , *M.root-servers.net*. Deren IP-Adressen müssen in
jedem Name-Server voreingestellt werden. Das *ISC (Internet Systems Consortium)* be-
treibt *F.root-servers.net* mit den IP-Adresse 192.5.5.241 bzw. 2001:500:2f::f. Dieser Root-
Server beantwortete nach Angaben von ISC vor einigen Jahren bereits mehr als 300
Millionen Anfragen pro Tag. Zu Beginn des Betriebs des Rootserversystems waren
zehn dieser Root-Server in den USA stationiert und nur 3 außerhalb. Um die Effizienz
der Root-Server zu verbessern, ist man im Laufe des Jahres 2003 dazu übergegangen
die genannten 13 Root-Server als logische Geräte zu betreiben, die physikalisch durch
mehrere identische (gespiegelte) Installationen an geographisch unterschiedlichen
Orten weltweit realisiert werden. Eine Anfrage an einen solchen Mehrfach-Root-Server
wird dann als Anycast geroutet und dem nächstgelegenen (oder dem am wenigsten
ausgelasteten) Server zugeführt. Diese Strategie soll auch die Gefahr von Hacker An-
griffen auf die Root-Server vermindern. Ein erster Schritt in diese Richtung war die

Installation eines gespiegelten Servers für den J-Server in Korea. Der oben erwähnte F-Root-Server besteht derzeit aus mehr als 40 weltweit verteilten Computersystemen, die als eine logische Einheit agieren. Eine Karte mit den aktuellen F-Root-Server findet man z. B. unter *https://www.isc.org/f-root/*. Standorte in Deutschland sind Berlin, Hamburg, Düsseldorf und Frankfurt

Die Zuordnung von IP-Adressen zu beliebigen Domain-Namen erfolgt aus einem Cache mit bereits gespeicherten Zuordnungen oder beginnt mit einer Suche bei einem Root-Server und endet bei dem für den Namen zuständigen Domain-Name-Server. Die Suche nach *informatik.uni-marburg.de* könnte in München bei *F.root-servers.net* beginnen und würde über den Name-Server von DENIC zum Name-Server der Universität Marburg führen bzw. zum Name-Server der Informatik. Der A-Root-Server, der in Herndon, Virginia steht und wie der J-Root-Server von VeriSign betrieben wird, hat eine zentrale Rolle. Er enthält die verbindliche Version der Daten des globalen Name-Service. Diese wird von diesem Root-Server zweimal täglich auf die anderen Root-Server übertragen.

Das *Open Root Server Network* (*ORSN*) wurde 2002 als Alternative zu dem von der ICANN koordinierten DNS-Root-Name-Service ins Leben gerufen. Selbstgesetztes Ziel von ORSN war es, die Namensauflösung im Internet durch ein weiteres Root-Server-Netzwerk sicherzustellen, das technisch zu 100 % kompatibel mit dem ICANN-Root ist, aber nicht der politischen Einflussnahme der ICANN ausgesetzt ist. 2008 wurde der Betrieb von ORSN wieder aufgegeben, da sich nicht genügend teilnehmende Interessenten fanden. Im Juli 2013 wurde der Betrieb jedoch erneut aufgenommen. Weitere Informationen dazu findet man unter http://www.orsn.org.

4.4 Intranet, Firewall und virtuelle private Netzwerke

Im Zusammenhang mit der Adressübersetzung durch NAT bzw. NAPT haben wir bereits *private Netzwerke* kennen gelernt. Für private Netzwerke, die von einer Firma, einer Behörde oder einer vergleichbaren Organisation zu internen Zwecken genutzt werden, ist der Begriff *Intranet* üblich geworden. Typisch für ein Intranet ist die interne Verwendung der Internetprotokolle sowie von IP-Adressen und der externe Anschluss an das öffentliche Internet. Die im vorigen Abschnitt genannten Vorteile der Adressübersetzung durch einen NAPT-Server kommen den typischen Interessen von Intranetnutzern entgegen, werden aber i. A. noch nicht als ausreichend angesehen. Daher ist ein typisches Intranet über einen Server an das öffentliche Internet angeschlossen, der die NAPT Funktionalität erweitert und dann *Firewall* genannt wird. Eine solche Brandschutzmauer soll das Intranet vor Gefahren aus dem öffentlichen Netz schützen und darüber hinaus ggf. den Zugriff aus dem Intranet nur auf ganz bestimmte Netzadressen des öffentlichen Internet ermöglichen.

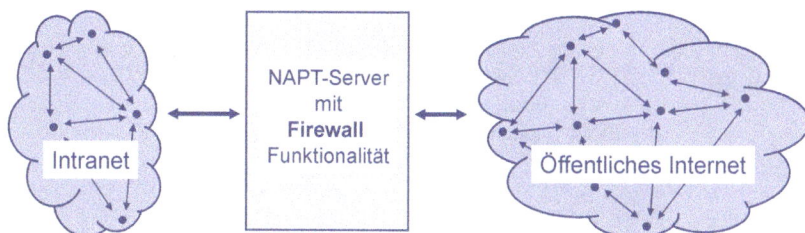

Abb. 4.10. Intranet und Firewall

Neben den bereits genannten durch die Nutzung von NAPT erreichbaren Sicherheitsmerkmalen werden von einer Firewall i. A. noch einige der folgenden Schutzmaßnahmen realisiert:

- Der Zugriff aus dem Intranet auf Rechner im Internet wird nur für bestimmte Netzadressen ermöglicht. Diese können in Form einer Negativliste (alle außer diesen) oder noch einschränkender in Form einer Positivliste (nur zu diesen) definiert sein.
- Verbindungen zu den von außen zugänglichen Servern werden gefiltert, um Angriffe auf diese Rechner zu verhindern und um z. B. im Falle eines E-Mail-Servers das Abliefern unerwünschter Mails zu verhindern.

Viele Nutzer eines Intranet sind an verschiedenen Standorten vertreten, haben Filialen etc. Daraus ergibt sich die Notwendigkeit, ein Intranet aus verschiedenen Teilnetzen zu einem logischen Gesamtnetz zusammenzusetzen. Früher war es üblich, eine Verbindung zwischen Teilnetzen eines privaten Netzes durch spezielle meist angemietete Leitungen (*Standleitungen*) zu verbinden, heute ist ein einfacherer und meist kostengünstigerer Weg üblich. Die Verbindung erfolgt über das öffentliche Internet unter Verwendung spezieller Gateways. Ein solches Gateway nimmt Pakete aus *seinem Teilnetz* entgegen, die für ein anderes Teilnetz bestimmt sind, verschlüsselt sie mit einem allen Gateways bekannten Schlüssel, packt das Ergebnis in ein neues IP-Paket, das an das Gateway des Ziel-Teilnetzes adressiert ist, und verschickt das Paket über das öffentliche Internet. Das Ziel-Gateway nimmt das Paket entgegen, packt den Inhalt aus, entschlüsselt ihn und schickt das resultierende Paket an den Empfänger im eigenen Teilnetz. Eine Verbindung zwischen zwei oder mehr Gateways in einem solchen Verbund von Teil-Intranets nennt man auch einen *Tunnel*.

Pakete werden durch einen solchen Tunnel, unsichtbar für Dritte, von einem Teilnetz in ein anderes transportiert. Da ein solcher Tunnel *virtuell* ist und da die Verbindung zwischen den Gateways im öffentlichen Internet über unterschiedliche Zwischenstationen erfolgen kann, nennt man das resultierende Gesamtnetz auch ein *Virtuelles Privates Netzwerk* (VPN). Die Gateways nennen wir dann *VPN-Gateways*. Na-

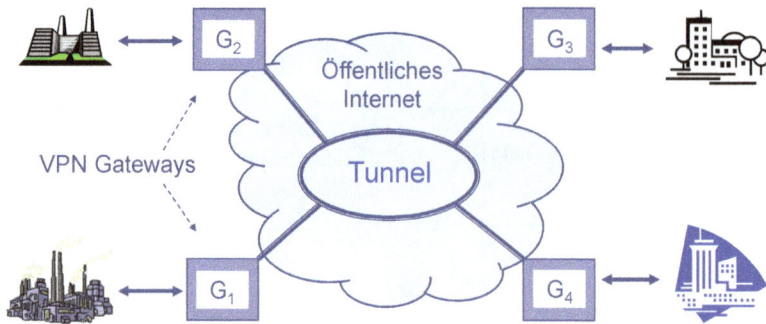

Abb. 4.11. Intranet, bestehend aus mehreren Teilnetzen

türlich können diese VPN-Gateways auch den normalen Zugang zum öffentlichen Internet für das virtuelle private Netzwerk mit erledigen, also auch als NAPT-Server mit Firewall-Funktionalität für das Teilnetz oder für das gesamte VPN konfiguriert sein.

Wir haben uns bisher mit der Verbindung mehrerer Teilnetze zu einem virtuellen privaten Netzwerk befasst. Typisch für ein solches Netzwerk ist außerdem noch der Wunsch, einen gesicherten Zugang zum VPN für Mitarbeiter zu ermöglichen, die sich derzeit außerhalb der Firma (z. B. auf Dienstreise) befinden und keinen direkten Zugang zu einem der Teilnetze haben. Es gehört zur typischen Funktionalität von VPN, einen derartigen Zugang anzubieten.

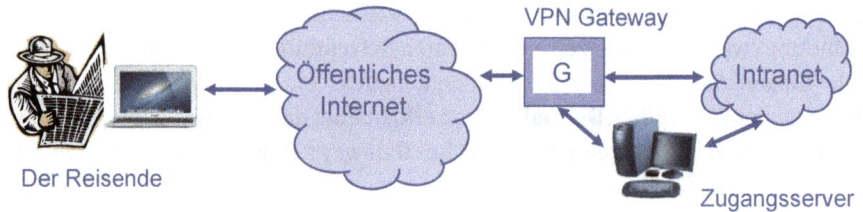

Abb. 4.12. Externer Zugang zu einem VPN

Der Reisende hat auf seinem Computer eine spezielle VPN-Software, die von einem beliebigen Ort aus über das öffentliche Internet eine Verbindung zum Intranet seiner Firma gestattet. Sie baut eine Verbindung zu einem Zugangsserver des Intranets auf. Nach der Identifikation über Name und Passwort erhält der Benutzer Zugang zu dem Intranet über einen Tunnel der zwischen seinem Rechner und dem Zugangsserver aufgebaut wird. Zur Verschlüsselung wird ein in seiner VPN-Zugangssoftware mitgeführter Schlüssel benutzt.

4.5 Die Dienste im Internet

Es ist noch nicht lange her, dass die primäre Aufgabe des Internets die Verteilung von elektronischer Post, der E-Mail war. Bald kamen neue nützliche Dienste hinzu: News, FTP, Telnet, Gopher und schließlich die „Killerapplikation", das *World Wide Web* (*WWW*) und die *sozialen Netze* mit Programmen wie *Twitter* und *Facebook*.

Für die meisten der genannten Dienste stehen bequeme Benutzerprogramme bereit: *Chrome, Thunderbird, Outlook* etc. für E-Mail, erweiterte Dateiexplorer, die FTP beherrschen, *Browser* für das HTTP-Protokoll. Um diese Dienste, ihre Protokolle und den Datenaustausch genauer analysieren zu können, ist es aber sinnvoll, sie entweder durch einfache Kommandozeilentools wie *sendmail* oder *ftp* zu auszuprobieren. Oft starten auch *telnet* Verbindungen zu den entsprechenden ports automatisch die zugehörigen Clients. Das SMTP-Programm können wir z. B. mit einem *telnet* Kommando auf Port 25 starten

```
telnet mailhost.mathematik.uni-marburg.de 25
```

und auf Port 80 finden wir das HTTP-Protokoll

```
telnet www.mathematik.uni-marburg.de 80
```

Selbstverständlich haben die meisten Server nur bestimmte Ports geöffnet und verweigern die Zusammenarbeit auf allen anderen.

Auch aus Programmen heraus können TCP/IP Verbindungen gestartet werden. Die später beschriebene HTTP-Verbindung haben wir z. B. mit den folgenden drei Zeilen *Python*-Code getestet:

```python
import urllib.request
myurl = urllib.request.urlopen("http://www.informatikbuch.de")
print(myurl.read())
```

4.5.1 E-Mail

Elektronische Post realisiert eine einfache Idee: Ein Brief ist eine Datei, die über das Netz übertragen werden kann. Jeder Teilnehmer benötigt dazu eine Adresse der Form

Benutzername@subdomain.domain.tld

Rechts von „@", dem Kürzel für *at* (engl. für *bei*), steht ein Domain-Name, links davon der Name eines Benutzers, der im Allgemeinen auf dem *Mail-Server* dieser Domain einen elektronischen Briefkasten hat. Beispiele für mögliche E-Mail-Adressen sind:

gumm@mathematik.uni-marburg.de

sommer@informatik.uni-marburg.de
Muffin.Man@yellow.shark.org
webmaster@unesco.int

Elektronische Post wird von verschiedenen Diensten im Internet realisiert. Ein *Mail-Server* hat beim Absender die Aufgabe, die elektronische Post entgegenzunehmen und an einen anderen Mail-Server zu versenden, der einen Briefkasten für den Empfänger hat. Der Empfänger nutzt eines der Protokolle *POP3* (Post Office Protocol) oder *IMAP* (Internet Message Access Protocol), um einen Briefkasten zu leeren bzw. um einzelne Briefe abzuholen. Die Anwenderprogramme, *Mail-Clients*, unterstützen den Benutzer bei allen Postfunktionen, also beim Lesen, Bearbeiten, Verschicken, Weiterleiten oder Speichern. Bekannte Mail-Clients sind *pine* unter UNIX, *Outlook*, *Thunderbird* und *PegasusMail* für Windows und *Apple Mail* für Macintosh.

Vorteilhaft sind auch Mail-Clients, die man über einen Webbrowser ansprechen kann. Diese werden auch als *Webmail-Client* bezeichnet. Ihr Vorteil ist insbesondere dass sie unabhängig vom Geräte- oder Betriebssystemtyp auf allen Geräten mit Browserfunktionalität benutzt werden können, z. B. auch auf Tablets und Smartphones. Sehr weit verbreitet hat sich dieser Typ eines Mail-Clients durch *GMail*, ein werbefinanzierter Dienst der Firma Google

Beim Versenden eines Briefes benutzt der Mail-Server einen Dienst, der traditionell *sendmail* genannt wird. Im einfachsten Fall versucht dieser, einen Mail-Server in einem Netz zu finden, das dem Domain-Namen des Empfängers zugeordnet ist. Es kann aber auch sein, dass dem Domain-Namen kein physisches Netz entspricht. In diesem Fall muss es im übergeordneten Netz einen Name-Server geben, der einen so genannten *MX-Record (Mail Exchange Record)* für den fraglichen Domain-Namen enthält. Der folgende Eintrag würde dazu führen, dass Post für *Muffin.Man@yellow.shark.org* an den Mail-Server *mailhost.mathematik.uni-marburg.de* weitergeleitet wird.

yellow.shark.org ... MX ... mailhost.mathematik.uni-marburg.de

Abb. 4.13. Versand von Mail

E-Mail wird mithilfe des *SMTP-Protokolls* (*simple mail transfer protocol*) versandt. Dieses setzt auf dem TCP-Protokoll auf. Wir wollen dieses Protokoll anhand eines einfachen Postversands näher kennen lernen.

Zuerst baut der Mail-Client eine TCP-Verbindung mit dem Mail-Server auf. Dann folgen Kommandos des Clients, die dem Server als Textzeilen übersandt werden. Dieser quittiert jedes Kommando mit einer Codenummer und evtl. Zusatzinformationen. Auffallend ist, dass die Absenderangabe frei wählbar ist! Die wichtigsten Kommandos des Client und ihre Argumente (hier in spitzen Klammern dargestellt) sind:

```
MAIL FROM <Adresse des Senders>
RCPT TO: <Adresse des Empfängers>
DATA
```

Das Kommando `DATA` wechselt in den Datenmodus, in dem jede folgende Zeile als Bestandteil der zu übermittelnden Nachricht aufgefasst wird. Ein Punkt „." auf einer ansonsten leeren Zeile wechselt zurück in den Kommando-Modus. Die Interaktion endet mit dem Kommando

```
QUIT
```

Eine typische Interaktion zeigt der folgende Dialog. Auf einem UNIX-System kann man ihn mitverfolgen, wenn man das Programm *sendmail* im gesprächigen (verbosen) Modus (-v) von der Kommandozeile aus aufruft, etwa in der Form:

```
> sendmail -v sommer@mathematik.uni-marburg.de
>Hallo,
>diese Testmail wurde zu Fuss generiert.
>Gruss, H.P.G.
> .
```

Eine EMail kann man auch mit Hilfe eines kleinen Python Programms erzeugen:

```python
import smtplib
s = smtplib.SMTP("mailhost.Mathematik.Uni-Marburg.de")
print(s.ehlo())
print(s.starttls())
s.sendmail("gumm@informatik.uni-marburg.de","sommer@mathematik.uni-
    marburg.de",
"Subject: Hallo Manfred \nHallo,\ndiese Testmail wurde zu Fuss
    generiert.\nGruss, H.P.G.")
s.quit()
```

Zunächst stellen wir eine Verbindung zu dem angegebenen Server her, dann beginnen wir eine erweiterte SMTP-Sitzung mit dem Kommando *ehlo*. Print gibt die folgende Rückmeldung dieses Programmes aus:

```
(250, b'pc12216.Mathematik.Uni-Marburg.de Hello mvpn214.VPN.Uni-
    Marburg.DE [137.248.72.214], pleased to meet you    ......)
```

Dann wünschen wir uns mit dem Kommando *starttls* eine verschlüsselte Übertragung unserer EMail und erhalten folgende Rückmeldung:

```
(220, b'2.0.0 Ready to start TLS')
```

Dann übergeben wir der *sendmail-Komponente* des Mail-Servers die Absenderadresse, die Empfängeradresse und den Briefinhalt der EMail. Die Zeilen sind dabei durch \n getrennt. In der ersten Zeile wird nach dem Schlüsselwort *Subject* der Betreff der EMail angegeben. Der Empfänger erhält folgende EMail:

```
Subject:   Hallo Manfred
From:      "Heinz-Peter Gumm" <gumm@Mathematik.Uni-Marburg.de>
Date:      Fri, May 19, 2017 3:56 pm
...
Hallo,
diese Testmail wurde zu Fuss generiert.
Gruss, H.P.G.
```

Die *sendmail-Komponente* des Mail-Servers hat eine ganz einfache Aufgabe: einen Absendernamen und einen oder mehrere Empfängernamen – ungeprüft – sowie einen Briefinhalt entgegenzunehmen. Daraus werden ein oder mehrere Briefumschläge generiert. Auf diesen finden sich jeweils ein Absender- und Empfängername; in ihnen der Inhalt. Im nächsten Schritt werden diese dann versandt, erst dabei kann es zu Fehlermeldungen kommen, wenn etwa der Empfänger unbekannt ist. In diesem Fall wird der Brief zurückgeschickt. Dies scheitert ebenfalls, wenn der Absender nicht korrekt ist. Diese Vorgehensweise orientiert sich an der konventionellen Briefbeförderung!

Da das eigentliche SMTP, so wie es im RFC 821 bzw. 2821 beschrieben wird, „zu einfach" ist, gibt es eine in den RFCs 822 und 2822 beschriebene Konvention, um auch den Inhaltsteil der Mail weiter zu strukturieren. So wird dieser in einen Kopf (*header*) und einen Brieftext (*body*) unterteilt. Beide sind durch eine Leerzeile getrennt. Die meisten Informationen des Headers werden von den Mailerprogrammen automatisch erzeugt, so z. B. ein Protokoll des Weges, den der Brief vom Sender zum Empfänger genommen hat. Andere Header-Informationen wie die Betreffzeile, der Absender, die Empfänger von Durchschlägen (cc, von engl. *carbon copy*) können für eine bequeme Reply-Funktion verwendet werden. Sie werden im DATA-Abschnitt durch eine Zeile, die mit dem entsprechenden Schlüsselwort beginnt (Subject: , From: , CC:), automatisch erzeugt.

Leider eröffnet dies Spammern die Möglichkeit, sich hinter falschen Absenderadressen zu verstecken. Die folgende Figur zeigt eine so erzeugte mail, die scheinbar aus dem Weißen Haus kommt. Der Mailer bietet sogar an, den angeblichen Sender als Kontakt aufzunehmen.

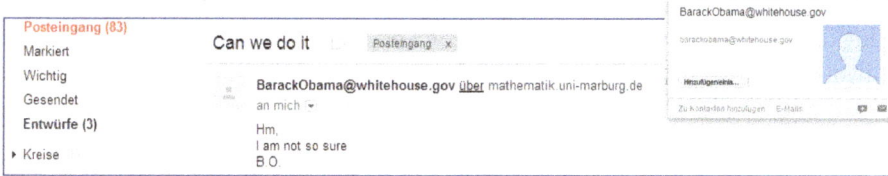

Abb. 4.14. Mail mit gefälschtem Absender

Erst ein Blick in den vollständigen Header, der in Abb. 4.15 ausschnittsweise gezeigt ist, lässt erkennen, von welchem Rechner die mail ursprünglich kam.

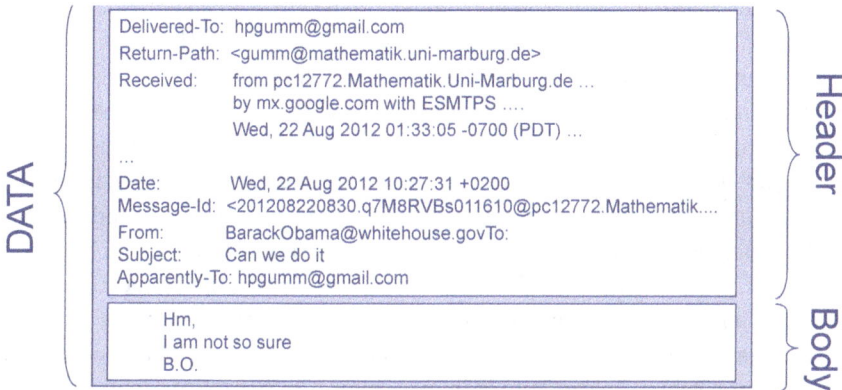

Abb. 4.15. Der Aufbau des Inhaltsteiles einer E-Mail

Anlagen (*attachments*) sind beliebige Dateien, die zusammen mit einer E-Mail verschickt werden. Sie werden mit der ursprünglichen E-Mail vom Mail-Client zu einer *MIME*-Mail (*multipurpose internet mail extension*) zusammengefasst und in dieser Form weitergeleitet. Der Inhaltsteil einer E-Mail wird auf diese Weise zu einer Folge von Teilen, mit deren Hilfe verschiedenste Dateien in eine E-Mail eingepackt werden können. Der Header muss dann zusätzliche Kopfzeilen enthalten, die Version und Art der Verwendung von MIME spezifizieren. Die einzelnen Teile wiederum enthalten jeweils einen eigenen Teil-Header, der den Inhalt spezifiziert. Dieser kann ein in JPEG codiertes Bild sein, eine Audio-Datei oder Text in verschiedenen Formaten: von einfachem Text, über Pdf bis zu HTML-Text etc. Auf diese Weise sind auch Briefe im HTML-Format zulässig und damit alle Gestaltungsmittel, die HTML bereitstellt.

In der MIME-Spezifikation werden verschiedene Inhalts-Codierungen und darüber hinaus auch so genannte *Transfer-Codierungen* erlaubt, darunter auch 8-Bit ASCII und beliebige Binärformate. Trotzdem findet man fast immer, vermutlich aus einer traditionellen Angst vor Problemen beim Versand binär codierter Daten, eine Codierung der MIME-Teile einer E-Mail im *base64* Format. Dabei werden jeweils 3 Bytes in 4 Bytes umcodiert. Die 24 Bit der 3 Bytes werden in vier 6-Bit Blöcke aufgeteilt, die auf einen „ungefährlichen" ASCII-Bereich abgebildet werden. Dabei vermeidet man die ersten 30 ASCII Zeichen, die früher als Steuerzeichen benutzt wurden, und viele andere Bytes, die von anderen Code-Systemen (EBCDIC, uuencoded Data, X.400) eventuell missverstanden werden könnten. Das scheint heutzutage zwar übervorsichtig, ist aber de facto üblich und verlängert Dateien, die per E-Mail versandt werden, um den Faktor 4:3.

4.5.2 News und Foren

Mit der Popularisierung von E-Mail entstanden auch sehr bald so genannte *mailing lists*. Dies sind Diskussionsgruppen zu einem bestimmten Thema. Nachdem man sich als Teilnehmer einer Liste hat registrieren lassen, erhält man sämtliche Beiträge, die einer der Teilnehmer an die Liste geschickt hat und man kann selber Beiträge an die Liste schicken.

Der *News-Dienst* ist eine konsequente Weiterführung der Idee der mailing lists. Nur braucht man sich nicht in einer der Listen registrieren zu lassen, sondern kann sämtliche Listen (auch Diskussionsforen genannt) lesen und an jede seinen Kommentar schicken („*posten*" im *Netspeak*). Würde man allerdings jeden Morgen sämtliche Beiträge zu sämtlichen Newsgroups in seinem Briefkasten vorfinden, dann wäre dies kein Vergnügen. Daher hat jeder Domain oder Subdomain, der am News-Service teilnimmt, seinen eigenen Server. Mit einem so genannten *Newsreader* auf dem eigenen Rechner kann man nun selektiv in den interessanten Newsgruppen schmökern und Fragen oder Antworten zu einem diskutierten Thema *posten*. Damit Neueinsteiger nicht stets dieselben Fragen zum Thema einer Diskussionsgruppe stellen, gibt es in jeder Gruppe meist eine Datei namens *FAQ* (frequently asked questions), in der ebensolche beantwortet werden.

Es gibt unzählige nützliche, weniger nützliche und spleenige Newsgruppen. Von *alt.fan.frank.zappa* über *comp.lang.pascal* zu *rec.arts.movies.reviews* existieren Tausende mehr oder minder aktive Gruppen. Insbesondere bei sehr speziellen technischen Problemen kann man unter Umständen eine schnelle Antwort bekommen, wenn man die Frage in der richtigen Newsgruppe stellt.

In *moderierten* Newsgruppen filtert ein Moderator die ernsthaften und nützlichen Beiträge heraus und verhindert, dass unsinnige oder gar beleidigende Artikel erscheinen. Ansonsten sind die Teilnehmer selber auf die Einhaltung gewisser Spiel- und Höflichkeitsregeln (der so genannten *netiquette*) bedacht.

Neben diesen *News-Diensten* gibt es mittlerweile unzählige andere Möglichkeiten zum Abrufen bzw. Austauschen von Informationen im Internet. *stackoverflow.com* ist eine beliebte Plattform (mit *jobbörse*) für den Austausch von Fragen und Antworten zwischen Programmierern aller Sprachen und auf *mathoverflow.net* tummeln sich alle, die privat oder professionell an Mathematik interessiert sind. *Blogs* oft auch Weblogs genannt erlauben jedem Interessierten Artikel zu verfassen, die von jedem gelesen und ggf kommentiert werden können. *Internetforum* ist ein Oberbegriff für ähnliche Begriffe. wie z. B. *Diskussionsforen*, *Online-Foren* oder *Bulletin Boards*.

4.5.3 FTP

Viele Rechner gestatten einen eingeschränkten Zugang mit dem Dienst *ftp (file transfer protocol)*, um Dateien untereinander auszutauschen. Mit dem Kommando

```
ftp [options][host]
```

meldet man sich bei dem fremden Rechner an und bekommt eine funktional stark eingeschränkte Kommandozeile. Einige UNIX-Kommandos funktionieren auch unter *ftp*, (beispielsweise *cd, ls, pwd*) und mit den Kommandos *get*, *mget* und *put* kann man Dateien transferieren. Meist befinden sich öffentlich zugängliche Dateien in einem Verzeichnis /pub. Auf diese Weise werden heute viele Programme und Dateien ausgetauscht.

Wenn es nur darum geht, entfernt gespeicherte Dateien zu kopieren, reicht es, die ftp-Adresse in die Adresszeile eines Browsers einzugeben. Oft heißen die entsprechenden Server selber *ftp*, so wie in folgendem Beispiel:

```
ftp://ftp.dante.de/
```

Der Browser zeigt dann dieses Verzeichnis, von dem aus man weiter navigieren kann. Für ein upload benötigt man aber einen vollwertigen *ftp-client*. Viele Dateimanager, so u.a. die Freeware Programme *WinSCP, FreeCommander* oder *muCommander* bieten die Möglichkeit, ftp-Verbindungen wie Verzeichnisse aussehen zu lassen. Der Benutzer navigiert und operiert in dem externen Dateisystem genau so wie auf seinem lokalen Rechner. Intern werden diese Aktionen natürlich in entsprechende *ftp*-Befehle, *pasv*, *list*, *pwd*, etc. umgesetzt, wie auch in der folgenden Figur ersichtlich ist. Man kann Dateien mit den zugehörigen Programmen öffnen, bearbeiten und auch wieder speichern, sofern man die entsprechende Berechtigung besitzt. WinSCP (*WindowsSecureCopy*) unterstützt zusätzlich eine Variante von FTP, bei der die Dateien verschlüsselt übertragen werden: Das *secure file transfer protocol*. Dieses Protokoll nutzt *ssh*, das im nächsten Abschnitt besprochen wird.

Das FTP-Protokoll ist in RFC 959 beschrieben und ähnelt sehr dem SMTP-Protokoll. Allerdings ist es das einzige Protokoll, das zwei Portnummern verwendet. Der „nor-

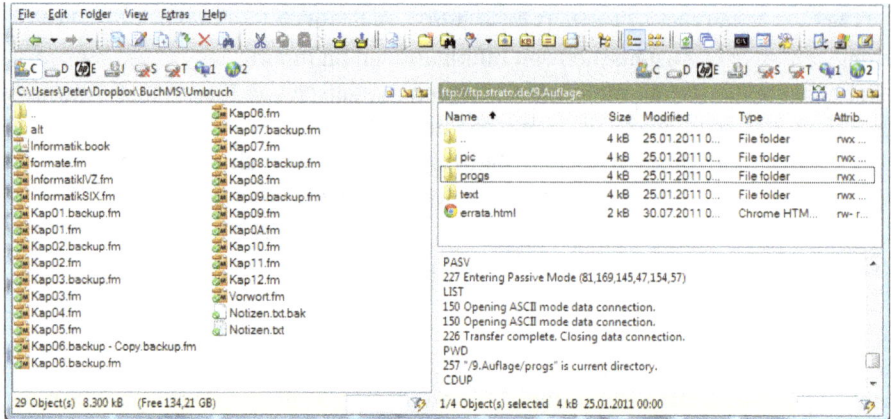

Abb. 4.16. ftp-Verbindung mit dem FreeCommander

male Dialog" wird über ein Programm geführt, das serverseitig die Port-Nummer 21 bedient. Wenn es zu einem Dateitransfer kommt, wird dieser von einem unabhängigen Programm durchgeführt, das Port 20 zugeordnet ist. Während des Transfers bleibt das Programm auf Port 21 bedienbar. Dieser Umstand kann z. B. dazu genutzt werden, den laufenden Datei-Transfer abzubrechen. Der FTP-Client verwendet ebenfalls zwei Port-Nummern, aber im freien Bereich. Die erste erfährt der Server beim Aufbau der TCP-Verbindung, die zweite muss durch einen eigenen Befehl übermittelt werden, bevor sie benutzt werden kann.

4.5.4 Secure Shell

Programme auf entfernten Rechnern auszuführen, funktioniert nicht via ftp. Man kann aber, sofern man die Benutzerberechtigung hat, zu entfernten Host-Rechnern (*host* = Gastgeber) mit

ssh [options] [host]

eine verschlüsselte Verbindung aufbauen. *ssh* steht für *secure shell*. Eine *ssh*-Verbindung führt zu einem Dialog, der dem eines regulären *login* ähnelt. Wenn der Zielrechner in seiner Datei *.rhosts* den Quellrechner eingetragen hat, darf der Benutzer sofort einloggen und kann auf dem Zielrechner so arbeiten, als ob er vor Ort wäre. Insbesondere kann er auch Programme ausführen. Wenn die Dateisysteme mehrerer Rechner mittels *mount* verbunden sind, hat man von jedem angeschlossenen Rechner aus das eigene Home-Verzeichnis zur Verfügung.

    ssh ersetzt die Verbindungsprotokolle *rlogin* und *telnet*, die die Daten unverschlüsselt übertrugen. Es gibt heute kaum noch Server die eine Verbindung mit *rlogin* oder *telnet* akzeptieren.

4.5.5 Gopher

Gopher war der erste Dienst im Internet, der auch für Computerlaien sofort zugänglich war. Obwohl Gopher durch die Einführung des WWW obsolet geworden ist, wollen wir es kurz ansprechen, weil es bereits die wichtigsten Ideen des WWW vorwegnahm: *Hyperlinks*. Das entscheidende, was Gopher noch fehlte war HTML. Stattdessen gibt es in Gopher zwei Sorten von Dateien: Menüs und Daten. Menü-Dateien wurden auf dem Bildschirm angezeigt, man wählte einen Menüpunkt und landete, wie ein Maulwurf oder ein Erdhörnchen (engl. *gopher*), das aus irgendeinem Loch zum Vorschein kommt, bei einer anderen Gopherdatei, einer Menüdatei oder einer Datendatei, die auf einem beliebigen Rechner im Netz liegen konnten.

Mit dem World-Wide-Web, dem *http*-Protokoll und der Sprache HTML mittels derer Text, Graphik und Hyperlinks in einem gemeinsamen Dokument dargestellt werden können, ist Gopher obsolet geworden, da das WWW Gopher verallgemeinert und beinhaltet. Vorhandene Gopher-Server können zwar weiter genutzt werden, sie werden aber kaum noch gepflegt.

4.6 Das World Wide Web

Das *World Wide Web* ist technisch gesehen eine recht nahe liegende Weiterentwicklung von Gopher. Durch die Verwendung von Grafik und verschiedenen Textformaten und der Möglichkeit, statt der strikten Menüs an beliebigen Stellen Verweise (sog. *links*) in den Text zu integrieren, ist es sofort und begeistert von der „Netzgemeinde" aufgenommen worden und hat sich zu einer ersten „Killerapplikation" des Internets entwickelt. Firmen erkannten schnell die Möglichkeiten eines solchen universellen Kommunikationsmittels und die Öffentlichkeit ist nicht nur auf das Internet aufmerksam geworden, sondern hat das Internet mittlerweile neben Zeitung, Funk und Fernsehen als weiteres Medium akzeptiert und schätzen gelernt.

Offiziell ist das World Wide Web (*WWW*), kurz *das Web*, ein „verteiltes Hypermediasystem". *Verteilt* heißt, dass es sich um ein Informationssystem handelt, dessen Bestandteile auf unzähligen Rechnern in der Welt verstreut sind. *Hypermedia* leitet sich von *Hypertext* ab. Letzterer besteht aus Textdokumenten, in denen gewisse, optisch besonders gekennzeichnete, Textstellen *aktive Links* sind. Klickt man sie an, so wird automatisch in ein entsprechendes neues Dokument verzweigt oder an eine bestimmte Stelle des gegenwärtigen Dokumentes gesprungen. Ein Link ist also ein Verweis. In einem Lexikon werden Verweise durch einen vorgestellten Pfeil gekennzeichnet wie z. B.: „*Pfeil*: Sternbild ↑*Sagitta*". Der Leser muss dann selber an der angegebenen Stelle nachschlagen, im Hypertext erledigt dies ein Mausklick.

Auch Überschriften und Stichpunkte in einem Inhaltsverzeichnis oder einem Index sind Verweise, Bilder oder Teile von Bildern können ebenfalls als Verweis benutzt werden. Verknüpft man diese durch aktive Links mit dem entsprechenden Kapitelan-

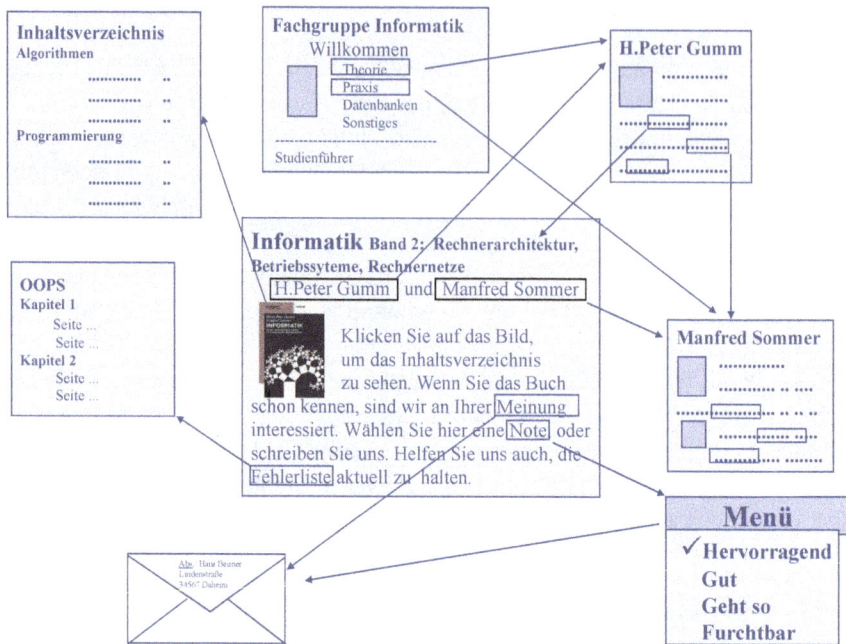

Abb. 4.17. Das WWW ist ein multimediales, globales Netzwerk

fang oder einer Textstelle, so kann man ein Dokument nicht nur linear (von vorne nach hinten) lesen, sondern man kann über die Links beliebig im Dokument *navigieren*. Ein Klick auf einen Link führt dazu, dass ein Dokument von irgendeinem Rechner im Internet geholt und auf dem lokalen Rechner dargestellt wird. Weil WWW-Dokumente nicht nur Text, sondern auch Sound, Grafik oder Videos enthalten können, spricht man nicht nur von einem Hypertext- sondern von einem Hypermedia-System. Nicht immer muss die Navigation mit Links der Übersichtlichkeit dienen, was auch die Schlagworte „lost in hypertext" bzw. „lost in hyperspace" unterstreichen. Ein dem Leser vielleicht bekanntes Hypertextsystem ist auch das Hilfesystem für Windows-Programme – viele (wenn nicht sogar die meisten) Hilfesysteme orientieren sich mittlerweile am Web.

Das World Wide Web greift Ideen auf, die bereits früher veröffentlicht wurden, aber wegen der fehlenden technischen Voraussetzungen unbeachtet blieben. Als Startpunkt wird meist ein Artikel von *Vannevar Bush* aus dem Jahr 1945 zitiert, weitergehende Vorarbeiten fanden in den 60er Jahren statt. Als Erfinder des World Wide Web in der heutigen Form gilt der britische Physiker *Tim Berners-Lee*. Als Mitarbeiter bei CERN in Genf schlug er 1989 ein Projekt mit dem Titel „Information Management" vor, aus dem sich in den Folgejahren das *World Wide Web* entwickelte. Der Begriff wurde im Oktober 1990 geprägt, erste Implementierungen entstanden im Jahr 1991.

1993 wurde am *National Center for Supercomputing Applications (NCSA)* von *Marc Andreesen*, dem späteren Netscape Gründer, der *Mosaic-Browser* veröffentlicht. Der weltweite Durchbruch des Web als das neue Medium des Internets kam dann ab 1994. Gleichzeitig wurde das World Wide Web Consortium (W3C) gegründet. Dieses Gremium koordiniert bis heute alle Aktivitäten rund um das WWW und ist für die Veröffentlichung von Standard-Dokumenten zu WWW, HTML und XML verantwortlich. Direktor dieser Organisation, die derzeit am M.I.T. angesiedelt ist, ist Tim Berners-Lee.

Das *WWW* hat dieselbe Client-Server-Architektur wie alle bisher besprochenen Dienste. Als *WWW-Server* dienen Rechner, die oft auch *www* heißen, gefolgt von *.Subdomain.Domain*, wie bei den E-Mail-Adressen. Der WWW-Server des Fachbereichs Mathematik hat demnach die Adresse *www.mathematik.uni-marburg.de*. Hängt man an diese Adresse noch den Namen einer WWW-Datei samt kompletten Pfad an, so hat man eine im ganzen Internet gültige Adresse für ein WWW-Dokument, wie z. B.:.

```
www.mathematik.uni-marburg.de/~gumm/Papers/publ.html
https://www.uni-marburg.de/fb12/arbeitsgruppen/alumni/sommer
```

Endet dieser Pfad in einem Verzeichnisnamen, so wird, falls vorhanden, eine Datei namens *index.html* dargestellt, ansonsten eine Auflistung der Dateien und Unterverzeichnisse.

Auf diese Weise ist eine Datei im gesamten Internet eindeutig identifiziert. Stellt man ihr noch die Angabe eines Protokolles voran, mit dem sie übertragen werden soll, so erhält man einen so genannten *URL* (Universal Resource Locator). Im Falle der Kurzadresse

```
www.informatikbuch.de
```

ist der komplette URL:

```
http://www.informatikbuch.de/index.html
```

Es handelt sich also um ein Hypertext Dokument, das im HTML-Format (*hypertext markup language*) erstellt wurde. Dies ist das Standard-Format für Dateien, auf die mit dem Protokoll HTTP (*hypertext transfer protocol*) zugegriffen wird.

Die Aufgabe eines *WWW-Clients* ist es im Wesentlichen, HTML-Dokumente anzuzeigen, Mausklicks auszuwerten und die entsprechende Datei vom Server anzufordern. Man nennt solche Clients auch *Browser*. Der meist genutzte Browser ist *Google Chrome* mit 58,5 % Marktanteil im Jahr 2017. Die beiden Browser von Microsoft, der *Internet Explorer* und *Edge* kommen zusammen auf knapp 25 %. Der Freeware Browser *Mozilla Firefox* folgt mit knapp 12 %. Mit deutlichem Abstand folgen *Safari* und *Opera*.

Es gibt sogar textbasierte Browser, wie z. B. *lynx*, die für einfache Text-Terminals konzipiert und auch zum Anschluss an Ausgabegeräte für Sehbehinderte geeignet sind. Selbstverständlich muss in diesem Fall auf die Darstellung von eingebetteter Grafik verzichtet werden.

4.6.1 HTTP

Eine der Komponenten des WWW ist das Transportprotokoll *HTTP*. Dieses Protokoll hat Ähnlichkeit mit den bereits besprochenen Protokollen SMTP und FTP. Der Client baut eine TCP-Verbindung mit Port 80 zu einem Web-Server auf, z. B. mit dem folgenden Python Programm:

```
import http.client
htcl = http.client.HTTPConnection("www.informatikbuch.de")
htcl.request("GET", "/index.html")
antwort = htcl.getresponse()
print(antwort.status, antwort.reason)
print(antwort.msg)
daten = antwort.read()
print(daten.decode())
```

Zunächst wird also eine TCP Verbindung zu dem Webserver für informatikbuch.de hergestellt. Dann wird eine Anfrage mit dem Kommando GET gestartet. Aus der Antwort des Webservers baut sich das Programm eine Datenstruktur, auf die mit Hilfe der Variablen zugegriffen werden kann. Damit erzeugt es folgende Ausgaben:

```
200 OK
Date: Tue, 23 May 2017 14:09:57 GMT
Server: Apache/2.2.31 (Unix)
Last-Modified: Mon, 24 Nov 2014 21:33:34 GMT
ETag: "b81d1db-6a-508a18beee780"
Accept-Ranges: bytes
Content-Length: 106
Content-Type: text/html
<head>
<meta http-equiv="refresh" content="0; URL=http://informatikbuch.de
    /10.Auflage/index.html">
</head>
....
```

In diesem Falle handelt es sich offensichtlich um eine HTML-Datei. Wenn ein Browser diese Datei angefordert hat, wird er sie nach Erhalt graphisch am Bildschirm darstellen. Eingebettete Bilder führen automatisch zu entsprechenden GET-Anforderungen des Browsers, die die entsprechenden Dateien besorgen und graphisch in das Dokument einfügen. Eingebettete Hyperlinks werden erst durch Anklicken mit der Maus aktiviert. Ausgefüllte Formulare führen ebenfalls zu GET-Anforderungen. Dabei werden meist zusätzliche Parameter übertragen, die ein entsprechendes Programm des Servers auswerten kann. Beispielsweise führt eine Anfrage „Gumm Sommer" im *Google* Suchformular offensichtlich zu einem request

```
GET        www.google.de/search?hl=de&safe=active&q=Gumm+Sommer
```

wobei Parameter hl, safe und q mit entsprechenden Werten übermittelt werden.

4.6.2 HTML

HTML ist eine Dokumentbeschreibungssprache (engl. *markup language*). Sie wird vom W3C standardisiert und liegt aktuell in Version 5.1 vor. Von 1992 bis 1999 wurden in rascher Folge neue Versionen von HTML definiert – zuletzt die Version 4.01. Danach wurden verschiedene unterschiedliche Weiterentwicklungen propagiert. HTML5 sollte diese unterschiedlichen Weiterentwicklungen vereinheitlichen. Nach einer sehr langen Entwicklungszeit wurde 2014 schließlich 5.0 veröffentlicht und 2016 die aktuelle Version 5.1.

Ein HTML-Dokument ist eine Text-Datei – verwendet wird der Zeichensatz „Universal Character Set (UCS)", der inhaltlich äquivalent zu Unicode ist. UCS wird häufig mithilfe von UTF-8 codiert. Neben dem Text des Dokumentes enthält die Datei auch dessen Gliederung in Kapitel, Unterkapitel, Absätze, Überschriften, Aufzählungen und Querverweise. In HTML verwendet man dafür so genannte *tags*, das sind Marken, die bestimmte Stellen oder Bereiche im Text kennzeichnen. Tags erscheinen in spitzen Klammern, wie z. B. das tag <br>, das einen Zeilenumbruch kennzeichnet. Eine *Bereichskennzeichnung* besteht aus zwei Marken, die den Beginn und das Ende des Bereiches festlegen. Die Endemarke beginnt dabei immer mit der Kombination „</" wie beispielsweise in dem Paar <em> und </em>.

Die Verschiedenheit der unterstützten Browser verlangt, dass HTML die *Bedeutung* eines Dokumententeils in den Vordergrund stellt und nicht dessen optische Erscheinung. Man sollte beispielsweise einen hervorzuhebenden Textbereich mit <em> als *emphasized* kennzeichnen statt mit <i> als *italic* (=kursiv). Jeder Browser wird dann seine Methode des Hervorhebens benutzen, sei es kursive, fette oder unterstrichene Darstellung. Dies kommt insbesondere auch Text-basierten Browsern entgegen, die kursive Schrift nicht darstellen können, wohl aber Unterstreichung oder fette Darstellung. Ähnliches gilt auch für Listen, Tabellen oder Zitate. Würde man solche Merkmale durch Einrückungen, Tabulatoren oder besondere Schriftmerkmale kennzeichnen, dann würde das Ergebnis in bestimmten Browsern oder auf bestimmten Seitengrößen hässlich aussehen.

HTML unterstützt neben Textbeschreibung auch andere nützliche Dinge. Einem Querverweis (*Link*) folgt man durch einen einfachen Mausklick. Dabei kann in irgendeine Datei auf irgendeinem Rechner oder auch nur an eine andere Position im aktuellen Dokument verzweigt werden. Außerdem kann man Formulare, Buttons und Pulldown-Menüs in den Text einbauen. Füllt der Leser ein Formular aus, klickt er einen Button oder eine Menü-Option an, so wird die vorgenommene Selektion an den Anbieter der Seite übermittelt. Mit diesen Auswahlen als Parameter läuft hier ein vorher festgelegtes Programm ab. Dieses wird die eingegebenen Daten auswerten und dem Leser eine HTML-Seite zuschicken, in der eine Reaktion, eine Antwort oder eine Bestätigung enthalten ist. Auf diese Weise kann die Anmeldung zu einer Tagung, die Bestellung aus einem Katalog oder eine Umfrage zu einem Thema interaktiv geschehen.

Serverseitig wird hierfür meist die Schnittstelle *CGI* (Common Gateway Interface) eingesetzt. Als Programmiersprachen dienen Scriptsprachen wie z. B. *Perl*, *php* oder *JavaScript* (genauer *ServerSideJavaScript* – *SSJS*).

JavaScript Programme können aber auch auf der Client-Seite ablaufen. Auf diese Weise kann eine HTML-Seite zu einer Benutzeroberfläche für ein beliebig kompliziertes Programm werden. Die ursprünglich hierfür vorgesehenen *Java-Applets* findet man kaum noch. An deren Stelle ist seit HTML5 das `<canvas>` Element getreten, welches neben graphischem Inhalt auch Interaktionselemente aufnehmen kann.

Über die bereits erwähnte WWW-Seite zu diesem Buch

```
www.informatikbuch.de
```

gelangen Sie zu einer Web-Seite, von der Sie die Programme zu diesem Buch herunterladen können, oder uns, den Autoren, Fehler oder schlicht Ihre Meinung mitteilen können. Letztere Möglichkeit wird durch einen so genannten *mailto-link* realisiert. Klickt man ihn an, so öffnet sich ein bereits fertig adressiertes Brief-Formular. Es folgt der HTML-Quelltext und in Abb. 4.18 der Anblick des selben in einem Browser.

```html
<!doctype html>
  <html>
  <head>
    <title>Grundlagen der Informatik</title>
  </head>
<body bgcolor="#FFFFCC"> <font face="Tahoma" size="4">
  <h1>Informatik</h1>
  <h2>Band 2:Rechnerarchitektur, Betriebssysteme, Rechnernetze</h2>
  <img SRC="http://www.mathematik.uni-marburg.de/~gumm/Papers/
    BuchCover Informatik II.jpg" align=left height=130 width=100
    hspace=20>
  <h4> <a href="http://www.mathematik.uni-marburg.de/~gumm/"> <br>
        H. Peter Gumm </a>
      <a href="http://www.uni-marburg.de/fb12/informatik/
homepages/sommer/">
        Manfred Sommer </a> </h4><br>
Das Inhaltsverzeichnis können Sie auch als PDF-Datei
herunterladen:
      <a href="Seiten/Inhalt.pdf">Inhaltsverzeichnis (PDF) </a>
  <br> Das Buch hat auch eine
      <a href="https://www.degruyter.com/view/product/460999?
rskey=kmj6MN&result=3"> Homepage im deGruyter Verlag.</a><br>

  Sie können es z.B. bei <a href="http://www.amazon.de">Amazon</a>
  oder <a href="http://www.buecher.de"> Buecher.de</a>
  bestellen. <br><br>
  <a href="Seiten/Download.html">Downloads zu dem Buch
                    finden Sie hier.</a><br><br>
```

```
Wenn Sie das Buch schon kennen, sind wir an Ihrer Meinung
interessiert. Wählen Sie eine Note:
<form>
  <select name="Note">
    <option> Hervorragend
    <option> Gut
    <option> Geht so
    <option> Furchtbar
  </select>
</form> oder schreiben Sie uns. <br>

Bitte helfen Sie uns auch, die
  <a href="Seiten/Fehlerliste.html"> Fehlerliste </a>
aktuell zu halten.</br> Schreiben Sie uns doch einfach!<br>

<img src="http://www.mathematik.uni-marburg.de/~gumm/Papers/mail
.gif" border="0" align=TEXTTOP></a><br>

<a href="mailto:gumm@Informatik.Uni-Marburg.DE">
        E-Mail an H. Peter Gumm</a><br>
<a href="mailto:manfred.sommer@gmail.com">
        E-Mail an Manfred Sommer</a>
  </body>
</html>
```

Abb. 4.18. Darstellung dieser HTML Seite in einem Browser

4.6.3 Die Struktur eines HTML-Dokumentes

Ein HTML-Dokument besteht aus einem Kopf, in dem einige Bestandteile, wie z. B.
der Titel des Dokumentes und JavaScript-Funktionen deklariert werden können, und
einem Rumpf, der das eigentliche Dokument enthält. Das gesamte Dokument wird
mit den <html>-Marken als HTML-Dokument gekennzeichnet. Der durch das Paar
<title> und </title> gekennzeichnete Titel erscheint im Rahmen des Fensters,
in dem der Browser läuft und wird von den meisten Suchmaschinen registriert. Die
allgemeine Struktur eines HTML-Dokumentes ist also:

```
<!DOCTYPE html>
<html>
  <head>
    <meta charset="UTF-8">
    <title>Mein Dokument</title>
    ... der Kopf des Dokuments ...
  </head>
  <body>
    ... der Rumpf des Dokuments ...
  </body>
</html>
```

Die bisherigen Marken sind für die meisten Browser noch optional. Sie können
in Groß- oder Kleinschreibung erscheinen, wobei meist Kleinschreibung bevorzugt
wird. Im Rumpf des Dokumentes kennzeichnet man Überschriften je nach gewünsch-
ter Größe durch die Bereichsmarken <h1> bis <h6>. Ein Absatz wird durch <p> (für
paragraph), ein Zeilenumbruch durch
 (für *break*) markiert. Zur Gestaltung von
Textbereichen dienen u.a. die folgenden Bereichsmarken:

<em>	Hervorhebung (*emphasis*), meist kursiv dargestellt,
<strong>	starke Hervorhebung, meist fett,
<cite>	Buchtitel, Zitate, ... meist kursiv,
<blockquote>	Zitat einer Textstelle, meist kursiv und beidseitig eingerückt,
<kbd>	Tastatur-Eingabe, äquidistante Schrift, z. B. Courier.

Im Zweifelsfall sollte man diese benutzen, anstatt der typografischen Festlegun-
gen <b> fett (engl.: *bold*), <i> kursiv (engl.: *italic*), und <tt> äquidistante Schrift
(*teletype*). HTML5 erlaubt zusätzliche Auszeichnungen wie

<s>	strike-out (durchgestrichen)
<u>	underline (unterstrichen)
<mark>	gelb markierter Text

Aufzählungsbereiche werden mit <ul> (*unordered list*) oder <ol> (*ordered list*) gebildet. Im letzteren Falle werden die Listenelemente durchnummeriert. Innerhalb einer Aufzählung wird jedes neue Element mit <li> (*list item*) markiert.

```
<ol type=I start=2>
  <li> Algorithmen
  <li> Datenstrukturen
  <li> Kontrollstrukturen
</ol>
```

Viele Tags dürfen noch mit Optionen modifiziert werden. Im obigen Beispiel wurde mit type=I eine Durchnummerierung mit römischen Ziffern verlangt, die wegen start=2 mit römisch 2, also II., begonnen wird. Bereichsmarken können erneut Tags umschließen – sowohl Bereichsmarken als auch einfache Marken. Beispielsweise würde man für ein komplettes Inhaltsverzeichnis mehrfach geschachtelte Listen verwenden.

4.6.4 Semantische Auszeichnung

Alle durch Marken gekennzeichneten Komponenten eines HTML-Textes werden auch als *Elemente* bezeichnet. HTML-Elemente können verschiedene Zwecke erfüllen. Einige dienen lediglich der Gestaltung des Textes (<b>, <i>, <tt>) andere tragen eine semantische Bedeutung, die vom Browser in einer bestimmten Form dargestellt werden kann (<em>, <strong>, <h1>,...,<h6>, <p>, <ol>, <ul>, <li>, ...). HTML5 erweitert die semantische Auszeichnung von Komponenten eines Dokumentes durch weitere Tags wie <header>, <footer>, <article>, und <section>. Die damit mögliche Identifizierung von Teilen eines Dokumentes erleichtert einerseits die einheitliche Darstellung, wenn man mit Hilfe von *style sheets* (siehe Abschnitt 4.6.8) eine bestimmte konsistente Darstellungsweise festlegt. Andererseits kann man jede dieser Marken mit Attributen versehen, insbesondere mit dem Attribute „id" oder dem Attribut „name". Über dieses Attribut lässt sich ein solches Element aus einem Programm heraus ansprechen. So könnte man z. B. alle <article>-Bereiche mit bestimmten name- oder id-Werten aufsuchen, sammeln oder anderen Diensten zur Verfügung stellen.

4.6.5 Querverweise: Links

Das für das WWW interessanteste Tag in HTML ist die *Anker-Marke*. Ein Mausklick auf den zwischen <a> und </a> eingeschlossenen Bereich verzweigt auf die Datei, die mit dem Attribut href="*url*" angegeben ist. *url* steht dabei für irgendeine URL-Adresse im Internet oder eine Datei im lokalen Verzeichnis.

```
<a href="www.uni-marburg.de/index.html">Uni Marburg</a>
```

Wenn der URL auf eine HTML-Datei verweist, so wird diese geladen. Handelt es sich um eine Audio, Bild oder Video Datei, so wird diese mit dem entsprechenden

Ausgabegerät wiedergegeben. Bezeichnet der URL ein Verzeichnis, so wird dort (in der Regel) nach einer Datei mit Namen *index.html* gesucht.

Interessant sind auch Verweise auf bestimmte Stellen im Innern von HTML-Dokumenten, auch innerhalb des aktuellen Dokumentes. Dazu muss man an den möglichen Zielpunkten für Verweise Zielmarken anbringen. Mit

```
<a name="Ziel">Text</a>
```

könnte man z. B. einen Anker mitten in ein Dokument setzen. Diese Marke springt man an, wenn man an den URL noch „#*Ziel*" anhängt. In einem Buch würde man solche Marken, etwa an den Beginn eines jeden Kapitels setzen und im Inhaltsverzeichnis einen Querverweis anbringen. Mit einem Mausklick hätte man dann sofort die richtige Seite aufgeschlagen:

```
... Siehe auch <a href="index.html#Ziel">S. 677</a> ...
```

Der Bereich eines Ankers muss nicht nur aus Text bestehen. Beliebt sind auch Bilder und Grafiken. Ein Bild wird mit dem img-Tag (von engl. *image*) und unter Angabe seiner Quelle (*source*) identifiziert. Ein Beispiel wäre

```
<img src="Siegel.gif">
```

Da der Transport von Bildern häufig viel Zeit benötigt, ist es oft angenehm, wenn sich auf der Seite ein kleines Bild, ein so genannter *thumbnail*, quasi als Vorschau für das große Bild, befindet. Erst wenn man ihn anklickt, wird das größere Bild geladen.

```
<a href="Siegel.gif"> <img src="MiniSiegel.gif"> </a>
```

Man sollte aber nicht vorsätzlich die Menschen ausschließen, deren Browser in einem Text-Bildschirm oder in einer Braille-Zeile dargestellt wird. Dazu kann man allen nichttextuellen HTML-Elementen einen Ersatztext als Alternative mitgeben.

```
<img src="MiniSiegel.gif" alt="Mein chinesischer Stempel">
```

4.6.6 Tabellen

Mit der HTML Version 3.0 wurden auch Tabellen eingeführt. Die Größe der Zeilen und Spalten passt sich automatisch dem Inhalt und der Fenstergröße des Browsers an, so dass eine gewisse Unabhängigkeit vom Ausgabemedium noch gewahrt ist. Textbasierte Browser versuchen eine Ersatzdarstellung durch Tabulatoren zu erzielen.

Eine Tabelle ist ein Bereich, der durch <table> und </table> begrenzt wird. Darin wird mit <tr> (*table row*) jeweils eine neue Zeile der Tabelle eröffnet. Innerhalb einer Zeile erreicht man die jeweils nächste Zelle durch <td> (*table data*). In dem folgenden Beispiel stellen wir die Verknüpfungstafel der *xor*-Operation als Tabelle dar. Da die Randzellen der Beschriftung dienen sollen, bezeichnen wir sie mit <th> (*table header*) statt mit <td>. Dies bewirkt bei den meisten Browsern eine fette Schriftdarstellung. Schließlich unterlegen wir mit <caption> der Tabelle noch eine Beschreibung.

```
<table border cols=3 width="25%" >
    <tr>      <th>xor       <th>true       <th>false   </tr>
    <tr>      <th>true      <td>false      <td>true    </tr>
    <tr>      <th>false     <td>true       <td>false   </tr>
    <caption align=bottom>XOR-Tabelle </caption>
</table>
```

Die Marken <tr>, <th> und <td> sind auch als Bereichsmarken <tr> und </tr> etc. verwendbar. Für die Breite (engl. *width*) haben wir 25 % der Fensterbreite gewählt.

4.6.7 Formulare

Das <form>-Tag kennzeichnet einen Bereich als *Formular*. Innerhalb desselben können auf vielfältige Weise Benutzereingaben erfragt werden. Zur Eingabe stehen Eingabezeilen, Textfelder, Checkboxen, Schaltflächen (*buttons*), Menüs, Auswahllisten etc. zur Verfügung. Jedes der Elemente kann zusätzliche Parameter beinhalten, die ihm einen Namen zuordnen, seine Größe spezifizieren, ggf. seinen Rückgabewert (*value*) festlegen oder bestimmen, was bei einem Ereignis zu tun ist. Wir listen hier nur die wichtigsten Elemente für die Eingabe auf und geben ihnen einige beispielhafte Parameter mit.

Eine mit *OK* beschriftete Schaltfläche (Button). Wenn sie gedrückt wird, wird die JavaScript Funktion *tuwas(...)* ausgeführt:

```
<input type="button" name="Knopf" value="OK" onclick="tuwas(...);">
```

Ein einzeiliges Eingabefeld für maximal 15 Zeichen:

```
<input type="text" name="Stadt" size=15>
```

Ein Schieberegler zur Eingabe einer Zahl zwischen 0 und 100 und Anfangswert 50:

```
<input type="range" name="Regler" value="50">
```

Ein Textfeld mit Rollbalken (10 Zeilen, 40 Spalten) zur Eingabe längerer Texte:

```
< textarea name="brief" rows=10 cols=40>
 Optionaler Text
</textarea >
```

Ein Menü mit den Wahlmöglichkeiten „Rot" „Gruen" „Blau" :

```
<select name="urteil">
 <option> Rot
 <option> Gruen
 <option> Blau
</select>
```

Die Werte eines ausgefüllten Formulars können entweder im aktuellen Browser verarbeitet werden, oder sie werden an einen Webserver übertragen. Dieser kann die eingegebenen Daten z. B. für eine Datenbankabfrage, eine Registrierung oder eine Bestellung entgegennehmen. Zu diesem Zweck muss man dem Formular noch zwei Attributwerte mitteilen:

```
<form id="anmeldung" action="registriere.php" method="GET">
   Vorname: <input type="text" name="First" ><br>
   Nachname: <input type="text" name="Last" ><br>
   <input type="submit" value="Absenden">
</form>
```

Das Attribut `action` bestimmt, welches Programm des Servers die Daten entgegennehmen und verarbeiten soll. Beispielsweise legt `action="registriere.php"` fest, dass ein PHP-Programm `registriere.php` die Daten entgegennehmen und verarbeiten soll.

Das Attribut `method` mit den möglichen Werten GET oder POST bestimmt die Übertragungsmethode. Mit `method="GET"` werden Parameter nach dem Trennzeichen "?" an die URL angehängt. Mehrere Parameter werden durch "&" getrennt, wie z. B. in

GET www.google.de/search?hl=de&safe=active&q=Gumm+Sommer

Eine URL mit Parametern wie oben kann man auch direkt in die Adresszeile des Browser eingeben. Weil die Parameter im Klartext in der URL erscheinen, sollte die Methode GET nie verwandt werden, wenn es um vertrauliche Informationen geht.

Mit `method="POST"` kann man auch größere Datenmengen im body eines Dokumentes übertragen. Will man mit dem Back-Button des Browsers eine früher besuchte Seite wieder hervorholen und enthält diese Formulardaten, so ist das unproblematisch, wenn diese mit GET übertragen wurden, im anderen Falle erzeugt der Browser meist eine Warnung, dass die Daten möglicherweise nicht mehr aktuell sind.

Für die Verarbeitung im Browser genügt es, dem Attribut „oninput" eines Inputfeldes einen JavaScript Ausdruck zuzuordnen, der bei jeder Veränderung des Inputs ausgewertet wird. Im folgenden Beispiel addieren wir den Wert eines numerischen Inputfeldes zu dem Wert eines Schiebereglers mit dem Wertebebereich 0-255:

```
<form oninput="summe.value=
   parseInt(regler.value) + parseInt(feld.value)">

0 <input type="range" id="regler" min="0" max="255" value="50"> 255
   <br><br> + <br><br>

   <input type="number" id="feld" value="50">
   <br><br> = <br><br>

   <output id="summe" style="border:1px solid #0000d3;"></output>
</form>
```

Der arithmetische Ausdruck der dem Feld `oninput` zugeordnet ist, wird bei jeder Änderung in einem der Eingabefelder der Form ausgewertet. Das erste Feld ist ein Schieber, der Werte im Bereich 0 bis 255 liefert und dessen Wert wir zu dem Input-Wert des numerischen Eingabefeldes „feld" addieren. Das Ergebnis wird als Wert des Ausgabefeldes „summe" registriert. *parseInt()* ist eine JavaScript Funktion, die einen String oder einen dezimalen Wert in einen Integer umwandelt – sofern möglich.

0 ─────────────── ⧈ 255

+

| 42 | ⇕ |

=

| 274 |

Abb. 4.19. Schieberegler, Inputfeld und Outputfeld

HTML5 stellt eine Reihe weiterer input-Felder bereit, etwa um eine Farbe auszuwählen (`type="color"`) ein Datum (`type="datetime"`). Besonders nützlich sind auch die Input-Felder für email-Adressen (`type="email"`) und Telefonnummern (`type="tel"`), da die *Auto-Fill Funktion* des Browsers diese automatisch ausfüllen kann, bzw. eine Auswahl als drop-down-Liste bereitstellt.

Für eine Auswahl aus einer langen Liste möglicher Werte kann eine sogenannte *datalist* sinnvoll sein. Nach dem Eintippen der ersten Zeichen eines Wertes werden die noch in Frage kommenden Möglichkeiten als drop-down-Liste angezeigt. Als Beispiel könnte die Auswahl eines Landes folgendermaßen gestaltet werden:

```
<input name = "land" list="laender">

<datalist id="laender">
  <option value="Afghanistan">
  <option value="Albanien">
  <option value="Algerien">
  <option value="Armenien">
  <option value="Australien">
    ... etc. ...
</datalist>
```

Die zu dem Input-Feld gehörende und möglicherweise lange *datalist* könnte sich durchaus auch in einer externen Datei befinden. Nach dem Eintippen der ersten Buchstaben, hier beispielsweise „Al" werden nur noch die in Frage kommenden Werte (hier „Albanien" und „Algerien") zur Auswahl angeboten, bzw. in das Feld eingetragen, wenn die Auswahl eindeutig ist.

4.6.8 Style Sheets

In der Anfangszeit diente das Internet vor allem Wissenschaftlern zur Kommunikation. Wichtiger als das Erscheinungsbild eines HTML-Dokumentes war dessen Inhalt und dessen Strukturierungsmöglichkeiten. Mit der Kommerzialisierung des Netzes haben sich die Dinge umgedreht. Das W3C hat auf die ästhetischen Bedürfnisse reagiert und den Einsatz so genannter *Style-Sheets* ermöglicht. In Style-Sheets kann ein recht genaues Erscheinungsbild für HTML-Dokumente festgelegt werden. Damit geht natürlich einiges von der Plattformunabhängigkeit verloren, aber andererseits nähern sich die Möglichkeiten von HTML denen von Desktop-Publishing-Systemen. Style Sheets können in verschiedenen *Style-Sheet-Sprachen* abgefasst werden. Heutige Browser unterstützen zumindest *CSS*, dies steht für *cascading style sheets*. Ein style sheet kann über einen link importiert

```
<link rel="stylesheet" href="www.myDomain.de/html/ourDesign.css">
```

oder direkt im *head* des Dokumentes abgelegt werden. Innerhalb der `<style>`-Marken notiert man gemäß der *css*-Syntax zu beliebigen Elementen die gewünschten Attribute. Alternativ kann `style` als Attribut innerhalb anderer Marken verwendet werden. Im folgenden Beispiel wird beschrieben, dass Überschriften der Stufe h3 blau gesetzt werden sollen. In der ersten Überschrift soll allerdings der durch die tags `<span>` `</span>` markierte Bereich dunkelblau werden. Da die Zeichen „<" und „>" in HTML eine syntaktische Bedeutung haben, verwenden wir dafür die Ersatzdarstellungen „<" bzw. „&gt".

```
<head>
 <style >
   h3 { color:blue ;
        font-family:Verdana;
        text-align: center;
      }
   p  { color:blue; }
 </style >
</head>
<body>
   <h3> Die <span style="color:lightblue";> &lt; style &gt; </span>-
      Marke </h3>
   <p> Mit den <b>style </b>-Marken ordnet man global verschiedenen
      Elementen geeignete Eigenschaften zu.
        Alternativ kann man mit dem style-Attribut ein Element oder
      einen Bereich adhoc mit Eigenschaften versehen.
</body>
```

Da eine HTML-Seite immer im Quelltext über das Netz übertragen wird und erst im Browser des Benutzers zu einem ansprechenden und funktionierenden Dokument umgesetzt wird, kann man sich auch jederzeit den Quelltext eines besonders schönen Dokuments anschauen und evtl. für seinen eigenen Bedarf verwenden. Die Einfachheit der Beschreibungssprache HTML und die Verfügbarkeit einer Reihe von Bedienelementen (Buttons, Forms, Pulldown-Menüs) haben dazu geführt, dass manche Firmen die Benutzeroberfläche für ihre Software-Produkte gleich in HTML realisieren.

4.6.9 Weitere Möglichkeiten von HTML

HTML, allgemeiner Hypertext, bietet viel mehr Möglichkeiten als nur Text ansprechend zu formatieren und zu gestalten. Ein Beispiel für eine interessante Anwendung ist auch eine automatische Umsetzung von Pascal-, C- oder Java-Programmen in HTML. An die Prozedur*aufrufe*, an Variablen-, Typ- oder Klassennamen werden automatisch Hypertext-Links zu den entsprechenden Deklarationen angefügt. In jedem Browser kann man dann den Programmtext inspizieren, mit einem Mausklick kann man die Definition eines Prozedur- oder Variablennamens oder einer Klasse einsehen, mit einem zweiten Klick ist man wieder an der ursprünglichen Textstelle.

Auch Datenbankinterfaces lassen sich als HTML-Seiten gestalten. Dafür stehen auch Schnittstellen von HTML zu Datenbanksprachen wie z. B. SQL zur Verfügung.

4.7 Web-Programmierung

Bereits mit HTML hat man umfassende Möglichkeiten Internetseiten nicht nur optisch aufwändig, sondern auch interaktiv zu gestalten. Mit der Möglichkeit ganze Programme einzubauen, gibt es keine Grenzen mehr für die Gestaltung und die Funktionalität von Internetdokumenten.

4.7.1 JavaScript

Die einfachste Möglichkeit, Programme in HTML-Seiten einzugliedern, besteht in der Verwendung der Sprache *JavaScript*. JavaScript entstand zwar unabhängig von Java – mittlerweile kann man aus JavaScript heraus aber zahlreiche Java-Klassen nutzen, so dass JavaScript zu einer Art interpretiertem Java geworden ist. Ursprünglich von der Firma Netscape entwickelt, wurde es von der *ECMA(European computer manufacturers association)* unter dem Namen *ECMAScript* standardisiert und wird daher von den wichtigsten Browsern interpretiert. Die aktuelle JavaScript Version ist 1.8.5 und wird heute von den meisten Browsern als defacto Standard implementiert.

JavaScript war ursprünglich nur für kurze Programme gedacht, mit denen man die Fähigkeiten von HTML erweitern konnte. Mittlerweile ist ein JavaScript Interpreter im Browser die Vorausetzung, um viele der neuen interaktiven Anwendungen nutzen zu können, die man mit dem Begriff *Web 2.0* assoziiert, darunter z. B. *Google maps*, *docs*, *street view*, die Amazon Buchvorschau, *Windows Live ID* und unzählige mehr. Die wichtigste Trägertechnologie in diesem Bereich, *Ajax(Asynchronous JavaScript and XML)*, trägt die Sprache bereits im Namen.

Mit JavaScript kann man nicht nur den Browser in seinem Aussehen steuern, sondern vor allem mit den im Dokument enthaltenen Objekten (Applets, Bildern, Feldern, Formularen) kommunizieren. Auf diese Weise kann viel von der Interaktivität des Webs in den Browser verlagert werden, statt von der schnellen Übertragung entfernt aufgebauter Webseiten abhängig zu sein.

JavaScript Code kann überall in HTML-Dokumenten erscheinen. Üblicherweise werden im Kopf des HTML-Dokumentes Funktionen definiert, die dann überall im Rumpf benutzt werden können. Die Syntax von JavaScript ist jedem Java-Programmierer sofort vertraut. JavaScript-Programme werden nicht kompiliert, sondern im Quelltext von HTML-Dokumenten eingefügt. Zwischen den Marken `<script>` und `</script>` kann man beliebigen JavaScript Code einfügen, der bei der Darstellung im Browser ausgeführt wird. Beispielsweise führt die Ausführung der folgenden Zeile zur Anzeige einer Message-Box:

```
<script>alert("Hallo aus JavaScript");</script>
```

Das `<script>`-tag kann sowohl im Kopf als auch im Rumpf des Dokuments erscheinen. Typischerweise bringt man im Kopf Funktionsdefinitionen unter und im Rumpf die Aufrufe. Als interpretierte Sprache ist JavaScript nicht statisch getypt, folglich müssen Variablen auch nicht deklariert werden. Mit dem Präfix „var" können sie aber lokal innerhalb eines Blockes festgelegt werden. Ansonsten sind seit Version 1.2 alle von Java her bekannten Kontroll- und Datenstrukturen vorhanden.

Im folgenden Beispiel zeigen wir ein JavaScript Programm aus einer HTML-Datei, die man vielleicht als Briefvorlage benutzten könnte und bei der automatisch das gegenwärtige Datum in den Brief eingefügt wird. Die Funktion *heute()*, die im Kopf definiert wird, gibt das aktuelle Datum als String zurück. Sie nutzt dabei die Java-Klasse *Date*. Als Monat erhält man eine Zahl zwischen 0 und 11, daher `++monat` im Ergebnisstring. Im Rumpf des HTML-Dokumentes wird *heute()* als Parameter der Methode *write* der Klasse `document` aufgerufen.

```
<!DOCTYPE html>
 <html>
  <head>
   <title>Briefvorlage</title>
   <script>
    function heute(){
       var heute = new Date();
       var tag = heute.getDate();
       var monat = heute.getMonth();
       var jahr = heute.getYear()+1900;
         return (tag+"."+ ++monat +"."+jahr); }
```

```
  </script>
  </head>
  <body>
   Marburg, den
    <script>
      document.write(heute());
    </script>
    <p>
      Sehr geehrte ...

  </body>
  </html>
```

JavaScript ist objektorientiert. Im obigen Code wird ein Objekt der Klasse *Date* benutzt, sowie das *document*-Objekt, das die Methoden und Attribute des aktuellen Dokuments bereitstellt. Die vorhandene Objekthierarchie bezieht sich auf das gegenwärtige Fenster samt dessen Bestandteilen, den *frames*, Bildern (*images*), *applets*, Formularen (*forms*), *links* und Ankern (*anchors*). Somit können mit all diesen Objekten und mit dem Browser Daten ausgetauscht werden. Die Objekthierarchie ist:

`window` (Vaterklasse der Objekthierarchie)

`location`	(Informationen über den URL der Seite)
`history`	(erlaubt Sprünge zu den bereits besuchten Seiten)
`frames`	(zum Zugriff auf die einzelnen frames der Seite)
`document`	(ein HTML-Dokument)

und die Unterklassen von `document` sind:

`images`	(die Bilder des Dokuments; HTML-Tag: IMG)
`applets`	(seine Applets; HTML-Tag: APPLET)
`forms`	(seine Formulare ; HTML-Tag: FORM)
`links`	(seine Querverweise; HTML-Tag: LINK)
`anchors`	(seine Anker; HTML-Tag: A)

Ist z. B. `myApplet` der Name des dritten Applets im Dokument, so kann dieses als `window.document.applets.myApplet` oder als `window.document.applets[2]` angesprochen werden. Mit `getClass()` erfährt man dessen Klasse und kann dann auf alle als `static` oder `public` gekennzeichneten Felder des Applets zugreifen.

Im Zusammenhang mit den <input>-Tags von Formularen können Dokumente auf sehr elementare Weise interaktiv gestaltet werden. Das folgende Beispiel zeigt eine interaktive HTML-Seite, die als einfache Testumgebung für JavaScript Funktionen dienen könnte. Dabei nutzen wir aus, dass der JavaScript-Interpreter selber als JavaScript-Funktion `eval` aufgerufen werden kann. Im oberen Textfeld darf man einen beliebigen JavaScript-Ausdruck (evtl. auch Funktionsdefinitionen) eingeben. Drückt man auf den Button mit der Aufschrift „*Berechne*", so wird der Wert im unteren Feld angezeigt.

```
<html>
  <head>
    <title>JavaScript Tester</title>
```

```
<script>
  function berechne(textfeld, formular) {
      formular.ergebnis.value = eval(textfeld.value)
  }
</script>
</head>
<body>
  Bitte geben Sie einen JavaScript-Ausdruck ein:
  <form>
    <textarea name="eingabe" rows=8 cols=40></textarea>
    <p>
    <input type="button" value="berechne"
      onclick=berechne(eingabe,this.form)>
    <input type="text" name="ergebnis" size=32>
  </form>
</body>
</html>
```

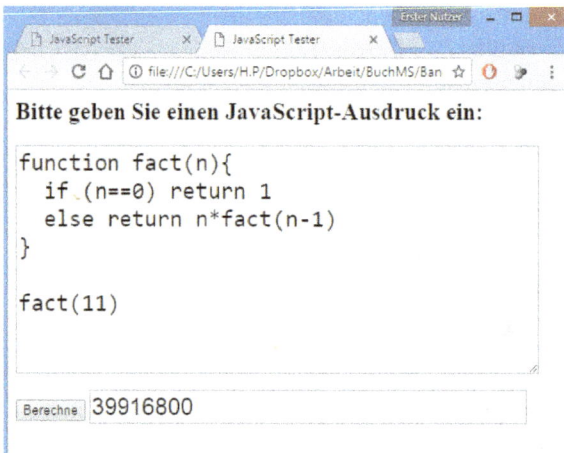

Abb. 4.20. Der JavaScript-Tester im Fenster eines Browsers

4.7.2 Das Canvas Element

Das <canvas>-Element (engl.: *canvas* = *Leinwand*) erlaubt die interaktive Erzeugung und Gestaltung von Graphiken und Diagrammen in einem Bereich einer HTML-Seite. Die wichtigsten Parameter des *canvas*-tags sind neben name noch width und height, mit denen Breite und Höhe der Leinwand im Browser festgelegt werden. Im folgenden Beispiel erzeugen wir ein Zeichenfeld der Größe 200 × 100. Das style-Attribut sorgt dafür, dass die Ränder 1 Pixel dick gestrichelt (*dashed*) und mit blauer Farbe dargestellt werden. Über den Bezeichner „Leinwand" können wir später aus JavaScript auf dieses Element zugreifen.

```
<canvas id="Leinwand" width="200" height = "100"
        style="border:1px dashed #0000d3;">
</canvas>
```

Auf der Leinwand kann man anschließend Rechtecke, Kreise, Linien, Pfade, Text und Bilder platzieren. Zu diesem Zweck muss man sich zunächst den *Zeichenkontext* der Leinwand besorgen. Dieses Objekt repräsentiert den Bereich im Browser, der die Leinwand repräsentiert.

```
var ctx = document.getElementById(„Leinwand").getContext()
```

Der Kontext versteht alle notwendigen Darstellungsmethoden wie z. B.

moveTo(x,y)	bewegt den imaginären Stift zu der gewünschten Position,
lineTo(x,y)	zeichnet eine Linie zu dem Zielpunkt (x,y),
stroke()	macht die gezeichneten Linien sichtbar.

Genaugenommen erzeugt man durch fortgesetztes Anwenden von lineTo einen Pfad. Am Schluss kann man diesen Pfad sichtbar machen (stroke) oder füllen (fill). Vor dem Ausfüllen wird, falls notwendig, der Pfad noch geschlossen, indem Anfang und Ende des Pfades durch eine Linie verbunden werden. Analog kann man auch Rechtecke (rect), Kreise (circle) oder Kreisbögen (arc), quadratische Bezierkurven (quadraticCurveTo) oder kubische Bezierkurven (bezierTo) zeichnen. Die Variable font des Zeichenkontextes enthält den aktuellen Font und mit *fillText* oder *strokeText* kann an beliebiger Stelle Text platziert werden.

```
<script>
  var c = document.getElementById("Leinwand");
  var ctx = c.getContext("2d");

  ctx.moveTo(10,100);                          // Startposition
  ctx.lineTo(100,50);
  ctx.lineTo(100,80);
  ctx.fill();                                  // fülle zum Dreieck

  ctx.beginPath();                             // Neubeginn
  ctx.arc(90,50,55,1.5*Math.PI,3*Math.PI);     // Kreisbogen um (90,50)
  ctx.lineWidth = 5
  ctx.stroke();                                // mit Radius 55

  ctx.font = "30px Verdana";
```

```
   ctx.fillText("Hallo",30,30);
   ctx.strokeText("Welt",60,48);
</script>
```

Abb. 4.21. Canvas mit Text und Formen

4.7.3 Animationen

Mit dem Canvas Element lassen sich auf einfache Weise Animationen erstellen. Als kleines Beispiel zeigen wir ein kleines Quadrat, das sich mit konstanter Geschwindigkeit auf gerader Linie durch die Leinwand bewegt und an den Rändern reflektiert wird. Wie vorher besorgen wir uns zunächst den Kontext der blau-umrandeten Leinwand und rufen die Funktion *animate* auf. Deren Parameter x und y bezeichnen die linke obere Ecke eines hellblauen Quadrats der Größe 25 × 25 Pixel. Die beiden anderen Koordinaten *dx* und *dy* beschreiben die Verschiebung des Quadrats in x- bzw. y-Richtung, die nach einer bestimmten Zeit auszuführen ist. Genauer wird zunächst die Leinwand gesäubert (*cleanRect*), die Farbe des Quadrats gesetzt und dieses gezeichnet (*fillRect*). Dann wird ein Timer gesetzt, der nach einer bestimmten Zeit (in Millisekunden) eine Funktion ausführt.

Die auszuführende Funktion ist der erste Parameter der Funktion *setTimeout*. Statt eine solche Funktion zu definieren, ihr einen Namen zu geben und diesen bei *timeOut* einzusetzen, verwenden wir hier eine namenlose Funktion, nämlich eine solche, die das Quadrat in x- und y-Richtung weiterbewegt und ggf die Bewegungsrichtungen umdreht, wenn das Quadrat an die Wände, den Boden oder die Decke anstößt. Zum Schluss ruft *animate* sich selber wieder auf.

Der Alternativtext erscheint in solchen Browsern, welche das Canvas-Element nicht unterstützen.

```
<canvas id="Leinwand" width="1200" height="720"
        style="border:5px solid #0000ff;">
    Wenn Sie DIESEN Text sehen, versteht Ihr Browser kein HTML5
</canvas>
<script>
```

```
var canvas = document.getElementById('Leinwand')
var ctx = canvas.getContext('2d')
animate(33, 67, 1, -1)

function animate(x,y,dx,dy){
  ctx.clearRect(0, 0, 1200, 720)          // Tafel sauber
  ctx.fillStyle = "rgba(0, 127, 255, 0.5)"  // hellblaues
  ctx.fillRect(x, y, 75,75)               // Quadrat
  setTimeout(
    function () {                         // ändere Richtung ..
      if(x == canvas.width -- 75  || x == 0)
              { dx = -dx }                 // rechte/linke Wand
      if(y == canvas.height -- 75 || y == 0)
              { dy = -dy }                 // unten/oben
      x = x + dx                           // neue
      y = y + dy                           //     Position
      animate(x,y,dx,dy)                   // und von vorne ...
      },
    0)
  }
</script>
```

Abb. 4.22. Bouncing Box

4.7.4 Interaktionen

Der Inhalt einer Canvas-Fläche kann interaktive Elemente enthalten. Insbesondere können die Bewegungen und Klicks mit der Maus abgefragt werden, um entsprechende Aktionen zu veranlassen. Die Interaktion mit Eingabe-Elementen wie Eingabefelder, Buttons, Reglern etc. war noch einfach – entweder wurde der Wert der zugeordneten Variablen *value* entnommen, oder es wurde dem Element an die Variable *onclick* ein Funktionsaufruf gebunden, der bei einem Mausklick auszuwerten ist.

Mit der Maus verhält es sich etwas anders. Die Mauspositionen als x- und y-Koordinate auf dem Canvas, sowie der Status der Mausknöpfe müssen permanent überwacht werden. Zu diesem Zweck löst jede Aktion der Maus ein Ereignis (*event*) aus. Die für die Anwendung interessierenden Ereignisse werden jeweils von einem entsprechenden Lauscher (*event listener*) registriert und mit einem Funktionsaufruf beantwortet. Die aufgerufene Funktion muss einen Parameter *e* für ein Objekt vom Typ *event* besitzen, dessen interne Felder von der Funktion abgefragt werden können. Wir demonstrieren dies anhand einer kleinen Zeichenapplikation, in der es nur darum geht, auf einem Canvas freihändig zu zeichnen.

Zunächst fügen wir dem Dokument zwei Lauscher hinzu: einen, der ein *mousedown* registriert und einen zweiten, der jede Bewegung der Maus registriert (*mousemove*). Jedes solche Ereignis produziert ein Objekt *e* der Klasse *Event*, das u. a. die Felder *clientX* und *clientY* besitzt, also die *x*- und *y*-Koordinaten des „clients" in dem das Mausereignis stattgefunden hat.

Wird die Maus geklickt, so rufen wir die Funktion *storePos* auf. Diese speichert lediglich die Koordinaten des Events, also der Position, an der der Klick stattgefunden hat, in den globalen Variablen xpos und ypos. Interessanter ist das Ereignis *mousemove*. Dieses findet bei jeder Bewegung der Maus statt und ruft immer die Funktion *draw* auf. Diese setzt zunächst den Zeichenstift auf die alte Position (xpos,ypos). Die Koordinaten des abgefangenen neuen events *e* werden nun in (xpos,ypos) gespeichert und es wird eine Linie von der alten zur neuen Position gezogen. Das passiert allerdings nur, falls beim Ziehen der Maus ein Knopf gedrückt war, ansonsten (e.buttons !== 1) wird die Funktion *draw* sofort beendet.

Dicke und Farbe der Linie werden durch die Werte der Variablen *lineWidth* und *strokeStyle* des Kontextobjektes eingestellt, ebenso, ob das Linienende (*lineCap*) rund oder stumpf sein soll.

```
<canvas id="Leinwand" width="400" height="300"
      style="border:1px solid #000000;">
  Dein Browser versteht die "canvas"-Marke nicht
</canvas>

<script>
  var leinwand = document.getElementById("Leinwand");
  var ctx = leinwand.getContext('2d');

  document.addEventListener('mousedown', storePos);
  document.addEventListener('mousemove', draw);

  var xpos, ypos = 0

  function storePos(e) {
    xpos = e.clientX;
    ypos = e.clientY;
    }

  function draw(e) {
    if (e.buttons !== 1) return;
    //      Geschmackssache
```

```
    ctx.lineWidth   = 5;
    ctx.lineCap     = 'round';
    ctx.strokeStyle = '#ff007f'   // magenta

    ctx.moveTo(xpos, ypos);       // beginne bei alter Position
    storePos(e);                  // speichere neue Position
    ctx.lineTo(xpos, ypos);       // verbinde alte mit neuer
    ctx.stroke();                 // zeig das Linienstückchen
</script>
```

Abb. 4.23. Paint – als HTML5-Applikation im Browser

Eine richtige Applikation würde zumindest noch ein Farbwahlfeld einbauen

```
<input type="color" name="zeichenFarbe" value="#0000ff">
```

und einen Button, über den man in einen Radiermodus umschalten kann. Einen Radiergummi kann man über ein kleines Quadrat realisieren, welches an der jeweils aktuellen Mausposition mit der Hintergrundfarbe als Füllfarbe gezeichnet wird.

4.7.5 Skalierbare Vektor Graphiken – SVG

Graphiken, die mit dem Canvas-Element erstellt werden, sind pixel-basiert. Das bedeutet insbesondere, dass sie nicht einfach vergrößert oder verkleinert werden können. Außerdem ist es nicht möglich, einzelne Bestandteile der Graphik nachträglich zu verändern oder mit einem event-handler zu versehen. Daher wurde ein weiteres Element zur Erstellung von vektorbasierten Graphiken vorgeschlagen, das SVG-Element. Seit 2001 wird SVG auch von der W3C offiziell empfohlen. Viele Anwendungen die früher mit Adobe's *Flash* plugin realisiert wurden, kann man durch SVG-Anwendungen ersetzen. Eine der bekanntesten Anwendungen von SVG-Graphiken ist *Google-Maps*.

SVG steht für scalable vector graphics und trägt eine der wichtigsten Eigenschaften schon im Namen, alle graphischen Elemente sind beliebig skalierbar. Im Gegensatz dazu werden Canvas-Graphiken bei Vergrößerung verschwommen bzw. „pixelig".

Eine der augenfälligsten Unterschiede bei der Erstellung von SVG-Elementen ist, dass jedes graphische Object als eigenes XML-Objekt beschrieben ist. Während zum Beispiel ein Kreis in einem Canvas durch die JavaScript-Methode $arc(x, y, r, w_1, w_2)$ des Kontext-Objektes realisiert wird, verwendet SVG die in XML beschriebene Marke <circle>.

```
<svg width="300" height="200">

  <rect x=0 y = 0 width="40" height="50"
    style="fill:rgb(0,127,255);stroke-width:5;stroke:rgb(0,0,0)" />

  <circle cx="50" cy="50" r="40" stroke="darkblue" stroke-width="4"
    fill="lightblue" />

  <text x=40 y=45 fill="black" font-size="32" font-family="Verdana">
    Hallo
  </text>

  <text x="50" y="86" stroke="#0000ff" font-size="32" font-family="
    Verdana" >
    SVG Welt </text>

  Schade, Ihr browser versteht kein SVG.
</svg>
```

4.7.6 Applets

Applets sind Java-Programme, die aus HTML-Seiten aufgerufen werden können. Dazu muss der Browser eine virtuelle Java Maschine enthalten. Das Applet führt zur Anzeige eines Fensters, in dem das Programm abläuft. Ein wesentlicher Unterschied zu Java-Script Programmen ist, dass der Code für das Applet in compilierter Form vorliegt. Auf diese Weise können Firmen umfangreiche Programme im Netz anbieten, ohne den Quelltext enthüllen zu müssen. In der Tat gibt es sogar komplette Office-Pakete, die als Applets erstellt worden sind.

Speziell für diese Internet-Anwendungen sind aber besondere Sicherheitsmechanismen notwendig. Da in Internet-Seiten eingebundene Applets auf dem Rechner des Betrachters ablaufen, muss verhindert werden, dass sie dort unerlaubte Dinge anstellen. Dazu könnte gehören, dass Daten ausspioniert oder gar gelöscht werden, ein Virus eingeschleppt oder der Rechner zum Absturz gebracht wird. So ist es Applets nicht erlaubt, bestimmte Klassen der Laufzeitbibliothek zu nutzen, Dateioperationen auf dem lokalen Rechner auszuführen oder externe Programme zu starten. Trotz der vielfältigen Vorkehrungen wurden aber immer wieder Lücken in dem Sicherheitskonzept von Java-Applets entdeckt, die es einem potentiellen Angreifer gestatten, die volle Kontrolle über den Rechner eines ahnungslosen Surfers zu erlangen.

Applets waren der größte Hit in den Anfangszeiten des Internets – also in den 90-er Jahren des letzten Jahrhunderts. Plötzlich wurden Internetseiten lebendig und interaktiv. Applets machten die Sprache Java populär, denn nur mit dieser konnten Applets sofort programmiert werden, weil die Browserhersteller das entsprechende Applet-Tag unterstützten. Man kann sagen, dass Applets die „Killerapplikation" für Java war und diese ohne Applets wohl kaum die heute offensichtliche Verbreitung gefunden hätte. Und jetzt – es gibt immer noch Applets, aber viele Browser unterstützen diese schon nicht mehr. All das was Applets können lässt sich heute mit HTML und Javascript viel einfacher und ohne Umschweife programmieren. Zum Vergleich zeigen wir den Code für das oben beschriebene Malprogramm wie es in einem Java-Applet aussieht. Aus den erwähnten Gründen werden wir nicht näher auf die Programmierung und Einbindung von Applets eingehen.

```java
import java.awt.*;
import java.awt.event.*;
import java.applet.*;
public class Zeichnen extends Applet{
  private int x_old,y_old;
  public void init(){
    addMouseListener(new MyMouseListener());
    addMouseMotionListener(new MyMouseMotionListener());
  }
  class MyMouseListener extends MouseAdapter {
    public void mousePressed(MouseEvent e){
      x_old = e.getX();
      y_old = e.getY();
    }
  }
  class MyMouseMotionListener extends MouseMotionAdapter{
    public void mouseDragged(MouseEvent e){
      Graphics g = getGraphics();
      int x_new = e.getX();
      int y_new = e.getY();
      g.drawLine(x_old,y_old,x_new,y_new);
      x_old = x_new;
      y_old = y_new;
    }
  }
}
```

Zahlreiche Beispiele von Applets sind noch im Internet zu finden. Mehr und mehr werden diese aber auf interaktive HTML5-Elemente umgestellt. Applets zur Erläuterung physikalischer Phänomene finden sich zum Beispiel auf

https://phet.colorado.edu/de/simulations/category/physics

aber auch dort lässt sich die Migration von Java-Applets zu HTML5 mit JavaScript deutlich beobachten.

4.7.7 PHP

JavaScript-Programme und Java-Applets müssen strengen Sicherheitseinschränkungen unterworfen werden, weil sie auf dem Rechner des Betrachters ablaufen. Gelangt ein Surfer im Internet auf eine HTML-Seite, in der JavaScript-Code oder Applets enthalten sind, so wird der entsprechende Code übertragen und auf dem lokalen Rechner ausgeführt.

Für den Betrachter der Seite birgt dies die Gefahr, dass der geladene Code bösartige Dinge auf seinem Rechner ausführen könnte, z. B. Dateien löschen, Viren einschleusen, oder den Rechner auszuspionieren. Um dies zu verhindern, sind sowohl JavaScript als auch Java-Applets vielen Einschränkungen unterworfen, so dass derartige Gefahren eigentlich nicht auftreten dürften. Beispielsweise ist es unmöglich, beliebige Dateien zu schreiben oder zu lesen. Dennoch werden immer wieder Sicherheitslücken in Browsern bekannt, was manche Leute dazu veranlasst, JavaScript prinzipiell zu deaktivieren, womit konsequenterweise einige Webseiten nur eingeschränkt nutzbar werden.

Der Anbieter der Seite hat das Problem, dass der JavaScript-Code im Quelltext übertragen wird, und dass Applets, wenn auch in kompilierter Form, gestohlen werden können, um auf anderen Seiten, evtl. mit geänderten Parametern, Dienst zu tun. Zudem machen die Einschränkungen viele Dinge unmöglich. Wie sollte man z. B. einen Passwort-geschützten Zugang in JavaScript bewerkstelligen? Das Passwort könnte man ja im Programm-Code finden, wie realisiert man einen eingeschränkten Zugang zu einer Datenbank?

Wünschenswert aus diesen und anderen Gründen ist eine Programmiersprache, die serverseitig ausgeführt wird, so dass nur das Ergebnis der Programmausführung übertragen wird. In der Tat gibt es auch eine serverseitige Variante von JavaScript, allerdings hat sich eine andere Lösung stärker durchgesetzt: PHP (ehemals **P**ersonal **H**ome**P**age, jetzt: **P**HP-**H**ypertext **P**reprozessor).

In der Tat kann man PHP als Präprozessor für HTML ansehen. Ist auf dem Server ein PHP-Prozessor installiert, so wird jede Datei mit Endung „.php" vor der Versendung über das Netz von PHP vorverarbeitet. Dabei wird in einer ansonsten normalen HTML-Datei alles, was in dem Klammerpaar

```
<?php     ... ?>
```

eingeschlossen ist, als PHP-Kommando aufgefasst, alles außerhalb wird unverändert weitergegeben. Das Resultat des PHP-Kommandos ist ein Textstring, der an der gleichen Stelle in die HTML-Seite eingesetzt wird. Das Endergebnis ist also eine normale

HTML-Seite, die anschließend über das Netz versandt wird. Ein einfaches Beispiel einer PHP-Seite wäre

```
<html>
  <head>
    <title>Hallo Welt in PHP</title>
  </head>
  <body>
    <h1>Die folgende Aufzählung kommt aus PHP:<h1>
    <?php
        echo "Hi vom <ul><li>PHP<li>Hypertext<li>Präprozessor</ul>";
    ?>
  </body>
</html>
```

Die Syntax von PHP ist an C bzw. Java angelehnt und sofort verständlich. Variablen werden durch ein vorangestelltes $-Zeichen gekennzeichnet und müssen nicht deklariert werden. In dem folgenden Beispiel soll sich der Benutzer in einem HTML-Formular identifizieren. PHP prüft, ob dies geschehen ist und begrüßt den Benutzer mit Namen oder weist ihn darauf hin, bitte den Namen einzugeben. Die Datei „welcome.php" möge folgendes HTML-Formular (siehe S. 287) enthalten:

```
<form action="pruefung.php" method="post">
  Wie heissen Sie:
  <input type="text" name="benutzerName">
  <input type="submit">
</form>
```

In der Datei „pruefung.php" wird jetzt geprüft, ob der Benutzer einen Namen eingegeben hat oder nicht:

```
<?php if (isset($benutzerName)) { ?>
    <p> Guten Tag, Herr/Frau <i>
  <?php echo "$benutzerName; </i><p>";
    } else {
  ?>
  <h1>Bitte geben Sie Ihren Namen ein</h1>
  <?php } include("pruefung.php"); ?>
```

Charakteristisch – und anfangs verwirrend – ist die scheinbare Fragmentierung des PHP-Codes. Dies erklärt sich leicht dadurch, dass alles außerhalb der Klammern <?php ... ?> implizit als Argument einer echo-Anweisung aufzufassen ist.

In PHP kann man beliebige Dateioperationen ausführen – es geschieht ja immer auf dem Server. Interessanter ist die Datenbankanbindung. In dem folgenden Beispiel werden aus einer Literatur-Datenbank alle Artikel über das Thema „Coalgebra" gefunden, und in einer HTML-Tabelle ausgegeben. Die *mySQL*-Datenbank heißt Literatur, liegt auf dem Rechner maputo und hat die Relation artikel mit Attributen Autor, Titel, Thema, etc.

Zuerst stellen wir eine Verbindung zum Datenbank-Server her. Dafür benötigen wir natürlich eine Benutzerkennung und ein Passwort. Wenn die Verbindung steht, formulieren wir unsere Anfrage als SQL-Query und befragen die Datenbank. Das Ergebnis speichern wir in der Variablen $antwort :

```
$verbindung = @mysql_connect("maputo","gumm","geheim");
if ($verbindung)
   $anfrage = "SELECT Autor,Titel FROM artikel
      WHERE Subject = Coalgebra";
$antwort = mysql_db_query("Literatur",$anfrage,$verbindung);
```

Als letzter Schritt sollte das Ergebnis noch in einer HTML-Tabelle ausgegeben werden. Dazu benutzen wir die PHP-Funktion `mysql_fetch_row`, um aus der Ergebnistabelle jeweils eine Zeile zu lesen. Dabei speichern wir die Spaltenwerte `Autor` und `Titel` in gleichnamigen Variablen ab:

```
list($autor,$titel) = mysql_fetch_row($antwort);
```

Der Befehl ist Teil einer Schleife, die die HTML-Tabelle (siehe S. 286) erzeugt:

```
<table><tr><th>Der Autor<th>Titel des Artikels></tr>
   <?php while (list($autor,$titel)= mysql_fetch_row($antwort))
      echo "<tr><td>$autor<td>$titel</tr>";
   ?>
</table>
```

PHP-Programme (PHP-Scripts) sind massenhaft im Internet zu finden. Auch beachtliche Anwendungen sind in PHP programmiert (PHP-Nuke, Squirrel-Mail, etc.). Voraussetzung für die Nutzung von PHP ist die Installation eines PHP-Interpreters (siehe: *www.php.net*) auf dem Web-Server. Die meisten Provider haben einen solchen Interpreter in ihrem Web-Server installiert, so dass sich PHP in den letzten Jahren weitgehend durchgesetzt hat.

Als Programmiersprache hat PHP eine Reihe von Nachteilen. So kann man zwar schnell lauffähige Programme erzeugen, für große Anwendungen fehlen aber geeignete Abstraktionsmechanismen. Obwohl PHP fast alle gängigen Datenbanken unterstützt, fehlen auch hier geeignete Abstraktionsmechanismen – für jede Datenbank ist ein eigenes Interface vonnöten.

PHP hat die vormals dominierende Script-Sprache *Perl* etwas zur Seite gedrängt. Perl erinnert stark an eine Shell-Programmiersprache (siehe S. **??**ff) mit zusätzlichen Mitteln zur String-Verarbeitung. Perl hat sich in den letzten Jahren aber ständig weiterentwickelt. Unter den zahlreichen Erweiterungen von Perl findet man z. B. mit der DBI-Bibliothek ein abstraktes Datenbank-Interface so dass Perl-Programme auch leicht an veränderte Konfigurationen angepasst werden können. Unter „gestandenen Programmierern" ist Perl sehr beliebt. Für Anfänger, die nur ihre Homepage zum Leben erwecken wollen, ist die Lernkurve oft zu hoch.

Im Windows-dominierten kommerziellen Bereich findet man als Alternative zu PHP die so genannten *active server pages* (ASP) von Microsoft. Hier handelt es sich um eine Server-seitige Plattform, innerhalb der man mehrere Sprachen (meist VB Script, aber auch z. B. JavaScript) einsetzen kann. ASP ist ein kommerzielles Microsoft-Produkt, setzt einen Microsoft IIS-Webserver (internet information server) voraus, der Quellcode ist nicht verfügbar und es hatte in den ersten Jahren den Ruf, viele Sicherheitsprobleme zu erzeugen. Mit dem Nachfolger ASP.NET, einer vollständigen technischen Neuentwicklung, versucht Microsoft wieder Boden gutzumachen.

4.8 XML

Mit HTML konnte man ursprünglich nur Dokumente logisch gliedern, z. B. in Paragraphen, Absätze, Aufzählungen, Überschriften, Zitate, Verweise etc. Aus den logischen Bestandteilen konnte je nach Fähigkeiten des Mediums eine geeignete Ausgabe erzeugt werden. Später verliehen zusätzliche Komponenten wie Menüs, Buttons und Formulare HTML die Möglichkeit, Interaktion und Benutzeroberflächen, etwa für Datenbankanfragen, Elektronisches Shopping oder Banking, zu modellieren. Das Ergebnis einer Anfrage, etwa bei einer Suchmaschine, wurde in eine HTML-Seite verpackt und dem Benutzer übermittelt. Als fiktives Beispiel diene hier eine Anfrage an einen Wetterdienst, die in folgender Antwort resultieren könnte:

```
<html>
  <head>
    <title>Mein Wetterbericht</title>
  </head>
  <body>
    <p> Marburg, Messpunkt Kirchspitze </p>
    <p> Dienstag, der 6.6.2006</p>
    <p> 42 Grad Celsius </p>
    <p> 1023 mbar</p>
    <p> Meist leicht bewölkt und zeitweise Hagel</p>
  </body>
</html>
```

Die Antwort ist formatierter Text. Jegliche Struktur, die vielleicht einmal in den gefundenen Daten steckte, ist verloren oder bestenfalls implizit in der Formatierung angedeutet. Dies macht es schwer, das übermittelte Ergebnis maschinell weiterzubearbeiten oder in einer Sammlung von gleichartigen Dokumenten gezielt Informationen zu extrahieren.

An dieser Stelle setzt XML an, eine Sprache, die auf den ersten Blick große Ähnlichkeit mit HTML zu haben scheint. Mit XML lassen sich beliebige Baumstrukturen beschreiben. Dabei kennzeichnet man jeden Knoten durch ein Paar von Marken, analog zu den Tags von HTML. Zwischen diesen steht entweder ein unstrukturierter Text oder erneut eine Liste von Knoten. Während HTML dem Anwender ein umfangreiches aber fest definiertes Repertoire an Marken zur Verfügung stellt, kann der XML-

Anwender die Tags für sein Dokument frei definieren. Das Dokument mit den Wetter-informationen könnte er in XML z. B. folgendermaßen codieren:

```
<?xml version="1.0" encoding="ISO-8859-1" ?>

<Wetter>
  <Ort messpunkt="Kirchspitze">Marburg</Ort>
  <Datum>
    <Tag>6</Tag>
    <Monat>6</Monat>
    <Jahr>2006</Jahr>
  </Datum>

  <Temperatur einheit="Celsius">42</Temperatur>
  <Luftdruck einheit="mbar">1023</Luftdruck>
  <Besonderheiten>
  Meist <bewoelkt>leicht</bewoelkt>
   zeitweise <Hagel/>
  </Besonderheiten>
</Wetter>
```

Der auffälligste Unterschied zu HTML ist die Möglichkeit, selbstdefinierte Marken zu verwenden. Während die Informationen in der HTML-Fassung durch eher nichts sagende Absatzmarken <p> gegliedert sind, geben die entsprechenden XML-Marken bereits Hinweise auf die Bedeutung des Textes, den sie umgeben. Weitere Informationen können in Attributen der Marken untergebracht werden. Im Beispiel sind das Informationen über den Messpunkt und die Einheiten der Messungen. Allerdings muss jedes Attribut mit einem Wert versehen und dieser in einfachen oder doppelten Hochkommata eingeschlossen sein.

Im Unterschied zu HTML muss jede öffnende Marke mit einer schließenden Marke gepaart sein. Ein solches Markenpaar verhält sich wie ein Paar von Klammern, die einen Dokumentbereich umfassen. Verschiedene solche Bereiche dürfen geschachtelt werden, sie dürfen sich aber nicht anderswie überlappen.

Statt von Marken spricht man in XML von *Elementen* und meint damit den Namen der Marke und den Inhalt, den das Markenpaar einschließt. Es muss genau ein äußeres Element, das sogenannte *Wurzelelement* geben, das alle Elemente des Dokuments umfasst. Ein XML-Dokument heißt *wohlgeformt*, falls es diesen Syntaxvorgaben entspricht.

Mit den Zeichenfolgen „<?" und „?>" begrenzte Marken sind sogenannte *processing instructions (PI)*. Sie enthalten Text, der durch spezielle Programme bearbeitet werden soll. Im obigen Beispiel finden wir die *Anweisung* „<?xml ... ?>", die sich an einen XML-Prozessor richtet, so wie wir im vorigen Kapitel bereits die processing instruction „<?php ... ?>" kennengelernt haben, die Anweisungen für den php-Präprozessor enthält.

Offensichtlich repräsentiert ein wohlgeformtes XML-Dokument immer einen Baum. Die Knoten entsprechen den XML-Elementen und die Blätter entweder unstrukturiertem Text oder Elementen, die keinen weiteren Inhalt enthalten. Solche *terminalen Elemente* können als kombinierte Anfangs- und Endemarke notiert werden, indem die schließende spitze Klammer „>" durch „ />" ersetzt wird, wie in dem Element „<Hagel/>" des obigen Beispiels. Es ist durchaus erlaubt, dass sie noch Attribut-Werte-Paare enthalten.

Abbildung 4.24 zeigt die erwähnte XML-Datei mit dem Wetterbericht in zwei Ansichten: rechts in der gewohnten Textansicht und links in der zugehörigen Baumansicht. Die Knoten des Baumes entsprechen den XML-Elementen. Die Blätter des Baumes sind entweder leere Elemente, wie z. B. <Hagel/>, der Dateninhalt von Elementen wie z. B. „42", oder Attribut-Werte-Paare, wie z. B. messpunkt="Kirchspitze". Letztere kann man stattdessen auch als Modifikatoren der Knoten zu denen sie gehören, betrachten.

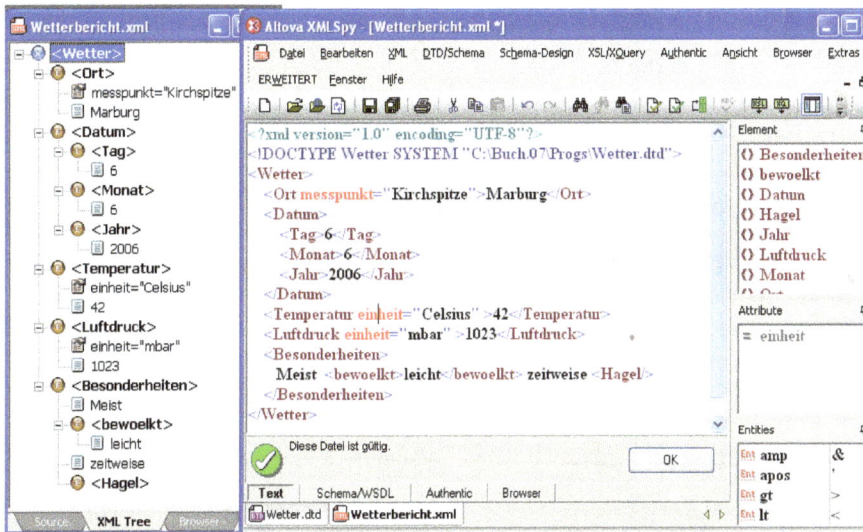

Abb. 4.24. Ein Wetterbericht als XML-Dokument: Baum- und Textansicht

Interessant ist die Mischung von Text und strukturierter Information in dem Element <Besonderheiten>. Jeder Textabschnitt zwischen den strukturierten Inhalten wird zu einem eigenen Blatt.

Jedes XML-Dokument repräsentiert also einen Baum. Umgekehrt lässt sich jede Baumstruktur auch in XML abbilden. Für jeden Knotentyp kann man ein entsprechendes Element erfinden, das im Text des zugehörigen XML-Dokuments alle seine Söhne umschließt. Auf diese Weise bietet sich XML als Sprache für den Datenaustausch im Internet an.

4.8.1 DTD – Document Type Definition

Während die Bedeutung der Markierungen in HTML vordefiniert ist, kann man in XML eigene, problemspezifische Markierungen erfinden. Die Einführung solcher undefinierter Markierungen in XML-Dokumenten macht wenig Sinn, wenn man nicht auch Regeln für deren Gebrauch festlegt. Erst dann können XML-Dokumente, die diese Marken verwenden von Programmen bearbeitet oder zwischen Personen einer Gruppe ausgetauscht und verstanden werden.

Eine Festlegung, welche Elemente in einem Wetterbericht auftauchen können, wie sie geschachtelt werden dürfen, welche Attribute erlaubt sind etc., kann in einer so genannten DTD (Document Type Definition) getroffen werden. Diese definiert die Struktur einer zugehörigen Klasse von Dokumenten und sollte alle verwendeten Elemente und deren Attribute beschreiben. Die DTD entspricht damit weitgehend den Grammatikregeln einer Programmiersprache und jedes XML-Dokument, das einer solchen DTD genügt, einem syntaktisch korrekten Programm. Ein XML-Dokument, das nicht nur wohlgeformt ist, sondern auch der DTD genügt, heißt *gültig* (engl.: *valid*).

In einer DTD wird für jedes Element beschrieben, wie es aus anderen Elementen aufgebaut werden darf, und welche Art von Daten es enthalten kann. Dabei bedient man sich weitgehend den Konventionen der erweiterten Backus-Naur-Form (EBNF) bzw. der regulären Ausdrücke. So bestimmt z. B.

```
<!ELEMENT
     Wetter (Ort,Datum,Temperatur,Luftdruck,Besonderheiten?) >
```

dass das Element *Wetter* eine Folge der Elemente *Ort, Datum, Temperatur, Luftdruck, Besonderheiten* ist. Letzteres ist durch das Fragezeichen als optional gekennzeichnet und ist selber eine Folge von beliebig vielen der Elemente *Hagel* oder *bewoelkt* gemischt mit beliebigem Text (#PCDATA=*parsed character data*):

```
<!ELEMENT Besonderheiten (#PCDATA | Hagel | bewoelkt)* >
```

Das Element *Hagel* wird durch *EMPTY* als leeres Element festgelegt:

```
<!ELEMENT Hagel EMPTY>
```

Weiterhin kann für jedes Element festgelegt werden, welche Attribute es haben darf und welche Werte für diese Attribute erlaubt sind. Die Zeile

```
<!ATTLIST Ort messpunkt CDATA #REQUIRED>
```

verlangt, dass das Element *Ort* ein Attribut *messpunkt* haben muss, dessen Wert ein beliebiger String (CDATA=*character data*) sein darf. Das Element *Luftdruck*, hat ein Attribut *einheit*, dessen Wert entweder „mbar", „Hpa" oder „F" sein darf. Als Voreinstellung ist „mbar" angegeben:

```
<!ATTLIST Luftdruck einheit (mbar|Hpa|F) "mbar">
```

Eine DTD kann im Vorspann eines XML-Dokuments eingefügt werden. Dazu benötigt dieses eine Zeile

```
<!DOCTYPE Wetter [ ... ] >
```

wobei zwischen den eckigen Klammern die in der DTD gezeigten Definitionen stehen. Üblicherweise wird jedoch die DTD als eigene Datei gespeichert und jedes XML-Dokument, das ihren Regeln genügt, verweist auf diese Datei, die entweder auf dem gleichen System liegt, wie in dem obigen Beispiel oder an irgendeiner Stelle im Internet.

Im Falle unserer Wetter-DTD könnten Hobby-Meteorologen in der ganzen Welt danach ihre Daten in dem gemeinsamen Format speichern, austauschen und gemeinsame Programme zur Bearbeitung verwenden.

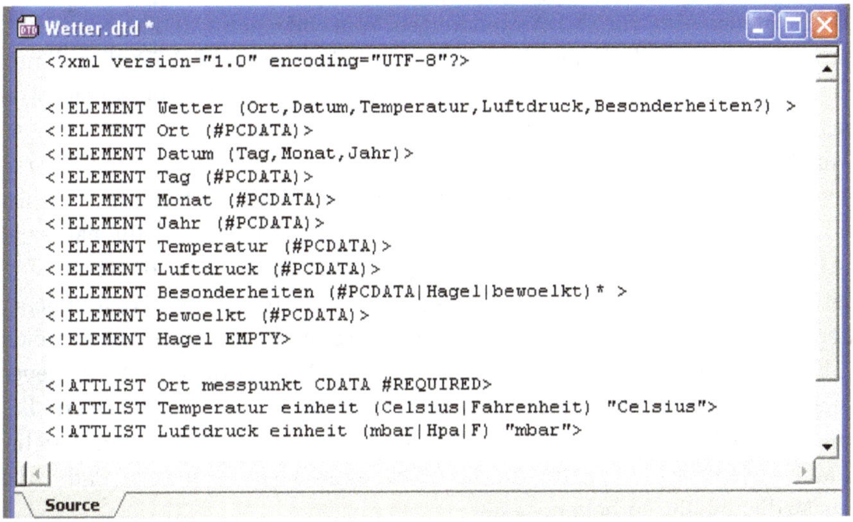

```
Wetter.dtd *

<?xml version="1.0" encoding="UTF-8"?>

<!ELEMENT Wetter (Ort,Datum,Temperatur,Luftdruck,Besonderheiten?) >
<!ELEMENT Ort (#PCDATA)>
<!ELEMENT Datum (Tag,Monat,Jahr)>
<!ELEMENT Tag (#PCDATA)>
<!ELEMENT Monat (#PCDATA)>
<!ELEMENT Jahr (#PCDATA)>
<!ELEMENT Temperatur (#PCDATA)>
<!ELEMENT Luftdruck (#PCDATA)>
<!ELEMENT Besonderheiten (#PCDATA|Hagel|bewoelkt)* >
<!ELEMENT bewoelkt (#PCDATA)>
<!ELEMENT Hagel EMPTY>

<!ATTLIST Ort messpunkt CDATA #REQUIRED>
<!ATTLIST Temperatur einheit (Celsius|Fahrenheit) "Celsius">
<!ATTLIST Luftdruck einheit (mbar|Hpa|F) "mbar">

Source
```

Abb. 4.25. Ein Dokumententyp (DTD) für Wetterberichte

XML-Schema (XSD als Abkürzung für XML Schema Definition)

Mit einer DTD kann die Struktur von XML-Dokumenten beschrieben werden. Da die Ausdrucksmöglichkeiten einer DTD von vielen Anwendern als etwas eingeschränkt angesehen wird, hat man *XML-Schema* als alternative detailliertere Beschreibungssprache für XML-Dokumente eingeführt. In einem XML-Schema können Datentypen ähnlich wie in einer Programmiersprache definiert werden. Zusätzlich gibt es u.a. die Möglichkeit, den Inhalt von Elementen und Attributen auf Zahlenbereiche zu beschränken oder zulässige Texte durch reguläre Ausdrücke zu definieren. Ein XML-Schema ist selbst ein XML-Dokument und wird meist in einer Datei mit der Endung .xsd gespeichert.

Die Anhänger dieser Beschreibungsart meinen, mit einer XSD komplexere Zusammenhänge als mit einer DTD beschreiben zu können und hoffen, dass DTDs irgendwann vollständig von XML-Schemata abgelöst werden. Allerdings sind XML-Schemata durch ihre erweiterten Möglichkeiten wesentlich komplexer und nicht so einfach ohne Hilfsmittel auszuwerten. Daher werden derzeit nach wie vor DTDs häufiger verwendet als XSDs.

4.8.2 XML-Anwendungen

Viele Werkzeuge und Programmsysteme stehen für das Bearbeiten und Validieren von XML-Dokumenten zur Verfügung, außerdem besitzen immer mehr Sprachen Programmierschnittstellen (API) für XML-Anwendungen. Vom einfachen XML-Parser, der feststellen kann, ob eine XML-Datei gültig (*valid*) bezüglich ihrer als DOCTYPE erklärten DTD ist, bis zu Entwicklungssystemen, die aus einer DTD automatisch Eingabemasken für passende XML-Dokumente generieren.

Vor allem aber gibt es bereits viele nützliche DTDs, die standardisierte Beschreibungen von strukturierten Daten in bestimmten Problembereichen festlegen. Beispiele sind die DTDs für *XHTML*, für *MathML*, einer Auszeichnungssprache für mathematische Formeln, oder für skalierbare Vektorgraphiken (*SVG*). Auch als Dokumentenformat ist XML im Vormarsch: *DocBook* ist eine XML-Sprache (d. h. eine DTD) für Bücher und technische Dokumentationen, die sich im Open Source Umfeld schnell verbreitet hat. Als Gegengewicht zu dem proprietären Microsoft Office-Formaten ist ein offenes Dokumentenformat *ODF* entstanden, das bereits von *OpenOffice*, *Star-Office* und *KEdit* genutzt wird. Im wesentlichen ist ein ODF-Dokument ein Zip-komprimiertes Archiv von XML-Dateien, die die Struktur und das Layout eines Buches sowie evtl. Bilder und weitere Medieninhalte enthalten.

Unter den Unterstützern der *OpenDocument Format Alliance*, finden sich u.a. *IBM*, *Oracle* und *Google*. Demnächst wird ODF auch von *IBM Workplace*, dem Nachfolger von *Lotus Notes* und von *WordPerfect* verwendet werden. Der Vorteil eines solchen offenen Formats ist, dass Dokumente in Zukunft zwischen verschiedenen Bürosystemen ausgetauscht werden können. Besonders wichtig ist ein solcher Standard für die Langzeitarchivierung von Dokumenten. Aus diesem Grunde hat die Europäische Union vorgeschlagen, ODF zum ISO-Standard zu machen. Seit der Version 2007, Service Pack 2, unterstützt auch *Microsoft Office* das ODF-Format.

4.8.3 XHTML

HTML-Dateien sind nicht ohne weiteres wohlgeformte XML-Dokumente, aber es bedarf nur geringer Modifikationen, sie in solche zu verwandeln. Die Mischung von Text und strukturierten Bereichen ist auch in XML möglich, wie in dem Element `<Besonderheiten>` des Wetter-Beispiels ersichtlich.

Da XML case-sensitiv ist, sind z. B. `<Body>` und `<BODY>` aus der Sicht von XML verschiedene Elemente. Bei einer Übersetzung von HTML nach *XHTML*, so heißt der XML-konforme Nachfolger von HTML, müssen sie in das kleingeschriebene `<body>` übersetzt werden. Während in HTML oft nur der Anfang eines Bereiches markiert wird und der Browser selber entscheiden muss, wann dessen Ende erreicht ist, muss in XHTML eine explizite Endemarke gesetzt werden. Dies betrifft insbesondere Paragraphen die in `<p>` und `</p>` eingeschlossen werden müssen, Listenelemente `<li>`...`</li>`, Zellen in Tabellen `<td>`...`</td>` etc. Auch überlappende Bereiche müssen auf ähnliche Weise eliminiert werden. Kleinere Modifikationen betreffen Attribute, die in HTML keinen Wert besitzen müssen, wie z. B. in

```
<select name="Auswahl" multiple>
```

Sie bekommen ihren eigenen Namensstring als Wert. Aus dem obigen Beispiel wird dann

```
<select id="Auswahl" multiple="multiple">
```

weil zusätzlich noch das Attribut, das auf das gegenwärtige Element verweist, in HTML *name* heißt, in XML und daher auch in XHTML jedoch *id*. Insgesamt ist die Übersetzung von HTML nach XHTML unproblematisch.

4.8.4 XML-Namensräume

Jede DTD definiert eigene Elemente, und damit neue Namen für Knoten und Attribute. Oft ist es sinnvoll, vorhandene DTDs zu verwenden, evtl. auch verschiedene DTDs zu kombinieren oder zu erweitern. Im Prinzip spricht nichts dagegen, existierende DTDs zu vereinigen, außer der Tatsache, dass Namenskonflikte entstehen können, wenn ein Name in mehreren DTDs definiert worden ist. Vereinigt man zum Beispiel eine DTD zur Beschreibung von Rechnungen und eine DTD zur Beschreibung von Adressen, so könnte zweimal ein Element `<Nr>` vorkommen – einmal gedacht als Rechnungsnummer, einmal als Hausnummer. Aus diesem Grund kann man für jede der geladenen DTDs einen *Namenspräfix* definieren, den man mit Doppelpunkt getrennt dem Elementnamen voranstellt. Auf diese Weise entsteht ein eindeutiger Elementname, dessen Definition über das Präfix in der richtigen DTD gesucht werden muss. Im folgenden Beispiel soll ein XHTML-Dokument sowohl eine Formel $x = 5$ im *MathML*-Format, als auch eine Ellipse im *SVG*-Format enthalten. Im Wurzelelement `<html>` werden drei Namensraumpräfixe, `xhtml`, `mml` und `svg` für die DTDs von XHTML, MathML und SVG definiert. Diese werden den verwendeten Elementen zur eindeutigen Unterscheidung vorangestellt. Das betrifft auch bereits das Wurzelelement, das konsequenterweise `<xhtml:html>` heißt:

```
<?xml version="1.0" encoding="UTF-8" standalone="yes"?>
<xhtml:html xmlns:xhtml="http://www.w3.org/1999/xhtml"
        xmlns:mml="http://www.w3.org/TR/REC-MathML"
```

```
        xmlns:svg="http://www.w3.org/2000/svg">
    <xhtml:head>
      <xhtml:title >XHTML mit MathML und SVG </xhtml:title >
    </xhtml:head>
    <xhtml:body>
        <xhtml:h1>Jetzt eine Gleichung </xhtml:h1>
      <mml:math>
        <mml:mrow>
          <mml:mi>x</mml:mi>
          <mml:mo>=</mml:mo>
            <mml:mn>5 </mml:mn>
          </mml:mrow>
        </mml:math>
        <xhtml:h1 >... und eine Ellipse </xhtml:h1>
      <svg:svg width="4cm" height="8cm">
          <svg:ellipse cx="2cm" cy="4cm" rx="2cm" ry="1cm"/>
        </svg:svg>
    </xhtml:body>
</xhtml:html>
```

Die DTDs, denen ein XML-Dokument genügt, dienen als Formatbeschreibungen, von denen aus man beliebige Anwendungen entwickeln kann, die den Inhalt passender XML-Dokumente interpretieren, verarbeiten, oder darstellen können. So kann die MathML-DTD einerseits als Grundlage für die Darstellung von Formeln in PDF-Dateien oder in Browsern dienen, andererseits als Schnittstelle zu einem Computer-Algebra-System, das mit den Formeln rechnen kann.

Die Möglichkeit einer standardisierten Beschreibung von Struktur, Inhalt und Format eines Dokumentes macht XML zu einem geeigneten Kandidaten für den elektronischen Austausch von Daten für Transaktionen im Bereich *electronic commerce*. Es ist wahrscheinlich, dass XML dabei auch den in kleineren Betrieben nur zögerlich angenommenen EDI-Standard (electronic data interchange) ersetzen wird.

4.8.5 XSLT

Um aus XML-Dokumenten Informationen zu extrahieren und das Ergebnis wieder in XML-Dokumenten darzustellen, kann man sich einer spezialisierten Transformationssprache XSLT bedienen. Diese ist aus der ursprünglich zur Darstellung von XML-Dokumenten entworfenen Sprache XSL (eXtensible Style Sheet Language) hervorgegangen. XSLT liegt seit November 2005 in Version 2.0 als Empfehlung des W3C vor und kann beliebige Transformation von XML-Dokumenten beschreiben.

Bei einer XSLT-Transformation wird das Originaldokument nicht verändert, es dient nur als Quelle für die Transformation. Ein XSLT-"Programm" besteht vorwiegend aus Zuordnungen von *Mustern* und *Templates*. Wenn bei einer Baumwanderung durch das Originaldokument eines der Muster angetroffen wird, soll die im zugehörigen Template angegebene Ausgabe erzeugt werden. XSLT gilt daher als deklarative

Sprache. Als Programmiersprache ist es ohne spezielle Editoren ziemlich unhandlich, weil ein XSLT-Dokument – wer hätte es geahnt – selber ein XML-Dokument ist.

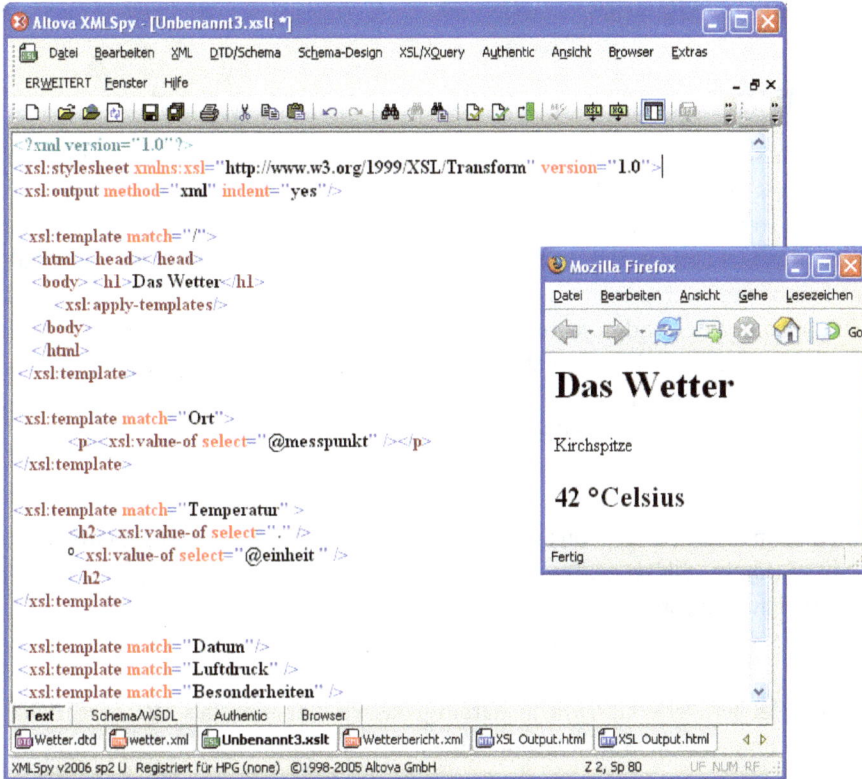

Abb. 4.26. XSLT-Programm und Ergebnis einer Transformation

In der Abbildung wird das erste Template durch das Muster `match="/"` für das Wurzelelement des zu übersetzenden XML-Dokumentes aktiviert. Das Ergebnis ist ein HTML-Dokument mit einer Überschrift „Das Wetter". Danach werden durch den Befehl `<xsl:applytemplates/>` alle anderen Templates angewendet.

Das *Ort*-Element des Quelldokuments aktiviert das zweite Template. Dabei wird ein Paragraph erzeugt, der das *messpunkt*-Attribut dieses Elements als Inhalt hat. Das dritte Muster passt auf das *Temperatur*-Element und gibt dessen Inhalt `"."` und dessen `einheit`-Attribut zurück. Alle anderen Teilbäume erzeugen keine Ausgabe, was durch leere Templates erreicht wird. Im Browserfenster erkennen wir das Ergebnis der Transformation des Wetterberichts aus Abbildung 4.24 durch das besprochene XSLT-Dokument.

Selbstverständlich kann man in XSLT auch Werte zwischenspeichern, Funktionen aufrufen, bedingte Transformationen `<xsl:if test="Bedingung">` und Schleifen `<xsl:for-each select="Muster">` verwenden. Die Bedingungen und Muster beziehen sich auf Knoten oder Mengen von Knoten die in der Sprachen `XPATH` spezifiziert werden können.

4.8.6 JSON

XML sollte sowohl von Menschen als auch von Maschinen lesbar sein. Allerdings hat man bereits an den einfachen Beispielen gesehen, dass aus wenig Information viel XML-Text werden kann, so dass man in umfangreicheren Dokumenten die Nadel im Heuhaufen nicht findet. Daher wurde mit *JSON (JavaScript Object Notation)* alternativ eine kompaktere Darstellung entwickelt, die heute gleichberechtigt neben XML steht. JSON ist kompakter und beschreibt, im Gegensatz zu XML, typisierte Daten, die sofort als JavaScript Objekte genutzt werden können. JSON wird aber auch mit anderen Sprachen verwendet. Die Syntax ist sehr einfach:

Ein JSON Objekt ist entweder ein

- Basistyp:
    - *Boolean, Number, String* oder Nullwert *null*
- oder eine Liste (*Array*) von Objekten (gleicher oder verschiedener Typen):
    - [*Objekt$_1$, Objekt$_2$, ...*]
- oder eine ungeordnete Menge von *Eigenschaften:*
    - { *Schlüssel$_1$: Objekt$_1$, Schlüssel$_2$: Objekt$_2$, ...* }

Das Beispiel der Wettermessung in Marburg, das wir vorher mittels XML beschrieben haben, könnte man in JSON folgendermaßen ausdrücken:

```
{ "Ort": "Marburg",
  "Messpunkt": "Kirchspitze",
  "Datum": {
      "Tag"  : 6
      "Monat": 6
      "Jahr" : 2006
      }
  "Temperatur": {"celsius": 42 },
   "Luftdruck": { "mbar": 1023 },
  "Besonderheiten":[
      "Meist leicht bewölkt",
       "zeitweise Hagel"
    ]
}
```

Das ist offensichtlich leichter lesbar als das Pendant in XML. Daher wird JSON immer dort als Datenaustauschformat vorgezogen wo keine großartige XML-Verarbeitung notwendig ist.

4.8.7 DOM, und Web 2.0

Das Document Object Model (DOM) definiert eine Programmier-Schnittstelle zur Bearbeitung von XML-Dokumenten. Diese Schnittstelle ist im Wesentlichen sprachunabhängig und Implementierungen in vielen Sprachen sind von verschiedenen Quellen verfügbar. Im Falle von Java stellt das W3C geeignete Interfaces bereit, die dann natürlich noch implementiert werden müssen. Zum einen benötigt man einen sogenannten *DOMParser*, um das Original-Dokument in ein sogenanntes *Document Object* gemäß der Schnittstelle zu transformieren. Die weitere Bearbeitung findet dann auf diesem Objekt statt:

```
DOMParser dp = new DOMParser();
  dp.parse("Wetter.xml");
  Document doc = dp.getDocument();
```

In dem resultierenden Dokumentenbaum navigiert man ähnlich wie in einem Dateibaum. Auch hier gibt es den Begriff der aktuellen Position, von wo aus man zum Vaterknoten (*parent*) einem Bruderknoten (*nextSibling, previousSibling*) oder einem Kindknoten (*child*) gelangen kann. Die Kindknoten kann man durch ihr *id*-Attribut, durch das Element, das sie repräsentieren, oder über ihre Reihenfolge ansprechen (*firstChild, lastChild*).

Konsequenterweise bewegt man sich im Dokumentenbaum mit *get*-Operationen (*getParent(), getFirstChild()* etc.), erzeugt neue Elemente mit *create*-Operationen (*createElement(), createTextNode(), createAttribute()*) und verändert den Baum mit entsprechenden *set*-Operationen.

Obwohl Abbildung 4.24 es nahelegen könnte, gehören Attribute nicht eigentlich zu dem Dokumentenbaum, man kann also nicht zu einem Attribut navigieren. Attribute modifizieren lediglich den Elementknoten zu dem sie gehören. Man kann sie dennoch lesen und verändern oder Elemente um neue Attribute ergänzen.

Für eine Textverarbeitung, die auf dem Open Document Format basiert, also im wesentlichen auf XML, ist es natürlich, dass sie die DOM-Schnittstelle verwendet. Eine zentrale Rolle spielt in diesem Zusammenhang das *XMLHttpRequest*-Objekt, das von neueren Browsern implementiert wird. Eine einfache Kommunikation, die die XMLHttpRequest-API verwendet, um eine XML-Datei zu laden und den Textinhalt in einer alert-Box darzustellen, zeigt das folgende Bild. Hier wird dem Ereignis *ReadyStateChange* eine Funktion zugeordnet, die den Textinhalt in einer Alert-Box anzeigt.

Die *JavaScript*-Implementierung des *Document Object Model* hat in der letzten Zeit zu einer neuen Klasse von interaktiven Web-Anwendungen geführt. Während die Interaktion mit traditionellen Webanwendungen meist darin besteht, dass der Benutzer einen Link anklickt, oder ein Formular abschickt, worauf der Webserver dann mit einer neu aufgebauten Seite reagiert, kann man mit der neuen Technik Anwendungen realisieren, die ein sofortiges und stetiges Feedback benötigen. Die Technologie wurde seit einem Artikel von J. Garrett (2005) mit dem Namen (*Asynchronous JavaScript Extensions*) bezeichnet.

```
1  <html>
2  <head>
3    <script type="text/javaScript">
4      function xmlHttpObjektLesen(){
5        var xmlHttp = new XMLHttpRequest();
6        if (xmlHttp) {
7          xmlHttp.open('GET','WetterBericht.xml',true)
8          xmlHttp.onreadystatechange =
9            function () {
10             if (xmlHttp.readyState == 4)
11               alert(xmlHttp.responseText);
12           };
13         xmlHttp.send(null);
14       }
15     }
16   </script>
17 </head>
18 <body onLoad="xmlHttpObjektLesen();">
```

```
[JavaScript-Anwendung]

<?xml version="1.0" encoding="UTF-8"?>
<!DOCTYPE Wetter SYSTEM "C:\Buch.7.Auflage\Wetter.dtd">
<Wetter>
<Ort messpunkt="Kirchspitze">Marburg</Ort>
<Datum>
<Tag>6</Tag>
<Monat>6</Monat>
<Jahr>2006</Jahr>
</Datum>
<Temperatur einheit="Celsius">42</Temperatur>
<Luftdruck einheit="mbar">1023</Luftdruck>
<Besonderheiten>
Meist <bewoelkt>leicht</bewoelkt> zeitweise <Hagel/>
</Besonderheiten>
</Wetter>

                                    OK
```

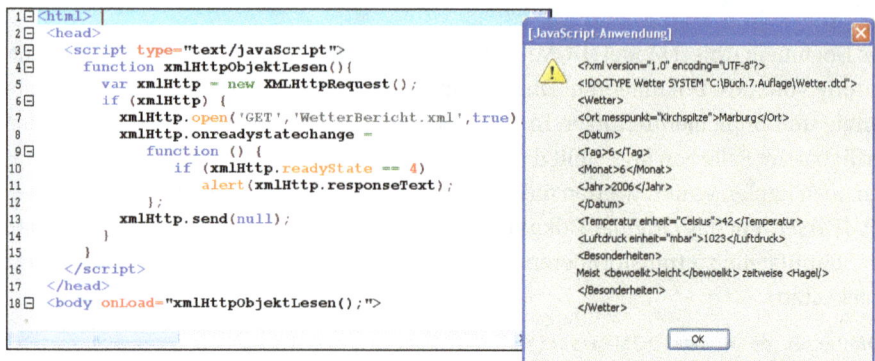

Abb. 4.27. XMLHttpRequest-Objekt und Ausgabe

Dabei handelt es sich um eine über JavaScript realisierte asynchrone Interaktion zwischen WebServer und Client (sprich, dem Browser oder dem Benutzer). Asynchron bedeutet hier, dass der Datenaustausch auch zwischen den expliziten Benutzerinteraktionen stattfinden kann, damit z. B. ein Dokument formatiert werden oder ein höher aufgelöstes Satellitenbild automatisch nachgeladen werden kann. Jede Benutzeraktion, die für gewöhnlich eine HTTP-Anfrage erzeugen würde, erzeugt nun einen JavaScript-Aufruf, der an die Engine delegiert wird.

Eines der ersten Anwendungsbeispiele war das Textverarbeitungssystem *Writely*, das sich über jeden JavaScript-fähigen Browser bedienen ließ wie etwa Microsoft Word. 2006 wurde die Firma *Writely* von Google geschluckt und ihr Programm ein Bestandteil des Office Pakets *Google Docs*. Mit diesem hat jeder angemeldete Benutzer mittels Browser und Internet ein komplettes Büropaket mit Textverarbeitung, Tabellenkalkulation, Präsentations- und Datenbanksoftware an jeder Stelle der Welt zur Verfügung. Ähnliche Anwendungen sind interaktive Kalender und Fotoalben. Sehr beliebt ist auch *Google-Maps*, ein Programm zur Darstellung von Landkarten und Satellitenbildern, die man verschieben, oder in die man hineinzoomen kann, ohne dass jedes Mal eine neue Seite geladen und übertragen werden muss.

Für diese Sorte von Anwendungen wurde der Begriff „Web 2.0" geprägt und als „Buzzword" bereitwillig aufgenommen. Dabei handelt es sich weder um eine neue Version des Internets – es hat nie ein Web 1.0 gegeben – noch um eine grundlegend neue Erfindung, sondern eher um eine Kombination bekannter Techniken, mit denen durchaus pfiffige interaktive Web-Anwendungen realisiert werden können. Der solchermaßen unscharfe Begriff *Web 2.0* wird in gewissen Bereichen von der Firma O'Reilly beansprucht, die ihn in Publikationen und in einer Konferenzreihe popularisiert und rechtlich geschützt hat.

APIs und Entwicklungssysteme werden unter anderem von *Google* und von *Yahoo* zur Verfügung gestellt, so dass man die Anwendungen dieser Firmen für eigene Web-

seiten anpassen und nutzen kann. Anwendungen finden sich daher in immer mehr
Webseiten. Von Kritikern wird unter anderem bemängelt, dass dafür JavaScript eingeschaltet sein muss oder dass der Zurück-Knopf des Browsers nicht mehr klar definiert
sei.

Fairerweise muss man aber zugestehen, dass die neuen Techniken die Web-
Interaktion auf eine neue Stufe gehoben haben, die ein Schlagwort wie *Web 2.0*
durchaus rechtfertigt. Der Großteil der Berechnungen und der Datenhaltung und damit des Betriebssystems wird vom Rechner des Benutzers auf das Netz verlagert. Auf
dem Client Rechner muss nur noch ein geeigneter Browser laufen. Das Netz stellt alle
benötigten Ressourcen jederzeit und überall bereit.

4.9 Cloud Computing und Cloud Speicher

Die Idee, die sich hinter diesen Begriffen verbirgt ist:
- Mehrere Benutzer bearbeiten mit verschiedenen Geräten einen Datenbestand der
  im Internet gespeichert wird
- Ein Benutzer kann von verschiedenen Geräten aus auf einen Datenbestand zugreifen der im Internet gespeichert wird

Natürlich sind auch Mischformen beider Möglichkeiten durch diese Konzepte abgedeckt. Geräte sind dabei beliebige Computer, PCs, Tablets, Smartphones, etc.

Bereits 1995 stellte das Fraunhofer-Institut für angewandte Informationstechnik
(FIT) ein derartiges Konzept mit der Bezeichnung BSCW (Basic Support for Cooperative Work) an. Als Oberbegriff verwendet man damals *Groupware*. Heute würde man
dieses Konzept als Vorläufer des *Cloud Computing* bezeichnen. Durchsetzen konnten
sich diese Konzepte erst durch
- den massiven Preisverfall bei Speichermedien bei gleichzeitig steigender Speicherkapazität
- die deutlich schnelleren Zugriffszeiten auf das Internet bzw. die deutlich schnellere Übertragungsgeschwindigkeit auch größerer Dateien
- den massiven Einsatz von tragbaren Geräten im Internet: Notebooks, Tablets,
  Smartphones.

Einer der ersten erfolgreichen Anbieter von Cloud Speicher war *Dropbox*. Wenn man
eine Dropbox Kennung hat, kann man Daten in der Dropbox speichern. Die Daten können von jedem Rechner aus bearbeit werden und die Software sorgt dafür, dass lokale
Kopien und die zentrale Webkopie immer konsistent bleiben. Man kann anderen Benutzern jederzeit Zugriff auf bestimmte Dateien oder Ordner erlauben. Statt Dateien
per mail zu verschicken, kann man dem Empfänger einfach einen link auf diese senden. Wenn verschiedene Benutzer gleichzeitig dieselbe Datei verändern, wird das von

dem System bemerkt und es speichert Kopien der veränderten Datei unter einem modifizierten Namen, der auf die Inkonsistenz aufmerksam macht.

Mittlerweile ist Google einer der größten Anbieter von Cloud Speicher geworden. Ursprünglich hatte Google lediglich die Bearbeitung von Textdokumenten und von Tabellenkalkulationen im Internet angeboten, später wurde daraus ein einheitliches Konzept namens *Google Drive*. Inhaber einer Google Kennung können dort ihre EMails, Textdokumente, Tabellenkalkulationen und andere Dateien speichern und ähnlich wie bei Dropbox auch für andere Benutzer freigeben. Zusätzlich werden Browserbasierte Programme bereitgestellt um EMails, Textdokumente, Präsentationen und Tabellenkalkulationen zu bearbeiten, ohne dazu eigene Verarbeitungsprogramme zu verwenden. Google bietet außerdem Rechenleistung und Datenbankanwendungen im Netz an.

Mittlerweile haben fast alle größeren Internetfirmen diese Konzepte übernommen, z. B. Apple mit *iCloud* und Microsoft mit *OneDrive* und den *Office Online* Anwendungen. Alle Anbieter locken Kunden an, indem sie Cloud Speicher im Umfang von einigen GBs kostenlos zur Verfügung stellen. Abonnements werden angeboten, wenn man mehr Speicherplatz mieten will. Nutzer von Cloud Speicher können ihre Daten vor Verlust schützen, etwa wenn der eigene PC seinen Dienst verweigert, gestohlen wird oder von Erpressertrojanern übernommen wird.

Die Speicherung von Daten in einer Cloud und Cloud Computing generell setzen ein großes Vertrauen zu den Anbietern dieser Dienste voraus, wenn man ihnen Daten und Dokumente ohne eigene zusätzliche Verschlüsselung anvertraut. Alle Anbieter legen mittlerweile Wert auf die Feststellung dass sie die ihnen anvertrauten Daten verschlüsseln. Selbstverständlich können sie diese Daten aber auch selbst entschlüsseln und zum Anfertigen von Benutzerprofilen verwenden – das gehört essentiell zu ihrem Geschäftsmodell. Alleinige Verschlüsselung durch den Anbieter ist daher für wichtige Daten nicht zu empfehlen. Immer wieder hört man von Sicherheitslücken bei den angebotenen Diensten, von Hackern und Geheimdiensten die einen erfolgreichen Angriff auf bestimmte Daten ausführen können.

Ein Benutzer, der ein Dokument bearbeitet, welches bei Google-Docs gespeichert ist, muss nicht wissen, ob die Bearbeitung ganz oder teilweise auf seinem eigenen Rechner stattfindet oder ob sein Rechner lediglich als Terminal für einen Rechner fungiert, der an irgendeinem Ort im Universum die Bearbeitung der Daten vornimmt. Sowohl die Daten als auch die Programme befinden sich aus Benutzersicht in einer „Infrastruktur-Wolke". Solange eine gute Internetverbindung besteht, kann es dem Benutzer auch egal sein, wo welche CPU welche Teilaufgabe übernimmt.

Theoretisch wäre es denkbar, dass auf dem Anwenderrechner lediglich ein Web-Browser läuft, der sich mit Google-Docs oder einem ähnlichen System verbindet. Nicht einmal ein lokaler Speicher wäre vonnöten. Das minimalistische Betriebssystem Chrome OS bietet gerade eine ausreichende Plattform für eine solche Unterstützung von Web-Anwendungen.

Softwareanbieter brauchen ihre Programme nicht mehr zu verkaufen, sie stellen sie auf ihren eigenen Rechnern zur Verfügung und der Benutzer zahlt je nach Nutzung. Auch Hardware kann man sich nach Bedarf aus dem Netz holen. Rechenintensive Tasks werden unsichtbar auf Großrechner in der Wolke verlagert und der Benutzer zahlt nach CPU-Sekunden. Solche und ähnliche Angebote gibt es von Firmen wie Google, Amazon, IBM und anderen. Das Geschäftsmodell heißt: „IT as a service" und erinnert sowohl an das Multics Projekt von 1964 (damals stellte man sich vor dass jeder Benutzer quasi über eine Steckdose mit einem Rechenzentrum verbunden sein könnte), als auch an das Schlagwort der *Diskless Workstations* der frühen 90-er Jahre.

4.10 Soziale Netzwerke

Das World Wide Web verhalf dem Internet in den 90er Jahren zu einer rasanten Zunahme an Nutzern. Seit etwa 2005 entwickeln und verbreiten sich *soziale Netzwerke*. Deren Popularität führte dazu, dass heute in vielen Ländern mehr als die Hälfte der Bevölkerung zu Internet Nutzern geworden sind. Die tatsächlichen Zahlen kann man nur schätzen und es gibt unterschiedliche Statistiken für Deutschland. Man kann aber vermutlich davon ausgehen, dass im Jahr 2017 zwischen 80 und 85 % der Bevölkerung das Internet direkt oder indirekt nutzt. Genauere Zahlen sind über die Anzahl der aktiven Facebook Nutzer bekannt. Im Jahr 2017 waren es angeblich etwa 2 Milliarden. Allerdings stammen diese Zahlen meist von den Betreibern und ihre Höhe ist wohl proportional zu den zu erzielenden Werbeeinnahmen. Angeblich gibt es bereits sogenannte *social bots*, also Programme, die eine menschliche Identität vortäuschen und in sozialen Netzwerken aktiv sind.

Aus den zahlreichen sozialen Netzen für alle möglichen Zwecke und Benutzergruppen wollen hier exemplarisch nur drei dieser Dienste ansprechen:

4.10.1 Twitter

Obwohl Twitter bereits seit 2006 existiert, fand es erst mit der Einführung von Twitter Apps für Smartphones massenhafte Verbreitung. Bereits 2010 hatte Twitter etwa 100 Millionen aktive Nutzer, im Jahr 2017 waren es über 300 Millionen. Twitter bietet seinen Nutzern die Möglichkeit Kurznachrichten, sogenannte *Tweets,* ins Netz zu stellen. Um eine Twitter Kennung zu erhalten, muss man eine eindeutige EMailadresse angeben und einen Nutzernamen, der aber frei gewählt werden kann und nicht mit dem tatsächlichen Namen übereinstimmen muss. Notorischer Twitter Nutzer ist der gegenwärtige US-Präsident mit dem Nutzernamen *@realDonaldTrump*.

Die meisten Tweets berichten über eigene Aktivitäten, etwa wie bei einem Tagebuch. Man kann bestimmte Begriffe mit einem # (*hashtag*) kennzeichnen. Über Suchfunktionen können dann Nachrichten gefunden werden, die diesen Begriff so markiert haben. Jeder Tweet darf aus maximal 140 Zeichen bestehen, zusätzlich sind aber auch Bilder, Links und Verweise auf andere Nutzer erlaubt. Tweets zu einem gemeinsamen Thema insbesondere Diskussionen mit anderen Nutzern bilden dann einen *Thread*.

Als *Follower* wird man über Aktivitäten anderer Nutzer informiert. Man kann auch Nutzergruppen bilden, andere Tweets „liken", also gut finden oder „faven", das heißt als Favorit auszeichnen. Das englische Verb „to twitter" heißt auf Deutsch „zwitschern" und es beschreibt ganz gut die Aktivität der Twitter Nutzer, wenn sie eigene Meinungen oder Aktivitäten dem Netz mitteilen oder mit anderen Nutzern diskutieren.

4.10.2 Facebook

Facebook wurde ab 2003 von Mark Zuckerberg an der Harvard Universität entwickelt und zunächst intern an verschiedenen amerikanischen Universitäten genutzt. Eine weiterentwickelte Version wurde dann ab 2006 allgemein nutzbar und verbreitete sich rasch. Auch für eine Facebook Kennung reicht es, eine eigene EMailadresse und einen Namen anzugeben.

Jeder Benutzer erstellt sich eine Profilseite, auf der er Bilder veröffentlichen und diverse Angaben z. B. über sein Leben, seinen Beruf, seinen Wohnort, seine Vorlieben machen kann. Man kann Beiträge zu verschiedenen Themen als Texte, Bilder oder Videos verfassen und im Profil sichtbar machen, wobei man entscheiden kann, für welche Benutzergruppen diese Beiträge sichtbar sein sollen.

Andere Benutzer können das was sie im Profil eines Benutzers sehen „liken", also mit der Markierung „Gefällt mir" versehen oder sie können Kommentare dazu verfassen und an die *Pinwand* heften.

Mit einer Suchfunktion kann man nach Personen, Gruppen oder nach bestimmten Themen suchen. Man kann z. B. den Namen einer Person eingeben z. B. „Trump" und sehen, was andere Personen dazu veröffentlicht haben.

Facebook erlaubt auch die Einrichtung von Gruppen, etwa für Diskussionen zu bestimmten Themen. Gruppen werden von Administratoren verwaltet, die entscheiden, wer Mitglied der Gruppe wird und welche Beiträge dort veröffentlicht werden können. Gruppen können für jeden sichtbar, also öffentlich sein, oder aber nur für Gruppenmitglieder. Versteckte Gruppen sind nicht durch die Suchfunktion auffindbar.

Von Künstlern, Orten, Firmen, Marken, Produkten oder Organisationen werden Profile erstellt, sogenannte *Facebook Pages*. So gibt es z. B. Facebook Seiten für die Rolling Stones, Marburg, UNESCO, ARD, ZDF, Angela Merkel, Siemens, Mini, usw. Neben ihren WWW Seiten haben mittlerweile praktisch alle Institutionen, die Public Relations bzw. Werbung machen wollen, auch Facebook Seiten.

4.10.3 Whatsapp

WhatsApp wurde 2009 gegründet und sollte ursprünglich nur einfache Statusmeldungen übermitteln. Der Name erinnert daher an den Begriff „What's up". WhatsApp hat sich dann aber sehr schnell zu einem Dienst weiterentwickelt, mit dem Nachrichten, inklusive Fotos, Videos oder einfach nur links an andere WhatsApp Teilnehmer geschickt werden können. Nachrichten können gezielt an einzelne Teilnehmer gehen oder an Teilnehmergruppen. WhatsApp wird vor allem auf Smartphones genutzt.

Zur Anmeldung und als Benutzerkennung dient die Handynummer eines Teilnehmers. Ursprünglich war eine Anmeldung nur mit einer gültigen Handynummer möglich, mittlerweile gibt es auch noch andere Möglichkeiten, z. B. über eine Festnetznummer. Auch wenn zur Anmeldung eine Handynummer benutzt wird, erfolgt der Austausch der Nachrichten nicht über das Mobilfunknetz sondern über das Internet und ist kostenlos. Im Gegensatz dazu ist der von den Telefongesellschaften angebotene Kurznachrichtendienst SMS kostenpflichtig. Da alle SMS Funktionen auch durch WhatsApp abgedeckt sind, mit WhatsApp darüber hinaus Fotos und Videos schnell und einfach verschickt werden können und zusätzlich die Benutzerschnittstelle viel einfacher ist, sind viele SMS Nutzer mittlerweile auf WhatsApp umgestiegen. Die Zahl der Benutzer von WhatsApp steigt rasch an, während die Anzahl der versendeten SMS Nachrichten seit mehreren Jahren stark rückläufig ist. Weltweit hatte WhatsApp im Jahr 2017 bereits mehr als 1,2 Milliarden Nutzer und liegt damit nach Facebook bei den Nutzerzahlen an zweiter Stelle. Für Facebook wurde auch ein eigener Nachrichtendienst entwickelt, der aber längst nicht so erfolgreich ist wie WhatsApp.

Im Jahr 2014 wurde WhatsApp von Facebook für 19 Milliarden US$ aufgekauft. Nutzer befürchten seitdem, dass ihre Nachrichten bzw. Daten von Facebook zu kommerziellen Zwecken ausgewertet werden. Allein schon die Kenntnis von über 1,2 Milliarden Handynummern ist vermutlich sehr wertvoll für WhatsApp und damit auch für Facebook.

Literatur

In dem vorliegenden Buch wurden viele verschiedene Themen angesprochen. Zu jedem dieser Gebiete gibt es umfangreiche weiterführende Literatur. Im Folgenden ist eine Auswahl von aktuellen und grundlegenden Titeln zusammengestellt – geordnet nach den Themen der einzelnen Kapitel.

Einführende Bücher und Lehrbücher der Informatik

Herold, Helmut; Lurz, Bruno; Wohlrab, Jürgen: Grundlagen der Informatik
  Pearson Studium; 2012; 2. Auflage

Hansen, Hans Robert: Wirtschaftsinformatik
  De Gruyter Oldenbourg Verlag; 2015; 11. Auflage

Knuth, Donald E.: The Art of Computer Programming.
  Volumes 1 - 4A Addison-Wesley Longman, Amsterdam 1997 bis 2011;

Rechnerarchitektur

Tanenbaum, Andrew; Austin, Todd: Rechnerarchitektur: Von der digitalen Logik zum Parallelrechner
  Pearson Studium; 2014; 6. Auflage

Hennessy, John L; Patterson, David A.: Computer Architecture
  Morgan Kaufmann; 2011; 5. Auflage

Fertig, Andreas: Rechnerarchitektur Grundlagen
  Books on Demand; 2016; 1. Auflage

Hellmann, Roland: Rechnerarchitektur: Einführung in den Aufbau moderner Computer
  De Gruyter Oldenbourg Verlag; 2016; 2. Auflage

Hoffmann, Dirk W..: Grundlagen der Technischen Informatik.
  Carl Hanser Verlag; 2016; 5. Auflage

Patterson, David A.; Hennessy, John L.: Computer Organization and Design
  Morgan Kaufmann; Auflage: RISC-V ed.; 2017

https://doi.org/10.1515/9783110442366-331

Stroetmann, Karl: Computerarchitektur. Modellierung, Entwicklung und Verifikation mit Verilog
  Oldenbourg Wissenschaftsverlag; 2007

Betriebssysteme

Tanenbaum, Andrew; Bos, Herbert: Moderne Betriebssysteme
  Pearson Studium; 2016; 4. Auflage

Glatz, Eduard: Betriebssysteme: Grundlagen, Konzepte, Systemprogrammierung
  dpunkt-Verlag Heidelberg; 2015; 3. Auflage

Mandl, Peter.: Grundkurs Betriebssysteme.
  Springer Vieweg; 2014; 4. Auflage

Rechnernetze

Tanenbaum, Andrew; Wetherall, David J.:Computernetzwerke
  Pearson Studium; 2012; 5. Auflage

Kurose, James F.; Ross, Keith W.: Computernetzwerke
  Pearson Studium; 2014; 6. Auflage

Märtin, Christian: Rechnernetze
  Carl Hanser Verlag; 2014; 3. Auflage

Schreiner,Rüdiger.: Computernetzwerke: Von den Grundlagen zur Funktion und Anwendung.
  Carl Hanser Verlag; 2016; 6. Auflage

Zisler, Harald: Computer-Netzwerke: Grundlagen, Funktionsweisen, Anwendung.
  Rheinwerk Computing; 2016; 4. Auflage

Internet

Berners-Lee, Tim: Weaving the Web
  Harper Business; 2000; 1.Auflage

Badach, Anatol; Hoffman, Erwin.: Technik der IP-Netze: Internet-Kommunikation in Theorie und Einsatz
  Carl Hanser Verlag; 2015; 3. Auflage

Comer, Douglas E.: Computer Networks and Internets
  Addison-Wesley Educational Publishers Inc; 2014

Comer, Douglas E.: TCP/IP - Studienausgabe: Konzepte, Protokolle, Architekturen mitp Verlag; 2015

Eckert, Claudia: IT-Sicherheit: Konzepte - Verfahren - Protokolle
De Gruyter Oldenbourg Verlag; 2014; 9. Auflage

Harich, Thomas W.: IT-Sicherheit im Unternehmen
mitp Verlag; 2015; 1. Auflage

Koch, Stefan: JavaScript. Einführung, Programmierung und Referenz
dpunkt-Verlag Heidelberg; 2011; 6. Auflage

Wolf, Jürgen: HTML5 und CSS3
Rheinwerk Computing; 2016; 2. Auflage

Stichwortverzeichnis

https://doi.org/10.1515/9783110442366-335

www.ingramcontent.com/pod-product-compliance
Lightning Source LLC
Chambersburg PA
CBHW082106220326
41598CB00066BA/5595